▲ 인왕산에서 바라본 서울의 도심

▲ 선유도에서 바라본 서울의 부도심

▲ 도심권에서 바라본 성북권

▲ 수락산에서 바라본 노원권과 도봉권

▲ 은평권에서 바라본 마포권

▲ 관악산에서 바라본 관악권과 동작권

▲ 한강에서 바라본 강남권과 성동권

▲ 청량산에서 바라본 송파권과 강동권

▲ 청량산에서 바라본 송파권

▲ 관악산에서 바라본 강남권과 서초권

▲ 한강을 마주한 송파권과 광진권

▲ 송파권의 그린벨트

▲ 한강 주변의 송파권 · 강남권 · 성동권

▲ 청량산에서 바라본 송파권과 강동권

▲ 수도분할 반대 범국민 궐기대회

▲ 궐기대회에 참가한 시민

서울의 도시구조 변화

서울의 도시구조 변화

1판1쇄 발행 2006년 9월 15일

지은이 : 손승호 · 남영우

펴낸이 : 김태문

펴낸곳 : 다락방

주　소 : 서울시 서대문구 북아현 3동 1-340

전　화 : (02)312-2029

www.darakbang.co.kr

등록번호 : 제10-162호

등록일자 : 1987년 12월 4일

서울의 도시구조 변화

손승호 · 남영우

다락방

머리말

현재 우리의 삶은 도시를 떼어놓고는 생각하기 어려울 정도로 급속한 도시화의 물결 속에서 영위되고 있다. 도시가 지닌 여러 가지 속성은 사람들로 하여금 도시로 집중하게 만들었고, 우리나라의 수도인 서울 역시 조선왕조의 도읍지로 정해진 이래 600여년이 넘는 기간 동안 한민족의 정신적 구심점 역할을 수행해오고 있으며, 이미 오래 전에 인구 1,000만 명이 넘는 거대도시로 성장하였다.

성곽도시였던 서울이 현재에 이르는 동안, 서울의 도시구조는 교통통신기술의 발달 · 도시계획의 수립 · 세계화의 진행에 따른 글로벌 기업의 입지 등과 같은 일일이 열거할 수 없을 만큼의 많은 요인이 작용함에 따라 상당한 변화를 경험하였다. 특히 서울이 근대도시로 성장하기 시작한 최근 몇 십년 간의 변화가 가장 눈여겨 볼 만하다. 이에 저자는 서울의 도시구조가 어떠한 양상으로 변화해가고 있는지에 주목하였다.

본서는 스승과 제자인 두 명의 저자가 서울을 연구해 오면서 축적한 성과물을 재구성한 것으로, 1970년대와 2000년대의 두 시기를 비교대상으로 삼았다. 1970년대는 스승이, 2000년대는 제자가 집필한 것이다. 제자는 스승에 대하여 靑出於藍해야 하는데, 그렇게 되었는지 독자들이 판단해 주기 바란다. 또한 본서는 도시에 관한 입문서라기보다는 기본적인 도시이론을 터득한 전공자들을 위한 전문서로 집필된 것이며, 제1장을 제외한 모든 장에서 계량기법이 적용되었다. 전문용어에 대한 개념 설명이나 계량기법의 분석내용을 각 장의 서두에 간략하게 소개해 놓았지만, 그래도 독자들께는 난해한 부분이 없지는 않을 것이다.

본서는 모두 6개의 장으로 구성되어 있으며, 각 장에서 서로 다른 방법을 통하여 서울의 도시구조 변화양상을 규명하였다. 도입부에 해당하는 제1장에서는 漢陽定都에서부터 현재에 이르기까지 나타난 서울의 변화상을 개괄하였다. 제2장부터 제6장까지의 내용이 본서의 핵심적인 부분이라 할 수 있을 것이다. 서울은 주변의 수많은 지역과 도시를 지배하는 중심지로 수도권을 형성하는 핵으로서 기능하고 있기에, 제2장에서는 서울을 중심으로 하는 수도권 전체의 지역구조 변화를 고찰하였다. 제3장에서는 등질지역구조의 변화를 서술하였고, 제4장과 제5장에서는 공간상호작용에 의해 형성되는 기능지역구조 및 결절지역구조의 변화를 각각 규명하였다. 마지막으로 제6장에서는 도시의 경제적 지형을 보여주는 지가를 대상으로 지가의 변동패턴과 지가분포의 변화를 파악하였다.

도시구조의 변화를 보여주는 분석지표에는 본서에서 분석대상으로 삼은 것 이외에도 다양한 것이 있다. 본서에서 제시하지 못한 지표를 통하여 형성되는 서울시 도시구조의 변화양상은 앞으로 기회가 될 때마다 연구를 지속할 것이다. 저자는 독자들의 많은 충고와 질책을 마다하지 않을 것이다. 본서에 수록된 내용이 부족한 점은 많겠으나, 도시구조 이론의 정립은 물론 도시와 관련된 모든 학문의 발전에 조금이나마 기여할 수 할 수 있기를 기대하며 나아가 서울의 도시계획이나 도시문제의 해결에 일조할 수 있기를 바란다. 저자는 "당신이 서울에 싫증이 났을 때, 당신은 삶에 지친 것이다."란 말을 자신 있게 인용할 수 있는 서울이 되길 간절히 염원한다.

본서가 세상에 빛을 보기까지는 많은 분들의 도움이 있었다. 어려운 출판업계의 사정에도 불구하고 이 책을 흔쾌히 발간해주신 다락방의 김태문 사장님께 깊은 감사를 드린다. 그리고 삼겹살에 소주잔을 기울이면서 때로는 답사중 합숙을 하면서 자신들의 생각을 아낌없이 피력해준 고려대학교 대학원의 도시지리학교실 구성원 모두에게도 감사의 마음을 전하는 바이다.

2006년 8월

저자 씀

목 차

제1장 서울의 지역구조 형성

1. 서울의 성립과 발전 ······ 19
  1) 한성부의 도시계획 ······ 19
  2) 한성부의 도시구조 ······ 22

2. 서울시 지역구조의 형성 ······ 29
  1) 개항기의 경성부 ······ 29
  2) 근대도시 서울의 성장 ······ 31

제2장 수도권의 지역구조 변화

1. 연구의 의의: 수도권과 서울 ······ 41

2. 1970년대의 지역구조 ······ 45
  1) 분석대상지역의 개관과 분석방법 ······ 45
  2) 지역연결체계 ······ 47
  3) 유동패턴 ······ 52
  4) 교통지역의 구분 ······ 57

3. 2000년대의 지역구조 ······ 63
  1) 분석대상지역 개관 ······ 63
  2) 통행목적별 지역연결체계 ······ 65
  3) 통행수단별 지역연결체계 ······ 85

4. 1990년과 2000년의 지역구조 변화 ········· 102
1) 통행량 분포의 변화 ········· 104
2) 지역연결체계의 변화 ········· 117
3) 유동패턴의 변화 ········· 123

5. 지역구조의 변화 ········· 130

제3장 서울시 등질지역 구조의 변화

1. 등질지역의 개념과 연구 동향 ········· 137

2. 1970년대의 등질지역 ········· 142
1) 공통인자의 추출과 인자득점의 분포패턴 ········· 142
2) 등질지역의 설정과 공간배열 ········· 152

3. 2000년대의 등질지역 ········· 157
1) 공통인자의 추출과 인자득점의 분포패턴 ········· 157
2) 등질지역의 설정과 공간배열 ········· 174

4. 등질지역 구조의 변화 ········· 186

제4장 서울시 기능지역 구조의 변화

1. 기능지역의 개념과 연구 동향 ········· 195

2. 1970년대의 기능지역 ········· 203
   1) 분석대상지역과 분석자료 ········· 203
   2) 서울의 기능지역 ········· 205

3. 2000년대의 기능지역 ········· 215
   1) 분석단위지역 ········· 215
   2) 총목적 통행의 기능지역 ········· 218
   3) 통근통행의 기능지역 ········· 233
   4) 업무통행의 기능지역 ········· 246

4. 기능지역 구조의 변화 ········· 262

제5장 서울시 결절지역 구조의 변화

1. 결절지역의 개념과 연구 동향 ········· 271

2. 1970년대의 지역연결체계 ········· 275
   1) 분석단위지역과 분석방법 ········· 275
   2) 지역연결체계 ········· 279

3. 2000년대의 지역연결체계 ········· 298
1) 분석단위지역 ········· 298
2) 지역연결체계 ········· 300

4. 지역연결체계의 변화 ········· 312

제6장 서울시 지가분포의 변화

1. 지가와 도시구조 ········· 319

2. 1970년대의 지가 분포 ········· 322
1) 분석방법의 검토 ········· 322
2) 지가분포의 지역경향면 ········· 330

3. 2000년대의 지가 분포 ········· 337
1) 주거지대 지가의 지역경향면 ········· 337
2) 상업지대 지가의 지역경향면 ········· 347

4. 지가분포의 변화 ········· 358

* 찾아보기 ········· 363

그림 목차

그림 1 - 1 한성부 도시계획의 원리 ··· 21
그림 1 - 2 서울의 인구추이: 1394~2002년 ··· 23
그림 1 - 3 都城三軍分界地圖(18세기) ··· 25
그림 1 - 4 조선말엽의 서울 행정조직 ··· 26
그림 1 - 5 조선말엽 서울의 지역구조 ··· 30
그림 1 - 6 서울시 행정구역의 변화 ··· 32
그림 1 - 7 서울시 도시구조의 형성과정 모식도 ··· 36

그림 2 - 1 분석대상 지역(1970년대) ··· 46
그림 2 - 2 연결도의 계층구분 ··· 50
그림 2 - 3 수도권 지역연결체계의 네트워크 ··· 50
그림 2 - 4 인자부하량 및 인자득점의 빈도분포와 그 급변점 ··· 54
그림 2 - 5 제1인자의 유동패턴 ··· 56
그림 2 - 6 제2인자의 유동패턴 ··· 56
그림 2 - 7 제3인자의 유동패턴 ··· 56
그림 2 - 8 교통지역의 수형도 ··· 59
그림 2 - 9 수도권 교통지역의 구분 ··· 59
그림 2 - 10 분석대상지역과 단위지구(2000년대) ··· 64
그림 2 - 11 통행목적별 결절류의 계층화 ··· 74
그림 2 - 12 통근통행의 지역연결체계 ··· 75
그림 2 - 13 업무통행의 지역연결체계 ··· 77
그림 2 - 14 쇼핑통행의 지역연결체계 ··· 79
그림 2 - 15 총목적 통행의 지역연결체계 ··· 82
그림 2 - 16 통행수단별 결절류의 계층화 ··· 91

그림 2－17　승용차통행의 지역연결체계 ······ 92
그림 2－18　버스통행의 지역연결체계 ······ 94
그림 2－19　지하철통행의 지역연결체계 ······ 97
그림 2－20　총수단 통행의 지역연결체계 ······ 99
그림 2－21　상위 10개 지구의 발생통행량(1990년) ······ 104
그림 2－22　상위 10개 지구의 발생통행량(2000년) ······ 109
그림 2－23　상위 10개 지구의 흡수통행량(1990년) ······ 111
그림 2－24　상위 10개 지구의 흡수통행량(2000년) ······ 115
그림 2－25　수도권 지역연결체계의 변화 ······ 118
그림 2－26　1990년의 유동패턴 ······ 125
그림 2－27　2000년의 유동패턴 ······ 126

그림 3－1　속성행렬의 인자분석 과정 ······ 141
그림 3－2　인자득점의 빈도분포와 각 인자별 계급구분 ······ 144
그림 3－3　지역별 특성인자의 득점분포패턴 ······ 146
그림 3－4　서울의 등질지역 구분(1970년대) ······ 154
그림 3－5　인자득점의 빈도분포와 각 인자별 계급구분 ······ 159
그림 3－6　각 인자별 인자득점의 분포도 ······ 162
그림 3－7　등질지역 군집화의 수형도 ······ 175
그림 3－8　서울시의 등질지역 구분(2000년대) ······ 178

그림 4－1　공간상호작용행렬의 인자분석과정 ······ 202
그림 4－2　분석대상지역과 단위지구(1970년대) ······ 204
그림 4－3　개별설명량의 비율과 누적합(1970년대) ······ 207
그림 4－4　도심권의 유동패턴 ······ 209
그림 4－5　도봉권의 유동패턴 ······ 209

그림 4 - 6 영등포 · 화곡권의 유동패턴 …………………………………… 210
그림 4 - 7 천호권의 유동패턴 ………………………………………………… 210
그림 4 - 8 관악 · 강남권의 유동패턴 ……………………………………… 211
그림 4 - 9 청량리권의 유동패턴 …………………………………………… 211
그림 4 - 10 신촌 · 은평권의 유동패턴 ……………………………………… 212
그림 4 - 11 1970년대의 서울시 기능지역 ………………………………… 213
그림 4 - 12 분석대상지역과 단위지구(2000년대) ………………………… 217
그림 4 - 13 총목적 통행의 유동패턴 ……………………………………… 223
그림 4 - 14 총목적 통행의 기능지역 구분 ………………………………… 232
그림 4 - 15 통근통행의 유동패턴 …………………………………………… 236
그림 4 - 16 통근통행의 기능지역 구분 …………………………………… 245
그림 4 - 17 업무통행의 유동패턴 …………………………………………… 249
그림 4 - 18 업무통행의 기능지역 구분 …………………………………… 259

그림 5 - 1 분석대상지역과 단위지구(1970년대) ………………………… 276
그림 5 - 2 최대결절류로 본 서울의 지역연결체계(1970년대) ……………… 280
그림 5 - 3 서울의 도성(1861년) …………………………………………… 281
그림 5 - 4 도성의 하천망(20세기 초) ……………………………………… 282
그림 5 - 5 제2결절류로 본 서울의 지역연결체계 ………………………… 286
그림 5 - 6 제3결절류로 본 서울의 지역연결체계 ………………………… 288
그림 5 - 7 지역연결체계로 본 경합지역 …………………………………… 289
그림 5 - 8 중심지의 계층구분 ……………………………………………… 292
그림 5 - 9 서울의 결절지역(1970년대) …………………………………… 294
그림 5 - 10 서울의 결절지역 수형도 ……………………………………… 295
그림 5 - 11 결절지역간의 유동 …………………………………………… 295
그림 5 - 12 분석대상지역과 단위지구(2000년대) ………………………… 299

그림 5 - 13 최대결절류의 지역연결체계(2000년대) ······ 301
그림 5 - 14 제2결절류의 지역연결체계 ······ 308

그림 6 - 1 지역경향면 분석의 좌표회전 ······ 326
그림 6 - 2 편회귀계수값의 단면도(좌표회전 이전) ······ 327
그림 6 - 3 적합도의 추이 ······ 327
그림 6 - 4 편회귀계수값의 단면도(좌표회전 이후) ······ 329
그림 6 - 5 지가분포의 2차 지역경향면(1970년대) ······ 331
그림 6 - 6 지가분포의 8차 지역경향면(1970년대) ······ 332
그림 6 - 7 8차 지역경향면의 잔차분포도 ······ 333
그림 6 - 8 주거지대 지가분포의 8차 지역경향면(2000년대) ······ 344
그림 6 - 9 8차 지역경향면의 잔차분포도 ······ 346
그림 6 - 10 상업지대 지가분포의 8차 지역경향면(2000년대) ······ 354
그림 6 - 11 8차 지역경향면의 잔차분포도 ······ 357

표 목차

표 1 - 1 한성부의 인구분포(1789년) ······ 23

표 2 - 1 인자별 고유치와 개별설명량의 비율 ······ 53
표 2 - 2 통근통행 OD의 원자료행렬(R_1) ······ 69
표 2 - 3 총목적 통행 OD의 원자료행렬(R_4) ······ 69
표 2 - 4 통근통행 OD의 비율척도행렬(Y_1) ······ 70
표 2 - 5 총목적 통행 OD의 비율척도행렬(Y_4) ······ 70
표 2 - 6 통근통행 OD의 인접행렬(B_1) ······ 72
표 2 - 7 총목적 통행 OD의 인접행렬(B_4) ······ 72

표 2 - 8 승용차통행 OD의 원자료행렬(R_1) ······ 87
표 2 - 9 총수단 통행 OD의 원자료행렬(R_4) ······ 87
표 2 -10 승용차통행 OD의 비율척도행렬(Y_1) ······ 88
표 2 - 11 총수단 통행 OD의 비율척도행렬(Y_4) ······ 88
표 2 -12 승용차통행 OD의 인접행렬(B_1) ······ 89
표 2 -13 총수단 통행 OD의 인접행렬(B_4) ······ 89
표 2 -14 수도권 통근통학 통행량의 변화 ······ 116
표 2 -15 1990년과 2000년의 인자분석결과 ······ 124

표 3 - 1 입력변수와 인자부하량(1970년대) ······ 143
표 3 - 2 각 인자별 인자득점의 계급치(1970년대) ······ 145
표 3 - 3 각 유형별 인자득점의 평균과 분산(1970년대) ······ 152
표 3 - 4 입력변수와 인자부하량(2000년대) ······ 158
표 3 - 5 각 인자별 인자득점의 계급치(2000년대) ······ 160
표 3 - 6 각 군집별 인자득점의 평균과 분산(2000년대) ······ 176

표 4 - 1 총목적 통행의 인자분석 결과 ······ 219
표 4 - 2 인자부하량과 인자득점의 급변점(총목적 통행) ······ 221
표 4 - 3 통근통행의 인자분석 결과 ······ 234
표 4 - 4 인자부하량과 인자득점의 급변점(통근통행) ······ 235
표 4 - 5 업무통행의 인자분석 결과 ······ 247
표 4 - 6 인자부하량과 인자득점의 급변점(업무통행) ······ 248

표 6 - 1 서울에 있어서 지가분포의 지역경향면(1970년대) ······ 330
표 6 - 2 주거지대 지가분포의 지역경향면(2000년대) ······ 342
표 6 - 3 상업지대 지가분포의 지역경향면(2000년대) ······ 353

제1장 서울의 지역구조 형성

1. 서울의 성립과 발전

2. 서울시 지역구조의 형성

1. 서울의 성립과 발전

1) 한성부의 도시계획

서울은 한반도의 지리적 중심에 위치하고 있으며, 14세기에 조선왕조의 수도로 도읍을 정한 이후 600년이 넘는 오랜 동안에 한 나라의 수도로서 그 기능을 다해 온 역사적 도시이다. 서울이 도읍지로 지정된 이유는 앞뒤가 산과 물로 둘러싸여 있는 까닭에 형세가 풍수설에 적합하였을 뿐만 아니라 배와 수레가 통행하기에 유리한 이점을 가지고 있었기 때문이다.

예로부터 “한강 하류지역을 지배하는 자는 한반도를 지배한다”라고 하는 말이 전해 내려오고 있다. 이 말은 한강유역이 한반도의 중앙부라는 전략적 가치를 지니고 있을 뿐만 아니라 한강유역의 토질이 비옥하여 인간생활의 可居地로서 손색이 전혀 없었으며 한강물을 농업용수 및 생활용수로 사용하기에 더 없이 좋은 여건을 가졌기 때문에 생긴 것이다. 이 지역을 둘러싸고 고구려 · 백제 · 신라 간에 치열한 전쟁이 일어난 바 있다. 한강유역은 구석기시대부터 인류가 거주하기 시작하여 백제의 도읍지로서 500여년 간 지속된 곳이다. 현존하는 몽촌토성 · 풍납토성 · 이성산성 등은 위례성 또는 하남위례성으로 비정되는 곳이다. 통일신라가 망하고 고려왕조가 개국되면서 도읍지는 철원으로 정해졌고 얼마 지나지 않은 935년에 수도는 개성으로 천도되었다. 철원과 개성은 한반도의 중앙부에 해당한다고 볼 수 있으나 한강유역에는 미치지 못하였다. 태조 왕건도 그 사실을 알고 있었을 것이다. 다만 한강유역이 과거 백제의 도읍지였다는 사실이 싫었을지도 모른다. 백제에 대한 왕건의 감정이 좋지 않았기 때문이다. 그 후 고려가 이성계의 역성혁명으로 멸망하고 조선왕조가 개국하게 되었다. 즉 개성은 1392년까지 고려의 수도로서 기능하였으며, 그 후 고려가 조선으로 바뀌게 되어 수도는 개성에서 지금의 서울인 한양으로 옮겨지게 되었다.

조선시대에 한양으로 도읍을 정한 이후 풍수 및 행정 · 정치적 관점에서 이름 붙여진 漢陽府는 1395년에 漢城府로 개명되었고, 이듬해에 도읍을 둘러싸는 18km가 넘는 성곽의 완성을 보았다. 현재의 서울이 한국의 수도로서 정치 · 경제 · 사회 · 문화 등의 중심이 된 것은 그 때부터의 일이며, 서울은 현재에 이르기까지 인구 및 산업의 중심지로 기능하고 있다.

1394년 11월 26일에 개성을 떠난 조선왕조는 3일 후인 11월 29일 한양에 도착하여 고려왕조의 남경이었던 離宮에 여장을 풀었다. 한양을 새로운 도읍지로 정한 것은 풍수지리설에 기인한 바가 컸다. 그곳은 최상 · 최고의 명당자리였던 것이다. 왕조는 우선 最吉地에 궁궐을 만들고 이를 중심으로 왼쪽에 종묘, 오른쪽에 국토신과 오곡신을 모신 사직단을 세웠으며, 궁궐 안에 행정부에 해당하는 조정을 두어 육조거리를 만들고 그 뒤에 시장을 조성하였다. 이른바 周禮式 도시계획기법인 '左廟右社 前朝後市'의 원칙이 도읍지의 건설에 적용된 것이다.

한양이란 지명은 통일신라의 경덕왕 16년(757년)에 한양군을 두었던 것에서 비롯되었다. 한자식 지명에서는 산이 북쪽에 있고 강이 남쪽에 있을 경우 陽이라 하므로 크다는 뜻을 지닌 漢과 접목시켜 한양이라 부른 것이다. 한양이 한성으로 개명된 것은 성곽공사가 한창일 때의 일이었다. 이에 따라 한양은 도읍을 옮긴 지명인 셈이 되었고, 한성은 새 나라의 수도 명칭으로 굳어지

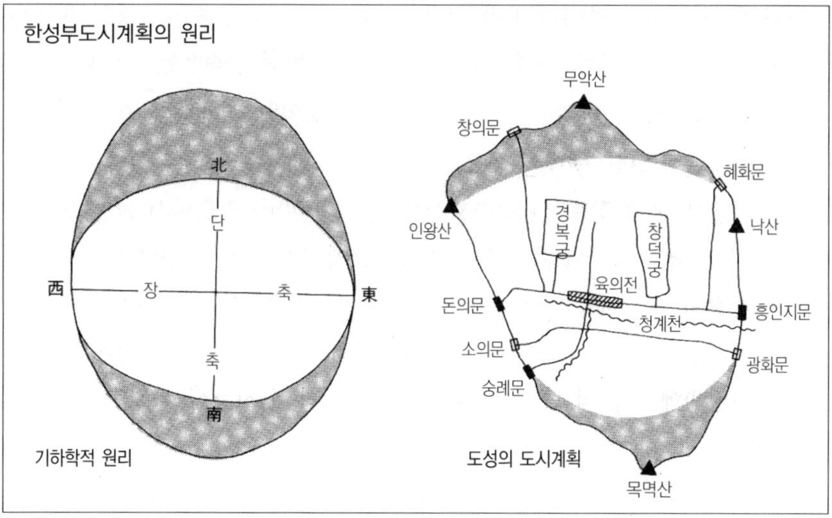

그림 1-1 한성부 도시계획의 원리

게 되었다.

힌성부의 도시계획은 주로 도성 내에 국한하여 설계되었다. 그림 1-1에서 보는 바와 같이 지형여건을 살려 축조된 도성은 남북방향으로 긴 타원형이지만 북쪽과 남쪽은 산지이거나 산사면이므로 택지화될 수 없는 까닭에 사실상 동서 방향의 타원형을 띠었다고 보아야 한다. 도성을 출입할 수 있는 大門이 동서남북에 만들어졌고 대문 사이에는 小門을 두었다. 사람과 우마차가 통행하는 도로는 타원형 시가지의 長軸에 해당하는 위치에 건설하고 그 다음으로는 短軸에 해당하는 위치에 건설함이 효율적이다. 그러나 북쪽과 남쪽은 산이 가로막고 있으므로 남대문의 위치를 남서쪽으로 두게 되니 도로의 방향도 달라질 수 밖에 없었다. 북대문은 풍수상의 이유와 지형적 제약으로 거의 사용되지 않았다. 이들 대문을 연결하는 도로가 鐘路와 南大門路이다. 종로는 타원형상의 장축에 해당하고 남대문로는 단축에 해당한다. 다만 남대문로는 청계천 지류를 따라 굽어졌는데, 이는 가능한한 하천을 가로지르지 않도록 하여 교량을 적게 건설하기 위한 방책이었다. 교량은 건설비와 공사기간을 고려할 때 적을수록 유리하기 때문이다. 이와 같은 도성내부의 틀이 짜여진 상태에서 앞에서 언급한 '左廟右社 前朝後市'의 원칙이 적용된 것이다. 이들 기반시설은 무려 70~80년이나 걸쳐서 완성된 것이었으나, 이는 실로 정성과 끈기로 이룩한 도시건설이었다.

그 후 한성부는 임진왜란 · 병자호란 등의 큰 전란을 겪으면서 많은 변화가 있었다. 우선 첫째는 활발한 토목사업과 건축공사로 도시의 물리적인 모습이 달라지게 되었다. 경희궁을 비롯하여 균역청 · 규장각 등의 새로운 건물이 1680~1780년까지의 100년 간에 걸쳐 준공되고 도성과 북한산성의 수축과 청계천 준설도 1700~1760년까지 대대적으로 추진되었다. 이와 같은 공공건물의 신축과 더불어 민간건물의 신축과 증축도 성행하였다. 둘째는 班常의 계급에 관계없이 모든 주민들이 조금씩 자아를 각성하기 시작했다는 점이다. 부분적이나마 신분제도가 붕괴되기 시작하였고 비록 소수이기는 하나 시민층이 형성되어 가고 있었다. 그와 같은 움직임을 주도한 것은 물론 실학자들이었다. 셋째는 제조업과 상업의 발달을 들 수 있다. 제조업의 발달은 官匠制가 私匠制로 바뀐 것에 기인하며, 상업의 발달은 독점권을 가진 특권상인에 도전하는 일반상인의 활동이 신장되었기 때문이다. 넷째는 서강 · 마포 · 용산 · 두모포(옥수동) · 송파 등의 한강변 포구에 중견상인 계급이 자생하여 크게 번창한 결과 한강변에 비교적 큰 규모의 취락중심지가 입지하게 되었다(남영우 · 최재헌, 2006).

2) 한성부의 도시구조

定都한 1394년부터 임진왜란이 일어난 1592년까지 약 200년에 걸친 조선 전기의 서울 인구는 약 10~13만 명 정도의 규모였을 것으로 추정된다. 1428년 서울의 인구는 지금까지 알려진 최초의 서울 인구조사 자료인 조선왕조실

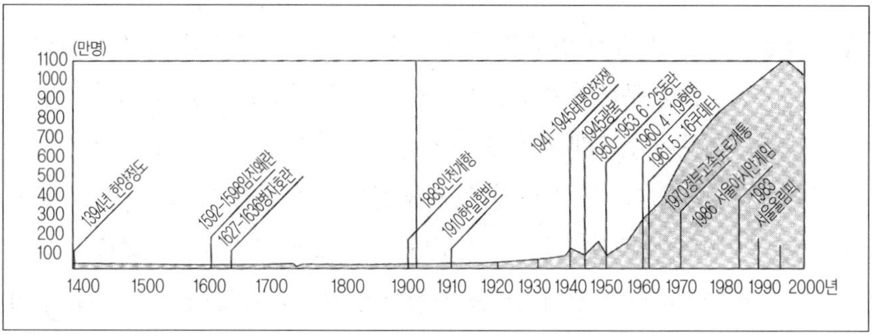

그림 1-2 서울의 인구추이: 1394~2002년 자료: 서울통계연보

록에 의하면 103,328명이었으나 16세기에서 17세기에 걸친 일본 등의 빈번한 침략을 받아 일시적으로 감소하였다. 임진왜란 직후인 1593년 5월 서울의 인구는 남자 14,062명, 여자 25,869명으로 모두 39,931명에 지나지 않았다. 그 후 인구는 회복되어 10만 명대의 규모를 유지하였다. 일시적으로는 20만 명을 넘는 경우도 있었으나 대체적으로 인구증가는 약 250년 간 거의 변화가 없었다(그림 1-2).

18세기 중엽에는 도성 안의 인구보다 도성 밖의 인구증가가 높아 7할 정도의 인구가 도성 밖의 城底十里에 살고 있었다. 그러나 표 1-1에서 보는 것처

표 1-1 한성부의 인구분포(1789년)

部名	성 안		성 밖		계	
	戶 口	人 口	戶 口	人 口	戶 口	人 口
중 부	4,082	20,186	–	–	4,082	20,186
동 부	3,9501	18,141	3,752	11,569	7,702	29,710
남 부	6,898	37,566	3,072	9,218	9,970	46,784
서 부	3,830	20,187	12,541	48,007	16,371	68,194
북 부	3,334	16,291	2,470	7,988	5,804	24,279
계	22,094 (50.3%)	112,371 (59.4%)	21,835 (49.7%)	76,782 (40.6%)	43,929 (100.0%)	189,153 (100.0%)

자료: 정조 13년 戶口總數를 참조.

럼 통계상으로는 성 밖의 인구가 전체의 40% 수준에 불과한 것으로 집계되어 있다. 이는 한강 부근의 주민들이 다수가 유동인구인 까닭에 호적이 입적되지 않았기 때문이다. 5部 가운데 西部는 전체의 36.1%에 달하는 인구가 밀집되어 있는 곳이었다. 도성 밖의 인구가 증가함에 따라 伐木·伐石을 금지하는 禁山의 범위를 확대하기에 이르렀다. 영조대에 확장된 四山禁標의 범위는 한성부의 행정구역인 성저십리를 포함하는 지역까지 넓어졌다. 禁山의 범위가 확장된 것은 한성부의 산줄기 일대가 주민들에 의해 훼손되어 이를 제도적으로 보호하지 않으면 안 될 정도로 도성 밖에 인공적 시설물들이 들어서고 있었음을 뜻하는 것이다.

18세기 후반의 서울은 인구밀도가 755명/km²이었던 것으로 추정된다. 1세기 동안 인구는 오히려 감소하여 인구가 기하급수적으로 증가한다는 맬더스 법칙을 무색케 하였다. 서울의 인구는 산술급수적으로도 증가하지 않았던 것이다. 여기에는 물론 인구통계의 부정확성에 기인하는 바도 있을 것이다. 당시 전국인구가 7,403,606명이었고, 인구밀도가 33.5명/km²이었던 것에 비추어 보면(손정목, 1977), 당시 서울의 인구밀도가 높았음을 알 수 있다. 이와 같이 인구가 조금 밖에 증가하지 않았던 사실과 함께 주목되는 것은 서울의 행정구역이 20세기 초의 행정구역과 비교해 보아도 거의 변동이 없다는 점이다.

고려의 開城府制度를 그대로 모방한 漢城府制度는 조선왕조 초기부터 말기에 이르기까지 커다란 변동없이 계속되었다. 행정구역의 틀은 동부·서부·남부·북부·중부로 구성되는 5部 제도가 그대로 시행되었다(이기백, 1978). 5部는 다시 52坊으로 분할되어, 동부 12방, 서부 11방, 남부 11방, 북부 10방, 중부 8방이 설치되었다. 또한 방의 하부조직으로서 契를 설치하니, 1867년의 한성5부는 47방 340계를 두게 되었다. 1751년에 간행된 守城冊子에는 43방 328계로 기록되어 있다. 당시의 한성5부와 그 하부조직인 43방에 대하여 지도화하면 그림 1-4와 같다. 이는 都城三軍分界地圖(그림 1-3)와 서울 육백년

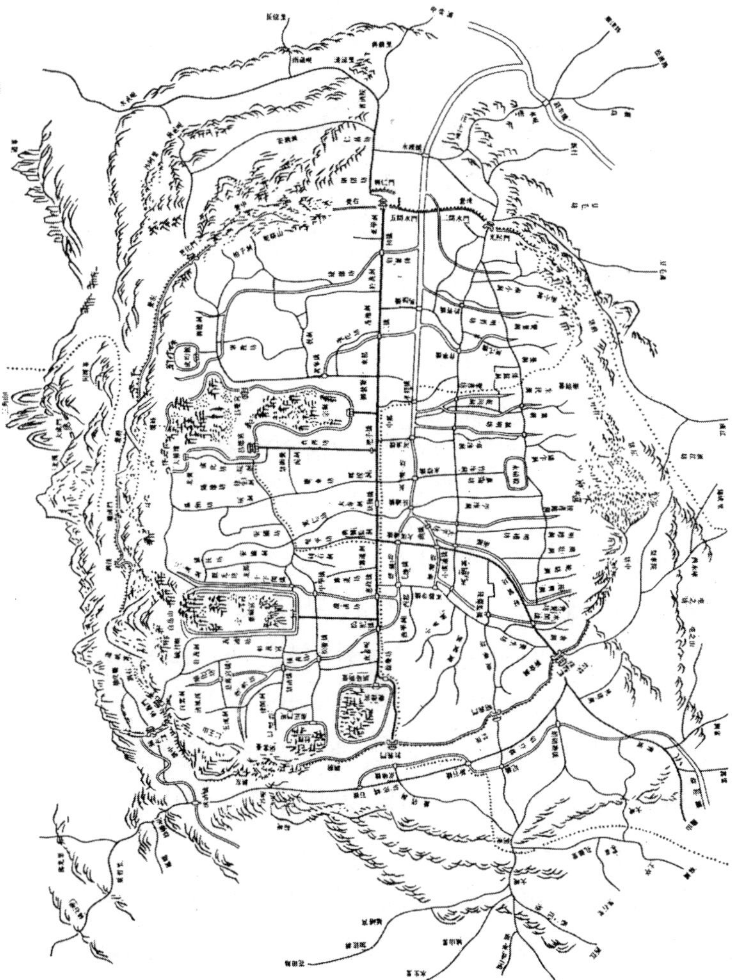

그림 1-3 都城三軍分界地圖(18세기)

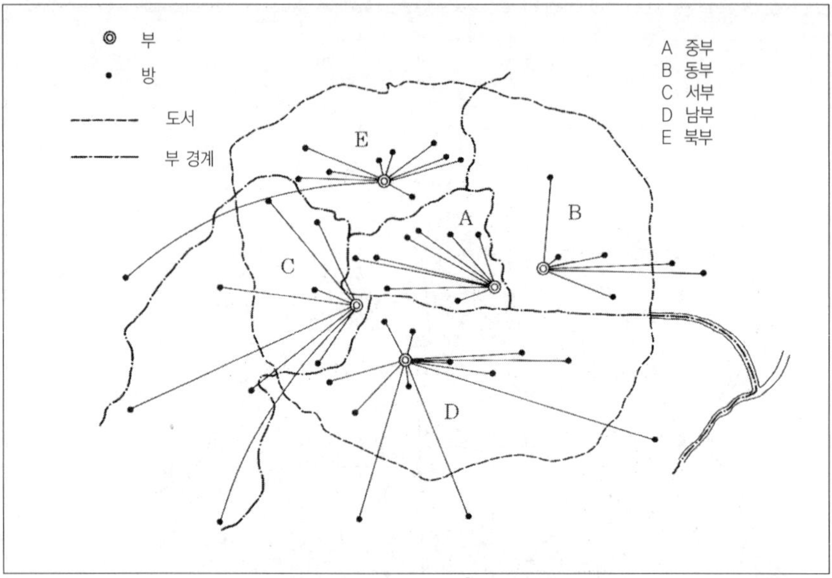

그림 1-4 조선말엽의 서울 행정조직
部와 坊을 연결하는 선은 행정상의 통합관계를 나타냄.

사(1979)를 참조하여 작성한 것이다.

취락중심지는 그 대부분이 방의 설치장소와 일치한다. 조선왕조실록(세조)에는 방의 입지에 관하여 지역간 교류가 원활하게 행해지도록 각 부로부터의 접근성을 고려하여 방을 설치한 것으로 기록되어 있다. 그러나 부의 입지는 반드시 그렇지 않다. 예컨대 중부 · 서부 · 동부의 경우는 각 방으로부터의 접근성을 고려하지 않았다. 이는 '부' 라는 행정관청을 도성 내에 설치하려 했기 때문에 생긴 현상일 것이다.

한성부의 내부구조에서 보이는 특징은 도성과 성저십리를 불문하고 지역분화현상이 뚜렷하였다는 점이다. 성곽내의 서울은 흔히 도성이라 불리었고, 19세기 경까지 거주자의 사회계층에 따라 비교적 엄격한 주거지 분화(residential segregation) 현상이 존재하고 있었다. 즉 도성의 가운데를 가로질러 흐르는 청계천을 중심으로 하여, 북쪽 산록은 양반이라 불리우는 귀

족계급의 주거지였으며, 남쪽 산록은 상인이라 불리우는 평민계급의 주거지였다. 그리고 양쪽 산록의 중앙부인 저지대에는 중인이라 불리우는 상인계급의 주거지가 있었다. 도성의 중앙부에 위치하는 종로 · 충무로 · 남대문로는 이 무렵부터 서울의 중심상점가가 되어 있었으며, 이들 가운데 종로 서쪽의 운종가는 한국의 도시 가운데 가장 먼저 '市街地'라는 명칭을 얻게 된 곳이다. 상품유통의 거점이었던 六矣廛이 지금의 종로 1가에서 종로 3가에 이르는 곳에 설치되었고, 대부분의 중추관리기능은 세종로(육조거리)를 위시한 북촌에 집중되었다. 육의전과 함께 남대문 · 동대문 · 서대문 일대에서는 朝市가 열렸으며, 상품은 물론이고 사람들의 교류가 많았다. 임진왜란 이후 남쪽 산록은 은퇴했거나 아직 등용되지 못한 선비들의 주거지로 변모하였다.

조선시대에 서울의 시역은 도성과 성곽으로부터 10리까지의 범위를 포함하고 있었다. 당시 서울의 시역은 『世宗實錄地理志』와 『四山禁標圖』에 의하면, 동쪽은 大菩洞(현재의 우이동)으로부터 水踰峴(현재의 수유동)의 북부와 장위 · 중랑포(현재의 중랑천 부근)에 이르는 하천을 경계로 하고, 남쪽은 중랑포로부터 용산에 이르는 하천을 경계로 하였다. 한편 서쪽은 현재의 역촌동으로부터 남가좌동 · 망원동에 이르는 경계를, 또 북쪽은 碑峰에서 백운대에 이르는 능선을 시역으로 하였다. 그러나 서울 인구의 대부분은 도성내에 거주하고 있었으며, 그 가운데 도성으로부터 10리(4km)까지의 도성 바깥쪽에 해당하는 성저10리의 인구는 총인구의 5%로 추정된다(서울특별시사 편찬위원회, 1979). 조선왕조실록과 『首善全圖』 · 『都城地圖』 · 『大東輿地圖』 · 『靑丘圖』 · 『都城大地圖』 · 『朝鮮長安圖』 · 『靑丘指南』 등의 고지도를 면밀히 검토해 보면, 평지에서 교통의 요지였던 숭인방 · 인창방 · 반석방 · 반송방 등이 설치되었던 곳은 인구집중지였다는 사실을 알 수 있다. 이 마을의 위치는 현재의 창신동 · 숭인동 · 청량리동 일대, 삼선동 · 돈암동 · 미아동 일대, 그리고 봉래동 · 갈월동 · 청파동 · 송월동 · 창천동 부근에 해당한다. 또 상기한 방보다 규모는 작지만 한강 주변인 동빙고 · 서빙고 · 노량 · 마포 · 용산 ·

서강 등 수운교통의 요지에도 서울의 위성도시로 간주되는 대규모의 취락이 발달해 있었다(손정목, 1977).

한편 도성 밖의 상황은 漢京誌略(1834년)에 잘 묘사되어 있다. 그 당시에는 청파동과 왕십리의 미나리밭이 유명하였고 왕십리와 살곶이벌의 무우밭과 훈련원의 배추밭을 제일로 쳤다. 혜화문 밖에는 복숭아 등의 과수원이 많았고 동대문과 남대문 밖에는 채소재배를 중심으로 한 근교농업이 성하였다. 한성부 주민들의 분뇨는 근교농업에 이용되기도 하였다. 뚝섬 일대는 암말을 기르고 마장동 일대는 숫말을 사육하는 목장이 있었다. 도성 주민이 필요로 하는 땔감은 한강 상류와 하류에 있는 나무장수들이 배로 운반해서 강뚝에 내려 둔다고 묘사되어 있는 것으로 보아 한강수로가 빈번하게 이용되었음을 알 수 있다.

2. 서울시 지역구조의 형성

1) 개항기의 경성부

앞에서 설명한 바에 근거하여 1876년에 체결된 강화조약에 따라 실시된 1882년의 개항 당시 서울의 지역구조를 지도화하면 그림 1-5와 같다. 도성내의 5부 가운데 중부는 지금의 세종로로부터 종로3가에 이르는 범위로, 전술한 육의전이라는 중심상점가와 관청가가 입지했던 지역으로 당시의 도심이라 할 수 있다. 이 지역은 서울시역내는 물론 거의 경기도 전역까지를 세력권으로 하였던 것으로 萬機要覽을 참고한 조기준(1979)의 연구에서 밝혀진 바 있다. 그 연구에서는 이 권역을 '日日商圈'이라 이름하였다. 그러나 당시의 대중교통수단이 도보였던 점을 감안할 때, 실제의 인구일일유동은 그림 1-5에서 보는 바와 같은 시역의 범위내에서 이루어졌으리라 짐작된다.

그리고 그밖의 중심지는 조시라는 상설시장이 설치된 3대문(동대문 · 서대문 · 남대문)의 바깥쪽과 수운교통의 요지였던 한강 연안부 등지에 위치하고 있었다. 이들 중심지는 오늘날의 위성도시에 상당하는 것이며 그 대부분이 방의 설치장소와 일치한다. 조선왕조실록(세조)에는 방의 입지에 관하여 "漢城府啓京中五部外 城底十里 …… 中略…… 有乖大體請各以付近分屬各部常

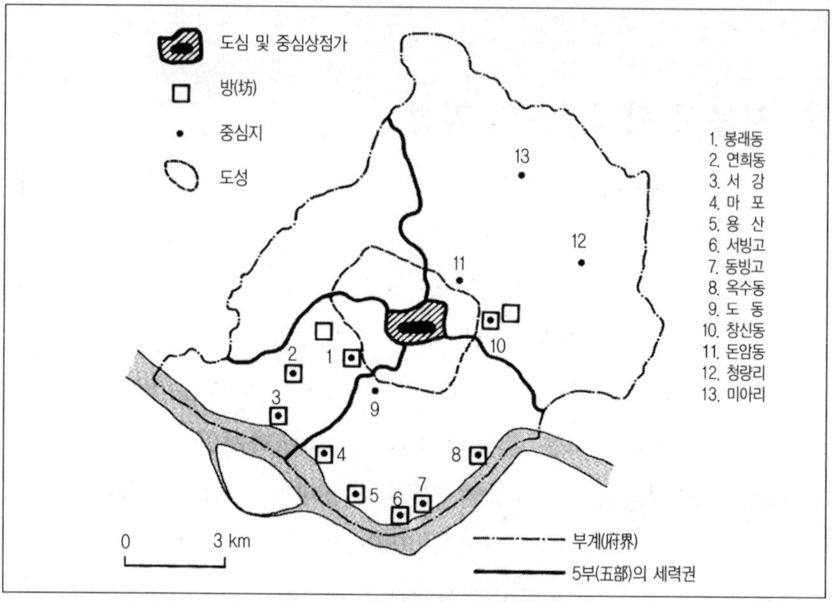

그림 1-5 조선말엽 서울의 지역구조

자료: 萬機要覽, 京城五部圖, 首善全圖, 都城地圖, 朝鮮長安圖, 四山禁標圖 등을 참고하였음.

加檢察 從之"라고 기록되어 있다. 이것으로 보아 각 방의 사무소는 지구간의 교류가 원활히 이루어지도록 각 부로부터의 접근성을 고려하여 취락 중심지에 두었던 것으로 해석할 수 있다. 그리고 각 지구간의 경계는 5부의 경계와 일치시켰고, 각 부의 경계는 도성밖의 경우, 사람들의 교류를 저해하는 지형적 장애에 따라, 그리고 도성내의 경우, 도로를 따라 획정되었다.

이와 같은 개항전의 서울의 지역구조는 지구간의 인구유동자료, 즉 OD표(origin-destination table)의 분석에 의하여 얻어진 결과는 아니지만 여러 상황을 바탕으로 하여 당시의 상황을 추정한 것이다.

한국의 도시성장은 자본주의 경제의 도입에 따른 사회 · 경제적 구조의 변화가 요인이 되었다(강대현, 1971). 이것은 1876년에 강화조약이 체결된 이후의 일이다. 즉 조선왕조는 약 500년 간에 걸친 쇄국정책을 버리고 새로운 외래문물을 받아들이게 되었다. 그리하여 1883년에 일본 · 미국 · 영국 · 독일, 1884년에 러시아 · 이탈리아, 1886년에 프랑스와 통상조약을 맺어 개방정책을 취하였다. 주요 항구와 도시는 외국에 개방되어 이를 開港 또는 開市라 불렀다. 개방된 항구와 도시에는 외국인의 상점가와 거류지가 형성되었다(최영준, 1974). 일본은 제일은행을 위시한 다수의 금융기관을 설치하여 상업자본의 본거지로 삼았다. 현재의 남대문로 부근에 입지한 은행가는 이것을 계기로 하여 형성된 것이다.

서울의 성장은 주로 일본상인과 청국상인으로 이루어진 외국상인들의 진출에 따라 자극받은 바가 컸다. 양국 상인은 서로 자기들의 세력을 굳히기 위하여 상업활동의 확대에 힘을 기울였다. 일본상인은 진고개와 충무로를 거점으로 하여 양쪽에 상점가를 형성하였다. 처음에는 청국상인의 세력이 강하였으나, 청일전쟁에서 일본이 승리하게 되자 그 후는 일본상인의 세력이 강해져 남대문로는 일본상인의 활동무대가 되었다. 이에 따라 청국상인은 남대문로에서 소공동을 거쳐 서소문동으로 후퇴하게 되었다. 이와 같은 청일 양국 간의 지배권쟁탈은 서울의 도시구조를 크게 변화시켰다. 즉, 서울의 중심상점가는 한국인의 전통적인 시전가(종로 1~3가)와 충무로에서 남대문로까지의 일본인 상점가 및 소공동에서 서소문로에 이르는 청국인 상점가를 합쳐 모두 세 곳에 중심상점가가 형성된 것이다.

2) 근대도시 서울의 성장

서울의 인구는 1935년을 전환점으로 하여 급격히 증가하였다. 이러한 인구증가는 서울의 용산 · 영등포 · 왕십리 등지에 공업지역이 형성됨에 따른 노동력의 수요와 일본정부가 실시한 한국으로의 對韓移民政策에 따른 일본인의 서울 이주에 기인된 것이다. 서울은 1942년 역사상 처음으로 백만도

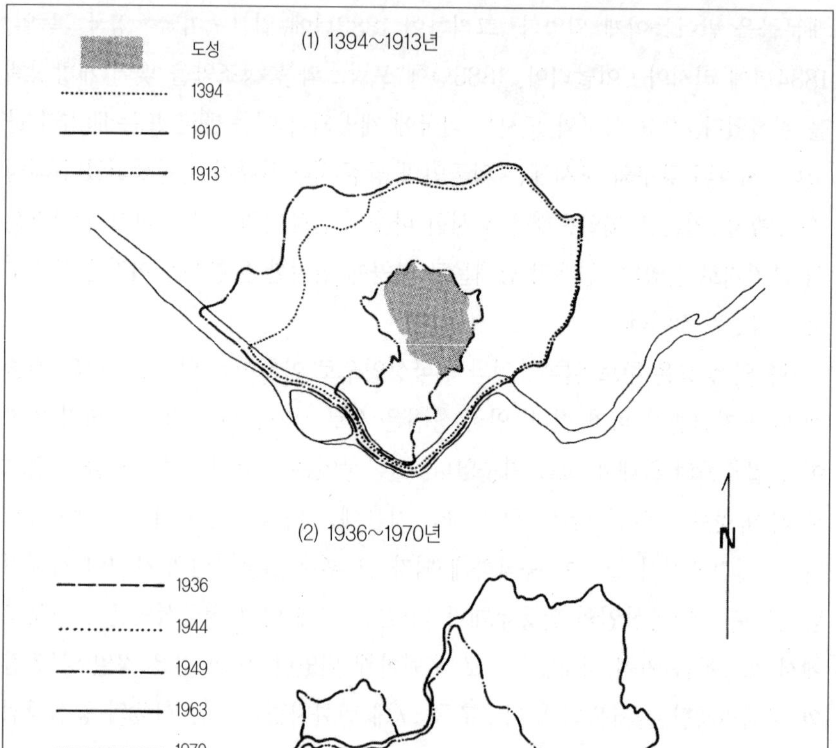

그림 1-6 서울시 행정구역의 변화

시가 되었다. 그 당시 서울시역의 평면적인 확대는 도성을 중심으로 청량리 · 왕십리 · 용산 · 신촌 · 마포 등의 방향으로 현저하게 이루어졌다. 제2차 세계대전 후 일본인은 서울을 떠났지만, 서울의 인구는 더욱 증가하였다. 한국전쟁 중에는 일시적으로 인구가 감소한 때도 있었으나 그 후로는 계속 증가하였다. 이러한 인구증가의 대부분은 자연적 증가가 아닌 사회적 증가에서 비롯된 것이었다.

서울은 미군정이 종식된 후인 1949년에 特別市로 지정되었고 시역도 대폭적으로 확장되었다. 그러나 한국전쟁으로 인하여 시가지와 주요 산업시설이 커다란 피해를 입었다. 한국전쟁으로 파괴되었던 도시의 대부분은 1950년대 후반에 재건되었으나, 한국전쟁은 서울의 도시구조를 바꾸어 놓는 전환기가 되었다. 바꿔 말하면, 1940년대에서 1950년대까지의 서울은 G. Sjoberg(1960)의 도시분류에 의할 것 같으면 전통적인 전산업형 도시에 속해 있었으나(Berry, 1971), 1960년대 이후부터는 서서히 근대적인 도시구조로 탈바꿈한 것이다(이기석, 1975). 이 배경에는 인구의 급속한 도시집중 · 교통수단의 개선 · 도시역의 확장 · 건축기술의 발달 등과 같은 여러 요인이 작용하였으며 또한 한국경제의 고도성장이 기반을 이루고 있었다. 현재 서울은 인천 · 수원 · 성남 · 고양 · 부천 · 안양 · 의정부 등의 위성도시를 갖는 인구 1,000만 명을 넘는 거대도시로 성장하기에 이르렀다.

그림 1-6은 서울시 행정구역의 변화과정을 보여주고 있다. 이 그림에 의하면, 서울의 시역은 1394년에서 1910년까지 변화가 전혀 없었음을 알 수 있다. 그리고 1970년대까지 행해진 서울시 경계의 확대과정은 서울의 성장을 말해주는 것이 될 것이다.

한편 서울 내부의 지역분화는 1960년대 초기에 이미 진행되고 있었다. 즉, 1960년대의 서울은 도시화의 진전에 따라 중심부와 주변부에서 지역적 성격이 다르게 전개되었으며, 주택지를 예로 들면 주민의 사회 · 경제적 특성에 따라 분화현상을 보였다. 이에 대하여 도심은 상점가와 업무가 또는 관청가로 이루어져 있었다. 이러한 지역분화의 골격은 이미 조선시대의 한성부와 일제 강점기의 경성부에 걸쳐 오랜 시간을 두고 형성되어 온 것이다. 예컨대, 상점가는 조선왕조의 육의전과 19세기 말엽의 일본과 청국상인의 상점가가 입지하고 있었던 곳이며, 관청가는 조선왕조의 궁궐 및 관아와 식민지시대의 통치기관 및 은행가가 입지하고 있었던 곳이다. 이들 지역은 서울의 성장과 더불어 규모뿐만 아니라 질적인 변화도 보이긴 했으나 서울의 지역구조를 바꾸어 놓을 만한 큰 변화는 없었다. 이와 같은 도시지역의 분화는 1970년에 들어와 더욱 명료해지고 또 복잡해지게 되었다.

1970년대에 들어서면서 우리나라가 공업화의 기틀을 토대로 국가의 산업구조가 변화하고 도시화가 진행되는 과정에서, 서울은 지난 30여년 동안 고도의 경제성장과 더불어 인구 및 산업이 집중되는 문제에 직면하게 되었다. 서울시에서는 집중의 문제를 해결하기 위하여 1970년대 초반부터 한강 이남의 황무지였던 현재의 강남구 · 서초구 · 송파구 일대를 중심으로 하는 강남지역에 대하여 영동지구 개발사업을 착수함으로써 도심에 집중된 기능에 대하여 한강 이남지역으로의 분산을 도모하기 시작하였다.

1970년대에 들어서 서울시 행정의 최대과제는 한강 이북지역에서 인구 및 산업의 집중을 억제하는 이른바 강북억제책이었다. 당시 서울시에서 해결해야 할 급선무로 삼은 것은 한강 이북에 밀집되어 있는 인구와 기업체를 한강 이남 특히 강남지역으로 이전시킴으로써 한강 이북에서의 각종 시설이 새롭게 등장하는 것을 억제하는 것이었다. 그리고 1972년부터 서울시에서는 종로구 및 중구 전역, 용산구 · 마포구의 기성 시가지 전역, 성북구 · 성동구의 일부 지역까지를 포함한 28㎢를 「특정시설 제한구역」으로 지정하였다. 제한구역으로 지정된 지구내에서는 백화점 · 도매시장 · 공장 등의 신규시설 일체를 불허한다는 내용이었다. 따라서 강북억제책은 강남개발 촉진책으로 받아들일 수 있다. 한강 이북의 구시가지를 중심으로 강북억제책이 강력히 추진되는 동안 한강 이남의 강남 일대에서는 서서히 변화가 발생하기 시작하였다.

그러한 변화 가운데 가장 빠르게 그리고 두드러지게 나타난 현상은 서비스업의 입지였다(손정목, 1999).

1970년대 후반에 들어서면서, 서울시에서는 기존 도심부의 집중을 완화시키기 위한 일환으로 3핵도시 구상을 하게 되었다. 3핵도시에 관한 지정은 1977년에 이루어졌으며, 여기에서 제시된 3핵이란 서울의 도심, 영등포핵, 영동핵을 일컫는다. 이 구상안에 따르면, 기존에 형성된 한강 이북의 핵은 서울의 도심으로서 뿐만 아니라 국가의 중심으로서 중추적 중앙행정기능을 갖춘 도심으로 육성하고, 여의도를 포함하는 영등포핵은 경인 · 경수 간의 산업지대에서 중심적 기능을 수행하도록 개발하며, 신개발지인 영동핵은 기존 한강 이북 도심의 기능 가운데 도심 과밀의 주된 요인이 되고 있는 기능의 분산을 시도하도록 기본방침을 정하였다. 즉 영동핵은 2차적 행정기능을 위주로 하여 서울역의 일부 기능, 서울시청을 포함한 2차 관청이 집합된 시빅(civic)센터, 금융 및 업무기능 등 장래의 수요에 대처해서 모든 기능을 수행하는 핵심지역으로 개발한다는 내용이다(손정목, 1999). 이에 따라 기존 도심에 입지하고 있던 국세청 · 관세청 · 산림청 · 조달청 등이 강남구로 이주하게 되었으며, 지하철 2호선이 이들 3핵을 연결하는 순환선으로 개발되었다. 즉 도심의 기능을 다른 지역으로 분산시키고 일부 행정담당기능을 과천 · 대전 등지로 분산시켰으며, 상업기능 역시 여의도나 강남 일대 등지로 흩어지게 한 것이다.

예컨대, 서울시 다핵화에 대한 구상의 일면은 한강 이북지역과 한강 이남지역에 거주하는 인구비중의 변화를 통해서도 확인할 수 있다. 한강 이남이 영등포 일대를 중심으로 하는 시가지에 국한되었던 1960년에는 한강 이남에 거주하는 서울시 인구의 비중이 18%에 불과하였으나, 1970년에는 22%로 증가하였다(이건영, 1995). 강남개발사업이 1970년대 들어 본격적으로 진행됨에 따라 한강 이남의 인구증가가 가속화되어 1980년에는 한강 이남에 거주하는 인구의 비중이 40%로 증가하였으며, 1990년의 48%를 거쳐 2000년에는

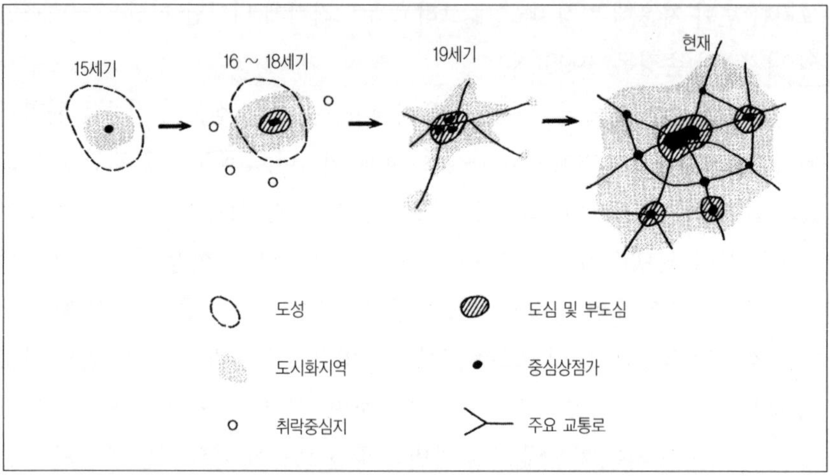

그림 1-7 서울시 도시구조의 형성과정 모식도

50%를 상회는 수준이 되었다.

이와 같은 일련의 도시재정비 사업의 결과, 서울의 도시구조는 기존의 도심을 중심으로 하는 단핵구조에서 점차 다핵구조로 변모해가고 있다. 서울시 도시구조의 다핵화 현상에 관한 일련의 연구에 의하면, 서울의 다핵화는 전술한 3핵을 중심으로 전개되고 있음을 확인할 수 있다.

이상에서 우리는 서울의 도시구조 형성과정에 관하여 고찰하였다. 이것을 모식적으로 지도화하면 그림 1-7에서 보는 바와 같다. 즉 서울은 조선왕조의 건국으로 개성에서 현재의 서울로 천도되어 성곽을 완성하고 나서 도시적인 경관을 갖추었다. 17세기를 전후하여 서울의 인구는 10만 명을 돌파하였고, 도시화 지역은 성곽을 넘어 그 범위를 확대시켜 나아갔다. 그리고 도성의 주변에는 서울의 위성도시라고도 볼 수 있는 취락중심지가 산재해 있었다. 그 후 서울의 성장은 상업자본의 도입으로 인한 중심상점가의 형성과 교통기관의 발달에 따른 전차와 같은 대중교통수단의 출현으로 인하여 더욱 촉진되었다. 20세기 전반에는 공업지역이 형성됨에 따른 노동력의 수요와 일본인의 이주 등이 요인이 되어 1942년에 서울은 백만도시가 되었다. 1950년에 일어난 한국전쟁은 서울의 도시구조를 바꾸어 놓는 전환기가 되었으며, 서울은 1960년을 기점으로 하여 전산업도시로부터 산업도시로, 즉 전근대적 도시형으로부터 근대적인 도시구조로 변모하였다.

1970년대에 들어서면서 서울에서는 한강 이북의 도심집중현상이 심화됨에 따라 도시기능의 활성화를 도모하기 위하여, 한강 이남에 2개의 핵을 선정하고 도심기능의 분담을 꾀함으로써 도시구조의 다핵화를 추진하였다. 3핵의 선정에 따른 도시구조의 다핵화 전략에 힘입어 현재의 서울은 전통적인 중심지 기능을 수행해온 도심과 강남 일대를 중심으로 하는 부도심, 그리도 영등포 및 여의도 일대를 중심으로 하는 부도심으로 다핵구조의 기틀이 형성되었다. 이와 같은 도시구조의 전개는 도심의 확대 · 부도심과 근린상점가의 출현 · 도시역의 신장 등에서 볼 수 있으며, 서울이 발전된 배경에는 한국경제의 고도성장이 밑바탕을 이루고 있다.

서울의 인구는 1992년에 1,096만 명으로 정점을 형성한 후 1997년 외환위기 당시 일시적으로 인구가 감소하였지만, 현재는 인구규모가 1,000만 명을 상회하는 거대도시(metropolis)로 성장하였으며, 주변에는 크고 작은 도시들이 연담하여 리본형 회랑지대를 이루면서 서울을 중심으로 하나의 거대도시권(metropolitan area)을 형성하고 있다. 또한 서울은 국내에서의 중추기능뿐만 아니라 세계적으로도 막강한 기능을 행사하는 세계도시(global city)의 반열에 올라섰으며, 다국적기업 및 초국적기업의 국경을 초월한 입지가 활발하게 진행되고 있다. 따라서 도시내 산업입지 패턴의 변화에 따라 서울내부의 지역구조가 변화해가고 있는 동시에 서울을 중심으로 형성된 수도권의 지역구조 역시 빠른 속도로 재편되어 가고 있다. 이에 본서에서는 수도권의 지역구조 변화를 개관하고, 서울 내부의 지역구조 변화를 상세하게 고찰하고자 한다.

참고문헌

- 강대현, 1971, "대도시 교외지역의 도시화와 유형의 연구: 서울 동부지역을 중심으로," 지리학, 6, 25-50.
- 남영우 · 최재헌, 2006, 세계화시대의 도시와 국토, 법문사.
- 서울특별시사 편찬위원회, 1979, 서울 육백년사 · 제3권, 서울특별시.
- 손정목, 1977, 조선시대 도시사회연구, 일지사.
- 손정목, 1999, "강남개발계획의 전개(Ⅳ)," 국토, 2월호, 82-95.
- 손정목, 1999, "다핵도시 구상의 파급효과(Ⅰ)," 국토, 7월호, 82-95.
- 이건영, 1995, 서울 이야기: 어제, 오늘 그리고 내일, 나남출판.
- 이기백, 1978, 한국사 신론, 일조각.
- 이기석, 1975, "서울 중심지역의 1960년 인구 및 주택특색의 분포에 관한 다변수분석," 지리학과 지리교육, 4, 1-26.
- 조기준, 1979, "상공업: 조선후기의 경제적 발전과 한성의 도시화," 서울특별시사 편찬위원회, 서울 육백년사 · 제3권, 서울특별시.
- 최영준, 1974, "개항전후 인천의 자연 및 인문경관," 지리학, 10, 43-60.
- Berry, B.J.L., 1971, Introduction: the logic and limitations of comparative factorial ecology, *Economic Geography*, 47, 209-216.
- Sjoberg, G., 1960, *The Preindustrial City: Past and Present*, The Free Press, 倉澤進 譯, 1968, 前産業型都市, 鹿島出版會, 東京.

제2장 수도권의 지역구조 변화

1. 연구의 의의: 수도권과 서울

2. 1970년대의 지역구조

3. 2000년대의 지역구조

4. 1990년과 2000년의 지역구조 변화

5. 지역구조의 변화

1. 연구의 의의 : 수도권과 서울

수도권은 한 나라의 정치 · 경제 · 사회 · 문화의 중심지인 경우가 일반적이다. 그리고 토지이용이라는 측면에서는 주변의 위성도시와 생활권의 통합이 이루어지고 도시기능이 광역화함에 따라 지역문제의 협동적인 해결을 위한 종합적인 성장관리가 필요하게 된다. 우리나라의 수도권을 가장 간단하게 정의하면 수도인 서울과 그 주변지역으로 구성된 배후지의 공간적 범위라고 정의할 수 있다. 즉 수도권은 서울이 중심지로 기능하며, 서울의 주변에 분포하고 있는 지역이 기능적인 측면에서 서울의 배후지역에 포함됨에 따라 계층적 위계질서를 이룸으로써 하나의 통합된 결절지역을 형성하고 있다.

현대에 들어서면서 교통 · 통신기술이 발달함에 따라 서울이 거느리는 배후지역의 범위는 확장되고 있으며, 그 결과 수도권의 범위도 점진적으로 확장되고 있는 추세에 있다. 즉 수도권의 범위는 1960~70년대만 하더라도 서울과 인천으로 연결되는 京仁地方을 중심으로 하는 구도였던 것이, 최근 들어서는 그 범위가 서울과 인천을 비롯한 경기도 전역으로 확대되었으며, 강원도 철원군까지 수도권에 포함시키기도 한다. 수도권을 행정적 경계로 설정하면 서울 · 인천 · 경기도가 포함되지만, 기능적 측면을 고려하면 철원군은 물론 충청도의 일부 지방도 여기에 포함될 수 있을 것이다. 행정적 경계에 의해 수도권을 설정할 경우, 수도권의 면적은 우리나라 국토의 11.8%에 해당하는 11,686㎢이며, 본 연구의 시점인 2002년 말의 인구규모는 전국 인구의 47.2%인 2,287만 명에 달하였다. 수도권의 면적은 변화가 없지만, 인구규모는 지속적으로 증가함으로써 전국에서 수도권의 인구가 차지하는 비중은 매년 꾸준한 증가추세를 나타내고 있다. 수도권의 인구증가는 서울이 아닌 그 주변지역에서 더욱 활발하게 진행되고 있으며, 인구증가의 중추적 역할을 담당하고 있는 지역이 수도권의 중심인 서울이라 할 수 있을 것이다.

우리나라의 수도 서울을 중심으로 하는 수도권의 발전 역사는 매우 다양하며 오랜 내력을 가지고 있다. 조선시대에는 한양성을 둘러싼 100리 이내의 지역을 郊라 하여 정치 · 경제 · 문화적으로 도성의 세력권에 포함하였으며, 토지이용이나 도시계획 등의 여러 측면에서 직 · 간접적으로 한성부의 통제를 받았다(최영준, 1997). 일제시대에 들어서도 서울과 그 주변지역 간의 관계는 매우 밀접하게 유지 · 발전되어 왔으며, 오늘날에도 수도권의 기능은 서울을 중심지역으로 하고 주변지역이 서울에 종속되는 형태로 유지되어 오고 있다.

1960년대에 시작된 경제개발계획은 서울과 인천을 축으로 하는 공업지대를 형성시켰으며, 당시 공업지대의 축을 형성하였던 지역을 경인지방이라 불렀다. 한편 경인지방을 중심으로 산업입지가 가속화하고 공업화 및 도시화가 급속히 진행됨에 따라 서울과 연결관계를 형성하는 지역이 주변으로 확대되어 감에 따라 수도권이라는 용어를 사용하기에 이르렀다. 이 과정에서 급속한 공업화와 도시화가 진행되면서 수도 서울로의 인구 및 산업집중은 더욱 가속화되었다. 1970년대에 들어서면서 서울로의 집중도가 더욱 증가하였고, 서울 내부에서 환경문제 · 토지문제 등을 비롯한 여러 문제점이 발생하고 지방도시 간의 격차가 커지게 되었다. 이에 따라 서울에 입지하고 있는 일부 기능을 서울 이외의 지역으로 이전하게 되었고 고속도로가 건설됨으로써 지방도시와의 접근도가 향상됨에 따라 서울의 지배하에 놓이게 된 수도권의 범위는 외연적으로 더욱 확대되기에 이르렀다.

수도권에서는 서울 도심부에 자리하고 있는 정부종합청사를 과천으로 이전함으로써 행정기능을 담당하는 과천신도시가 형성되었으며, 구로공단에 입지하고 있던 제조업체를 반월로 이전시킴으로써 안산신도시가 형성되기도 하였다. 그 후 1990년대 들어서는 인구과잉 및 주택부족문제를 해결하기 위하여 수도권 5개 신도시가 서울 주변에 건설됨으로써 서울의 인구분산을 촉진시키기도 하였다. 인구와 산업을 서울 주변지역으로 재배치한 것은 오히려 수도권내에서 서울의 위상을 한층 강화시키는 결과를 초래하였고, 현재는 인천과 경기도 뿐만 아니라 남쪽으로는 충청도 일부 지역이, 동쪽으로는 강원도 일부 지역이 서울과의 연결관계를 강화시킴에 따라 수도권의 실질적 범위는 더욱 확대되고 있는 실정이다.

수도권의 광역화가 진행되는 요인으로는 여러 가지를 꼽을 수 있다. 그 가운데 교통수단의 발달에 따른 사람들의 기동성(mobility) 증대가 가장 주요한 요인으로 작용한 것으로 볼 수 있다. 한강을 가로지르는 교량의 건설을 비롯하여 고속도로 개통 · 지하철의 등장 · 경부고속철도의 개통 · 자가용 보유 증가 등이 매우 빠르게 진행됨에 따라 서울의 주변지역으로 주거지가 확장되어 나감으로써 수도권의 공간적 확장이 진행되었다. 이와 함께 주택부족문제의 해결을 위한 신규주거단지의 건설을 들 수 있다. 앞에서 언급한 바와 같이, 서울의 주택부족문제를 해결하기 위하여 서울로부터 짧게는 20~30km, 멀리는 60km 또는 그 이상 떨어진 지점에 위성도시적 신도시가 건설됨으로써 주거지의 교내화 및 교외화가 촉진되었다. 최근에는 직장은 서울에 그대로 두고 주거지만 서울 이외의 지역에 두는 원거리 통근족이 증가한 것도 수도권을 광역화시키는 요인으로 이해할 수 있다.

수도권에 입지하고 있는 각종 활동의 재배치는 수도권에서 발생하는 사람이나 재화의 공간상호작용 패턴을 변화시키고 있다. 또한 서울은 각종 기능의 과대집적에 따라 수도권에서 차지하는 지위가 상대적으로 높아진 반면,

주변지역은 지위가 낮아짐에 따라 서울의 종주도는 더욱 커졌다. 즉 우리나라의 수도권은 여러 기능이 과대하게 집적해 있는 서울시와 과소하게 집적해 있는 주변지역이 공존하여 전반적으로 불균형한 지역구조를 이루고 있다. 바꿔 말하면, 우리나라의 수도권내에는 기능적인 면에서는 선진지역이라고 할 수 있는 서울시가 존재하는 반면에, 그 주변에는 서울시에 집적하는 기능을 분산시킬 수 있는 공간적 여지는 있어도 도시시설이 부족한 후진지역 혹은 저개발지역이 공존하고 있다는 사실이다. 지역적인 불균형의 결과, 인구와 공업 및 상업기능의 측면에서 지역구조의 재편성이 불가피하기에 이르렀다.

여기에서는 일일단위로 이루어지는 사람트립(person trip)을 분석지표로 하여 1970년대와 2000년대의 두 시점에 있어서 수도권을 구성하는 단위지역 간의 연결체계(linkage system) 및 유동패턴(flow pattern)으로 인식되는 수도권의 지역구조 변화를 고찰해 보도록 한다. 이러한 분석은 거대도시 서울의 지역구조를 이해하는 데 예비고찰이 되어 도움이 될 것이다. 즉, 1970년대와 2000년대의 두 시점에 있어서 공간상호작용의 변화에 따라 나타난 지역구조의 비교를 통하여 수도권의 구조적 변화를 파악하는 것이 본 장의 주된 목적이다.

2. 1970년대의 지역구조

1) 분석대상지역의 개관과 분석방법

1970년대의 수도권 지역구조를 분석하기 위하여, 당시 경기도에 속하는 26개 지구와 강원도에 속하는 철원군 1개 지구를 포함한 지역을 분석대상지역으로 선정하였다. 이 범위는 건설부가 설정한 수도권의 범위에다 수도권의 외부지역을 연결하는 주요 교통로 —경부선 · 영동고속도로 · 산업도로 · 경춘선 방면— 를 추가하여 총 31개 지구로 구성된 지역이다(그림 2-1). 이 지역내의 단위지구는 시 또는 군의 경계와 대체로 일치되도록 구분하였으나, 일부 지구는 단위지구의 경계를 조정하였다. 단위지구의 경계가 조정된 곳에는 고양(8) · 서울(10) · 남양주(11) · 시흥(15) · 안양(16) · 반월(20) · 수원(21) · 화성(22) · 용인(23) 등지가 해당한다.

여기서는 수도권의 범위가 문제시 되는데, 수도권의 범위에 관한 충분한 논의가 제대로 없었던 까닭에 의견의 일치를 본 적이 없다. 단지 정부에서 정한 수도권만이 있을 뿐이다. 그 후 韓國地誌(1980)의 총론편이 출판되어, 여기에서는 수도권을 3지대로 구분하였다. 즉 서울을 중심으로 하여 신도읍 등을 1차 지역으로 하고, 이것을 둘러 싼 김포 · 화성 · 양평 등을 2차 지역으로 하며, 또 그 바깥쪽을 3차 지역으로 구분하였다. 그 가운데, 3차 지역의 범위는 경기도의 행정구역과 완전히 일치하나, 본 장에서 분석대상지역으로 설정한 것과는 약간 다르다. 韓國地誌(1980)에서 설정된 수도권의 범위에 철원을 포함시키면, 1970년대의 분석대상지역으로 사용한 건설부의 수도권 범위와 일치한다. 이들 수도권 설정에 대하여, 저자는 수도권의 범위에 철원을 포함시키는 것이 합리적이라고 생각한다. 왜냐하면, 철원은 예로부터 현재에 이르기까지 서울과의 교류가 강원도의 중심도시인 춘천을 비롯한 타지역보다 빈번하였기 때문이다. 그러므로 경기도의 행정구역을 그대로 수도권의 범위로 정한 것에는 의문을 갖게 된다.

여기서 사용된 자료는 1977년 수도권에 관한 사람트립의 OD표(origin-destination table)이다(KIST, 1978). 이 자료에 입각하여 수도권의 지역구

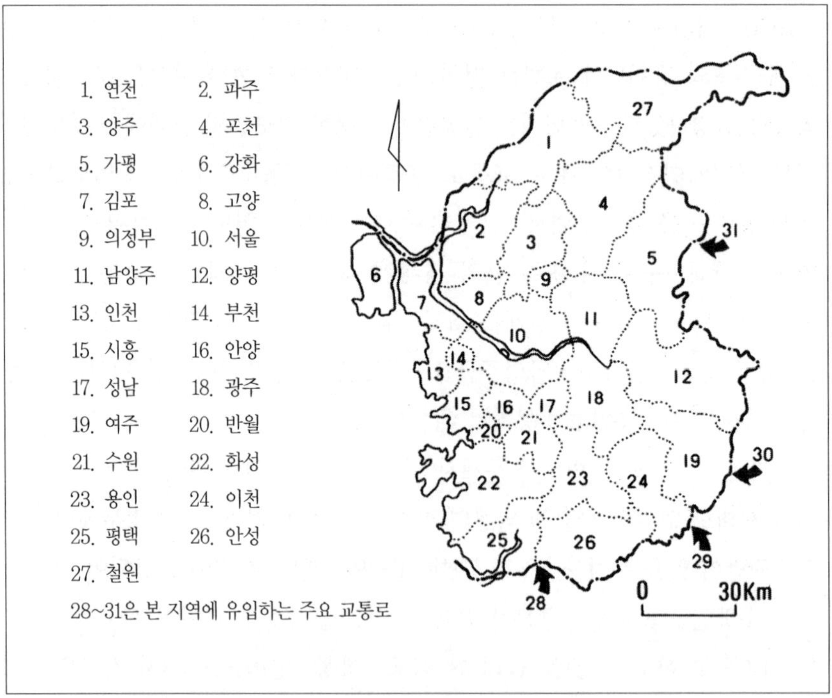

그림 2-1 분석대상 지역(1970년대)

조를 해명하기 위하여 OD표에 대하여 몇 가지의 통계적 수법을 적용하였다. 우선 지역 간의 기능적 연결체계를 고찰하는 데에는 J.D. Nysteun and M.F. Dacey(1961)가 개발하여 奧野隆史(1972)에 의해 수정된 그래프 이론(graph theory)법을 원용하였다. 그리고 각 지구의 유동패턴을 비교·고찰하기 위하여 입력자료를 평방근으로 변환하여 도착지를 중심으로 하는 R-기법의 인자분석을 행하였으며, J.B. Goddard(1970)의 분석방법을 약간 수정하여 유동패턴을 검토하였다. 또한 OD표에서 각 列벡터 간의 상관행렬에 대하여 출발지 간의 군집분석을 적용함으로써 지역 간의 그룹화를 행하였다.

2) 지역연결체계

(1) 그래프 이론의 적용

지역을 시스템적으로 볼 경우에, 지역 시스템을 분석하는 하나의 접근 방법은 전체지역을 구성하는 각종 부분지역과 그들의 관계를 일종의 결절점 및 연결선으로 간주하여, 전체지역의 시스템계를 결절점과 연결선의 두 요소로 구성되는 네트워크로서 파악하는 방법이다(奧野隆史, 1972; 1979). 여기서는 1970년대 수도권을 대상으로 지역간의 기능적 연결체계를 파악하기 위하여, Nysteun & Dacey에 의하여 개발되고 奧野隆史가 수정한 방식을 원용하기로 하였다. 이 경우는 연결선의 직접적 연결뿐만 아니라 간접적 연결도 크게 작용하는 것으로 생각하여 지역간 연결도의 계산을 행하였다.

지리학에 응용된 많은 계량기법 가운데 일찍이 도입되었던 그래프 이론은 연결체계의 분석 테크닉으로서 다른 계량적 기법과 뚜렷이 구분된다. 그래프 이론은 1736년 L. Euler가 위상수학적인 네트워크의 연구를 시도한 것이 발단이 되어, 1936년 D. König에 의해 체계화된 것으로 원래는 위상수학의 일부분이다. 이와 같은 그래프 이론은 1960년대에 들어서면서 W. Garrison,

D.F. Marble, K.J. Kansky 등에 의해 지리학에 본격적으로 도입되기 시작하였으며, 이 이론은 주로 교통망의 분석에 응용되었다. 특히, Nystuen and Dacey(1961)의 연구는 그래프 이론이 지리학에서 충분히 이용될 수 있음을 증명하였고, 奧野隆史(1972)의 연구 또한 그래프 이론을 지역간 연결체계의 분석에 적용한 것이다. 그래프 이론은 도시 내에서 전개되는 모든 활동이 도시를 구성하는 여러 요소 간의 공간상호작용에 의해 결정된다는 것에 바탕을 두고, 결절지역(nodal region)의 구조를 파악하는 데 유용한 기법이다.

우선 수도권내에서 최대지구의 흡수교통량에 대해 두 지구 i와 j 간에 발생하는 교통량의 비율 y_{ij}를 산출하여, 이 y_{ij}를 요소로 하는 간접행렬(indirect matrix)을 Y로 한다. 그러면 2단계의 간접적 연결도를 보여주는 행렬은 $Y \cdot Y = Y^2$ 으로 표시될 것이다. 이와 마찬가지로 3단계의 간접적 연결도는 Y^3, n단계의 간접적 연결도는 Y^n으로 나타나게 된다. 즉 모든 단계의 간접적 연결을 포함하는 인접행렬 B는

$$B = Y + Y^2 + Y^3 + \cdots\cdots Y^n + \cdots\cdots \qquad (1)$$

에 의하여 구해진다. 이 경우에 몇 단계까지의 간접적 연결을 채용할 것인가 하는 문제가 대두된다. 여기에서 분석하고자 하는 것과 같이 원자료(raw data)를 비율척도의 자료로 환산하는 경우는,

$$B = (I - Y)^{-1} - I \qquad (2)$$

가 간편법으로서 사용된다. 여기서 I는 대각선의 값이 1이고 나머지 모든 셀의 값이 0으로 나타나는 단위행렬(unit matrix)을 의미한다. 위에서 밝힌 식 (1)과 (2)는 Y^n의 값이 0이 될 정도로 큰 n을 생각한 계산법이므로, 현실적으로는 간접적 영향을 고려하기 위하여 무한에 가까운 단계까지 계산하는 것은

문제가 아닐 수 없다(森川洋, 1978). 그러므로 여기서는 수도권의 교통네트워크(도로와 철도)를 고려하여 3단계까지의 간접적 연결을 채용하였다. 간접행렬 Y의 단계를 정하기 위하여, 출발지구 i로부터 가장 먼 지구까지 도착하기 위하여 교통기관을 갈아타야 하는 횟수(e)를 대중교통수단(버스 · 열차)의 운행 네트워크에서 조사하여 그 평균치 $\frac{1}{n}\sum_{i} e_i$ $(i=1,2,3,\cdots\cdots,n)$를 산출하였다. 그 결과, 2.67이라는 매우 높은 접근성이 확인되어, 이를 근거로 간접행렬 Y를 3단계까지 채용하기로 하였다. 이것은 H. Robinson & C.G. Bamford(1978)가 고안한 접근성의 계산법을 이용한 것이나, 이 밖에도 W.E. Reed(1970)의 방법 등이 있다.

다음으로는 b'_{ij}를 요소로 하는 $B'(Y+Y^2+Y^3)$ 행렬을 가지고, 각 지구의 모든 기점트립($\frac{1}{n}\sum_{i} b'_{ij}$)에 대하여 쌍을 이루고 있는 상대지구와의 비율 — 즉, 백분율— 을 구하여, 이것을 행렬의 형식으로 표시한다. 그 다음 각 행의 비율 가운데, 해당지구보다 규모가 큰 상대지구와의 연결비율을 취하여, 그 가운데에서 최대가 되는 비율만을 선출한다. 이와 같은 수학적 조작에 따라 각 단위지구의 대부분은 각각 규모가 큰 결절점으로 향한 하나의 연쇄선이 생겨 나오게 된다. 이 유향성 연결선(directed link)은 각 지구가 그 주변의 지구들 가운데 어느 지구와 가장 관계가 깊은가를 나타내는 것이다.

다음에는 연결선의 계층성을 고려하여 b^*_{ij}의 연결도를 그림 2-2에서 보는 바와 같이 3구분하였다. 구체적으로 설명하면, 앞서 선출한 지구 i로부터 최대비율을 갖는 지구 j와의 연결도를 b^*_{ij}로 하고, b^*_{ij}의 크기에 따라 순서대로 배열하여, 그 가운데 급변점(break point)으로 여겨지는 곳을 기준으로 연결도를 3구분 하였다.

이들의 연결도 A, B, C의 연결선을 지도상에 나타내면 그림 2-3과 같다. 단, 이와 같은 절차를 밟아 만들어지는 지역간 기능적 연결체계의 네트워크 분석에서는 최대결절류만을 고찰하면, 최대결절류의 탁월성 때문에 중심지간의 경합적 관계가 해명될 수 없게 되므로(森川洋, 1978), 1970년대의 연결

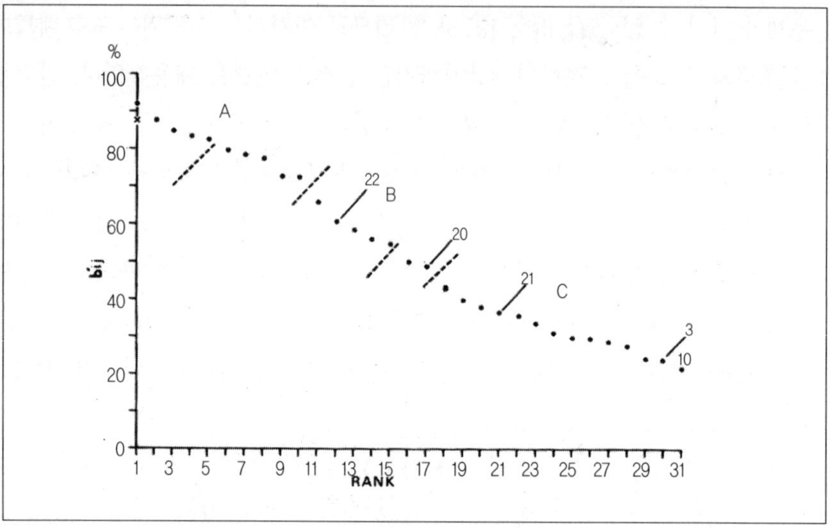

그림 2-2 연결도의 계층구분

숫자는 지구번호이며, 연결도는 점선으로 구분하였다.

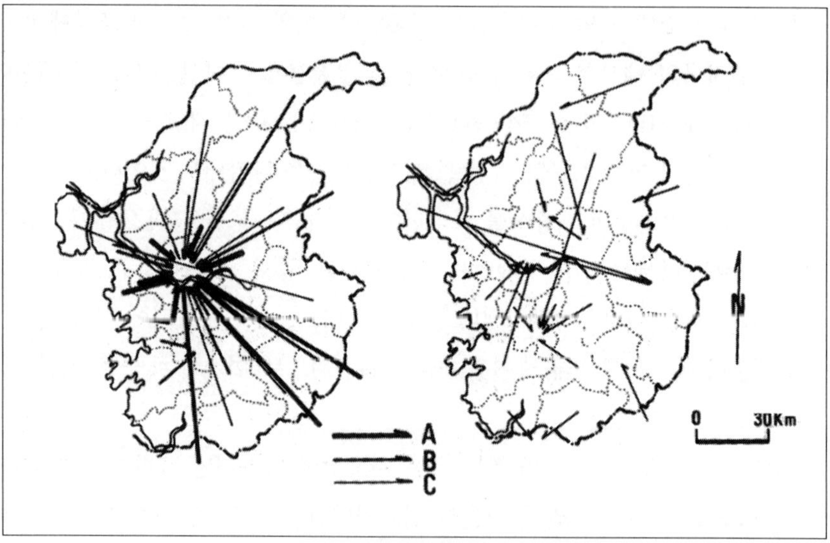

그림 2-3 수도권 지역연결체계의 네트워크

좌: 최대결절류　　우: 제2결절류 (연결도 A, B, C는 그림 2-2와 대응)

체계 분석에서는 제2결절류까지 고찰하기로 한다.

(2) 연결체계의 파악

그림 2-3에서 관찰할 수 있는 바와 같이, 최대결절류의 경우는 대부분의 연결선이 서울에 집중하고 있다. 즉, 수도권에서는 서울을 최종결절점(terminal point)으로 하는 하나의 연결체계가 존재하며, 서울을 향하여 집중하는 연결선의 연결도는 강한 편이긴 하나, 지역간의 기본적인 연결패턴을 보여주는 것이다. 그림 2-3에서 보는 바와 같이, 수도권에는 B 또는 C의 연결도를 갖는 소수의 연결선이 수원 · 안양 · 김포지구로 향해 있을 정도이며, 그 밖의 대부분 연결선은 서울에 집중하고 있다.

서울에 종속하는 지구수는 연결도 A가 10지구, B가 6지구, C가 11지구이다. 지구 간의 연결도가 낮은 수준의 지구가 많이 추출되었음은 시간이 경과함에 따라 수도권에서 서울이 차지하는 중요성이 상대적으로 감퇴할 것임을 의미한다고 볼 수 있겠다. 그러나 서울은 장래에도 타지역과 상당한 차이를 견지할 것으로 예상되며, 수도권뿐만 아니라 우리나라 전 지역에 대하여 수위도시(primate city)로서의 지위를 지속할 것으로 예상된다. 이처럼 서울의 지배력은 압도적으로 강하였기 때문에, 그 밖의 결절점 간에 경합관계를 형성시키지 않았다.

다음에는 최대결절류의 네트워크 뒤에 숨겨져 있는 또 다른 연결체계를 찾아내기 위하여 제2결절류만을 대상으로 하여 최대결절류와 동일한 고찰을 하였다. 그 결과, 제2결절류의 연결체계는 당연한 일이겠으나 최대결절류의 그것과는 상당한 다른 네트워크를 보인다는 사실을 알 수 있다. 즉, 수원은 5개, 서울은 4개, 의정부는 4개의 하위지구를 각기 종속시키고 있으며, 지구 간의 지배 · 종속관계를 보여주는 연결도 역시 매우 낮은 수준으로 형성되었다. 최대결절류에 의한 분석에서는, 인천이 하위지구를 거느리지 못하고 서울에 지배되었으나, 제2결절류에서는 부천 · 시흥 두 지구와 연결됨으로써 부차적인 중심지를 이루어 주목된다. 수도권에서 제2의 대도시인 인천의 지위가 낮게 평가된 것은 인천이 서울의 세력권 속에 포함되어버린 때문으로 생각된다.

한편 서울과의 연결도가 낮은 수원은 최대결절류에서 뿐만 아니라 제2결절류의 연결체계에서도 고차중심지의 지위를 차지하고 있다. 수도권 북부에서는 의정부가 양주 · 남양주 · 연천 · 철원을 하위지구로 지배하고 있다. 특이한 점으로는 수도권 남부의 평택과 안성이 제2결절류에서는 수도권 이외의 지역으로 연결관계를 형성시켰다는 것이다.

이상의 고찰에서, 우리는 수도권의 지역간 연결체계가 수위도시탁월형을 이룬다는 점에 동의할 수 있게 되었다. 이것은 서울이 지니고 있는 수도로서의 기능과 각종 중심기능을 수도권 전역에 제공한다는 점에서 비롯된 것이다. 또한 경부선 · 경인선 · 중앙선 · 경춘선 · 서울 교외선 등의 철도와 경인고속도로 · 경부고속도로 · 영동고속도로 · 산업도로 등의 도로 네트워크가 서울 집중형을 이루고 있다는 등의 요인도 작용한 것으로 생각된다.

3) 유동패턴

(1) 인자분석의 적용

앞에서는 그래프 이론법을 적용함으로써 지역 간의 기능적 연결체계를 고찰하였다. 그러나 이 수법으로는 결절류만을 채용하고, 그 나머지는 버릴 뿐만 아니라 각 지구의 출발지 및 도착지 패턴을 전체적으로 비교 · 고찰하는 것이 불가능하였다. 그래프 이론법에 의한 결절지역구조의 규명은 최대결절류 또는 제2결절류만을 채택하여 이루어진다는 점에서 단위지구 간의 모든 유동량이 고려되지 않는 단점을 가지고 있다. 물론 인접행렬을 계산할 때에 모든 지구 간의 유동량이 고려되기는 하지만, 궁극적으로 지역연결체계 및 결절지역구조를 산출할 때에는 최대결절류나 제2결절류만이 지역구조를 표현해 준다. 따라서 인자분석(factor analysis)에 의한 유동패턴의 추출이 다수의 지구 간에 발생하는 모든 유동량을 고려함으로써 출발지와 도착지의 패턴을 모두 고려할 수 있기 때문에 그래프 이론법의 단점을 보완해 줄 수 있는 지역구조의 규명방법이라 할 수 있다.

이에 여기에서는 상기한 단점을 보완하기 위하여, 분석단위지구 간의 유동량을 나타내 주는 행렬에서 지구내에서의 이동을 나타내는 대각선 셀의 수치를 뺀 31×31 지구간의 OD행렬을 다시 작성하였으며, 이 행렬에 대하여 R-기법의 주축법 배리맥스(varimax) 直交回轉에 의한 인자분석을 행하였다. 대각선 셀의 값을 제외한 이유는 지구 간의 유동패턴에 대한 인자분석에서 지구내의 트립수가 상관계수에 중대한 영향을 미치기 때문이며, 斜交回轉을 실시하지 않고 직교회전을 실시한 것은 계층구조가 아닌 유동패턴을 고찰하려 하기 때문이다. 계층적 질서에 의하여 조직되는 공간시스템 내의 결절지역의 계층성을 찾아내기 위해서는 직교회전보다 사교회전을 실시하는 고차 인자분석(higher-order factor analysis)이 좋은 결과를 기대할 수 있다는 연구보고가 있으나(Nader, 1981), 여기서는 계층구조가 아닌 유동패턴의 고찰에 목적이 있다.

인자분석을 실시한 결과, 고유치가 1.0을 상회하는 4개의 인자가 추출되었으며, 이들 인자의 누적설명량은 전변동의 90.0%를 차지하였다(표 2-1). 장소와 장소 간의 공간상호작용을 나타내는 지구간 유동자료(inter-regional flow matrix)에 대하여 주성분분석(principal component analysis)이나 인

표 2-1 인자별 고유치와 개별설명량의 비율

단위: %

인자명	고유치	개별설명량	누적설명량
제1인자	23.74	76.6	76.6
제2인자	1.90	6.1	82.7
제3인자	1.19	3.9	86.6
제4인자	1.06	3.4	90.0

자분석을 적용하여, 그 계산 결과로부터 유동패턴을 도출하려는 경우에 이것을 지도상에 표시하는 몇 가지의 표현법이 고안되어 왔다. 그 가운데, Goddard(1970)의 표현법은 각 인자의 유동패턴 또는 기능지역을 나타내는 경우에 가장 많이 이용되고 있다. 그의 표현법은 도착지 패턴의 유사성을 나타내는 각 인자의 인자부하량(factor loading)이 높은 지구 —절대치 0.5 이상— 와 그 인자에서 높은 인자득점(factor score) —절대치 1.0 이상— 을 보이는 지구 간을 직선으로 연결함으로써 각 인자에 대하여 높은 인자득점을 갖는 지구로부터 높은 인자부하량을 갖는 지구로의 유동방향을 나타낸 것이다. 여기서도 이와 같은 표현법을 이용하여 각 인자별로 유동패턴을 표시하기로 하였다.

그런데, 여기서 문제는 다음과 같은 두 가지의 기준을 어떻게 결정할 것인가에 있다. 하나는 인자부하량과 인자득점의 절대치를 어느 정도 이상 갖는 지구라야 그것을 중요한 출발지 또는 도착지로 간주할 것인가 하는 문제이다. 또 하나는 출발지와 도착지 간을 직선으로 연결할 경우에 두 지구 간의

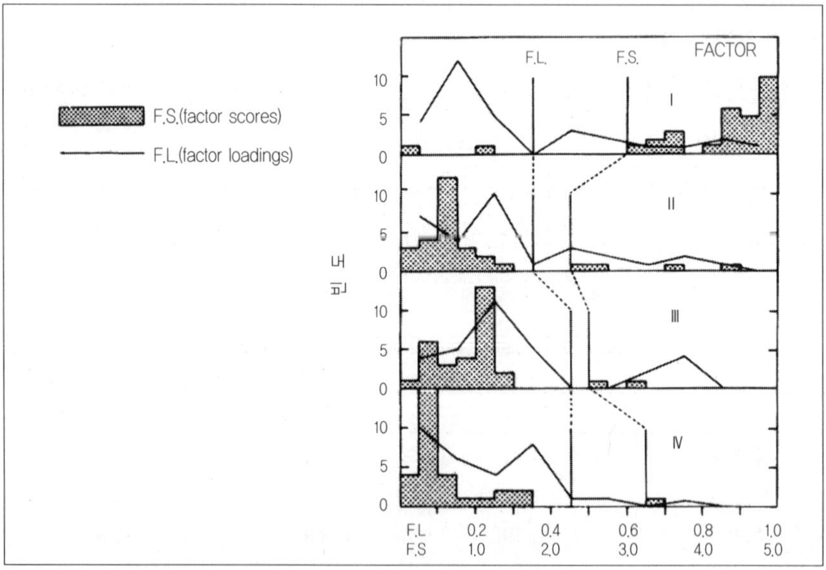

그림 2-4 인자부하량 및 인자득점의 빈도분포와 그 급변점

유동량이 어느 정도 이상이라야 연결할 것인가 하는 문제이다. 전자의 문제에 대한 해결책으로써는 저자가 고안한 방법(남영우, 1981)을 본 연구에서도 적용하기로 하였다. 그 방법을 구체적으로 설명하면 다음과 같다.

즉, 그림 2-4에서 보는 바와 같이, 각 인자별로 31개 단위지구가 가지는 인자부하량과 인자득점의 도수분포를 조사함으로써 각 인자의 구조를 밝혀, 여기서 급변점이라 생각되는 것을 절단하여 인자부하량과 인자득점의 기준치를 정하였다. 그 결과, 인자부하량의 절단점은 0.35~0.45, 인자득점의 절단점은 2.25~3.25의 사이에 있음을 알았다. 그리하여 인자부하량은 0.40, 인자득점은 2.75에서 절단하였으며, 이를 각각의 기준치로 삼았다. 또한 후자의 문제에 대한 해결책으로는 출발지와 도착지 간의 유동량이 해당지구의 총발생(흡수)트립수의 3%를 상회하는 쌍만을 직선으로 연결하였다. Goddard(1970)의 표현법을 채용한 연구에서는 인자부하량과 인자득점이 미리 정해 놓은 기준치를 상회하면 모든 출발지와 도착지 간을 직선으로 연결하였다. 그러나 저자는 이에 대하여 의문을 갖고 3% 이상의 유동량을 갖는 지구 간을 중요한 출발지와 도착지로 간주하였다.

(2) 인자별 유동패턴

우선 제1인자에 주목하면, 개별설명량이 76.6%로, 추출된 4개의 인자 가운데 가장 주요한 인자이다. 제1인자가 나타내는 유동패턴은 서울을 출발지로 하여 그 나머지 거의 모든 지구를 연결하는 것이다. 서울과 연결되지 않은 지구는 김포 · 양평 뿐이다(그림 2-5). 인천 · 부천 · 고양 · 의정부 · 수원 · 성남 등지는 주요 출발지겸 주요 도착지로 추출되었다.

제2인자는 6.1%의 개별설명량을 가지며, 서울을 출발지 및 도착지로 하여, 인천 · 시흥 · 안양 · 성남 · 수원 · 화성 · 경부선 방면 등과 연결하는 유동패턴을 이룬다(그림 2-6). 시흥과 평택이 주요 출발지겸 주요 도착지로 추출되었으며, 인천 · 안양 · 성남 · 수원 · 화성이 주요 도착지로 추출되었다. 이렇

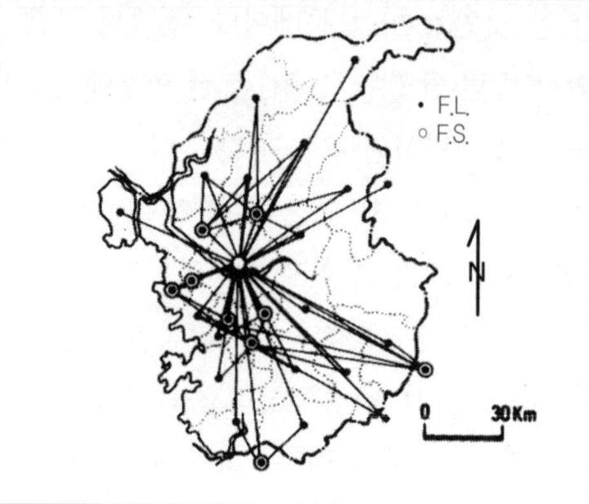

그림 2-5 제1인자의 유동패턴
인자부하량 (F.L.) 〉 | 0.55 |
인자득점 (F.S.) 〉 | 2.00 |

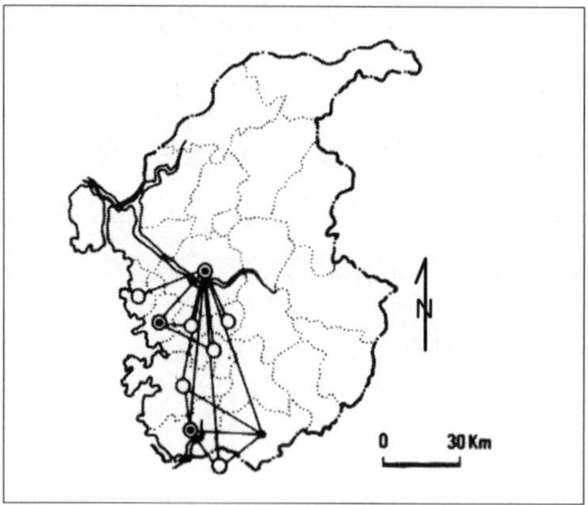

그림 2-6 제2인자의 유동패턴
인자부하량 (F.L.) 〉, | 0.55 |
인자득점 (F.S.) 〉 | 2.00 |

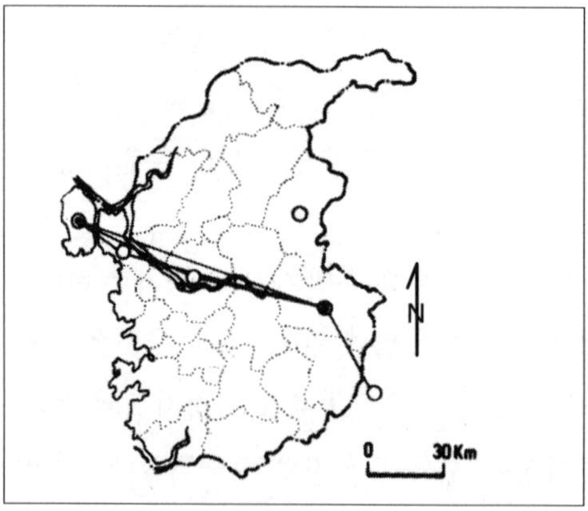

그림 2-7 제3인자의 유동패턴
인자부하량 (F.L.) 〉, | 0.55 |
인자득점 (F.S.) 〉 | 2.00 |

게 볼 때, 제2인자는 서울과 그 남부지역으로 구성되는 유동패턴이라고 요약할 수 있다.

한편, 제3인자는 3.9%의 설명량을 갖는 특이한 유동패턴을 이루고 있다. 이 패턴은 서울을 출발지로 하여 강화 · 김포 · 양평 · 영동고속도로 방면 등의 동서지역을 연결하는 형태로 이루어지고 있다. 강화와 양평이 주요 출발지 겸 주요 도착지로 기능하며, 김포 · 서울 · 가평은 주요 출발지로 추출된 유동패턴이다. 가평은 인자득점이 기준치를 상회하므로 중요한 출발지가 될 수 있으나, 중요한 도착지로 간주되는 강화 · 양평과의 유동량이 3% 미만이기 때문에 두 지구 간을 직선으로 연결할 수 없다(그림 2-7).

제4인자는 변동설명량이 3.4%이며, 유동패턴은 상술한 제3인자의 패턴과 유사하다. 이것은 제2인자보다 소규모이거나 매우 유사한 유동패턴을 이루고 있다(지도 생략).

이상에서의 고찰로 4개 인자에 의해 형성되는 각 유동패턴은 모두 수도권의 중심인 서울을 축으로 하여 완결된 출발지 및 도착지 패턴을 이루고 있음이 밝혀졌다.

4) 교통지역의 구분

(1) 군집분석의 적용

이상에서 우리는 수도권에 있어서 지역 간의 기능적 연결체계와 지구 간 유동의 출발지 및 도착지 패턴의 변화에 관하여 살펴보았다. 여기서는 수도권의 유동패턴에 의하여 조직되는 교통지역의 공간적 배열과 그 변화를 밝히기로 한다. 수도권에서 발생하는 사람트립을 이용한 교통지역구분을 하기 위하여 군간평균거리법(average linkage between merged groups)의 군집분석을 적용하였다. 여기에서 교통지역구분이 뜻하는 바는 통상적인 교통권과 동의어로서 사용되었다. 앞에서 밝힌 바와 같이, 수도권에서는 서울이 수위도시탁월형의 유동패턴을 이루므로, 수도권 전역이 하나의 교통권을 형성한다고 볼 수 있다. 교통권이란 교통류의 분계점과 교통류의 중심지에 사람들이 모여드는 대체적인 범위를 의미한다(有末武夫 , 1974). 그러므로 수도권의 경우에서는 각 행이 가지는 트립의 유사성에 근거하여 그룹화한 것이기 때문에, 엄밀히 말하면 하위시스템(sub-system) 차원에서의 교통지역구분인 동시에 출발지 간 트립수의 유사성에 기초한 교통지역구분이라고도 할 수 있다. 앞에서 실시한 그래프 이론법 및 인자분석에서는 연구지역을 개방시스템(open system)의 지역으로 간주하여 수도권 밖의 주요 교통로와의 유동을 추가하여 OD행렬을 작성하였으나, 여기서는 수도권내에만 한정하여 27×27의 행렬에 군집분석을 실시하였다.

군집분석을 적용할 경우에는 거리행렬과 유사도(similarity)의 계산방법이 문제가 된다. 여기에서는 여러 계산법 가운데 평방근으로 변환시킨 OD행렬로부터 상관행렬을 산출하여, 그 상관계수의 유사성에 근거를 두어 각 지구를 그룹화하였다. 이 그룹화에 의하여 설정되는 지역을 우리는 사람트립에 의거한 교통지역으로 인식하자는 것이다.

(2) 교통지역의 구분

군집분석을 실시한 후, 전체 대상을 몇 개의 그룹으로 분류할 것인가 하는 문제가 대두되는데, 여기서는 정보손실량(loss of detail)이 급증하는 제19단계에서 수형도(dendrogram)를 절단하였다(그림 2-8). 그 결과, 모두 8개의 그룹이 얻어졌다. 그러나 제19단계에서 절단한 경우, 독자적으로 그룹을 형성하는 서울 · 인천 · 안양 · 성남 · 수원을 서울의 위성도시군으로서 하나의 지역으로 묶어 놓았다. 그 이유는 상술한 도시들이 모두 서울과의 상호작용이 많아 깊은 관계를 맺고 있는 위성도시라는 공통성 때문이다. 따라서 군집분석을 통해 얻어낼 수 있는 교통지역은 대체적으로 4구분 된다.

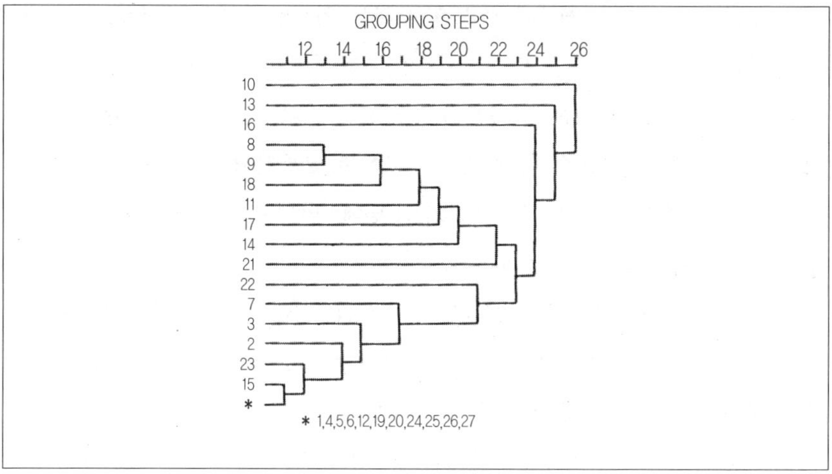

그림 2-8 교통지역의 수형도

지구번호는 그림 2-1과 대응하며 이 수형도는 군간평균거리법의 군집분석으로 도출된 것이다.

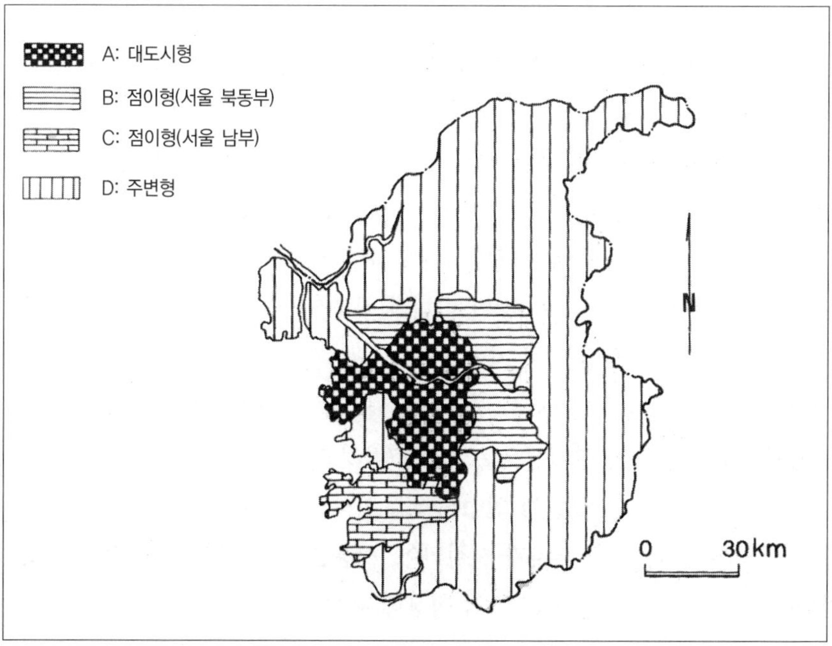

그림 2-9 수도권 교통지역의 구분

이렇게 하여 수도권은 서울을 중심으로 하는 위성도시군으로 구성되는 '대도시형 교통지역' 과, 이와는 달리 농촌적인 성격을 지니는 지역으로 구성되는 '변경형 교통지역', 그리고 양자의 중간적 성격을 지니는 '점이형 교통지역' 의 3지역으로 대별할 수 있다. 또한 '점이형 교통지역' 은 '서울 북동부지역' 과 '서울 남부지역' 으로 재구분되기 때문에, 위에서 언급한 바와 같이 수도권의 교통지역은 4지역의 존재가 인정된다.

이 권역을 전체적으로 보면, 서울을 핵으로 하는 圈狀構造를 이루고 있음이 주목된다(그림 2-9). 이 사실은 교통지역의 수형도에서 진행되는 그룹화의 과정을 관찰하여도 이해될 것이다. 즉 27개 지구가 하위계층의 지구로부터 순차적으로 상위계층의 지구로 그룹화되어, 최종적으로는 안양 · 인천 · 서울을 핵으로 하는 3개 지역으로 그룹화되고 있다.

이와 같은 교통지역의 구분은 수도권의 지역(도시)군 시스템 전체의 차원적 특성 —예컨대, 공업 · 경제적 기반과 사회적 계층, 문화 · 정보의 차원— 과도 일치하는 것으로서 인식된다(成俊鏞, 1977; 朱京植, 1982). 그러므로 여기서 설정된 교통지역은 비록 사람트립을 근거로 하여 구분된 것이나, 여러 가지 차원적 특성을 동시에 포함하고 있음을 시사하는 것으로 받아들여질 수 있다.

서울과 그 위성도시군으로 구성된 '대도시형 교통지역' 은 공업화로 비롯된 도시화의 영향을 크게 받았을 뿐만 아니라(최운식, 1980), 트립의 증가가 타 지역보다 현저한 지역이다. 이 지역을 구성하는 각 지구(도시)는 수도권 공업지역의 모체가 되는 중심지로서 장래에도 제조업의 다양화와 전문화의 과정을 거쳐 더욱 중핵적인 결절점으로서 성장할 것으로 예상된다.

또한 '대도시형 교통지역' 과 인접해 있으면서도 '변경형 교통지역' 으로 분류된 시흥과 반월은 지역격차가 시정되어, 시흥은 '대도시형 교통지역' 으로, 반월은 '점이형 교통지역' 으로 각각 성장해 나갈 것으로 전망된다.

이상에서는 사람트립을 분석지표로 선정하여, 이것을 매개로 하여 창출되는 수도권의 지역구조를 파악함과 동시에 장래의 사람트립을 산출하여 그 지역구조를 예측해 보았다. 그 결과, 다음과 같은 점이 밝혀졌다.

(1) 수도권의 지역시스템을 고찰하기 위하여 지역 간의 기능적 연결체계를 일종의 유향성 네트워크로서 파악하였다. 그 결과, 서울을 최종결절점으로 하는 단핵구조의 연결체계가 존재하며, 그것의 기본적 구조는 장래에도 변화하지 않고 수위도시탁월형을 이룰 것으로 전망된다.

또한 제2결절류에 대한 검토로서 지구간 경합관계의 해명을 시도한 결과, 서울과 그 위성도시군이 서로 경합관계에 있음이 판명되었다. 이 경우에 수도권에 있어서 제2위 도시인 인천은 서울의 세력권 속에 포함되어 독자적인 지배권을 갖지 못하므로 제4위 도시인 수원보다 낮게 평가되었다.

(2) 31개 지구 간의 출발지 및 도착지 패턴을 전체적으로 고찰하기 위하여 인자분석을 행한 결과, 4개의 공통인자가 추출되었으며 전체 변동의 90.0%를 설명하였다. 제1인자는 서울을 출발지로 하여 거의 모든 지구와 연결하는 유동패턴을 보였으며, 공통인자 가운데 가장 중요한 인자이다.

제2인자는 서울과 그 남부지역으로 구성된 유동패턴이다. 제3인자는 서울을 출발지로 하여 이곳과 그 동서지역을 연결하는 특이한 유동패턴을 나타내고 있다. 제4인자가 보이는 유동패턴은 제3인자와 매유 유사한다.

(3) 군간평균거리법에 의한 군집분석을 적용하여 수도권 교통지역의 유형화를 시도하였다. 그 결과, 서울을 중심으로 하는 중앙부의 '대도시형 교통지역' 을 둘러싸고, 수도권 주변부의 '변경형 교통지역' 과 그 중간지대의 '점이형 교통지역' 의 존재가 확인되었다. '점이형 교통지역' 은 또한 '서울 동북부지역' 과 '서울 남부지역' 으로 2구분 되었다.

우리나라의 도시화에 있어서 공업화는 주요한 촉진제의 하나였다. 공업화에 수반한 막대한 자본의 투하(제5 · 6차 경제개발 5개년계획 기간 중)는 외부경제의 확대와 지역주민의 소득증대에 따라 여기서 설정한 대도시형 교통지역이 제6차 경제개발 5개년 계획의 종료연도 경에는 인천-서울-수원-대전을 축으로 하는 코너베이션(conurbation)이 형성될 것으로 예상된다. 이 경우에 대도시형 교통지역은 그 거대한 코너베이션의 중심이 될 것이다.

마지막으로, 가까운 장래 서울을 중심으로 한 코너베이션 또는 21세기 중엽에 형성될지도 모르는 메갈로폴리스(megalopolis)화에 적용할 수 있는 도시정책의 필요성을 강조해 두고 싶다. 그 정책의 일환으로서, 일상도시생활권(D.U.S.: Daily Urban System)내의 교통시설의 정비 및 확충과 그린벨트(green belt)의 부분적이고 단계적인 해제를 제안하고 싶다. 예컨대, 서울과 그 남부지역 간 연결체계의 형태와 출발지 및 도착지의 유동패턴에 관한 고찰에서 밝혀진 바와 같이, 부천으로부터 성남에 이르는 서울 남부의 그린벨트는 트립의 저해요소인 동시에 비지적 도시확대(urban sprawl)의 한 요인이 될 공산이 크다. 더욱이 그린벨트내에 점차적으로 들어서고 있는 각종 공공시설은 예외사항의 확대를 야기시키고 있는 실정이며, 그린벨트 설정의 불합리성도 드러나고 있는 점을 감안해야 할 것이다.

지금까지 고찰한 것은 우리나라 수도권의 지역구조에 관한 분석결과이다. 여기에 각 단위지구별 지역적 특성을 나타내는 자료를 입수하여 공간적 상호작용의 패턴과도 대비하여 보고 싶다. 그와 같은 분석으로 현재와 장래의 두 시점에 있어서 「공간행동의 일반적 장이론」을 구축하는 것이 금후의 과제이다.

3. 2000년대의 지역구조

1) 분석대상지역 개관

1980년대 이후에 서울을 비롯한 수도권에서는 인구증가와 함께 행정구역의 재편이 이루어졌다. 따라서 본 연구에서 대상으로 하고 있는 단위지구 역시 1970년대의 단위지구와는 다소의 차이점을 나타내고 있다. 단위지구의 설정은 저자가 임의로 정한 것이 아니라 서울시에서 실시한 가구통행실태조사(서울특별시, 2003)에서 설정한 단위지구를 원용하였다. 가장 큰 차이점은 1970년대에는 하나의 단위지구로 인식되었던 서울이나 인천을 비롯하여 인구규모가 큰 도시지역이 區 단위로 세분화되었다는 것이다. 행정구역상 강원도에 속하는 철원군이 제외된 것도 1970년대의 분석에 사용되었던 단위지구와의 차이점에 해당한다.

1990년대에 들어서면서부터 본격적인 입주가 시작된 수도권 신도시는 기존 모도시의 규모를 더욱 대형화시켰다. 인구규모의 증가로 행정구역이 새롭게 설정됨에 따라서 2000년대의 단위지구는 그림 2-10에서 보는 바와 같이 모두 57개 지구로 증가하였다. 이는 앞에서 분석한 1970년대의 31개 지구에 비하면 아주 크게 증가한 것이다.

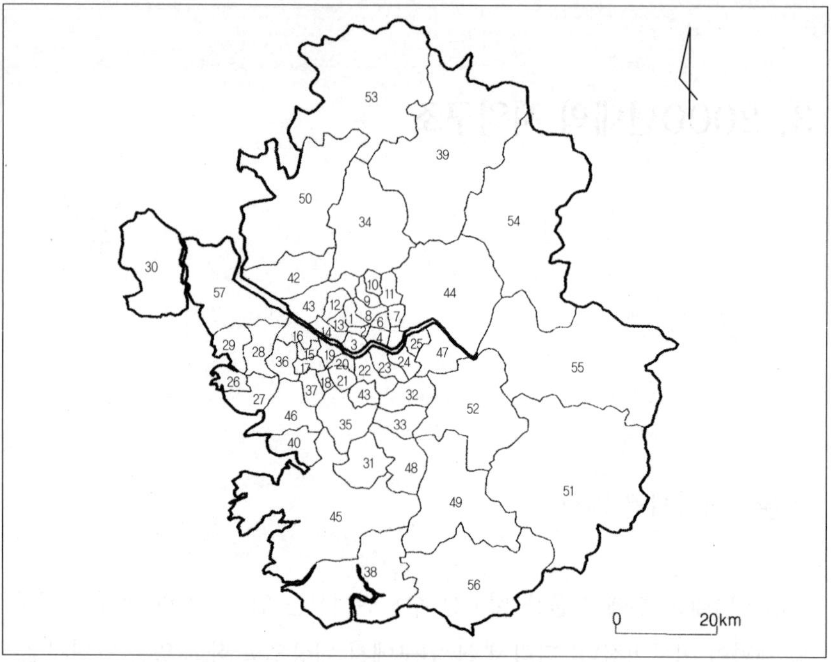

그림 2-10 분석대상지역과 단위지구(2000년대)

1: 종로구 2: 중구 3: 용산구 4: 성동구 5: 광진구 6: 동대문구 7: 중랑구
8: 성북구 9: 강북구 10: 도봉구 11: 노원구 12: 은평구 13: 서대문구 14: 마포구
15: 양천구 16: 강서구 17: 구로구 18: 금천구 19: 영등포구 20: 동작구 21: 관악구
22: 서초구 23: 강남구 24: 송파구 25: 강동구 26: 인천 중구 · 동구 · 남구
27: 인천 연수구 · 남동구 28: 인천 부평구 · 계양구 29: 인천 서구 30: 인천 강화 · 옹진
31: 수원 32: 성남 수정구 · 중원구 33: 성남 분당구 34: 의정부 · 양주 35: 안양 · 군포 · 의왕
36: 부천 37: 광명 38: 평택 39: 동두천 · 포천 40: 안산 41: 고양 덕양구
42: 고양 일산구 43: 과천 44: 구리 · 남양주 45: 오산 · 화성 46: 시흥 47: 하남
48: 용인 북부 49: 용인 남부 50: 파주 51: 이천 · 여주 52: 광주 53: 연천 54: 가평
55: 양평 56: 안성 57: 김포

2000년대 들어 단위지구가 세분화된 지역은 앞서 언급한 바와 같이 서울과 인천이 대표적이며, 이외에도 많은 지역이 포함된다. 서울은 25개의 區로 나뉘었으며, 인천은 5개 지구로 세분화되었다. 인천은 서부의 중구 · 동구 ·

남구가 하나의 단위지구로 통합되었으며, 남부의 연수구와 남동구가 또 하나의 단위지구로 편성되었다. 북부의 계양구와 부평구가 하나의 단위지구로, 그리고 서구는 독자적인 단위지구로 편성되었으며 도서지역인 강화와 옹진이 하나의 단위지구로 각각 통합 · 조절되었다.

수도권의 대표적인 신시가지가 입지하고 있는 성남과 고양은 각각 구시가지가 하나의 단위지구로 통합되었고 신시가지가 또 하나의 단위지구를 형성하였다. 이에 따라 성남은 수정구와 중원구가 통합되었으며, 분당구는 독자적인 단위지구에 해당한다. 고양은 신시가지가 위치한 일산구와 구시가지가 자리한 덕양구가 각각 분리된 단위지구를 형성하였다. 또 하나의 특징적인 점은 최근 들어 인구규모가 급증한 용인도 용인 북부와 용인 남부로 분리되어 단위지구를 형성하고 있다는 것이다.

단위지구가 세분된 지역이 있는가 하면 2-3개의 시군이 통합되어 하나의 단위지구를 형성한 경우도 볼 수 있다. 즉 수도권 북부에서는 의정부 · 양주(34)가 하나의 단위지구를 형성하였고, 동두천 · 포천(39)이 통합됨으로써 독자적인 단위지구가 되었다. 이외에 구리 · 남양주(44)가 하나의 단위지역으로 설정되었다. 수도권 남부에서는 안양 · 군포 · 의왕(35), 오산 · 화성(45), 이천 · 여주(51) 등지가 통합된 단위지구에 해당한다.

2) 통행목적별 지역연결체계

지역 간의 공간상호작용에 의해 규정되는 지역구조를 파악하려고 시도한 연구는 1970년대와 1980년대에 활발하게 이루어졌다. 여기서 지역구조라는 것은 구체적으로 단위지구 상호 간에 발생하고 있는 교류로부터 발견되는 공간적 통합체로서 인식되는 것이다(石水照雄, 1976). 공간상호작용의 측면에서 지역구조의 규명을 시도한 연구에는 宮城眞宏(1976), 杉浦光明(1978), 奧

野隆史(1979), 森川洋(1981), P.P. Lakshmann(1972), D. Clark(1973), A.G.J. Dietvorst & E. Weber(1977) 등의 연구가 있다. 지역구조를 고찰하기 위해서는 교통류 · 정보류 · 상품류 등의 유동지표 가운데 도시민의 일상적 행동을 반영하는 사람트립(person trip)이 가장 적합한 것으로 알려져 있다(Ayeni, 1979). 사람의 日日流動(daily movement)을 바탕으로 작성된 OD표는 도시내부 여러 장소간의 이동을 포함하기 때문에 도시구조를 분석하는 데 효과적이다. 일상적 인구유동은 인간의 유의미한 행동이며, 도시를 유기체로 간주할 경우, 그 흐름을 직접적으로 나타내는 것이므로 도시를 이해하는 데 가장 좋은 분석지표라고 할 수 있다. 또한 사람의 이동 또한 여러 목적을 가질 수 있기 때문에 총목적 통행에 의해 구성되는 트립만을 가지고 분석하는 것보다는 통근통행 · 업무통행 · 쇼핑통행 · 총목적 통행 등으로 세분하여 분석할 필요성이 있다.

여기에서는 이러한 근거에 입각하여 수도권의 지역연결체계를 통행목적별로 고찰하였다. 또한 통행목적별로 결절지역을 설정하여 도시구조를 규명하는 데 있어서 원자료행렬과 인접행렬의 차이점을 고찰하는 데에도 그 목적이 있다. OD표를 가지고 만들어진 원자료행렬과 인접행렬의 결과를 비교 분석함으로써 서로의 차이점과 특성을 도출해 보았다. 두 행렬의 비교를 위하여 57개 단위지구를 대상으로 직접연결(direct connection)만을 고려하는 원자료행렬에 의한 결절지역구조와 직접연결 이외에 간접연결까지 고려하는 인접행렬(adjacency matrix)에 의해 도출된 결절지역구조를 설정해 보았다. 지역연결체계의 분석에는 각 지구 간의 직접연결 뿐만 아니라 간접연결까지 고려할 수 있는 인접행렬을 적용함으로써 네트워크 분석에서 제기될 수 있는 직 · 간접 연결선(direct-indirect linkage)의 문제를 해결하였다(Taaffe, Gauthier, O' kelly, 1996).

OD표를 이용하여 지역 간의 상호작용분석을 실시할 경우, 공간상호작용의 분석지표에는 두 지역을 직접적으로 연결시키는 직접류(direct flow)와 간접적으로 다른 지역을 경유하여 연결시키는 간접류(indirect flow)를 고려할 수 있다. 기능지역이나 결절지역 구조의 규명에 있어서 직접류에 간접류를 포함시키는 것과 관련해 L.S. Stephenson(1974)은 비판을 제기한 바 있다. 그러나 K.J. Tinkler(1976)는 이러한 비판에 대해 간접류의 계량화를 제시하였다. 또한 간접류 문제에 대해 국내에서도 성준용(1990), 이종상(2000) 등의 연구에서 개선책이 제시된 바 있다.

예컨대, 이종상(2000)은 대전 · 충남의 통근 · 통학량을 지표로 군집분석을 이용한 상호작용의 분석에서 출발지와 도착지를 모두 고려할 수 있도록 원자료의 OD행렬에 대한 대칭행렬로의 변환이 바람직하고, 간접연결에 대한 분석은 오류의 발생가능성이 작은 전국적인 규모에서의 상호작용을 대상으로 이루어져야 함을 강조하였다. 이에 반해 서찬기(1990)는 Nysteun & Dacey에 의해 제시된 그래프 이론에서 간접류가 현실을 그대로 반영하지 못한다는 구조적 결함과 함께 간접류 산정의 번거로움 때문에 직접연결법을 이용하기도 하였다.

지역 간 상호작용을 네트워크의 개념으로 파악하는 경우, 연결체계의 형성은 결절점 상호간 네트워크의 성격을 고려해야 하므로, 직접연결을 나타내는 직접류와 직접연결뿐만 아니라 간접연결을 나타내는 간접류를 모두 고려하는 것이 적절하다.

1990년대 이후 공간상호작용의 분석에서 직접연결과 간접연결을 모두 고려하여 지역구조를 분석한 연구로는 서울시의 통행목적별 결절지역구조를 원자료행렬과 인접행렬에 의한 연결체계로 비교 분석한 남영우 외(2000)의 연구, 서울시 출근통행의 지역연결체계를 추출하고, 통행중심지의 계층구조를 규명한 손승호(2000)의 연구, 수도권 통근통학통행의 지역연결체계 변화양상을 분석한 손승호(2003)의 연구, 그리고 국제항공유동의 OD표에 의해 70개 세계도시 간의 연결체계를 추출함으로써 세계도시 시스템의 시계열적 변화를 비교 · 분석한 이호상(2004)의 연구 등이 있다.

앞에서 언급한 바와 같이 Nysteun & Dacey의 그래프 이론의 개념을 도입하여 실시한 네트워크 분석법은 지역 간의 연결체계와 그것을 통한 결절지역 구조를 파악하는 데 있어서 매우 유용한 방법으로 평가받고 있다. 따라서 여기에서는 Nysteun & Dacey 모델을 적용하기 위해 원자료행렬(57×57)의 모든 값을 최대흡수통행량에 대한 출발지와 도착지 간의 통행량 비율을 산출하여 비율척도행렬 *Y*를 작성하였다. 이 비율척도행렬의 누승을 통하여 인접행렬을 산출함으로써 네트워크 연결에서 발생할 수 있는 통행량의 '과소화' 및 '과잉화' 의 문제를 해결할 수 있다.

최근 들어 통근통행을 바탕으로 수도권의 광역화가 통근패턴에 미친 영향이라든지, 통근자의 사회 · 경제적 속성(성별 · 소득 · 직업 · 연령 등)에 의한 통근패턴을 고찰한 연구가 활발히 이루어진 바 있다. 최근에 통근패턴에 대해 고찰한 손승호(2003), 전명진 · 정명지(2003), 윤인하 · 김호연(2003) 등의 연구가 상기한 내용을 포함하고 있다. 그러나 본서에서는 통행패턴이 세분화되고 있는 현실을 고려하여 통근통행 뿐만 아니라 업무통행과 쇼핑통행, 그리고 총목적 통행에 의한 지역연결체계를 세부적으로 살펴봄으로써 수도권의 지역구조를 규명하였다. 총목적 통행에 포함된 통행의 종류는 통근통행 · 업무통행 · 쇼핑통행 · 등교통행 · 학원통행 · 배웅통행 · 귀가통행 · 친교통행 · 개인통행 등 모두 9개로 구성된다. 지역연결체계의 분석에 사용된 OD 표는 서울시가 2002년에 실시한 『가구통행 실태조사』이다(서울특별시, 2003).

(1) 원자료행렬과 인접행렬의 비교

① **원자료행렬과 비율척도행렬**: 현실세계에서의 복잡한 네트워크를 추상적으로 위상화하여 표현할 경우에는 여러 가지 문제점이 나타날 수 있다. 이에 대하여 E.J. Taaffe, H.L. Gauthier & M.E. O'Kelly(1996)는 크게 다섯 가지의 측면을 고려해야 함을 강조하였으며, 현실세계의 복잡한 네트워크를 추상적으로 위상화하여 표현할 경우에는 ① 배치(placement), ② 직 · 간접 연

표 2-2 통근통행 OD의 원자료행렬(R_1)

O \ D	종로구	중 구	용산구	……	광 명	……	양 평	안 성	김 포
종로구	–	9,349	1,416	……	74	……	0	0	117
중 구	3,864	–	1,896	……	126	……	24	0	54
용산구	4,564	11,102	–	……	315	……	0	0	112
⋮	⋮	⋮	⋮	⋮	⋮	⋮	⋮	⋮	⋮
광 명	2,197	5,089	2,525	……	–	……	43	83	882
⋮	⋮	⋮	⋮	⋮	⋮	⋮	⋮	⋮	⋮
양 평	183	0	0	……	0	……	–	0	0
안 성	0	0	0	……	0	……	0	–	26
김 포	781	2,180	1,195	……	43	……	21	0	–

표 2-3 총목적 통행 OD의 원자료행렬(R_4)

O \ D	종로구	중 구	용산구	……	광 명	……	양 평	안 성	김 포
종로구	–	63,086	20,935	……	5,277	……	459	620	1,429
중 구	57,784	–	40,529	……	6,529	……	186	270	1,893
용산구	18,333	50,682	–	……	5,099	……	57	260	1,228
⋮	⋮	⋮	⋮	⋮	⋮	⋮	⋮	⋮	⋮
광 명	4,399	6,837	3,739	……	–	……	603	284	1,355
⋮	⋮	⋮	⋮	⋮	⋮	⋮	⋮	⋮	⋮
양 평	620	246	47	……	306	……	–	124	86
안 성	378	554	210	……	608	……	108	–	454
김 포	1,734	2,863	2,008	……	1,020	……	21	326	–

결(direct and indirect linkage), ③ 과소화(attenuation), ④ 과잉화(redundancy), ⑤ 불균등 연결선(unequal linkage) 등의 5개 측면이 고려되어야 함을 제시하였다. 이들 다섯 가지 가운데 직·간접 연결선의 문제를 고려하기 위해서는 우선 직접연결의 경우 표 2-2와 표 2-3에서 보는 바와 같이 지구내 통행량(intrazonal flow)을 제외하여야 한다. 여기에서는 통근통행과 총목적 통행 OD의 계산과정으로 R_1, R_4, Y_1, Y_4, B_1, B_4만을 제시하였으며, 나머지의 것은 생략하였다.

표 2-4 통근통행 OD의 비율척도행렬(Y_1)

O \ D	종로구	중 구	용산구	……	광 명	……	양 평	안 성	김 포
종로구	–	0.0216	0.0033	……	0.0002	……	0.0000	0.0000	0.0003
중 구	0.0089	–	0.0044	……	0.0003	……	0.0001	0.0000	0.0001
용산구	0.0106	0.0257	–	……	0.0007	……	0.0000	0.0000	0.0003
⋮	⋮	⋮	⋮	⋮	⋮	⋮	⋮	⋮	⋮
광 명	0.0051	0.0118	0.0058	……	–	……	0.0001	0.0002	0.0020
⋮	⋮	⋮	⋮	⋮	⋮	⋮	⋮	⋮	⋮
양 평	0.0004	0.0000	0.0000	……	0.0000	……	–	0.0000	0.0000
안 성	0.0000	0.0000	0.0000	……	0.0000	……	0.0000	–	0.0001
김 포	0.0018	0.0050	0.0028	……	0.0001	……	0.0000	0.0000	–

표 2-5 총목적 통행 OD의 비율척도행렬(Y_4)

O \ D	종로구	중 구	용산구	……	광 명	……	양 평	안 성	김 포
종로구	–	0.0562	0.0187	……	0.0047	……	0.0004	0.0006	0.0013
중 구	0.0515	–	0.0361	……	0.0058	……	0.0002	0.0002	0.0017
용산구	0.0163	0.0452	–	……	0.0045	……	0.0001	0.0002	0.0011
⋮	⋮	⋮	⋮	⋮	⋮	⋮	⋮	⋮	⋮
광 명	0.0039	0.0061	0.0033	……	–	……	0.0005	0.0003	0.0012
⋮	⋮	⋮	⋮	⋮	⋮	⋮	⋮	⋮	⋮
양 평	0.0006	0.0002	0.0000	……	0.0003	……	–	0.0001	0.0001
안 성	0.0003	0.0005	0.0002	……	0.0005	……	0.0001	–	0.0004
김 포	0.0015	0.0026	0.0018	……	0.0009	……	0.0000	0.0003	–

먼저 Nysteun & Dacey의 모델을 적용하기 위하여 서울특별시 25개구, 인천광역시 4개구(통합), 경기도 28개 시 · 군별 OD행렬 가운데 흡수통행량이 가장 많은 지구의 흡수통행량에 대한 출발지 i와 도착지 j 간의 통행량 비율 (y_{ij})을 산출하였다. 이것을 수식으로 나타내면 다음과 같다.

$$y_{ij} = x_{ij} \ / \ max\sum_{i} x_{ij} \qquad (3)$$

단, $0 \leq y_{ij} < 1 \ \ (i, \ j=1, \ 2, \ \cdots\cdots, \ n)$

$$0 < \sum_i y_{ij} < 1 \quad (i=1,\ 2,\ \cdots\cdots,\ n)$$

상기한 식 (3)을 바탕으로 비율척도행렬 Y를 작성한다(표 2-4와 표 2-5). 이와 같이 비율척도행렬을 산출한 이유는 비율척도행렬에서는 아무리 y_{ij}의 값이 커도 소수값을 취하기 때문에 행렬을 거듭제곱함에 따라 과다해지는 원자료행렬 X_{ij}의 값에서 과소화와 과잉화를 해결할 수 있기 때문이다.

② 비율척도행렬과 인접행렬 : 앞에서 제시한 원자료행렬(R_1~R_4)과 비율척도행렬(Y_1~Y_4)은 57개 지구 간의 직접연결만을 나타낸 것이다. OD표는 출발지와 도착지의 통행량만이 나타날 뿐, 경유지를 알 수 없다는 일반적 문제점을 갖고 있다. 또한 통행목적이 다목적일 경우에는 출발지와 도착지가 모호해 질 수도 있다. 지구간 최대 환승수를 고려한 결과 5회 정도의 환승을 고려할 수 있었다. 그러나 여기에서는 정확성을 기하기 위하여 무한대의 환승을 고려한 간접연결행렬을 산출하였다. 비율척도로 전환한 인접행렬이 Y이므로, 일반적으로 제2단계의 간접연결행렬은 $Y \cdot Y = Y^2$으로 표시될 것이다. 그것의 요소 a_{ij}는 다음과 같다.

$$a_{ij} = \sum_k y_{ik} y_{kj} \qquad (k=1,\ 2,\ 3\ \cdots\cdots,\ n) \quad (4)$$

그래프상에서 y_{ik}는 출발지 i로부터 경유지 k로의 부하량이며, y_{kj}는 경유지 k로부터 도착지 j로의 부하량으로 해석된다. 따라서 상기한 식 (4)를 이용하게 되면 출발지 i로부터 경유지 k를 거쳐 최종 도착지인 j까지에 이르는 모든 간접류를 산출해 낼 수 있다.

간접연결행렬을 포함하는 인접행렬 B는 표 2-6 및 표 2-7에서 보는 바와 같다. 일반적으로 OD표에서 조사단위지구인 죤(zone)을 작게 세분하면 행렬의 요소 x_{ij} 가운데 0의 값이 증가하게 된다. 따라서 비율척도행렬의 y_{ij} 중에

표 2-6 통근통행 OD의 인접행렬(B_1)

O \ D	종로구	중 구	용산구	……	광 명	……	양 평	안 성	김 포
종로구	–	0.0241	0.0040	……	0.0003	……	0.0001	0.0001	0.0004
중 구	0.0104	–	0.0050	……	0.0004	……	0.0001	0.0001	0.0002
용산구	0.0127	0.0288	–	……	0.0009	……	0.0001	0.0001	0.0005
⋮	⋮	⋮	⋮	⋮	⋮	⋮	⋮	⋮	⋮
광 명	0.0080	0.0162	0.0074	……	–	……	0.0001	0.0003	0.0024
⋮	⋮	⋮	⋮	⋮	⋮	⋮	⋮	⋮	⋮
양 평	0.0005	0.0001	0.0001	……	0.0001	……	–	0.0001	0.0001
안 성	0.0001	0.0001	0.0001	……	0.0001	……	0.0001	–	0.0001
김 포	0.0025	0.0061	0.0032	……	0.0002	……	0.0001	0.0001	–

표 2-7 총목적 통행 OD의 인접행렬(B_4)

O \ D	종로구	중 구	용산구	……	광 명	……	양 평	안 성	김 포
종로구	–	0.0846	0.0313	……	0.0099	……	0.0008	0.0013	0.0032
중 구	0.0778	–	0.0496	……	0.0121	……	0.0007	0.0010	0.0039
용산구	0.0293	0.0596	–	……	0.0081	……	0.0003	0.0006	0.0024
⋮	⋮	⋮	⋮	⋮	⋮	⋮	⋮	⋮	⋮
광 명	0.0086	0.0120	0.0064	……	–	……	0.0006	0.0005	0.0019
⋮	⋮	⋮	⋮	⋮	⋮	⋮	⋮	⋮	⋮
양 평	0.0010	0.0007	0.0002	……	0.0004	……	–	0.0001	0.0001
안 성	0.0010	0.0013	0.0006	……	0.0007	……	0.0001	–	0.0005
김 포	0.0035	0.0050	0.0031	……	0.0017	……	0.0001	0.0004	–

도 0의 값이 증가하게 된다. 그러나 행렬의 누승을 통해 제2단계, 제3단계를 거치면서 0의 값을 갖는 요소가 줄어들고, $n=\infty$ 단계에 이르면 0의 요소는 거의 소멸된다. 이는 간접연결이 충분히 고려되었음을 뜻하는 것이다. 통행목적별 OD표 가운데 0의 요소가 가장 많은 쇼핑통행 OD표의 경우, 대각요소를 제외한 나머지 값 중에서 0이 차지하는 비율은 전체(57×57)의 69.3%이었다. 이를 비율척도로 환산하였더니 Y_3에서는 0의 값의 비중이 69.5%로

소폭 증가하였지만, 간접연결이 고려된 B_3에서는 전체의 1.8%로 급격히 감소하였다. 이는 인접행렬의 유용성을 시사하는 것이다. 마지막으로 b_{ij}를 요소로 하여 새롭게 작성된 행렬을 B_1~B_4로 놓고, 각 행의 요소값 가운데 지구내 b_{ij}보다 규모가 큰 타지구를 도착지로 하는 b_{ij} 중에서 $max\ b_{ij}$만을 골라낸다. 결절점으로부터 나오는 연결선은 반드시 지구내보다 큰 값을 가지는 타지구로 향하므로, 이 네트워크는 유향네트워크(directed network)라 할 수 있다. 또한 각 연결선은 각 중심지 간의 기능적 관계 또는 지배 · 종속관계를 의미하는 것이므로 결절류(nodal flow)에 해당한다.

(2) 지역연결체계

지역연결체계를 고찰하기 위해서는 네트워크를 작성하여야 한다. 네트워크를 작성함에 있어서 불균등 연결선을 고려해야 하므로 그림 2-11에서와 같이 계층화를 위해 통행목적별로 각 57개 단위지구의 x_{ij}와 b_{ij}의 급변점(turning point)을 찾아 3개의 계층으로 구분하였다. 각 계층은 각 결절점 간의 연결도를 의미하며, 제1계층에서 제3계층으로 갈수록 연결도의 크기도 증가한다. 그럼 각 통행목적별로 원자료행렬과 인접행렬에 그래프 이론을 적용함으로써 추출된 지역연결체계를 비교해 보기로 하겠다.

① **통근통행**: 통근통행 OD표에 의해 작성되는 연결체계는 그림 2-12에서 보는 바와 같이 원자료행렬(R_1)에 의한 것과 인접행렬(B_1)에 의한 것이 다소의 차이를 나타내었다. 즉 R_1에서는 모두 10개의 연결체계, B_1에서는 모두 8개의 연결체계가 각각 형성되었다.

통근통행에 의한 연결체계에서는 원자료행렬과 인접행렬 모두 대부분의 지구가 서울의 강남구를 최종결절점으로 하고 있다. R_1에서는 서울의 중구만이 제4차 결절점으로 추출되었지만, B_1에서는 서울 중구와 영등포구가 각각 제4차 결절점으로 추출되었고 강남구는 제3차 결절점의 자격으로 최

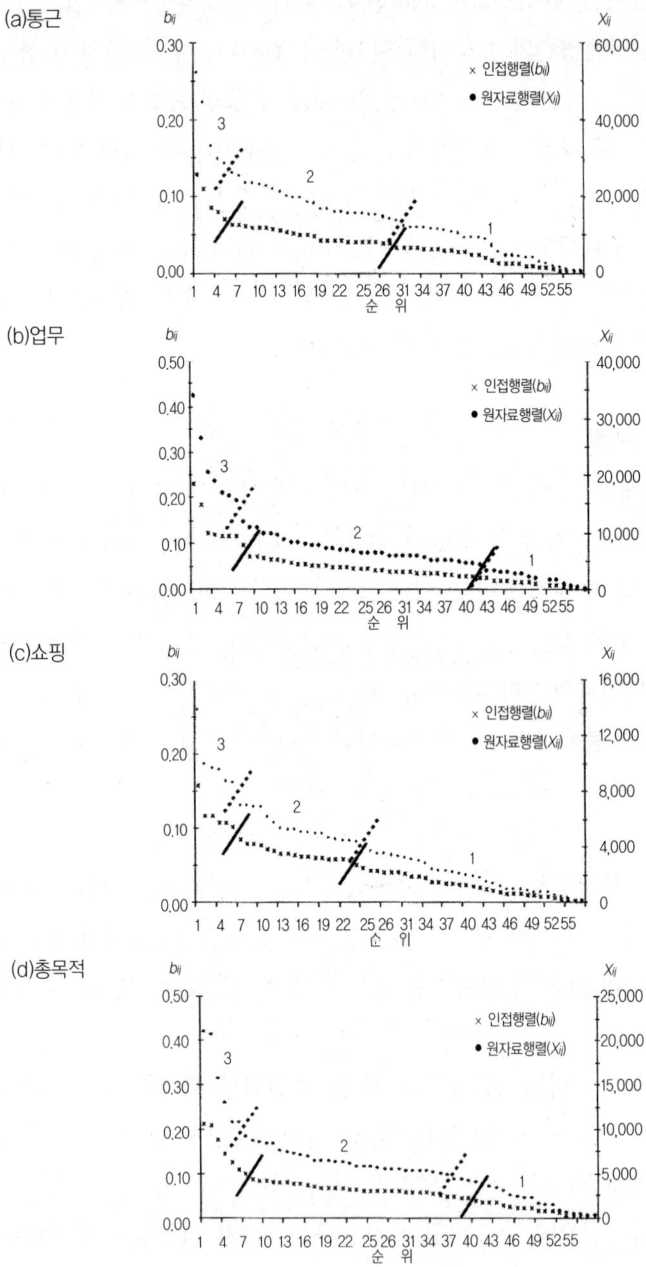

그림 2-11 통행목적별 결절류의 계층화

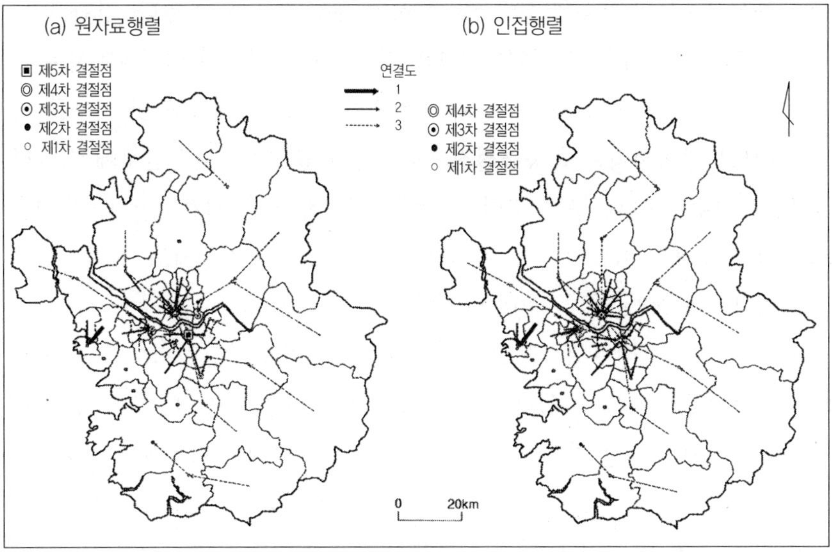

그림 2-12 통근통행의 지역연결체계

종결절점이 되었다. 또 다른 특징은 경기 북부에 자리하고 있는 연천이 R_1에서는 제1차결절점인 동시에 최종결절점으로 기능하는 동두천 · 포천에 종속되었지만, 간접연결까지를 고려한 B_1에서는 추이결절점인 의정부 · 양주에 종속되면서 궁극적으로는 최종결절점인 서울 중구에 포섭되는 양상을 나타내었다. 또한 광진구와 중랑구는 R_1에서 각각 제3차 결절점과 제2차 결절점으로 추출되었지만, B_1에서는 하위지역을 전혀 지배하지 못하는 최하위지역으로 추출되었다. 서울 남부에 자리한 과천은 R_1에서 관악구와 더불어 최종결절점인 서초구에 종속되었지만, B_1에서는 최종결절점인 강남구에 직접적으로 포섭되는 양상을 보였다.

한편 서초구는 직접연결만을 고려하는 원자료행렬에서와 간접연결까지를 고려하는 인접행렬 모두에서 제1차 결절점의 자격으로 최종결절점을 형성하였다. 이는 서초구의 입지적 특성에 기인한다. 즉 서초구가 강력한 흡인력을 가지면서 최종결절점으로 추출된 강남구에 인접하고 있음에 따라, 결절성이 강한 중심지로서의 기능을 수행하지 못하기 때문으로 볼 수 있다. 강화(30번 지구, 그림 2-10 참조)를 제외한 4개의 단위지구로 구성된 인천광역시는 그 가운데 중구 · 동구 · 남구로 구성되는 지구가 부평구 · 계양구 및 서구를 하위지역으로 종속시키는 최종결절점으로 추출되었으며, 인천 남부에 자리하고 있는 연수구 · 남동구는 고립결절점을 형성하였다. 시흥 · 안산 · 수원은 R_1과 B_1 모두에서 어느 지구도 지배하지 않고 또 어느 지구에도 종속되지 않는 고립결절점(isolated node)으로 추출되었다.

각 지구 간의 지배 · 종속정도를 나타내어주는 연결도를 살펴보면 지구 간의 연결관계를 알아볼 수 있다. 먼저 가장 강력한 중심성을 갖는 강남구 연결체계에 종속되는 지구 가운데 비교적 강력한 연결관계를 형성하는 지구에는 연결도 2로 연결된 안양 · 군포 · 의왕을 비롯하여 연결도 1을 나타낸 송파구 등이 있다. 이외에 고양 덕양구가 고양 일산구에 연결도 2로 연결되었으며, 인천 부평구 · 계양구가 최종결절점인 인천 중구 · 동구 · 남구에 연결도 1로 연결되는 강력한 연결관계를 형성하였다.

② **업무통행**: 업무통행은 주거지에서 직장으로 출근한 후 개별적인 업무처리를 위하여 직장에서 다른 장소로 이동하는 것을 가리킨다. 업무통행에 의한 통행패턴은 시간상으로 통근통행이 이루어진 뒤에 형성되는 공간구조를 보여준다. 업무통행 OD표에 의해 형성된 연결체계는 그림 2-13에서 보는 바와 같이, 각 결절점간의 연결상태가 복잡하지 않게 구성되어 있으며 앞에서 분석한 통근통행에서와는 달리 고립결절점이 많이 추출되었다. 간접연결까지 고려한 인접행렬에서의 연결체계에서는 서울의 중구 · 강남구가 주요한 중심지로 추출된 것이 주목된다(그림 2-13). 업무통행의 연결체계 역시 직접연결에 의한 것과 간접연결까지를 고려한 것과의 차이가 있다. 여기서는 연결체계의 변화가 발생한 지구를 중심으로 살펴보도록 하겠다.

먼저 강북구의 변화를 들 수 있다. 직접연결만을 고려하는 R_2의 경우 강

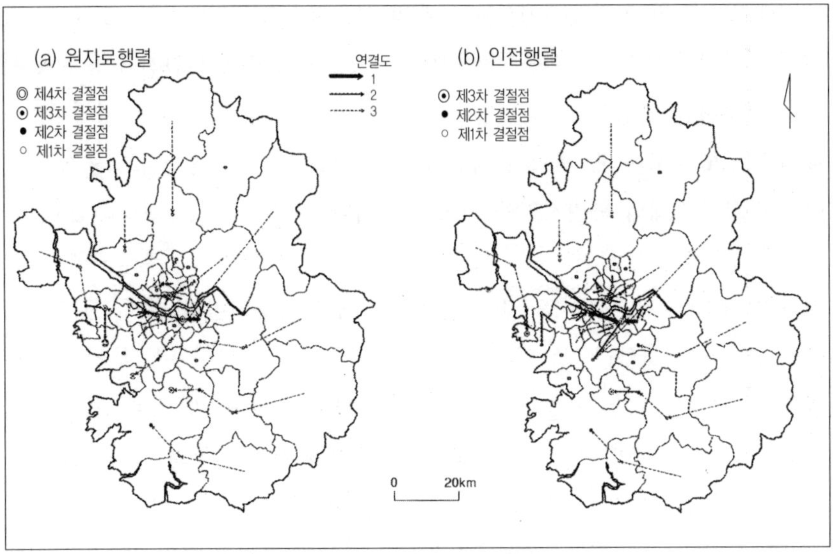

그림 2-13 업무통행의 지역연결체계

북구가 도봉구의 하위지역으로 연결되었으나, 간접연결을 고려한 B_2에서는 성북구로 이어져 최종결절점인 서울의 중구로 연결되었다. 또한 서대문구는 R_2에서 은평구를 하위지역으로 지배하고 있지만, B_2에서는 은평구와 같이 제1차 결절점인 동시에 최종결절점인 종로구에 포섭되는 최하위지역으로 추출되었다.

서초구는 직접연결만을 고려할 경우 고립결절점이었으나 간접연결까지를 고려한 연결체계에서는 관악구의 상위 결절점으로 격상되었다. 광진구는 R_2에서 강남구의 하위지역인 송파구에 종속되었지만, 인접행렬에 의한 연결체계에서는 최종결절점인 강남구에 직접 포섭되었다. 한편 동작구는 R_2에서 제1차 결절점으로 추출되었던 것이 B_2에서 양천구 · 구로구 · 강서구 등지와 함께 영등포구에 포섭되는 최하위지역으로 추출된 것이 또 하나의 차이점이다.

인천에서는 직접연결만을 고려한 연결체계와 간접연결까지를 고려한 연결체계에서 각각 두개의 최종결절점이 도출되었다. 인천에서 나타난 차이점은 인접행렬에 의한 연결체계에서는 두개의 최종결절점(26번 · 28번 지구)이 각기 독립적인 하위연결체계를 형성하였고, 이들 연결체계가 인천을 동부와 서부로 구분하는 양상을 보였으며, 서울과의 연결관계를 형성하지 않았다. 구체적으로 R_2에서는 제4차 결절점인 연수구 · 남동구가 강화 · 김포 등지를 포함하여 모두 5개의 하위지역을 거느리는 하나의 연결체계를 형성하였고, 나머지 지구(26번 지구)인 중구 · 동구 · 남구가 고립결절점으로 추출되었다. 그러나 B_2에서는 전술한 바와 같이 직접연결에서 형성되었던 지배 · 종속관계에 변화가 발생하였다. 즉 연수구 · 남동구가 계양구 · 부평구와 부천만을 하위지역으로 거느리는 연결체계를 인천의 동부에서 형성하였으며, R_2에서 고립결절점으로 추출되었던 중구 · 동구 · 남구가 인천의 서부와 강화 · 김포 등 3개의 하위지역을 거느리는 연결체계를 형성한 것이다.

또한 R_2에서 경기 동북부의 가평과 서울 남부의 과천을 하위지역으로 지배하는 안양 · 군포 · 의왕은 안산을 최종결절점으로 하는 연결체계의 추이결절점으로 추출되었지만, 인접행렬에 의한 연결체계에서는 수도권 업무통행의 중심지에 해당하는 강남구의 추이결절점으로 추출되었다. 이외에 수원은 연결체계의 변화는 발생하지 않았지만 하위지역과의 연결도에서는 변화가 나타났으며, R_2와 B_2 모두에서 이천 · 여주, 용인 남부, 용인 북부를 하위지역으로 종속시키는 최종결절점으로 추출되었다. 동두천 · 포천, 그리고 시흥은 모두 고립결절점을 형성하였으며, 안성, 평택, 오산 · 화성도 각기 R_2과 B_2의 연결체계가 동일하게 형성되었다.

원자료행렬과 인접행렬에 의해 구축되는 연결체계를 비교해 보면, 영등포구에서 최종결절점인 강남구로의 연결관계가 R_2에서는 연결도 2로 형성되었던 것이, B_2에서는 1로 강화되었다. 또한 수원 연결체계에서도 연결도의 변화를 확인할 수 있다. 즉 이천 · 여주 및 용인 남부를 하위지역으로 포섭하는 용인 북부가 수원에 연결되는 정도가 R_2의 3에서 B_2에서는 2로 증가한 것이다. 이것은 간접연결을 고려할 경우, 수도권 남부에서 수원이 차지하는 중심적 위치가 비교적 강력하다는 것을 시사해준다. 또한 통근통행에서 형성되었던 서울의 중구에서 강남구로의 연결이 업무통행에서는 나타나지 않았는데, 이는 업무통행에 있어서는 서울의 중구와 강남구 간의 지배 · 종속관계가 미약함을 시사하는 것이다. 이에 반해 영등포구에서 강남구로의 연결도는 R_2의 2에서 B_2에서는 1로 증가하였는데, 이는 서울 도심과 강남 부도심 간의 상호작용이 미약한 반면, 한강 이남에서 업무중심지로 기능하는 여의도와 영등포 일대가 포함되는 영등포구와 강남구 간의 상호작용이 매우 활발하게 이루어지고 있음을 보여주는 것이다.

③ 쇼핑통행: 쇼핑통행 OD표에 의해 형성된 연결체계는 직접연결만을 고려한 원자료행렬 R_3와 간접연결까지를 고려하는 인접행렬 B_3에서 모두 10개가 추출되었으나, 각 지구 간의 연결관계에는 다소의 변화가 발생하였다(그림 2-14). 그리고 여타의 통행목적에서 나타난 바와 달리 경기 남부와 동부에

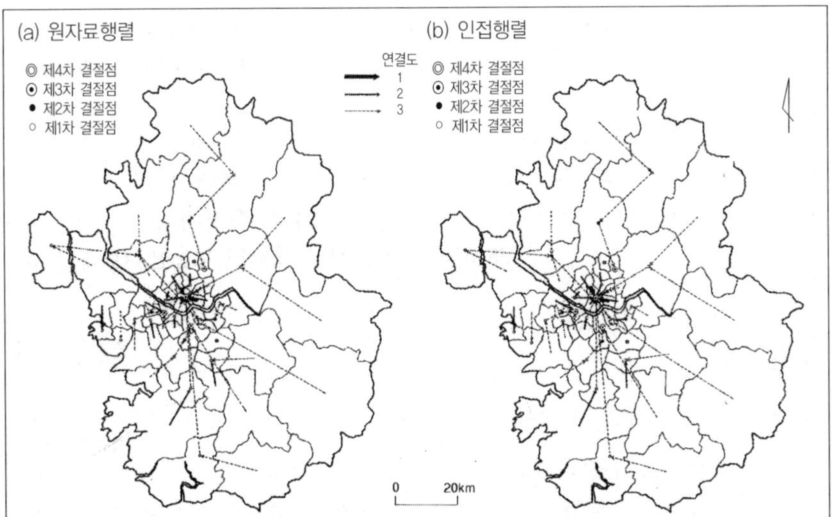

그림 2-14 쇼핑통행의 지역연결체계

자리한 지구에서 상위 결절점으로 이루어지는 연결관계에서 연결도는 미약하지만 장거리의 연결관계를 형성하고 있는 점이 주목할 만하다. 두가지 행렬에 의한 연결체계에서 모두 서울 중구가 최고차 중심지로서 기능하고 있음을 볼 수 있으나, 일부 지구에서는 지배 · 종속관계의 변화가 발생하였다.

쇼핑통행의 연결체계에서 변화가 생긴 지구는 강북구와 성북구 뿐이다. 즉 이들 두 지구는 R_3에서 종로구에 포섭되었으나, 간접연결을 고려한 B_3에서는 종로구를 경유하지 않고 제3차 결절점인 중구에 직접적으로 연결되었다. 이를 제외하면 쇼핑통행의 지역연결체계는 R_3과 B_3에서 동일한 패턴이며, 단지 연결도에서 약간의 차이가 있을 뿐이다. 쇼핑통행에서 최종결절점으로 추출된 지구 가운데 강남구, 서초구, 영등포구, 노원구, 구로구, 성남 분당구, 인천 부평구 · 계양구, 인천 서구는 하위지역을 거느리는 연결체계를 형성하였으며, 도봉구와 성남 수정구 · 중원구의 두 지구는 하위지역을 거느리지 않는 고립결절점에 해당한다.

이 가운데 가장 광범위한 배후지를 거느리는 강남구 연결체계는 4개의 하위체계를 보유하고 있다. 강남구 연결체계의 추이결절점이며 제3차 결절점으로 추출된 중구는 종로구(R_3의 경우)와 동대문구를 제2차 결절점으로, 성북구와 마포구 등지를 포함한 6개 지구를 제1차 결절점으로, 그리고 강북구와 서대문구를 비롯한 12개 지구를 최하위지역으로 지배한다. 관악구와 동작구는 한강 이남에 자리하고 있음에도 중구를 경유하여 최종결절점인 강남구에 연결되었다. 그러나 강남구 연결체계에서 최종결절점인 강남구와 추이결절점인 중구와의 연결도는 지극히 낮은 수준으로 형성되었으며, 이에 따라 장차 중구가 독자적인 연결체계를 형성할 것이라는 예측을 해 볼 수 있다.

강남구 연결체계의 또 다른 하위체계인 송파구 연결체계에서는 강동구가 제1차 결절점으로 추출되었으며, 하남시가 최하위지역으로 포섭되었다. 그리고 고양 일산구 연결체계에서는 강화 · 옹진이 제1차 결절점으로 추출되었고, 최하위지역으로는 김포, 파주, 고양 덕양구 등지가 있다. 이천 · 여주는 최종결절점인 강남구에 직접연결되는 양상을 보였다.

서초구를 최종결절점으로 하는 서초구 연결체계에서는 과천이 제2차 결절점으로 추출되었으며, 안양 · 군포 · 의왕이 제1차 결절점으로, 그리고 용인 남부와 안산이 최하위지역으로 각각 추출되었다. 영등포구 연결체계는 양천구를 제2차 결절점으로, 부천을 제1차 결절점으로 각각 지배하고 있으며, 금천구, 강서구, 시흥을 최하위지역으로 종속시킨다. 경기 북부를 하위지역으로 거느리는 노원구 연결체계는 의정부 · 양주를 제2차 결절점으로, 동두천 · 포천을 제1차 결절점으로, 그리고 연천을 최하위지역으로 지배한다. 이외에 제1차 결절점의 자격으로 최종결절점으로 추출된 지구에는 구로구, 성남 분당구, 인천 부평구 · 계양구, 인천 서구가 있으며, 성남의 구시가지인 수정구 · 중원구는 고립결절점으로 추출되었다.

각 지구 간의 연결관계를 보여주는 연결도에서는 광명과 구로구의 연결도가 2에서 3으로 약화된 것을 제외하면 다른 지구 간의 연결도에는 변화가 없다. 이러한 결과는 원자료행렬에서 0의 값이 전체의 69.3%에 해당할 만큼 많은 비중을 차지하였기 때문에, 간접연결을 고려한 인접행렬을 산출한다고 하더라도 원자료행렬로부터 도출되는 연결체계와 거의 차이가 없음에 기인한다.

쇼핑통행에서는 서초구가 강남구에 종속되지 않고 최종결절점을 형성한 것, 고양 일산구에서 강남구로 직접적인 연결관계가 형성된 것, 그리고 수도권 남부의 수원, 평택 등지가 서울 중구에 연결된 것 등이 특이한 점이라 할 수 있다.

④ 총목적 통행: 출근 · 업무 · 쇼핑 등의 9개 목적통행을 종합한 총목적 통행의 연결체계는 R_4와 B_4 간에 상이하게 도출되었다(그림 2-15). 직접연결만을 고려한 원자료행렬의 연결체계에서는 어느 지구와도 연결관계가 형성되지 않은 고립결절점이 상당히 많이 추출되었다. 그러나 간접연결을 고려함으로써 고립결절점의 수가 18개에서 11개로 감소하였으며, 이와 더불어 연결체

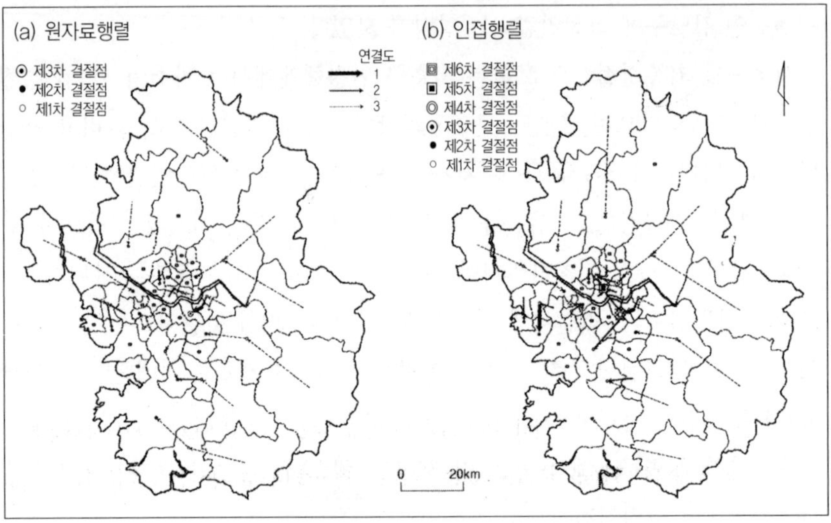

그림 2-15 총목적 통행의 지역연결체계

계의 수도 감소하였다. 원자료행렬인 R_4에서 가장 고차의 결절점은 제3차 결절점으로서 강남구가 이에 해당하고, 제2차 결절점은 중랑구, 중구, 강서구, 송파구 등지를 비롯하여 9개 지구가, 제1차 결절점으로는 고양 일산구, 동두천 · 포천, 서대문구 등지를 비롯한 13개 지구가, 그리고 고립결절점 18개를 포함한 나머지 34개 지구는 차하위지역을 전혀 지배하지 못하는 최하위지역으로 각각 추출되었다. 원자료행렬에 의한 연결체계는 고립결절점까지 포함하여 모두 30개가 추출되었다.

한편 B_4에서 가장 고차의 결절점은 제6차 결절점으로서 원자료행렬에서와 마찬가지로 강남구가 여기에 해당한다. 그리고 제5차 결절점으로는 중구가, 제4차 결절점으로는 종로구가, 제3차 결절점으로는 동대문구와 양천구의 2개 지구가, 제2차 결절점으로는 중랑구, 송파구, 강서구를 비롯한 7개 지구가, 제1차 결절점으로는 고양 일산구, 의정부 · 양주를 포함하여 14개 지구가, 그리고 하위지역을 전혀 지배하지 못하는 최하위지역으로는 고립결절점 11개 지구를 포함한 나머지 31개 지구가 각각 추출되었다. 인접행렬에 의한 연결체계는 모두 22개가 형성됨으로써, 원자료행렬에 의한 것보다 그 수가 감소하였다. 이처럼 인접행렬에 의한 연결체계의 수가 원자료행렬에 의한 연결체계보다 감소한 것은 공간상호작용의 분석에 있어서 지구 간의 간접연결까지를 고려함으로써 보다 실제적인 지역구조를 규명할 수 있음을 보여주는 것이다.

특히 최고차 결절점인 강남구를 최종결절점으로 하는 연결체계에서, 직접연결만을 고려하는 R_4에서는 하위체계가 매우 단순하게 형성되었다. 이에 반해, 간접연결까지 고려한 인접행렬에 의한 연결체계에서는 강남구의 하위체계가 원자료행렬에 의한 것보다 복잡하게 형성되었음을 알 수 있다(그림 2-15). 즉, 원자료행렬에서는 강남구가 지배하는 하위지역이 송파구, 강동구, 하남의 3개 지구에 불과하였지만, 인접행렬에서는 4개의 하위체계를 가지면서 모두 17개 지구를 하위지역으로 포섭하였다. 이렇듯 인접행렬이 원자료행렬에 비해 공간상호작용에 의해 형성되는 지구 간의 계층적 연결체계를 분석하는 데 훨씬 유리하다는 점을 확인하였다.

요컨대 총목적통행의 지역연결체계는 상업업무중심지인 강남구를 최종결절점으로 하는 강남구 연결체계가 가장 강력한 중심지체계를 형성함으로써 광범위한 배후지역을 거느리고 있으며, 그 외의 최종결절점인 고양 일산구, 의정부 · 양주, 서대문구, 강서구, 양천구, 오산 · 화성, 성남 수정구 · 중원구, 수원, 인천 중구 · 동구 · 남구, 인천 연수구 · 남동구 등이 그 주변에 자리하고 있는 일부 지구를 배후지역으로 종속시키는 양상을 보였다. 특히 강남구가 차하위지역을 종속시키는 연결도가 1이나 2로만 형성되었음은 강남구의 영향력이 매우 강력하게 작용하고 있음을 보여주는 것이다.

지금까지 수도권의 지역구조를 규명하기 위하여 57개 단위지구 간의 목적통행량으로부터 직접연결만을 고려하는 원자료행렬과 간접연결까지를 고려하는 인접행렬을 산출하여, 그로부터 도출되는 지역연결체계를 비교분석하였다. 그 결과는 다음과 같이 요약될 수 있다.

(1) OD표를 이용하여 행렬을 계산하기 위해서는 비율척도행렬로 변환하여 인접행렬을 구하는 것이 누승에 따른 과소화 및 과잉화를 해결할 수 있는 유용한 방법임이 밝혀졌다.

(2) 쇼핑통행의 연결체계 추출에서 고찰한 바와 같이, 원자료행렬의 요소값에서 0의 비중이 높으면, 직접연결에 의한 연결체계는 간접연결을 고려한 인접행렬에서의 연결체계와 크게 다르지 않은 것으로 판명되었다. 즉, 인접행렬을 통해 고려된 간접연결의 값이 매우 작기 때문에 전체 연결도와 연결체계에 미치는 영향은 미미하다는 것이다.

(3) 연결체계의 의하여 설정되는 수도권의 지역구조를 통행목적별로 분석한 결과, 원자료행렬(R)과 인접행렬(B) 간에 다음과 같은 차이가 확인되었다. ① 원자료행렬에 의한 연결체계의 경우, 연결체계와 최종결절점은 통근통행에서 10개, 업무통행에서 18개, 쇼핑통행에서 10개, 총목적 통행에서 30개가 각각 추출되었으며 ② 인접행렬에 의한 연결체계의 경우는 통근통행에서 8개, 업무통행에서 18개, 쇼핑통행에서 10개, 그리고 총목적 통행에서 22개가 각각 추출되었다. 이같은 분석에서 저자는 단위지구 간 공간상호작용의 규모가 클수록 인접행렬을 통한 연결체계의 분석이 더욱 효과적이라는 사실을 확인하였다.

이상의 목적통행량 분석을 통해 살펴본 바와 같이, 2000년대에 들어서도 수도권에서 서울의 중심지 기능은 여전히 유지되고 있다는 사실을 통행목적별 연결체계의 분석을 통하여 확인할 수 있었다. 또한 서울 주변지역에서도 신도시가 건설되고 새로운 산업입지 및 그에 따른 고용창출이 발생함으로써 수원 · 성남 · 고양시의 일부 지구가 통행의 중심지 기능을 담당하고 있다. 서울에서는 도심이 자리하고 있는 중구가 통행 중심지로서의 성격이 약화되고 있으며, 1980년대 이후 서울의 신흥상업업무지역으로 부상한 강남구가 수도권 통행패턴에서 새로운 중심지로 자리매김하고 있음을 확인할 수 있었다.

즉 수도권이라는 거대한 공간단위에서 보면 1970년대나 2000년대 공히 서울이 통행의 중심지에 해당하지만, 범위를 좁혀 서울을 들여다보면 통행의 중심지가 중구에서 강남구로 이전해 가고 있는 것이다. 한편 인천은 1970년대에 서울에 종속되는 연결체계를 형성함으로써 독자적인 통행권을 형성하지 못하였으나, 2000년대에 들어서는 서울과의 연결관계를 전혀 형성시키지 않았다. 인천은 오히려 총목적 통행과 쇼핑통행에서 서울과 인천의 중간지대에 자리하고 있는 부천을 하위지구로 거느릴 정도로 독자성이 강한 통행의 중심지로 추출되었다.

3) 통행수단별 지역연결체계

공간상호작용에 의해 나타나는 유동량을 지표로 지역연결체계에 의한 결절지역구조를 규명한 기존의 연구는 하나의 대도시만을 대상으로 이루어진 경우와 수도권과 같은 대도시권을 대상으로 이루어진 연구로 양분되는 양상이다. 그러나 수도권 신도시 건설 및 제조업체의 이전 등과 함께 나타난 일련의 인구재배치 과정이 완료된 후의 연결체계에 관한 연구는 미진한 실정이다. 또한 수도권의 인구이동을 지표로 분석한 연구에서는 대부분 통근통행이나 통학통행과 같은 통행목적별로 형성되는 지역구조의 규명을 실시함으로써 다양한 관점에서의 접근이 이루어지지 못한 단점이 있다. 서울과 그 주변지역 간의 공간상호작용이 증가하고 있는 시점에서 수도권에서 운행하고 있는 통행수단별로 형성되는 지역구조의 해명도 필요하리라 생각한다. 이에 여기에서는 2002년도에 발생한 수도권 각 지구 간의 통행수단별 공간상호작용에 의해 형성되는 연결체계를 고찰함으로써, 앞에서 실시한 통행목적별 연결체계와의 비교를 시도하였으며 과거보다 세분된 지역구조의 해명을 시도하였다.

지금부터는 수도권을 대상으로 그래프이론의 개념을 이용하여 수도권의 연결체계를 통행수단에 초점을 두어 규명하고자 한다. 여기에서 공간상호작용의 분석지표로는 사람트립을 이용하였는데, 이는 사람트립이 장소와 장소 간의 이동을 포함하고 일상적 행동을 가장 잘 반영해 주기 때문이다. 한편, 여기에서는 통행수단에 따라 사람트립에 의한 지역구조가 어떠한 패턴으로 형성되는지를 고찰하기 위하여 수도권에서의 수송분담률이 비교적 높은 승용차 · 버스 · 지하철 통행 등으로 세분하였으며, 모든 통행수단을 총괄한 총수단 통행량까지를 분석지표로 모두 4가지의 통행수단별 지역구조를 도출하였다. 2002년도 수도권의 각 통행수단별 수송분담률은 승용차가 가장 높은 26.6%였으며, 그 뒤를 이어 버스와 지하철이 각각 23.6%와 19.1%를 차지하였다. 이와 같이 통행수단을 세분한 이유는 사람트립이 여러 통행수단을 통해 이루어지므로 총수단통행 뿐만 아니라 대표적 통행수단인 승용차 통행 · 버스 통행 · 지하철 통행으로 나누어서 구체적으로 살펴볼 필요성이 있기 때문이다.

또한 수도권의 연결체계와 지역구조를 통행수단별로 파악하는 것뿐만 아니라, 공간상호작용에 의한 지역구조를 규명함에 있어서 원자료행렬과 인접행렬의 차이점을 고찰하는데에도 주안점을 두었다. 이를 위해 통행목적별 지역연결체계의 추출에서와 동일하게 수도권을 57개 단위지구로 세분하였고, 승용차 · 버스 · 지하철 · 총수단 통행의 OD표(57×57)를 작성하였다. 이렇게 작성된 원자료행렬의 모든 값을 최대흡수통행량으로 나누어 각 수단별 비율척도행렬을 산출하고, 비율척도행렬의 누승을 통해 단위지구 간의 간접연결을 고려할 수 있는 인접행렬을 도출하였다. 추출된 인접행렬에서 각 단위지구의 최대결절류를 이용하여 유향네트워크로 표현되는 수도권의 통행수단별 지역연결체계를 파악하였다. 각 수단별로 직접연결만을 고려한 원자료행렬에 의한 연결체계와 직접연결 이외에 간접연결까지 고려한 인접행렬에 의해 도출된 연결체계를 비교분석하였다.

표 2-8 승용차통행 OD의 원자료행렬(R_1)

O \ D	종로구	중 구	용산구	……	광 명	……	양 평	안 성	김 포
종로구	–	12,361	6,922	……	1,256	……	354	55	801
중 구	11,231	–	10,565	……	1,514	……	0	331	999
용산구	5,743	11,514	–	……	1,645	……	61	0	887
⋮	⋮	⋮	⋮	⋮	⋮	⋮	⋮	⋮	⋮
광 명	835	1,329	776	……	–	……	59	120	946
⋮	⋮	⋮	⋮	⋮	⋮	⋮	⋮	⋮	⋮
양 평	132	53	32	……	32	……	–	125	82
안 성	35	320	0	……	213	……	112	–	207
김 포	794	1,925	1,080	……	891	……	22	112	–

표 2-9 총수단 통행 OD의 원자료행렬(R_4)

O \ D	종로구	중 구	용산구	……	광 명	……	양 평	안 성	김 포
종로구	–	86,853	27,708	……	8,898	……	697	654	1,428
중 구	78,932	–	57,441	……	10,742	……	195	857	2,261
용산구	26,489	66,322	–	……	5,700	……	112	47	1,560
⋮	⋮	⋮	⋮	⋮	⋮	⋮	⋮	⋮	⋮
광 명	5,674	13,340	3,862	……	–	……	6121	60	946
⋮	⋮	⋮	⋮	⋮	⋮	⋮	⋮	⋮	⋮
양 평	274	256	32	……	309	……	–	125	82
안 성	215	442	176	……	487	……	112	–	613
김 포	1,284	2,683	1,863	……	928	……	22	492	–

(1) 원자료행렬과 인접행렬의 비교

① **원자료행렬과 비율척도행렬:** 실제상황을 그대로 반영하는 복잡한 네크워크를 추상적으로 위상화하여 간략하게 표현할 경우, 직·간접 연결선(direct-indirect linkage)을 고려하기 위해서 우선 원자료로 표시되는 직접연결을 산출한다(Taaffe, Gauthier & O'Kelly, 1996). 표 2-8과 표 2-9에 제시된 원자료행렬 R_1 과 R_4는 수도권 단위지구별 OD표 중 대각요소인 x_{11}, x_{22}, x_{33},……, x_{5757}의 값을 0으로 간주하여 지구내 통행량(intrazonal flow)을

표 2-10 승용차통행 OD의 비율척도행렬(Y_1)

O \ D	종로구	중 구	용산구	……	광 명	……	양 평	안 성	김 포
종로구	–	0.0256	0.0143	……	0.0026	……	0.0007	0.0001	0.0017
중 구	0.0233	–	0.021	……	0.0031	……	0.0000	0.0007	0.0021
용산구	0.0119	0.0239	–	……	0.0034	……	0.0001	0.0000	0.0018
⋮	⋮	⋮	⋮	⋮	⋮	⋮	⋮	⋮	⋮
광 명	0.0017	0.0028	0.0016	……	–	……	0.0001	0.0002	0.0020
⋮	⋮	⋮	⋮	⋮	⋮	⋮	⋮	⋮	⋮
양 평	0.0003	0.0001	0.0001	……	0.0001	……	–	0.0003	0.0002
안 성	0.0001	0.0007	0.0000	……	0.0004	……	0.0002	–	0.0004
김 포	0.0016	0.0040	0.0022	……	0.0018	……	0.0000	0.0002	–

표 2-11 총수단 통행 OD의 비율척도행렬(Y_4)

O \ D	종로구	중 구	용산구	……	광 명	……	양 평	안 성	김 포
종로구	–	0.0559	0.0178	……	0.0057	……	0.0004	0.0004	0.0009
중 구	0.0508	–	0.0369	……	0.0069	……	0.0001	0.0006	0.0015
용산구	0.0170	0.0427	–	……	0.0037	……	0.0001	0.0000	0.0010
⋮	⋮	⋮	⋮	⋮	⋮	⋮	⋮	⋮	⋮
광 명	0.0036	0.0086	0.0025	……	–	……	0.0004	0.0001	0.0006
⋮	⋮	⋮	⋮	⋮	⋮	⋮	⋮	⋮	⋮
양 평	0.0002	0.0002	0.0000	……	0.0002	……	–	0.0001	0.0001
안 성	0.0001	0.0003	0.0001	……	0.0003	……	0.0001	–	0.0004
김 포	0.0008	0.0017	0.0012	……	0.0006	……	0.0000	0.0003	–

제외시킨 것이다. 원자료행렬로부터 도출된 비율척도행렬은 표 2-10과 표 2-11에서 보는 바와 같다.

서울특별시(2003)가 작성한 본 OD표는 표 2-8에 제시된 승용차 통행과 표 2-9에 제시된 총수단 통행 외에도 버스 · 지하철 · 도보 · 택시 등의 수단통행이 있으나, 여기에서는 전술한 바와 같이 도보 및 택시 수단통행은 분석대상에서 제외하였다. 그리고 버스 수단통행량은 일반버스 · 좌석버스 · 고속버스 · 마을버스를 모두 통합한 것이며, 지하철 수단통행은 환승을 포함한 통

표 2-12 승용차통행 OD의 인접행렬(B_1)

O \ D	종로구	중 구	용산구	……	광 명	……	양 평	안 성	김 포
종로구	-	0.0345	0.0198	……	0.0057	……	0.0011	0.0005	0.0036
중 구	0.0313	-	0.0282	……	0.0070	……	0.0005	0.0011	0.0044
용산구	0.0169	0.0301	-	……	0.0064	……	0.0004	0.0003	0.0035
⋮	⋮	⋮	⋮	⋮	⋮	⋮	⋮	⋮	⋮
광 명	0.0041	0.0060	0.0039	……	-	……	0.0002	0.0004	0.0036
⋮	⋮	⋮	⋮	⋮	⋮	⋮	⋮	⋮	⋮
양 평	0.0006	0.0005	0.0003	……	0.0002	……	-	0.0003	0.0003
안 성	0.0004	0.0012	0.0003	……	0.0007	……	0.0002	-	0.0006
김 포	0.0034	0.0063	0.0040	……	0.0036	……	0.0001	0.0003	-

표 2-13 총수단 통행 OD의 인접행렬(B_4)

O \ D	종로구	중 구	용산구	……	광 명	……	양 평	안 성	김 포
종로구	-	0.0085	0.0320	……	0.0119	……	0.0009	0.0011	0.0028
중 구	0.0814	-	0.0531	……	0.0418	……	0.0007	0.0015	0.0039
용산구	0.0316	0.0602	-	……	0.0080	……	0.0003	0.0005	0.0023
⋮	⋮	⋮	⋮	⋮	⋮	⋮	⋮	⋮	⋮
광 명	0.0089	0.0156	0.0060	……	-	……	0.0005	0.0003	0.0012
⋮	⋮	⋮	⋮	⋮	⋮	⋮	⋮	⋮	⋮
양 평	0.0007	0.0008	0.0002	……	0.0003	……	-	0.0001	0.0001
안 성	0.0008	0.0012	0.0005	……	0.0005	……	0.0001	-	0.0005
김 포	0.0026	0.0040	0.0024	……	0.0013	……	0.0001	0.0004	-

행만을 사용하였다.

② 비율척도행렬과 인접행렬: 전계한 원자료행렬(R_1~R_4)과 비율척도행렬(Y_1~Y_4)은 57개 단위지구 간의 직접연결만을 나타낸 것이므로 경유지를 알 수 없다는 문제점을 갖고 있다. 대도시의 경우 출발지와 도착지 중간에 다른 교통수단을 이용하거나 환승하는 통행량이 적지 않다. 이와 같은 문제를 해

결하기 위해 간접연결을 고려한 인접행렬을 산출하였다. 이 경우 몇 단계까지의 간접연결을 고려해야 할 것인가의 문제가 대두되는데, 수도권의 경우 교통망이 비교적 잘 정비되어 있으나, 모든 간접연결을 고려하기 위해 무한대 단계까지 인접행렬을 산출하였다.

일반적으로 단위지구가 세분화되면, 원자료행렬(R)과 비율척도행렬(Y)의 요소값 중에서 0의 값이 증가하게 된다. 그러나 그런 0의 요소는 2단계 간접행렬에서 현저히 줄어들고, 무한대 단계에 이르게 되면 0의 요소는 거의 소멸되는데, 이는 간접연결이 충분히 고려되었음을 의미하는 것이다(표 2-12, 표 2-13).

(2) 지역연결체계

인접행렬에서 도출된 최대결절류의 지역연결체계를 파악하기 위해 네트워크를 작성하였다. 네트워크를 작성함에 있어 점(중심지)과 선(결절류)을 동일하게 평가할 것인지, 아니면 차등을 둘 것인가의 문제가 대두된다. 따라서 연결도를 의미하는 연결선은 각 최대결절류를 순위로 하는 계층구분도상에서 급변점을 찾아 계층구분을 하고, 점(node)은 결절류의 추이성(transitivity)에 근거하여 계층화하였다(그림 2-16). 여기에서는 통행수단별 원자료행렬과 인접행렬에 그래프 이론을 적용하여 수도권의 연결체계를 파악하였다.

① **승용차통행의 연결체계:** 그림 2-17는 승용차통행의 최대결절류를 이용하여 작성하였으며, 그림 2-17(a)는 직접연결을 고려한 원자료행렬에 의한 연결체계를, 그림 2-17(b)는 간접연결까지를 고려한 인접행렬에 의해 도출된 연결체계를 나타낸 것이다.

원자료행렬에 의한 연결체계는 강서구가 최고차인 제6차 결절점으로 추출되었고, 제5차 결절점은 양천구, 제4차 결절점은 강남구, 영등포구, 수원의 3개 지구가 추출되었으며, 총 11개의 연결체계가 형성되었다. 인접행렬에 의한

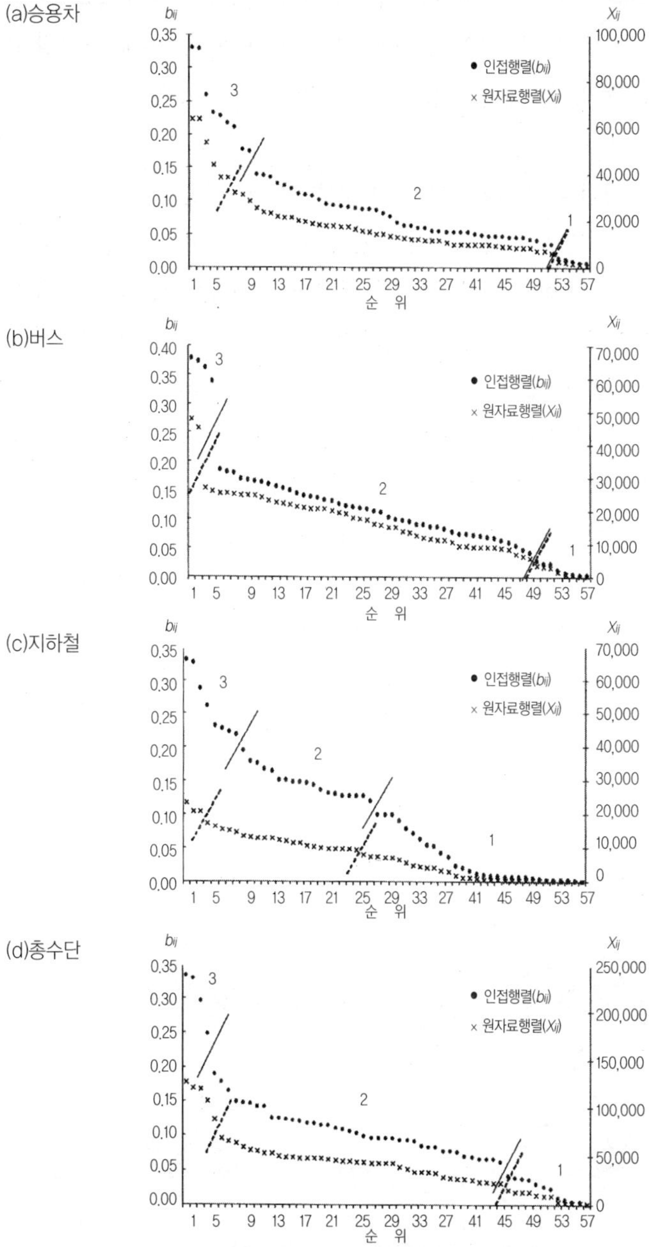

그림 2-16 통행수단별 결절류의 계층화

연결체계는 서울 중구, 강서구, 강남구, 수원이 제5차 결절점으로, 오산 · 화성, 인천 연수구 · 남동구, 고양 덕양구, 중랑구, 송파구, 양천구, 의정부 · 양주의 7개 지구가 제4차 결절점으로 나타났으며, 총 12개의 연결체계가 추출되었다.

두 그림의 차이점을 구체적으로 살펴 보면, 첫째, 서울 남부에 자리하고 있는 수원의 배후지 범위가 축소되었으며, 둘째 인천은 변화가 없어 보이지만 지배 · 종속관계의 변화가 발생하였고, 셋째 한강 이남의 강남구는 배후지의 범위가 확대되었다. 수원의 배후지 범위가 축소된 반면, 강남구의 배후지가 확대되었음은 서울 이외의 접근도가 양호한 주변지역에서 직접적으로 강남구나 서울로 진입하지 않고 다른 지구를 경유하여 강남구를 비롯한 서울로 이동하는 승용차의 교통량이 많음을 시사한다.

인접행렬을 고려한 연결체계를 중심으로 연결체계를 파악해보면, 강남구를 최종결절점으로 하는 연결체계가 가장 규모가 크고 강한 결절성을 나타내었다. 본 연결체계는 중구, 서초구, 송파구 등의 총 14개 지구들을 포섭하였는

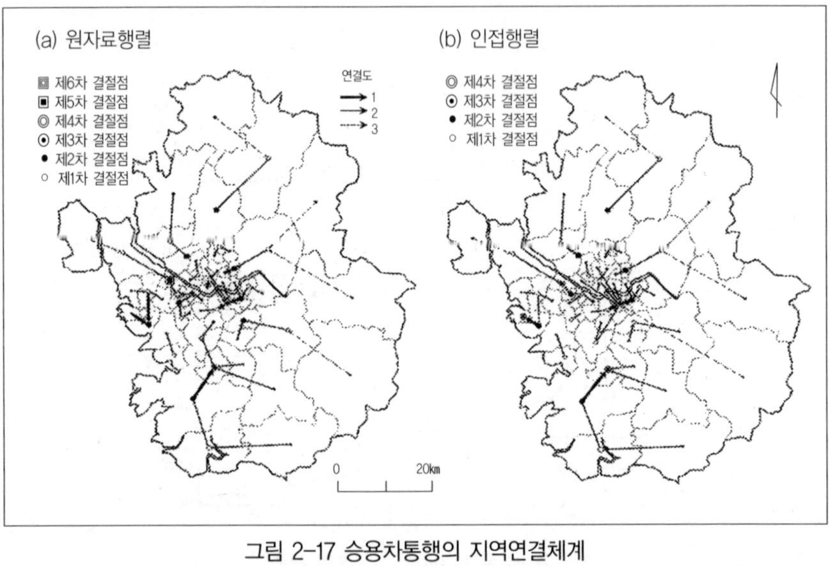

그림 2-17 승용차통행의 지역연결체계

데, 이는 서울의 구도심과 신도심의 주요 지구들을 배후지로 하는 '강남구 연결체계'라 명명할 수 있다. 승용차 수단통행에서는 송파구에서 강남구로의 통행이 가장 많은 양을 차지하였다. 제3차 결점점인 송파구는 제2차 결절점인 강동구를 포함하여 총 3개 지구를 지배하고 있다. 제2차 결절점인 종로구는 은평구와 용산구를, 송파구는 관악구를, 안양 · 군포 · 의왕은 과천을 하위지역으로 각각 지배하였다.

강서구를 최종결절점으로 하는 연결체계는 제3차 결절점으로는 양천구를 제2차 결절점으로는 김포와 영등포구를 포함하며, 모두 6개 지구로 구성되었다. 이는 원자료행렬에 의한 연결체계에서보다 구성 지구의 수가 감소한 것이다.

인천에서는 최종결절점의 변화가 나타났다. 간접연결까지를 고려한 연결체계에서는 인천 중구 · 동구 · 남구가 최종결절점으로 추출되었으며, 인천의 서구, 부평구 · 계양구, 연수구 · 남동구를 하위지역으로 포섭하였다. 그러나 직접연결만을 고려한 원자료행렬에 의한 연결체계에서는 연수구 · 남동구가 최종결절점으로 추출되었다.

수도권 남부에서 수원을 최종결절점으로 하는 연결체계는 오산 · 화성, 안성, 용인 남부, 용인 북부를 종속시키고 있다. 원자료행렬에 의한 연결체계에서는 과천, 안양 · 군포가 이 연결체계에 포섭되었으나 간접연결까지를 고려한 인접행렬의 연결체계는 이들 두 지구가 '강남구 연결체계'의 지배를 받는다. 간접연결을 고려할 경우, 전술한 바와 같이 수원의 배후지는 수원 북부에 자리하고 있는 과천, 안양 · 군포가 강남구 연결체계로 편입됨으로써 경기 남부지역만으로 한정되는 양상을 보인다.

그 외에 의정부 · 양주, 고양 덕양구, 노원구, 도봉구, 서대문구, 광명, 안산, 성남 수정구 · 중원구를 최종결절점으로 하는 연결체계가 추출되었다. 이천 · 여주(51번 지구)는 원자료행렬의 연결체계에서는 인접한 광주에 종속되었지만, 간접연결을 고려한 인접행렬에서는 강남구에 직접적으로 포섭되는 양상이다. 그러나 강남구가 이천 · 여주를 종속시키는 연결도가 지극히 낮은 수준으로 시간이 경과하게 되면 인접행렬의 연결체계에서도 이천 · 여주는 인접한 광주에 종속될 공산이 큰 것으로 볼 수 있다.

② **버스통행의 연결체계:** 버스통행의 최대결절류를 이용하여 직접연결만을 반영하는 원자료행렬에 의한 연결체계와 간접연결이 포함된 인접행렬의 연결체계를 도식화하면 그림 2-18과 같다.

원자료행렬을 반영한 연결체계는 총 17개가 추출되었다. 직접연결만을 고려한 경우에는 마포구, 동대문구, 영등포구, 강남구 등지가 버스통행에 의한 연결체계에서 가장 넓은 배후지를 가지는 최종결절점으로 추출되었다. 그러나 이들 최종결절점이 지배하는 하위지구의 수는 5개에 불과할 정도로, 각 연결체계의 규모가 작다. 마포구는 서대문구, 은평구, 고양 덕양구, 고양 일산구, 파주 등의 지구가 종속되는 연결체계를 형성하였다.

그러나 간접연결을 고려함으로써 인접행렬을 반영하는 연결체계는 원자료

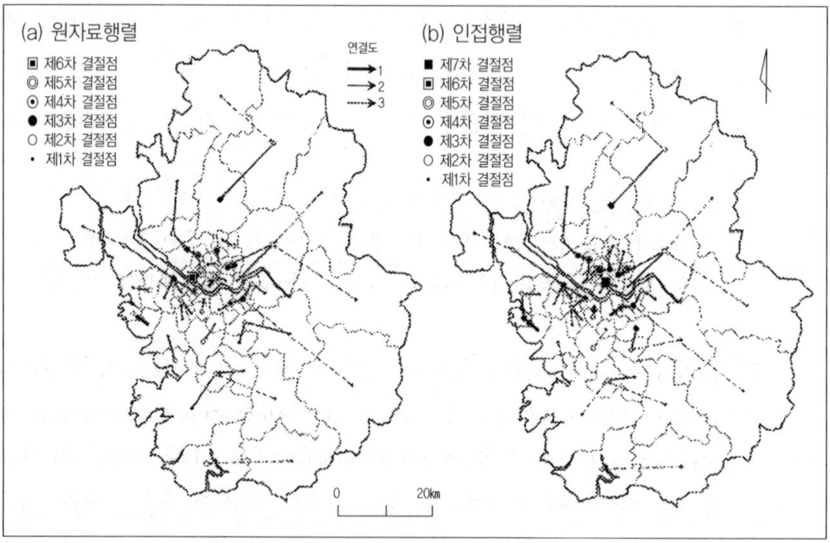

그림 2-18 버스통행의 지역연결체계

행렬의 그것과 현저한 차이를 나타내었다. 인접행렬에서는 총 12개의 연결체계가 추출되었는데, 각 연결체계의 완결도가 직접연결에 비해 높은 수준이다. 그 가운데 서울 중구를 최종결절점으로 하는 연결체계가 가장 규모가 크다. 이 체계는 종로구, 서대문구, 은평구를 각각 제4, 3, 2차 결절점으로 지배하였고, 파주, 고양 덕양구, 고양 일산구, 강북구, 도봉구, 용산구, 성동구, 이천 · 여주까지 포함하여, 총 14개 지구로 구성되었다. 이는 버스통행이 광역버스체계의 개선과 함께 서울의 도심을 중심으로 전개되고 있으며, 서울의 중구를 최종결절점으로 하는 연결체계는 결절점들 간에 많은 통행이 이루어지는 강력한 연결체계라는 것을 보여주는 것이다.

이 밖에 인접행렬이 반영된 연결체계와 원자료행렬이 반영된 연결체계는 다음과 같은 특징을 나타내었다.

중랑구를 최종결절점으로 하는 연결체계는 노원구, 동대문구, 광진구, 구리 · 남양주, 가평, 양평을 연결하며 서울 동부와 경기 동부를 배후지로 하며, 총 7개의 단위지구로 구성되었다. 그러나 원자료행렬에서는 인접행렬에서와는 달리 동대문구가 최고차 결절점으로 추출됨으로써, 동대문구가 중랑구를 하위지역으로 지배하는 연결체계를 형성하였다. 영등포구를 최종결절점으로 하고, 구로구, 양천구 등의 총 8개 지구를 포섭하는 영등포구 연결체계는, 직접연결만을 고려했을 경우에는 구로구를 최종결절점으로 하는 연결체계를 포함하지 않았으나, 간접연결을 고려했을 경우에는 구로구 연결체계가 영등포구에 종속되는 차이가 나타났다.

강남구를 최종결절점으로 하는 연결체계에서는 원자료행렬과 인접행렬에서 지배 · 종속관계의 변화가 나타나지 않았다. 이 연결체계는 송파구, 서초구, 강동구, 하남을 포섭하고 있으며 최종결절점인 강남구와 하위지역인 서초구 간의 연결도가 원자료행렬을 기초로 한 연결체계에서는 2의 수준을 보였지만, 인접행렬이 반영된 연결체계에서는 연결도가 1로 강화되었다.

인천에서는 간접연결을 고려함으로써 인천 중구 · 동구 · 남구(26번 지구)

를 최종결절점으로 하는 단일의 연결체계가 추출되었다. 즉 최종결절점인 인천의 중구가 연수구 · 남동구, 서구, 계양구 · 부평구 등의 하위지역을 지배함으로써 하나의 완결된 체계를 형성한 것이다. 그러나 원자료행렬에 의한 연결체계에서는 인천의 중구, 연수구 · 남동구, 서구, 계양구 · 부평구가 서로 분리된 연결체계로 추출되었다.

그 밖에 수원, 평택, 의정부 · 양주, 안양 · 군포, 안산, 수정구 · 중원구를 최종결절점으로 하는 연결체계가 추출되었다.

③ 지하철통행의 연결체계: 그림 2-19는 지하철통행의 최대결절류를 이용한 연결체계로 원자료행렬에 의한 연결체계와 인접행렬에 기초한 연결체계를 나타내고 있다. 원자료행렬에 의한 연결체계는 노원구, 강남구, 안산을 최종결절점으로 하는 총 3개의 연결체계가 추출되었다. 인접행렬에 의한 연결체계는 57개 단위지구가 결절점간 추이과정을 거쳐 모두 서울로 포섭된 하나의 완결된 연결체계를 형성하였다.

수도권에서 지하철 운행이 이루어지지 않는 지역이 많이 있지만, 이와 같이 지하철 통행에서 수도권의 모든 지구가 하나의 연결체계를 형성한 것은 환승을 고려하는 지하철 통행량을 분석지표로 채택하였기 때문이다. 이와 같은 연유로 지하철이 운행되지 않는 지구와의 연결도는 그림 2-19에서 보는 바와 같이 매우 미약한 수준이고, 지하철이 운행되는 서울과 그 주변지역에서의 연결도가 비교적 높게 형성되었다.

원자료행렬에서는 강남구가 제4차 결절점으로, 서울 중구가 제3차 결절점으로, 은평구, 부평구 · 계양구, 안양 · 의왕이 각각 제2차 결절점으로 추출되었다. 서울 중구에서 강남구로, 용산구에서 서울 중구로의 연결선이 연결도 1의 강력한 연결관계를 보여주고 있다.

인접행렬에 의한 지역연결체계에서 통행수단별 연결체계 중 승용차 · 버스 통행이 각각 총 12개의 연결체계를 형성한 반면, 지하철 통행이 1개의 연결체

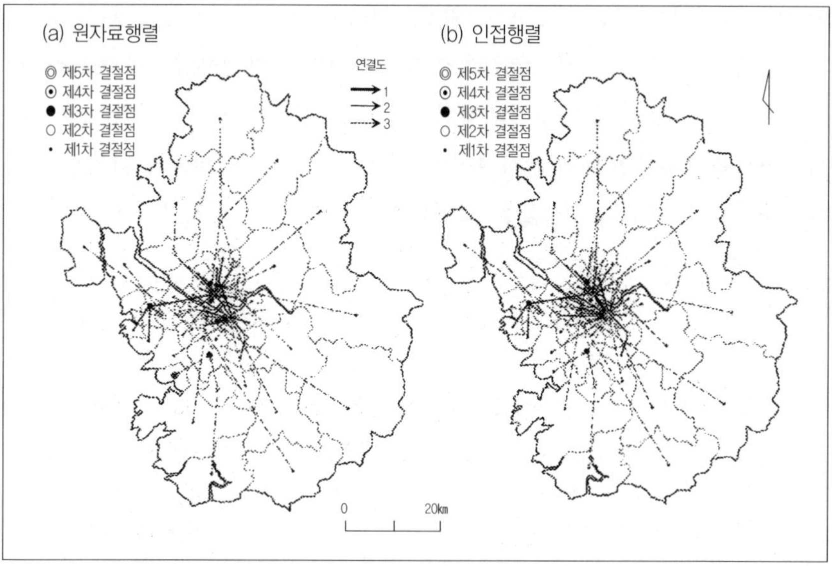

그림 2-19 지하철통행의 지역연결체계

계를 나타낸 것은, 지하철 통행이 승용차 · 버스통행에 비해 지하철과 국철의 연결성이 높아 통행자들이 환승역을 이용해 수도권 주변부에서 중심으로 통행을 하고 있기 때문인 것으로 풀이된다. 다시 말하면 지하철통행은 통행루트가 고정적이며 그 루트가 수도권 주변에서 중심부인 서울로 집중되는 방사형의 패턴을 보이고 있으므로, 지하철통행의 사람트립은 정해진 루트를 통해 서울 중심부로 이루어진다는 것이다.

원자료행렬에 의한 연결체계는 노원구와 안산을 최종결절점으로 하는 체계가 추출되었으나, 간접연결까지 고려한 인접행렬의 연결체계는 강남구를 최종결절점으로 하는 하나의 체계만이 추출되었다. 지하철 통행의 강력한 연계성을 고려했을 때, 하나의 연결체계를 나타낸 인접행렬의 연결체계가 직접연결뿐만 아니라 간접연결까지 더욱 잘 반영하고 있다고 할 수 있다.

④ **총수단 통행의 연결체계:** 총수단 통행은 승용차、버스、지하철통행 등

의 모든 통행량을 합산한 것으로, 원자료행렬에 의한 연결체계는 총 13개, 인접행렬에 의한 연결체계는 총 9개가 추출되었다(그림 2-20). 원자료행렬과 인접행렬에 의해 구해진 연결체계의 차이점은 강남구와 도봉구의 배후지가 간접연결을 고려함으로써 원자료행렬에 의한 연결체계에서보다 넓어진 점이다. 반면 수원의 배후지 범위는 과천과 안양 · 군포의 두 지구가 인접행렬에 의한 연결체계에서 강남구에 종속됨으로써 협소해졌다.

인접행렬에 의한 연결체계에서 강남구를 최종결절점으로 하는 연결체계는 제3차 결절점으로 송파구와 서울 중구가, 제2차 결절점으로 서초구, 동대문구, 종로구, 강동구 등지를 포함하였으며, 총 17개 지구로 구성되었다. 한강 이남의 강남구와 한강 이북의 서울 중구를 축으로 강력한 연결성을 나타내는 이 체계를 강남구 연결체계라 명명할 수 있겠으며, 서울 중구가 강남구에 연결도 2로 종속되고 있음은 수도권에서 통행의 중심이 기존에 형성된 서울 도심지향 패턴에서 탈피하여 강남구로 이전해가고 있음을 시사한다.

강남구가 통행의 중심지로 부상하고 있음은 서울만을 분석대상으로 한 남영우 외(2000)의 연구에서도 이미 밝혀진 바가 있다. 즉 서울에서의 총통행량을 분석지표로 지역연결체계를 분석한 결과, 강남구가 최종결절점으로 추출되었으며, 중구는 강남구의 차하위계층에 해당하는 추이결절점으로 추출되었다. 그러나 상위계층인 강남구가 차하위계층인 중구보다 더 적은 수의 결절류를 받아들이고 있는 것으로 나타났는데, 이는 결코 일반적인 현상이라 할 수 없는 부분이다. 아무튼, 강남구가 서울을 비롯한 수도권에서 총통행의 중심지로 부상하였음을 확인할 수 있다.

직접연결만을 고려했을 때 강남구와 서울 중구는 서로 다른 연결체계를 형성하였으나, 간접연결까지 고려한 연결체계를 추출한 결과 두 지구가 서로 연계되는 것으로 나타났다. '강남구 연결체계' 는 기존 도심부 통행의 중심이었던 서울 중구와 1980년대 이후 급속한 성장세를 보인 강남구가 하나의 연결체계로 연계되었다는 것을 보여준다. 또한 서초구와 송파구에서 강남구로

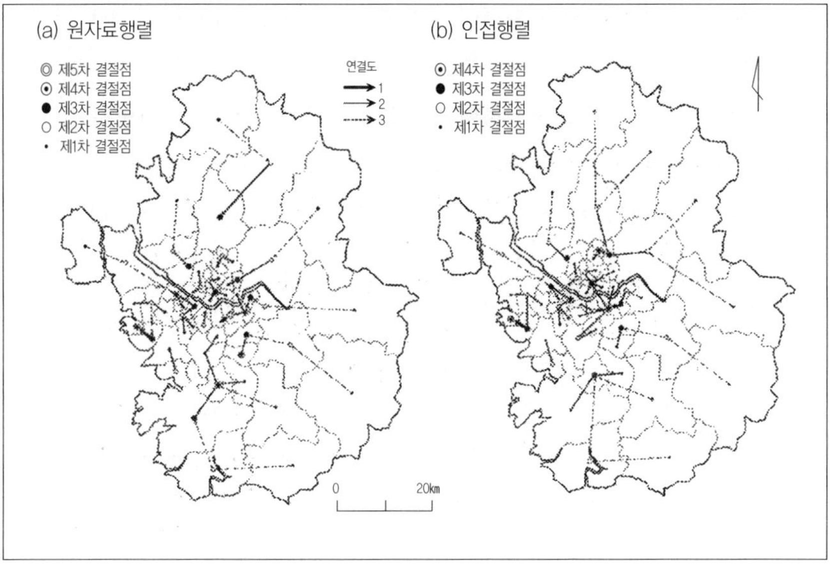

그림 2-20 총수단 통행의 지역연결체계

의 통행량이 연결도 1로 나타나 많은 통행량을 보였다.

인천 중구 · 동구 · 남구를 최종결절점으로 하는 연결체계는 연수구 · 남동구, 부평구 · 계양구, 서구, 부천의 총 5개 지구로 구성되며, 연수구 · 남동구에서 최종결절점으로의 연결도가 1로 나타났다. 이 체계는 인천의 모든 지구가 포함되기 때문에 '인천 연결체계' 라 명명할 수 있겠다.

영등포구를 최종결절점하고, 강서구를 제2결절점으로, 그리고 양천구, 구로구, 김포, 강화, 금천구, 광명 등을 최하위지역으로 지배하는 체계는 '영등포구 연결체계' 라 간주된다. 이는 서울의 서부에서 형성된 연결체계이며, 승용차 통행량과 버스 통행량이 지하철 통행량에 비해 상대적으로 많았기 때문에 형성된 것으로 풀이된다.

수도권 남부에서 수원을 최종결절점으로 하고, 분당구, 용인 북부, 용인 남부, 오산 · 화성, 평택, 안성의 총 6개 지구로 구성된 연결체계는 '수원 연결체계' 라 명명하였다. 직접연결만을 고려했을 때 과천과 안양 · 군포는 '수원

연결체계’ 에 포섭되었으나, 간접연결을 고려했을 때는 서로 다른 연결체계로 추출되었다. 이는 간접연결까지 고려했을 때 ‘수원 연결체계’ 가 수도권 남부에서 독립된 연결체계를 형성하였고, 과천과 안양 · 군포는 ‘강남구 연결체계’ 에 포섭되었다는 것이다.

도봉구를 최종결절점으로 하고, 노원구를 제3차 결절점으로, 그리고 강북구를 비롯한 경기 북동부지역의 의정부 · 양주, 연천, 동두천 · 포천, 가평, 양평, 구리 · 남양주 등지가 최하위지역으로 구성된 연결체계는 ‘도봉구 연결체계’ 로 간주하였다. 원자료행렬에 의한 연결체계는 도봉구 · 강북구 · 노원구, 연천 · 의정부 · 동두천, 가평 · 양평 · 구리 · 남양주가 서로 다른 3개의 연결체계로 추출되었으나, 간접연결까지 고려한 인접행렬에 의한 연결체계는 하나의 연결체계로 추출되었다.

성남, 광주, 이천 · 여주에 의해 구성되는 연결체계에서는 최종결절점의 변화가 있었다. 즉 원자료행렬에 의한 연결체계에서는 성남 분당구가 최종결절점의 자격으로 성남의 구시가지인 성남 수정구 · 중원구를 비롯하여 광주, 이천 · 여주를 종속시키는 패턴이었다. 그러나 인접행렬에 의한 연결체계에서는 성남 수정구 · 중원구가 최종결절점으로 추출되었다.

이 외에 고양 덕양구, 서대문구, 안산 등지를 최종결절점으로 하는 연결체계가 추출되었으며, 이들 3개의 연결체계는 원자료행렬과 인접행렬에 의한 연결체계에서 차이가 나타나지 않았다.

지금까지 수도권의 지역연결체계를 통행수단별로 파악하기 위하여 57개 단위지구 간 통행량의 OD표로부터 원자료행렬과 인접행렬을 산출하여 비교 · 분석하였다. 그 결과는 다음과 같다.

(1) 인접행렬 Y는 행렬누승에 따라 발생하는 「과소화」 및 「과대화」의 문제를 해결하였다. 이를 위해 최대흡수통행량에 대한 x_{ij}의 비율로 전환된 y_{ij}, 즉 비율척도를 산출하였는데, 이러한 과정이 인접행렬의 산출에 필수적인 과

정이라는 것이 판명되었다.

⑵ 연결체계에 의하여 규명되는 수도권의 지역구조를 통행수단별로 분석한 원자료행렬(R)과 인접행렬(B)의 연결체계는 다음과 같다. 승용차 · 버스 · 지하철 · 총수단 통행별 원자료행렬에 의한 연결체계는 각각 11, 17, 3, 13개가, 그리고 인접행렬에 의한 연결체계는 각각 12, 12, 1, 9개가 형성되었다. 버스 · 지하철 · 총수단 통행에서 인접행렬에 의한 연결체계가 원자료행렬에 의한 연결체계보다 더욱 간명하게 나타났음을 확인하였다. 따라서 직접연결뿐만 아니라 간접연결까지도 고려한 인접행렬로 연결체계를 살피는 것이 수도권의 연결체계를 파악하는 데 효율적이었다.

최고차결절점은 원자료행렬에 의한 연결체계에서 승용차 · 버스 · 지하철 · 총수단 통행수단별로 각각 강서구, 마포구, 노원구, 강남구 각각 1개씩만 추출되었다. 반면에 인접행렬에 의한 연결체계에서는 통행수단별로 승용차통행은 중구 · 강남구 · 강서구 · 수원시, 버스 통행은 서울 중구, 지하철 통행은 강남구, 그리고 총수단 통행은 강남구 · 영등포구 · 도봉구 · 중구로 나타났다. 승용차통행과 총수단 통행에서는 최고차결절점으로 추출된 지구가 각각 1개에서 4개로 증가하였다. 이는 인접행렬이 단위지구 간의 간접연결을 반영하고 연결체계와 결절점도 상호 연계되었으므로, 이에 따라 연결체계내에서 최고차결절점도 증가한 것이라 볼 수 있다.

⑶ 간접연결을 고려한 인접행렬의 연결체계에서, 지하철통행은 하나의 연결체계로 추출되었다. 이는 직접연결뿐만 아니라 간접연결까지 고려하였을 때 지하철통행이 가장 강력한 지역간 연계성을 갖는다는 것을 시사하는 것이다.

총수단 통행의 경우 인접행렬에 의한 연결체계에서 '수원 연결체계'가 독립된 연결체계로 추출되었는데, 이는 수원이 수도권 남부의 자족적 중심지로 독립적인 연결체계를 갖는다는 것이다. 그러므로 수원은 서울에 종속되지 않는 경계도시(edge city)로 간주된다.

4. 1990년과 2000년의 지역구조 변화

서울시는 현재에 이르기까지 600여년에 걸쳐 우리나라의 중심지인 수도로서 기능을 수행해 왔다. 그러다 보니 우리나라의 주요 기능은 대부분 서울시에 집중하게 되었고, 기능 및 시설의 집중은 서울시의 인구증가와 불가분의 관계에 있다. 이에 따라 서울시의 인구는 1992년까지 매년 꾸준한 증가추세를 보이면서 1,000만 명을 상회하였고, 인구증가로 인한 주택부족문제의 해결을 위하여 서울시에서는 서울 주변지역에 주거기능을 우선으로 하는 신도시를 건설하였다.

또한 서울시 주변에서는 제조업의 입지와 그에 따른 취업기회의 증대 · 저렴한 주택지 확보 용이 · 쾌적한 주거환경 · 교통의 발달로 인한 기동성 증대 등의 여러 요인이 작용함으로써, 직장은 대도시에 그대로 두고 주거지만 주변지역으로 옮겨가면서 대도시의 인구가 그 주변지역으로 재배치되는 주거지교내화 현상(residential suburbanization)이 진전되고 있다(남영우 · 최재헌, 2006). 수도권에서 나타나는 주거지교내화 현상의 진전은 서울시와 그 주변지역에서의 인구분포를 비롯하여 거주자들의 지역간 통행패턴에도 많은 변화를 불러일으키고 있다.

이제부터는 앞에서 언급한 바와 같이 수도권에 입지한 주거기능 위주의 신도시 건설이나 주거지교내화 현상과 같은 일련의 인구재배치 현상과 수도권에서의 사업체 입지변화에 의해 수도권 거주자들의 통행패턴과 수도권의 지역구조가 어떻게 변화하였는지를 고찰해 보고자 한다. 이러한 분석을 위하여 장소와 장소 간의 이동을 포함하고 사람들의 일상적 행동을 가장 잘 반영해주는 사람트립을 활용하였으며, 특히 일일유동 가운데 수도권의 지역구조를 가장 잘 반영해 주는 통근통학통행량을 분석지표로 활용하였다.

즉 통행량에 의한 수도권의 지역구조를 규명하기 위하여 각 지구 간의 통근통학 통행량에 따른 지역간 연결체계와 유동패턴을 분석하였다. 특히 수도권의 지역구조 변화를 인구재배치 현상과 관련하여 고찰하기 위하여 인구의 재배치현상이 본격적으로 발생하기 이전인 1990년과 그 이후인 2000년의 두 시기를 분석시점으로 선정하였다. 지역구조를 규명해 내는 데 있어서 중요시 여겨져야 할 사항 가운데 하나로 단위지구의 선정을 꼽을 수 있다. 단위지구의 크기가 너무 크거나 또는 너무 작은 경우 지역구조를 명확히 규명해내기 어렵기 때문이다. 따라서 단위지구의 크기를 작게 할수록 정확한 지역구조의 규명이 가능해지지만, 본 장에서처럼 하나의 도시가 아닌 수도권이라는 도시군을 대상으로 하는 경우에는 단위지구를 다소 크게 설정해도 별 무리가 없다. 여기에서의 분석단위지구는 수도권의 시 · 군 · 구를 기본으로 하였으나, 유동패턴의 추출에서는 단위지구를 약간 조정하였다.

수도권 통근통학통행의 패턴변화는 각 단위지구별 통행량의 변화를 발생통행의 측면과 흡수통행의 측면으로 나누어 분석함으로써 시작되었다. 그리고 그래프 이론을 적용하여 통근통학통행에 의한 지역연결체계가 어떻게 변화하였는지와 인자분석을 통하여 주요 출발지와 주요 도착지를 추출함으로써 통행권이 어떻게 변화하였는지 등을 고찰함으로써 수도권의 지역구조 변화를 규명하였다. 지역연결체계의 분석에서는 각 지구 간의 직접연결뿐만 아니라 간접연결까지를 고려할 수 있는 인접행렬을 적용함으로써 네트워크

분석에서 제기될 수 있는 직접연결과 간접연결의 문제를 해결하였다(Taaffe, Gauthier, & O'Kelly, 1996). 유동패턴의 추출을 위한 인자분석에서는 주축법 인자분석을 적용하였으며, 배리막스(varimax) 직교회전을 실시하여 주요 출발지와 주요 도착지의 패턴을 살펴보았다. 여기에서 사용된 OD표는 1990년과 2000년에 각각 발간된 『인구주택총조사보고서-통근 · 통학편』이다.

1) 통행량 분포의 변화

(1) 발생통행(출발통행)

한 지구에서의 통근통학 발생통행량은 그곳에 거주하고 있는 상주인구의 규모가 가장 큰 결정요인으로 작용한다. 왜냐하면 발생통행량은 통행을 발생시키는 경제활동의 주체가 많을수록 커지기 때문이다. 특히 통근통학 통행량은 가정을 기반으로 이루어지는 가정기반통행이고 주요한 출발지가 주거지

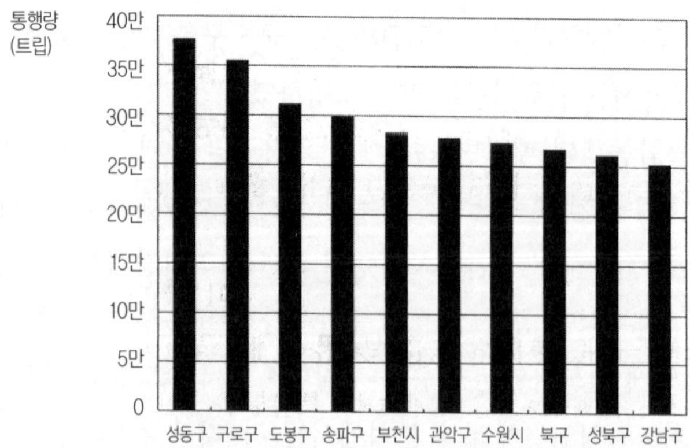

그림 2-21 상위 10개 지구의 발생통행량(1990년)

라는 점을 감안할 때, 상주인구의 규모가 큰 영향을 미친다.

1990년의 발생통행량 분포는 서울에의 집중도가 매우 크게 나타났다. 1990년의 서울시 인구는 1,061만 명으로 수도권에서 차지하는 비중이 57.1%에 달할 정도로 수도권에서 서울의 인구집중도는 매우 강하였다. 1990년에 수도권에서 발생한 통근통학 총발생통행량은 818만 트립이었는데, 이 가운데 서울에서는 전체의 61.3%인 501만 트립이 발생하여, 상주인구 대비 통근통학 인구율이 인천이나 경기도에 비하여 높게 나타났다. 인천과 경기도에서는 각각 전체의 9.7%와 29.0%에 해당하는 79만 트립과 237만 트립의 통행량이 발생하였다.

서울에서의 발생통행량 가운데 서울로 유출된 지역내 통행량은 총발생통행량의 93.2%인 468만 트립이었으며, 인천으로는 0.9%인 4.5만 트립이, 경기도로는 5.8%인 29만 트립이 각각 유출되었다. 인천에서 발생한 통행의 목적지로는 인천이 81.3%인 64만 트립으로 가장 많았으며, 서울로는 12.6%인 10만 트립이, 경기도로는 6.1%인 4.8만 트립이 각각 유출되었다. 마지막으로 경기도에서 발생한 통행의 목적지로는 경기도가 74.5%인 176만 트립으로 가장 많았고, 서울과 인천으로는 각각 56만 트립(24.0%)과 3.7만 트립(1.5%)이 유출되었다.

가장 많은 발생통행량은 성동구의 37만 트립이었으며, 그 다음으로 구로구(35만 트립) · 도봉구(31만 트립) 등지에서도 30만 트립을 상회하는 통행량이 발생하였다(그림 2-21). 이 외에 송파구(29만 트립) · 부천(28만 트립) · 관악구(27만 트립) · 수원(27만 트립) · 인천시 북구(26만 트립) · 강남구(25만 트립) 등지에서 수도권 총발생통행량의 3.0%를 상회하는 발생통행량을 기록하였다. 1990년 현재 이들 지구의 인구규모는 관악구와 강남구를 제외하면 모두 60만 명을 상회하였으며, 가장 많은 발생통행량을 나타내었던 성동구의 인구는 80만 명에 육박하였을 정도로 인구규모가 큰 지구였다.

발생통행량이 작은 지구는 상업업무기능이 탁월하게 발달하였거나 상주인구의 규모가 작은 서울시 중구의 8.5만 트립을 비롯하여, 인접한 종로구와 용산구 등지였다. 인천에서는 중구에서 가장 작은 3.2만 트립이 발생하였으며, 이에 인접한 동구에서도 발생통행량이 크지 않았다. 경기도에서는 인구규모가 극히 작은 옹진에서 가장 적은 3,267트립이 발생하였으며, 경기도의 외곽에 자리한 가평(13,588트립) · 강화(16,847트립) · 연천 · 양평 등지에서의 발생통행량이 작게 나타났다.

한편, 지구내 통근통학 통행은 분석대상지구의 거주자들이 어느 정도 그들의 주거지와 인접한 지역에서 직장과 주거지를 일치시키는지에 대하여 평가할 수 있는 일종의 척도이다. 특히 통근통학 통행이란 개념이 주거지에서 직장 또는 학교로의 이동을 가리키는 것이므로, 지구내의 통행비율이 높은 지구일수록 직주의 일치 정도가 크다고 할 수 있다. 1990년의 수도권 통근통학에서 지구내 통행량은 401만 트립으로 총발생통행량의 49.1%를 차지하였다. 따라서 수도권 거주자 가운데 50.9%에 해당하는 사람들은 그들이 거주하고 있는 지구의 경계를 넘어 다른 지구로 이동한 셈이다.

지구내 발생통행률이 가장 큰 지구는 99.9%를 기록한 옹진으로 나타났다. 옹진은 군 전체가 섬으로 구성된 관계로 대부분의 발생통행량이 옹진 내에서 종결되었고 4트립만이 외부지구로 유출되었다. 그리고 대체로 발생통행량이 크지 않았던 지구에서의 지구내 발생통행률이 높은 것으로 조사되었다. 여기에는 이천(94.6%), 강화(94.5%), 가평(92.7%), 양평(92.1%), 여주(91.9%) 등지가 해당된다. 지구내 발생통행률이 수도권 평균을 상회한 28개 지구는 인천시 북구를 제외하면 모두 경기도에 자리한 지구일 정도로 대도시보다는 중소도시나 군 지역에서의 지구내 통행률이 높은 것으로 나타났다.

반면, 과천은 지구내 통행률이 24.1%로 분석대상지구 가운데 가장 낮은 것으로 조사되었다. 이와 더불어 광명(26.2%), 의왕(34.0%) 등지도 낮은 지구내 통행률을 기록하였다. 이러한 현상은 이들 지구에 주거기능이 우선적으로 입지한 결과 그 지구의 거주자들을 흡수할 만한 요인이 부족한 때문으로 자족기능이 상대적으로 낮은 도시들이다.

1992년을 전후하여 서울 주변지역에는 서울로 몰려드는 인구를 분산시키기 위하여 수도권 5개 신도시가 서울로부터 반경 30km 내외의 지점에 입지하였다. 이들 5개 신도시의 인구는 매년 증가세를 보인 반면, 서울의 인구는 1992년의 1,096만 명을 정점으로 서서히 감소하기 시작하였다. 최근 들어 서울의 인구는 소폭의 증가세를 보이고 있긴 하지만, 수도권 5개 신도시가 건설되기 이전의 증가세에는 미치지 못하는 실정이다.

이러한 현상은 수도권 통근통학의 발생통행량 분포에 상당한 영향을 미친 것으로 나타났다. 2000년에 수도권에서 발생한 통근통학의 총발생통행량은 1,085만 트립이었는데, 이는 1990년에 비해 32.6%인 267만 트립이 증가한 것이다. 그러나 서울에서의 발생통행량은 2000년 전체 발생통행량의 47.8%인 518만 트립으로, 1990년에 비하여 통행량은 16만 트립이 증가하였지만 총발생통행량에서의 구성비는 오히려 13.5%가 감소하였다. 이처럼 서울에서의 발생통행량이 차지하는 비중이 감소한 것은 수도권에서 서울의 인구가 차지하는 비중이 1990년의 57.1%에서 46.3%로 크게 감소한 데에서 근본적인 이유를 찾을 수 있다.

반면, 인천에서의 발생통행량은 122만 트립으로 1990년에 비해 43만 트립이 증가하여 수도권 전체의 11.3%를 차지하였으며, 경기도에서의 발생통행량 역시 1990년보다 206만 트립이 증가한 444만 트립으로 전체의 40.9%를 차지하였다. 경기도에서의 발생통행량은 1990년에 비해 11.9% 증가한 것이며, 인천에서의 발생통행량은 1990년에 비해 1.6%가 증가하였다. 이는 인천과 경기도의 인구규모가 커짐에 따라 수도권에서 차지하는 비중이 1990년에 비해 증가하였기 때문에 나타난 현상이다. 경기도의 인구는 1990년에 수도권 인구의 33.1%인 615만 명이었던 것이 2000년에는 42.1%인 898만 명으로 크게 증가하였으며, 인천의 인구는 181만 명에서 247만 명으로 증가하였다.

서울의 발생통행비중이 2000년 들어 감소함에 따라, 서울의 지구내통행량

역시 1990년에 비해 3.4%가 감소하였다. 반면, 서울에서 출발하여 인천을 목적지로 하는 통행률은 1.1%로 소폭 증가하였으며 경기도를 목적지로 하는 통행률은 5.8%에서 9.1%로 증가하였다.

인천에서의 발생통행량 가운데 인천을 목적지로 하는 지구내통행량은 전체의 80.0%인 98만 트립으로 1990년에 비해 통행량은 증가하였지만 통행률은 약간 감소하였으며, 서울로 유출된 통행은 전체의 11.2%인 13만 트립으로 통행량은 1990년에 비해 증가하였지만 통행률은 감소하였다. 반면 인천에서 출발하여 경기도를 목적지로 한 통행량은 10만 트립으로 증가하였으며, 통행률 역시 1990년에 비해 증가하였다. 한편 경기도에서 발생한 통행량의 목적지별 분포는 경기도를 목적지로 한 통행량이 77.5%인 344만 트립으로 1990년에 비해 통행률과 통행량이 모두 증가하였다. 경기도에서 서울로 유출된 통행률은 1990년보다 3.0%가 감소하였으며, 인천으로 유출된 통행률은 거의 변화가 없었다.

이와 같이 수도권 신도시의 건설과 서울시 주거지의 교내화 현상이 활발해짐에 따라 발생한 서울의 인구감소와 서울 주변지역에서의 인구증가는 통근통학 패턴에도 그대로 투영되어 나타났다. 즉, 서울에서는 지속적인 인구감소 현상으로 인해 발생통행량이 1990년에 비해 아주 미미한 증가를 보인 반면, 그 주변지역에서는 통근통학의 발생통행량이 1990년에 비해 크게 증가하였다.

2000년에 발생통행량이 가장 많았던 지구는 47만 트립이 발생한 수원이었으며, 그 다음으로 성남(46만 트립)·고양(35만 트립)·송파구(33만 트립)·노원구(30만 트립)·안양(30만 트립) 등지에서도 30만트립을 상회하는 통근통학이 발생하였다(그림 2-22). 지구별 발생통행량이 수도권 총발생통행량의 3.0%를 상회한 지구는 이들 6개 지구로, 이는 1990년에 비해 3곳이 감소한 것이다.

2000년 들어 경기도의 발생통행량은 모든 지구에서 고르게 증가하였지만,

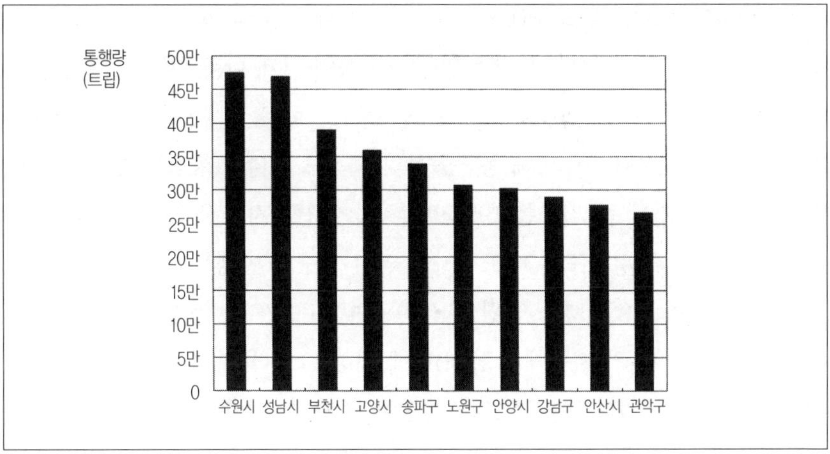

그림 2-22 상위 10개 지구의 발생통행량(2000년)

1990년 이후 신도시가 건설되었거나 신규 택지개발사업으로 인하여 주거인구가 급격히 증가한 일부 지구에서는 현저한 증가현상을 보였다. 가장 증가폭이 큰 곳은 26만 트립이 증가한 고양이었으며, 성남과 수원에서도 각각 23만 트립과 20만 트립이 증가하였다. 이 외에 안산(17만 트립) · 용인(11만 트립) · 부천(10만 트립) · 노원구(10만 트립) · 시흥(10만 트립) · 안양(9만 트립) · 군포(8만 트립) 등지에서도 발생통행량이 큰 폭으로 증가하였다. 발생통행량이 크게 증가한 지구는 고양을 제외하면 대부분 신도시가 입지한 서울 남쪽에 자리하고 있으며, 서울 북쪽의 남양주 · 의정부와 인천의 남동구 · 서구 등지에서는 5만트립 이상 증가하였다.

이에 반해 발생통행량이 감소한 지구는 주거기능이 서서히 약해지고 상업업무기능 위주로 재편되어 감에 따라 인구공동화 현상이 심화되는 곳이다. 가장 감소폭이 큰 지구는 서울의 도심과 인접해 있으면서 최근 상업기능의 입지가 활발해짐에 따라 상주인구가 크게 감소한 동대문구로, 동대문구에서는 4.6만 트립이 감소하였다. 이와 더불어 서울의 도심부인 중구(1.7만 트립) · 종로구(2.8만 트립), 그리고 이와 인접하고 있는 용산구(2.9만 트립) ·

성북구(2.6만 트립) · 마포구(1.7만 트립) 등지와, 인천의 중심부와 인접한 동구(2.3만 트립) 등지에서의 발생통행량 감소폭이 크게 나타났다.

2000년의 지구내 발생통행량은 619만 트립으로 총발생통행량의 57.1%를 차지함으로써, 1990년에 비해 통근통학의 자족도가 다소 향상되었다. 지구내 발생통행률이 가장 큰 지구는 1990년에서와 마찬가지로 99.9%를 기록한 옹진으로 나타났다. 경기도의 비도시지역 역시 지구내 발생통행률이 90%를 상회하였지만, 강화(92.6%) · 양평(91.6%) · 여주(90.7%) · 이천(90.0%) · 가평(89.5%) 등 대부분의 지구에서 1990년에 비해 그 비율이 소폭이나마 감소하는 경향을 나타내었다. 이러한 감소현상은 주거지교내화 과정에서 주거지만 대도시 이외의 지역으로 옮겨가고 직장은 대도시에 그대로 두는 경우가 증가한 때문으로 풀이된다. 지구내 발생통행률이 수도권 평균을 상회한 지구는 30개였으며, 1990년과는 달리 서울의 강남구와 동대문구, 그리고 인천의 중구, 서구, 남동구 등지에서 평균치를 상회하는 지구내 발생통행률을 기록하였다.

지구내 발생통행률이 가장 낮았던 지구는 1990년과 마찬가지로 과천이었다. 과천의 지구내 통행률은 32.2%로 1990년에 비해 증가하였지만, 분석대상지구 가운데 가장 낮은 지구내 발생통행률을 기록하였다. 그리고 서울 주변의 의왕(32.9%) · 군포(41.2%) · 광명(41.4%) 등지도 지구내 통행률이 낮았으며, 도봉구와 인천시 연수구에서도 각각 40.3%와 43.5%로 낮은 지구내 통행률을 기록하였다.

(2) 흡수통행(도착통행)

1990년의 통근통학 통행에서 서울로의 흡수통행량은 전체의 65.4%인 534만 트립을 차지하였으며, 인천과 경기도로는 각각 전체의 8.9%인 72만 트립과 25.7%인 210만 트립이 유입되었다. 서울은 33만 트립에 달하는 통근통학 통행이 초과유입되었던 반면, 인천과 경기도는 발생통행량이 흡수통행량보다 많은 초과유출의 양상을 띄었다.

서울로 유입된 흡수통행량의 주요 출발지는 87.5%에 달하는 468만 트립을 발생시킨 서울이었으며, 경기도와 인천에서 서울로 유입된 통행량은 각각 56만 트립과 10만 트립으로 서울시 총흡수통행량의 10.6%와 1.9%를 차지하였다. 인천의 역내 흡수통행량은 전체의 88.7%인 64만 트립이었으며, 서울과 경기도를 출발지로 하는 통행량은 각각 4.5만 트립과 3.6만 트립으로 6.2%와 5.1%를 차지하였다. 경기도의 역내 흡수통행량은 전체의 83.9%인 176만 트립이었으며, 서울과 인천에서 발생한 통행량은 각각 29만 트립과 4.8만 트립으로 13.8%와 2.3%를 차지하였다.

가장 많은 통행량이 유입된 지구는 서울의 도심부가 자리하고 있는 중구로서 수도권 총흡수통행량의 5.6%에 달하는 45만 트립이 유입되었다(그림 2-23). 서울 중구의 뒤를 이어 흡수통행량이 많았던 지구는 영등포구(38만 트립)·강남구(37만 트립)·종로구(36만 트립)·구로구(35만 트립)·성동구(35만 트립) 등지였다. 이들 지구는 서울의 도심 또는 부도심의 역할을 수행하는 곳이거나 사업체가 많이 분포하고 있는 곳으로, 지구내에서 유입되는 통행보다 외부지구에서 유입되어 오는 역외 흡수통행량이 많은 편이었다. 흡수통행

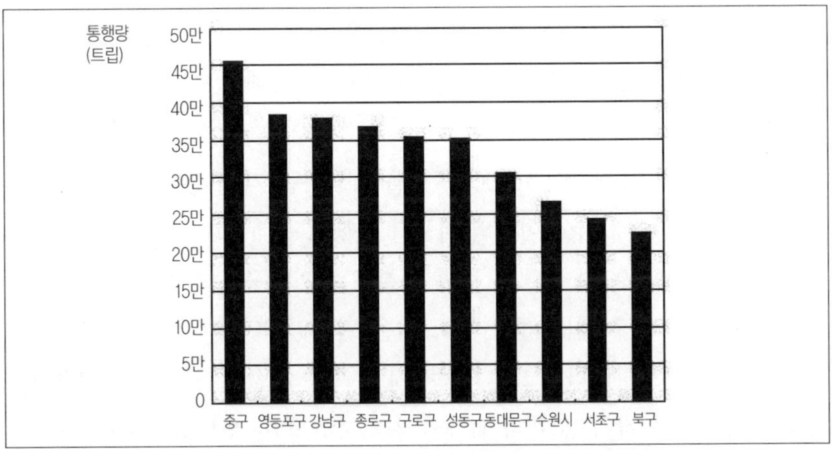

그림 2-23 상위 10개 지구의 흡수통행량(1990년)

량이 30만 트립을 상회한 지구는 위에서 살펴본 바와 같이 모두 서울시에 입지하고 있으며, 서울 이외의 지구에서는 인천시 북구(22만 트립)와 수원(26만 트립) · 부천(21만 트립) 등지에서 비교적 많은 흡수통행량을 기록하였다.

흡수통행량과 발생통행량의 차이를 살펴보면, 흡수통행량이 발생통행량을 상회한 지구는 그 차이가 37만 트립으로 가장 크게 나타난 서울시 중구를 비롯하여, 종로구 · 영등포구 · 강남구 등 상업업무기능이 탁월한 지구에서 10만 트립 이상의 차이를 보였다. 반면 흡수통행량이 발생통행량에 미치지 못한 지구는 주거인구가 많은 양천구 · 관악구 · 도봉구 등지를 비롯하여 인천시 북구(이후 계양구와 부평구로 분구됨) · 부천 · 성남 등이었다.

해당지구내의 일자리를 그 지구내의 거주자로 어느 정도 충당할 수 있는지를 알아보기 위하여 지구내 흡수통행률을 산출해 보았다. 그 결과, 지구내 흡수통행률이 높은 지구는 옹진이 92.9%로 가장 높았으며, 강화군(90.8%) · 가평군(89.9%) 등 대부분 경기도의 군지역에서 80%를 상회하였다. 서울과 인천에서는 도봉구와 북구가 각각 66.3%와 69.0%로 가장 높게 나타났다. 이에 반해 지구내 흡수통행률이 낮은 지구는 흡수통행량이 발생통행량을 크게 상회하는 곳이 주를 이루었다. 서울시 중구가 9.4%로 가장 낮았으며, 종로구(15.0%) · 인천시 중구(18.6%) · 영등포구(28.6%) 등 지구내 흡수통행률이 낮은 지구는 대부분 도시내에서 중심지 기능을 수행하고 있는 곳이었다. 지구내 발생통행률이 가장 낮았던 과천은 지구내 흡수통행률 역시 28.8%로 매우 저조하였다.

단위지구 간의 통행량이 10,000트립을 상회하는 지구 간 통행은 모두 97개였으며, 이 가운데 서울 이외의 지구를 통행의 목적지로 한 경우는 15개에 불과하였다. 이들 97개 통행의 출발지 분포는 관악구와 송파구를 출발지로 하는 경우가 각각 7개와 6개로 다소 많은 편이었지만, 대체로 여러 지구에 걸쳐 고르게 분포하였다. 그러나 목적지 분포는 서울의 도심부에 해당하는 중구와 종로구가 각각 20개와 11개를 차지하였으며, 부도심에 해당하는 영등포구(8개) · 강남구(6개) · 구로구(6개) 등 일부지역에의 편중현상이 심하게 나타났다.

2000년의 발생통행량 분포가 1990년의 그것과 다소의 차이를 보였던 것처럼, 2000년 흡수통행량의 분포 역시 1990년과는 다른 양상을 보였다. 2000년의 통근통학 통행량은 서울로의 흡수통행량이 전체의 52.8%인 572만 트립으로 1990년에 비해 절대적인 양은 증가하였지만, 수도권에서 차지하는 비중은 12.6%가 감소하였다. 반면 경기도와 인천으로 유입된 흡수통행량은 각각 전체의 37.0%인 402만 트립과 10.2%인 110만 트립으로, 경기도의 흡수통행률 증가가 두드러지게 나타났다. 서울은 1990년과 마찬가지로 흡수통행량이 발생통행량보다 54만 트립이 많은 초과유입지역이었으며, 인천과 경기도는 발생통행량이 흡수통행량을 상회하는 초과유출지역이다.

서울로 유입된 흡수통행량 가운데 서울을 출발지로 한 통행량은 전체의 81.3%인 465만 트립으로 1990년에 비해 6.2%가 감소하였다. 이에 반해, 경기도와 인천을 출발지로 하여 서울로 유입된 통행량은 각각 93만 트립과 13만 트립으로, 서울시 흡수통행량의 16.3%와 2.4%를 차지하였다. 특히 경기도를 출발지로 하는 통행량의 비중이 1990년의 10.6%에서 16.3%로 크게 증가하였다.

인천의 흡수통행량 가운데 인천을 출발지로 한 역내 흡수통행량은 전체의 88.9%인 98만 트립으로 1990년과 큰 차이를 보이지는 않았다. 그리고 서울과 경기도를 출발지로 한 흡수통행량은 인천시 흡수통행량의 각각 5.1%와 6.0%인 5.5만 트립과 6.6만 트립으로, 서울을 출발지로 하는 통행률은 1990년에 비해 약간 감소하였지만 경기도를 출발지로 하는 통행률이 소폭 증가하였다.

경기도로 유입된 흡수통행량 가운데 경기도내에서 발생한 역내 흡수통행량은 전체의 85.6%인 344만 트립이었다. 이는 1990년에 비해 170만여 트립이 증가한 것이지만 그 비율은 1.7%가 증가하는데 그쳤다. 서울과 인천에서 유입된 통행량은 각각 47만 트립과 10만 트립으로 11.7%와 2.7%를 차지하였다. 경기도로 유입된 통행량 가운데 서울과 인천을 출발지로 하는 역외 흡수 통행량은 약간 감소하였다.

이상에서 볼 때, 인천으로 유입된 통행의 출발지 분포는 1990년에 비해 큰 변화가 발생하지 않았지만, 서울과 경기도로 유입된 통행의 출발지 분포에는 다소의 변화가 발생하였다. 즉, 서울로 유입된 통행의 출발지 분포가 서울의 인구감소와 서울 주변지역의 인구증가로 인해 서울에서는 감소하고 경기도에서는 증가한 양상으로 변화하였다. 그리고 경기도로 유입된 통행의 역내 흡수통행률은 다소 증가한 반면 서울이나 인천을 출발지로 하는 역외 흡수통행률은 감소하였다. 이처럼 경기도의 흡수통행량 가운데 역내 흡수통행률이 증가하고 서울을 출발지로 하는 역외 흡수통행률이 감소한 것은 1990년대에 이루어진 일련의 수도권 인구재배치 현상에 따라 서울의 인구가 경기도로 이주하면서 발생한 현상으로 풀이된다.

한편, 2000년에는 최대 흡수통행 지구가 서울시 중구에서 강남구로 변화하였고 종로구 · 중구 · 영등포구 등지의 흡수통행량이 1990년에 비해 감소한 것으로 나타났다. 서울의 강남구는 흡수통행량이 1990년보다 25만 트립 이상이 증가하였지만, 서울의 중구와 종로구에서는 각각 10만 트립 이상이 감소하였다. 인천에서는 1990년에 흡수통행량이 많았던 북구와 남구에서 흡수통행량이 증가하였으며, 경기도에서는 수원 · 성남 · 부천 · 안산 · 용인 등지에서 10만 트립 이상의 증가현상을 보였다. 이는 수도권에서 통근통학통행의 새로운 중심지가 출현하고 있음을 보여준다. 즉, 서울 도심부로의 통행집중현상이 약화된 반면, 부도심으로 분류되어 오던 강남구와 서울 주변의 일부도시가 새로운 통행의 중심지로 부상한 것이다. 2000년에 통근통학 흡수통행량이 가장 많았던 강남구는 수도권 전체 통근통학 통행량의 5.8%인 63만 트립을 흡수하였으며, 수원(47만 트립) · 성남(37만 트립) · 영등포구(34만 트립) · 부천(32만 트립) 등지에서도 흡수통행량이 큰 것으로 나타났다(그림 2-24).

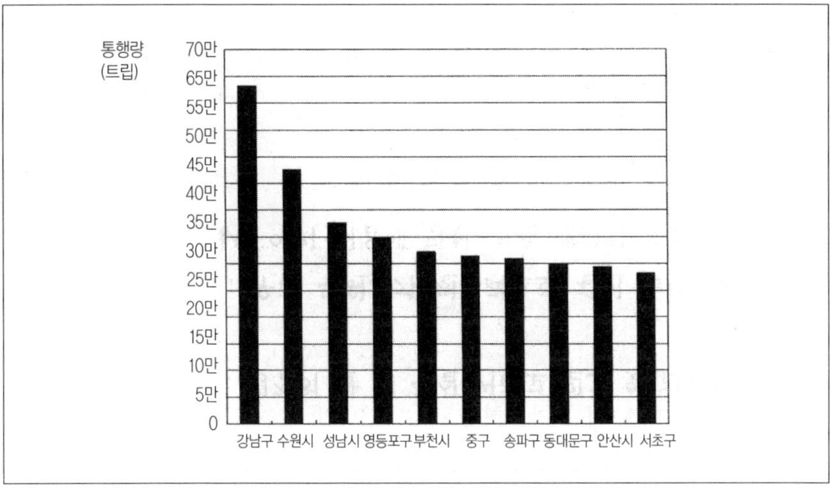

그림 2-24 상위 10개 지구의 흡수통행량(2000년)

지구내 흡수통행률이 높은 지구는 2000년 들어 약간의 변화가 생겼다. 양평이 88.7%로 가장 높은 비율을 나타내었고, 연천(87.8) · 가평(87.5%) · 강화(86.2%) 등 경기도와 인천의 군 지역에서 지구내 흡수통행률이 높게 나타난 것은 1990년과 큰 차이가 없다. 그러나 이들 지구의 지구내 흡수통행률이 1990년에 비해 모든 지구에서 감소하였는데, 이는 이들 지구에서 증가한 흡수통행량의 상당부분이 외부지구로부터 유입되어 온 것이기 때문이다. 또한 흡수통행의 주요한 중심지였던 지구 가운데 중구 · 종로구 · 영등포구 등지는 2000년 들어 흡수통행량이 감소함에 따라 지구내 흡수통행률이 1990년에 비해 상승하였다.

한편 지구간 통행량이 10,000트립을 상회한 통행은 모두 74개로 1990년에 비해 감소하였지만, 서울 이외의 지구를 도착지로 하는 경우는 21개로 증가하였다. 이 역시 서울 이외의 지구에 통행흡수요인이 많이 존재하고 있음을 보여준다. 74개 통행의 출발지 분포는 고양이 8개로 가장 많았고 성남이 5개였으며, 나머지는 여러 지역에 걸쳐 고르게 분포하였다. 그러나 도착지 분포

표 2-14 수도권 통근통학 통행량의 변화

단위: 트립

출발지＼도착지	1990년				2000년			
	서울시	인천시	경기도	합계	서울시	인천시	경기도	합 계
서울시	4,690,107	45,432	291,054	5,016,593	4,656,771	55,964	471,953	5,184,688
인천시	100,066	644,838	48,126	793,030	137,554	983,312	108,633	1,229,499
경기도	569,686	36,978	1,768,583	2,375,247	934,370	66,415	3,441,545	4,442,330
합 계	5,349,8597	27,248	2,107,763	8,184,870	5,728,695	1,105,691	4,022,131	10,856,517

는 1990년과 유사하게 일부 지구에 편중되어 나타났는데, 흡수통행량이 가장 많았던 강남구가 14개를 차지하였고, 1990년에 수위를 차지하였던 중구는 7개로 감소하였다. 서울의 도심부인 종로구와 중구를 목적지로 한 통행이 12개에 불과한 것에 비추어보면, 2000년 들어 강남구가 수도권 통근통학통행의 주요한 목적지로 성장한 반면 도심부는 그 기능이 서서히 약화되고 있음을 볼 수 있다. 앞에서 실시한 목적통행 및 수단통행의 연결체계 분석을 비롯하여 1996년도 서울시 출근통행의 지역구조 분석에서도 강남구가 중구를 하위지역으로 종속시키는 최종결절점으로 추출되었음을 볼 때(남영우 외, 2000), 강남구가 서울시뿐만 아니라 수도권 전체에서 차지하는 비중이 훨씬 증가하였으며 중심성이 높아진 것으로 볼 수 있다.

이상에서 살펴본 바와 같이, 수도권 신도시의 건설과 서울시 인구의 주변지역으로의 이주, 그리고 경기도의 인구증가 등 1990년에서 2000년 사이에 발생한 일련의 수도권 인구재배치 현상은 수도권에서 이루어지고 있는 통행의 패턴을 변화시켰다(표 2-14). 수도권 인구분포의 변화와 더불어 사업체의 입지패턴에도 변화가 발생함에 따라, 수도권 통근통학 통행패턴 역시 바뀌어가고 있음을 확인할 수 있다.

2) 지역연결체계의 변화

(1) 1990년의 지연연결체계

흡수통행량의 분포에서도 살펴보았듯이, 1990년에는 수도권 통근통행의 중심지가 서울의 중구와 종로구였다. 수도권에서 통근통학통행에 의한 지역구조의 전개양상을 구체적으로 확인하기 위하여 그래프 이론에 의한 연결체계를 산출한 결과, 모두 6개의 최종결절점이 추출되었다.

그림 2-25에서 보는 바와 같이 1990년에 최종결절점으로 추출된 지구는 서울에 2개(중구, 영등포구), 인천에 1개(남구), 그리고 경기도에 3개(수원, 오산, 이천)가 분포하였다. 옹진은 외부지구로 유출되는 통행량이 극히 미미하기 때문에 다른 지구에 포섭되지 않는 고립결절점으로 간주할 수 있겠다.

이들 6개의 연결체계 가운데 가장 규모가 크고 강한 결절성을 가지며 복잡하게 연결되어 있는 것은 서울의 도심부인 중구를 최종결절점으로 하는 중구연결체계이다. 이 연결체계는 영등포구 연결체계에 포섭되는 지구를 제외한 서울의 모든 지구와 한강 이북에 자리한 경기도 전역 등 모두 31개 지구를 포섭하였다. 이 연결체계에 포섭되는 지구 가운데 한강 이남에 자리한 곳은 성남 · 광주 · 과천에 불과하였다.

중구는 제5차 결절점으로 추출되었으며, 이 연결체계의 제4차 결절점으로는 도봉구가, 제3차 결절점으로는 강남구와 도봉구의 하위지역인 의정부가 포함되었다. 제2차 결절점으로는 동대문구 · 송파구 · 은평구 · 양주 등 4개 지구가 추출되었으며, 제1차 결절점으로는 종로구 · 강동구 · 성남 · 고양 · 동두천 · 남양주 등 6개 지구가 추출되었으며, 최하위지역으로는 용산구 · 성북구 · 서대문구 등을 포함하여 모두 18개 지구가 추출되었다.

중구 연결체계에서는 발생통행량이 크게 나타났던 성동구와 도봉구가 중구에 가장 강력한 연결도 1로 포섭되었으며, 성북구와 송파구는 중구의 차하위 중심지인 종로구와 강남구에 각각 연결도 1로 포섭되었다. 이 외의 서울시 각

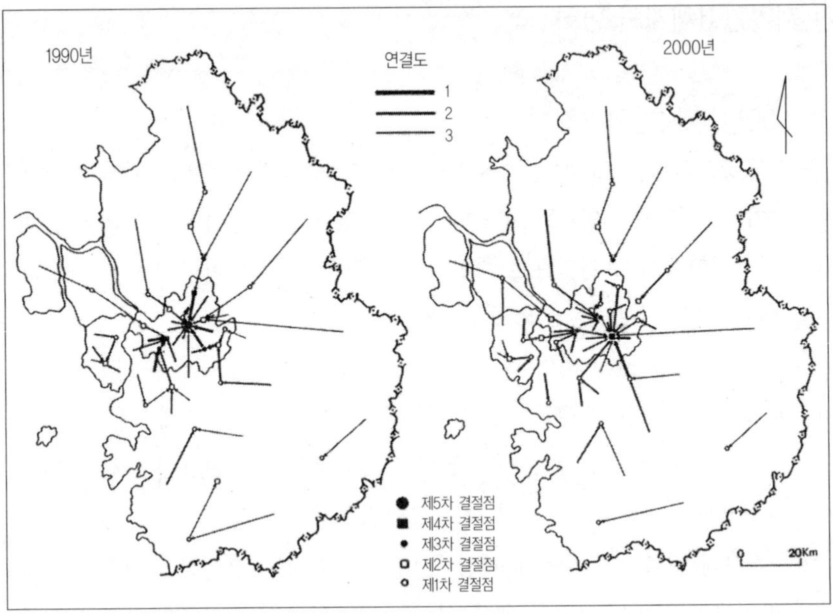

그림 2-25 수도권 지역연결체계의 변화

지구는 모두 연결도 2로 연결되었으며, 서울시계를 넘어 중구에 포섭되는 경기도 각 지구는 연결관계가 미약한 연결도 3으로 종속되었다. 특히 이 연결체계에서 한강 이북에 자리한 경기도의 지구들은 대부분 상위지역에의 연결도가 3으로 가장 미약한 수준이었다. 경기 북부에 자리한 지구들은 지구내 통행률이 매우 높은 곳이었다. 따라서 이들 지역은 자족도가 높은 곳으로 최종결절점인 서울시 중구에 종속되는 배후지역이긴 하지만, 주변지역에의 의존도가 높은 편은 아니다. 이에 반해, 서울과 인접한 성남과 고양은 연결도 2의 수준으로 인접한 송파구와 은평구에 각각 종속되는 양상을 띠었다.

영등포구는 중구에 이어 종속시키는 하위지역의 수가 많은 최종결절점이며, 모두 13개의 하위지역을 종속시켰다. 영등포구는 주로 서울의 남서부와 경기도 일부를 하위지역으로 포섭하는 제4차의 최종결절점으로, 제3차 결절점으로는 구로구를, 제2차 결절점으로는 안양과 강서구를, 제1차 결절점으로는 안산과 김포를 각각 지배하였다. 영등포구 연결체계는 서울시내에 자리한 하위지역과 서울에 인접한 시급도시인 부천·광명·안양 등을 비교적 강한 연결도로 종속시켰지만, 나머지 지역들과는 연결도가 3으로 매우 낮은 편이었다. 특히 광명은 총 발생통행량의 21.8%가 인접한 구로구를 목적지로 할 정도로 매우 강력한 종속관계를 나타내었다. 반면 이 연결체계에서 추이결절점으로 추출된 강서구에 종속되는 김포와 강화, 또는 안양에 종속된 군포·의왕·안산·시흥 등은 약한 연결관계를 형성하였다.

인천에서는 남구를 최종결절점으로 하는 단일의 연결체계가 형성되었다. 즉 인천시 행정경계를 벗어난 다른 지구와는 종속이나 지배의 연결관계가 전혀 나타나지 않았다. 남구는 제2차의 최종결절점으로 추출되었으며, 제1차 결절점으로는 북구가 추출되었다. 추이결절점인 북구는 인접한 서구를 하위지역으로 포섭하였으며, 나머지 동구·중구·남동구는 남구와 직접적인 연결관계를 형성하였다.

이외에 1990년에 형성된 연결체계는 수원시 연결체계·오산시 연결체계·이천군 연결체계가 있다. 수원은 인접한 화성과 용인을 각각 연결도 2와 3으로 종속시켰으며, 오산은 평택을 추이결절점으로 하는 제2차 결절점이며, 평택은 안성을 하위지역으로 종속시켰다. 이천은 인접한 여주를 하위지역으로 종속시켰다. 이들 3개의 연결체계는 경기 남부에서 형성된 것으로 주로 지구내 통행률이 높은 군 지역을 중심으로 형성되었기 때문에 상위지역과의 연결도는 대체로 미약한 수준이다.

요컨대, 한강 이북에 위치한 경기도의 모든 지구와 한강 이남에서 서울과 접하고 있는 경기도가 모두 서울에서 형성된 중구 연결체계나 영등포구 연결체계에 종속됨으로써 서울과의 기능적 연결관계가 밀접하다는 것을 볼 수 있다. 그러나 경기 남부에 자리한 지역들은 서울이나 인천과 같은 대도시와의 관계보다 인접한 지역과의 관계가 더욱 밀접한 것으로 나타났다.

(2) 2000년의 지역연결체계

1990년대 초반부터 이루어진 수도권 인구 및 산업의 재배치현상이 수도권의 통행패턴을 변화시켰음은 전술한 발생통행량 및 흡수통행량의 분포에서 살펴보았다. 수도권 통행패턴의 변화를 구체적으로 살펴보기 위하여 2000년의 지역연결체계를 산출해 본 결과, 최종결절점은 1990년의 그것보다 증가한 8개가 추출되었다.

그림 2-25에서 보는 바와 같이 2000년의 최종결절점은 서울에서 강남구 1개만이 추출되었고, 인천에서 1개(남구), 그리고 경기도에서 6개(수원, 안산, 의정부, 구리, 평택, 이천)가 추출되었다. 옹진은 1990년의 경우와 마찬가지로 외부지구로 유출되는 통행량이 극히 미미하기 때문에 다른 지구에 포섭되지 않는 고립결절점으로 간주할 수 있겠다.

이들 8개의 연결체계 가운데 가장 규모가 크고 강력한 결절성을 가지며 복잡하게 연결되어 있는 것은 서울의 강남구를 최종결절점으로 하는 강남구 연결체계이다. 강남구 연결체계는 서울 전역과 인천 일부, 그리고 경기도 일부 등 모두 42개의 하위지역을 거느리는 매우 강력한 것이다. 강남구는 2000년 들어 중구를 제치고 최대 흡수통행량 지역으로 성장하였으며, 이에 따라 1990년의 연결체계에서 최종결절점이었던 중구와 영등포구를 모두 하위지역으로 포섭하기에 이르렀다. 강남구는 제4차 결절점의 자격을 갖는 최종결절점이며, 이 연결체계의 제3차 결절점으로는 중구와 영등포구가 추출되었고, 제2차 결질점으로는 종로구 · 강서구 · 부천 등 3개 지구가 추출되었다. 제1차 결절점으로는 서울에서 5개 지구(성북구 · 노원구 · 동대문구 · 구로구 · 강동구)와 경기도에서 4개 지구(성남 · 안양 · 고양 · 김포), 그리고 인천의 부평구 등 총 10개가 추출되었으며, 최하위지역으로는 27개 지구가 추출되었다.

강남구 연결체계에서 주목할 만한 것은 이전 시기에 최종결절점으로 추출되었던 중구와 영등포구이다. 강남구 연결체계의 추이결절점으로 하위체계를 형성하고 있는 서울 중구는 1990년의 연결체계에서 가장 강력한 중심지였으나 2000년에는 불과 9개의 하위지역만을 거느릴 정도로 그 영향력이 감소하였으며, 강남구와의 연결관계 역시 이전의 포섭관계에서 종속관계로 반전되었다. 중구가 강남구에 연결되는 정도가 3으로 약하게 형성된 것은 서울의 통행중심이 기존의 서울 중구에서 강남구로 옮겨가는 과정에서 나타난 현상으로 풀이된다. 이와 더불어 1990년에는 서울 중구에 포섭되었던 서울 북부의 도봉구 · 노원구 · 중랑구 · 동대문구는 중구를 경유하지 않고 강남구에 직접적으로 포섭되는 양상을 나타내었는데, 이는 1990년대에 새로이 개통된 간선도로망의 영향 때문으로 볼 수 있다.

영등포구는 1990년에 13개의 하위지역을 거느리던 최종결절점이었지만, 2000년에 들어서는 11개의 하위지역을 거느리는 추이결절점으로 강남구에 연결도 2로 종속되었다. 영등포구 연결체계에서는 포섭하는 하위지역의 구성이 다소 변화하였다. 인천의 3개 지구가 영등포구에 새로이 연결된 반면, 1990년에 영등포구 연결체계의 추이결절점인 안양에 종속되었던 4개 지구가 분리되면서 새로운 양상이 나타났다. 이들 가운데 안산은 시흥을 하위지역으로 지배하는 새로운 연결체계를 형성하였으며, 안양을 비롯하여 군포와 의왕은 강남구에 직접 연결되는 양상을 보였다.

위와 같이 인천의 일부지구가 강남구의 하위지역으로 종속된 것과 더불어 강남구 연결체계에서 현저한 변화는 용인의 연결관계이다. 용인은 1990년대 말부터 신규주거단지의 조성으로 주거인구 및 발생통행량이 급격히 증가한 곳으로 1990년에는 인접한 수원에 연결도 3으로 매우 미약하게 연결되었지만, 2000년에 들어서는 성남을 경유하여 최종결절점인 강남구에 포섭되는 현상이 나타났다. 이는 용인에 이주해 온 거주자들이 주로 서울이나 성남을 통행의 목적지로 선택하는 경우가 증가하였음을 시사하는 것이다.

이처럼 강남구 연결체계에 새롭게 포함된 지역이 있는 반면, 경기 동북부에서는 서울의 연결관계가 형성되지 않았다. 의정부와 구리는 1990년에 경기 동북부의 군 지역을 하위지역으로 포섭하는 추이결절점으로서 최종결절점인 서울의 중구에 포섭되었지만, 2000년 들어서는 각각 최종결절점으로 추출되면서 독립적인 연결체계를 형성하였다. 의정부시 연결체계는 양주 · 동두천 · 연천 · 포천을 하위지역으로 지배하였고, 구리시 연결체계는 남양주와 가평을 하위지역으로 지배하였다.

인천에서 형성된 연결체계는 1990년과 마찬가지로 남구가 최종결절점으로 기능하는 연결체계이다. 그러나 남구 연결체계는 이전 시기처럼 인천의 모든 지구를 하위지역으로 거느리지 못하고, 남동구 · 연수구 · 중구 · 동구 등 4개 지구만을 하위지역으로 종속시켰다. 즉 인천 남부에서는 1990년과 동일한 연결체계를 형성하였지만, 북부에서는 연결체계의 변화가 발생한 것이다. 인천의 서구가 김포에 포섭되었고, 1990년의 북구에 해당하는 계양구와 부평구는 인접한 부천에 종속되는 연결관계가 형성되었다. 이는 인천의 통행패턴도 광역적으로 복잡하게 전개되고 있음을 보여주는 것이다.

이외에 2000년에 형성된 연결체계는 수원시 연결체계 · 평택시 연결체계 · 이천시 연결체계가 있다. 수원은 1990년의 하위지역 가운데 용인을 서울의 강남구에 내어주고 새롭게 오산을 하위지역으로 종속시킴으로써, 기존의 하위지역인 화성과 오산을 각각 연결도 2와 3으로 연결하였다. 평택은 1990년에는 오산의 하위지역이었지만, 2000년에는 인접한 안성을 하위지역으로 거느리는 최종결절점으로 추출되었다. 이천은 1990년과 같이 인접한 여주를 하위지역으로 종속시켰다. 이들 3개의 연결체계는 주로 지구내 통행률이 높은 경기 남부에서 형성된 것으로 연결도가 대부분 1로 연결관계가 대체로 미약한 수준이었다.

이상에서 살펴본 바와 같이, 수도권 인구재배치와 사업체의 입지변화에 따른 통행패턴의 변화는 수도권의 지역구조에도 그대로 반영되었다. 수도권에서 가장 강력한 중심지 기능을 수행하였던 서울 중구의 세력이 약화된 반면, 강남구가 새로운 수도권의 중심지로 성장한 것이다. 1990년에는 중구 연결체계의 부분지역이었던 강남구가 2000년 들어 최종결절점으로 추출되면서

1990년에 중구가 거느리던 하위지역보다 더 많은 하위지역을 거느리게 된 것은 수도권의 지역구조가 서서히 변화하고 있음을 암시한다. 그리고 1990년에는 독자적인 연결체계를 형성하였던 인천의 일부 지구가 2000년 들어 서울에 종속된 것과 수원에 종속되었던 용인이 강남구로 종속되는 현상 등은 수도권의 지역연결체계가 변해가고 있음을 보여주는 사례들이다.

이렇게 볼 때, 수도권에서 차지하는 서울의 영향력이 경기 북부지역에서는 일부 감소하였지만, 한강 이남의 경기 중부지역과 인천에 대해서는 오히려 증가했다고 할 수 있다. 2000년 들어 경기 북부지역들이 서울의 종속권에서 벗어난 것은 이들 지역이 1990년에 서울에의 연결도가 매우 미약하였음을 고려한다면 자연스러운 결과로도 해석이 가능하다.

3) 유동패턴의 변화

앞에서는 그래프 이론법을 적용하여 지역 간의 기능적 연결관계를 고찰하였다. 이 수법으로는 각 지구 간의 출발지와 도착지의 패턴을 전체적으로 비교하는 것이 불가능하므로(남영우, 1985), 이를 보완하기 위하여 OD행렬에서 지구내 통행량에 해당하는 대각선 요소값을 제외한 나머지 행렬에 대하여 R-기법의 인자분석을 실시하였다. 여기에서 직면한 문제가 단위지구의 조절이었다. 즉 앞에서 실시한 지역연결체계의 분석에 적용된 지구를 인자분석에 그대로 적용할 경우, 추출되는 통행권이나 유동패턴이 명확하지 않을 뿐만 아니라 인자분석 결과 산출되는 개별 인자의 설명량도 매우 저조하였다. 이러한 문제점을 해결하기 위하여 여기에서는 다수의 단위지구로 분할된 서울과 인천을 각각 하나의 지구로 통합하였다. 이에 따라 인자분석에 적용된 1990년의 단위지구는 35개였으며, 2000년의 단위지구는 33개로 조절되었다. 1990년과 2000년의 단위지구 수가 다른 이유는 1990년에는 경기도에 속하였던 강화군과 옹진군이 2000년에는 인천광역시로 편입되었기 때문이다.

R-기법은 열방향에 도착지를 배치함으로써 출발지로부터 도착지로의 유사성을 밝혀내는데 이용될 수 있으며, 도착지의 유사성은 인자부하량으로 나타나고 출발지의 유사성은 인자득점을 통해 나타나기 때문에 궁극적으로 통행패턴에 의한 기능지역의 설정이 가능해진다. 그리고 유동패턴을 추출함에 있어서 인자분석을 통해 추출된 인자들의 성격을 명확히 하기 위하여 직교회전의 일종인 배리막스 회전을 실시하였다.

유동패턴을 추출하기 위해서는 주요 도착지와 주요 출발지를 선정하여야 한다. 여기에서는 각 인자별 인자부하량은 절대치 0.3 이상, 그리고 인자득점은 절대치 1.0 이상을 보이는 지구를 주요 도착지와 출발지로 선정하였으며, 도착지와 출발지 간의 직선 연결은 지구 간의 유동량이 해당지구 총발생(총흡수)통행량의 3%를 상회하는 쌍만을 대상으로 이루어졌다.

1990년과 2000년의 인자분석 결과는 다소 상이하게 나타났다. 표 2-15에서 보는 바와 같이 1990년에는 고유치 1.0 이상의 인자가 5개 추출되었으며, 이들 5개 인자들의 총설명량은 87.01%를 차지하였다. 그러나 2000년에는 고유치 1.0 이상의 인자가 6개 추출된 반면, 총설명량은 1990년에 비해 소폭 감소한 85.10%를 차지하였다. 즉, 2000년 들어 수도권의 통행패턴은 다양해

표 2-15 1990년과 2000년의 인자분석결과

인 자	1990년			2000년		
	고유치	개별설명량(%)	누적설명량(%)	고유치	개별설명량(%)	누적설명량(%)
제1인자	15.925	45.50	45.50	14.554	44.10	44.10
제2인자	4.259	12.17	57.67	3.271	9.91	54.01
제3인자	4.108	11.74	69.41	3.061	9,28	63.29
제4인자	3.526	10.07	79.48	2.910	8.82	72.11
제5인자	2.634	7.53	87.01	2.845	8.62	80.73
제6인자	-	-	-	1.441	4.37	85.10

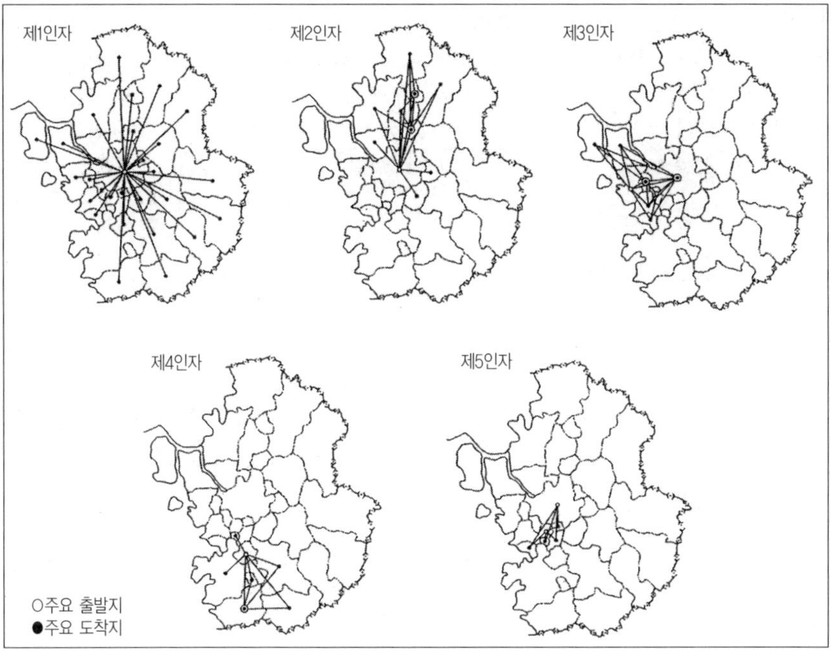

그림 2-26 1990년의 유동패턴

졌지만 수도권에서 차지하는 전체적인 설명량은 감소함으로써, 일부지역에의 통행 집중도가 완화되었으며 통행권이 보다 더 광역적으로 전개되고 있음을 보여준다.

제1인자는 양년도의 개별설명량이 각각 45.50%와 44.10%로, 추출된 인자 가운데 가장 중요한 인자이며 서울 發地型이라 할 수 있다. 제1인자가 나타내는 통행패턴은 양년도 모두 서울을 주요 출발지로 하고 있으며, 주요 도착지로는 나머지 지구를 대부분 연결하였다(그림 2-26, 그림 2-27). 서울과 연결되지 않은 지구는 1990년에는 오산 · 군포 · 의왕 · 양주 · 화성 · 고양 · 옹진 등 7개 지구였으며, 2000년에는 상기한 7개 지구에서 고양이 제1인자에 연결된 반면, 동두천과 시흥이 연결되지 않은 양상을 보였다. 한편 옹진은 서울과의 연결관계가 극히 미약하지만, 인천에 편입됨으로써 제1인자에 포

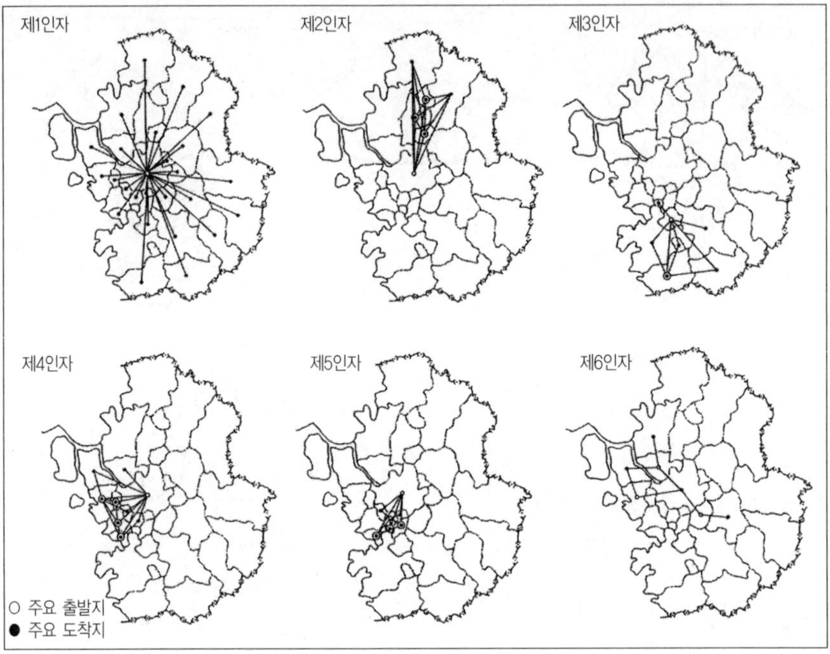

그림 2-27 2000년의 유동패턴

함되었다.

제2인자는 두 시기 공히 의정부-동두천 축을 따라 형성된 서울 북부권으로, 1990년에는 12.17%의 설명량을 기록하였지만 2000년에는 다소 감소한 9.91%의 설명량을 기록하였다. 1990년에는 의정부 · 서울 · 동두천이 주요 출발지로 기능하고, 주요 도착지로는 양주 · 동두천 · 연천 · 포천 · 의정부 · 파주 · 고양 · 성남 · 하남 등지와 연결되는 유동패턴을 형성하였다. 2000년에는 주요 출발지에 양주가 추가됨으로써 출발지는 증가하였지만, 주요 도착지는 1990년의 도착지에서 파주 · 고양 · 성남 · 하남의 4개 지구가 제외됨으로써 경기 북부지역을 주요 도착지와 출발지로 하는 통행패턴을 형성시킨 것이 1990년과의 차이점이다(그림 2-26, 그림 2-27).

제1인자와 제2인자는 두 시기에 걸쳐 개별설명량의 순위에 변화가 발생하지 않았지만, 제3인자와 제4인자는 두 시기에 걸쳐 개별설명량의 역전현상이 발생하였다. 따라서 1990년의 제3인자는 2000년에는 제4인자로 밀려났으며, 1990년의 제4인자가 2000년에는 제3인자로 부상하였다.

1990년의 제3인자와 2000년의 제4인자는 인천 · 부천 · 안양 등지를 주요 출발지겸 도착지로 하는 서울 서부권으로, 이들 인자의 개별설명량은 1990년의 11.74%에서 2000년에는 8.82%로 감소하였다.

1990년의 제3인자는 주거인구의 규모가 큰 서울 · 인천 · 부천 · 광명을 주요 출발지로 하고, 서울을 포함하여 경기 서부에 자리한 김포 · 강화 · 부천 · 시흥 · 안산 등 5개 지구를 주요 도착지로 함으로써 서울-부천-인천을 중심으로 하는 경기 서부지역을 연결시키는 유동패턴을 형성하였다(그림 2-26). 2000년에 제4인자로 추출된 유동패턴에서 주요 도착지는 1990년에 추출된 제3인자의 주요 도착지에 고양 · 안양이 추가되었으며, 주요 출발지로는 시흥 · 안산이 새로이 추출되었다(그림 2-27). 1990년에는 주요 출발지로 추출되었던 광명은 주요 도착지로만 추출되었고, 서울은 주요 출발지겸 도착지에서 주요 출발지로 변화하였다. 이에 따라 2000년도 제4인자의 통행패턴은 1990년에 추출된 제3인자보다 주요 출발지와 주요 도착지가 증가함에 따라 1990년보다 광역적으로 전개되었다.

1990년의 제4인자와 2000년의 제3인자는 수원을 주요 출발지로 하는 유동패턴으로, 주요 출발지와 주요 도착지를 연결하는 연결선의 분포가 일부 다를 뿐, 두 시기에 걸쳐 큰 변화가 나타나지 않았다. 1990년의 제4인자와 2000년의 제3인자는 경기 남부에서 수원을 중심으로 형성되었으며, 각각 10.02%와 9.28%의 설명량을 기록하였다. 이들 인자는 의왕 · 화성 · 오산 · 용인 · 평택 · 안성 등의 6개 지구를 주요 도착지로 하고, 수원과 평택을 주요 출발지로 하는 유동패턴을 형성하였다.

제5인자 역시 두 시기에 걸쳐 큰 변화가 발생하지 않은 유동패턴을 형성하였으며, 이는 서울 남부권이라 할 수 있다. 이 인자의 개별설명량은 1990년과

2000년에 각각 7.53%와 8.62%를 차지하였으며, 앞에서 언급된 인자들과는 달리 2000년 들어 개별설명량이 소폭이나마 증가하였다. 개별설명량의 증가는 그림에서 보는 바와 같이, 통행권이 2000년 들어 다소 확장되고 복잡한 패턴을 보인다는 사실로도 알 수 있다. 제5인자가 나타낸 유동패턴은 1990년에는 주요 출발지인 서울과 안양을 중심으로 그 주변에 자리한 안산 · 의왕 · 군포 · 과천 등의 4개 지구가 도착지로 연결되었지만, 2000년 들어서는 광명이 주요 도착지로 추가되었으며, 안산 · 의왕 · 군포 등지가 주요 출발지로 새롭게 추출되었다(그림 2-26, 그림 2-27).

제6인자는 2000년 들어 새로이 추출된 통행패턴으로, 개별설명량은 4.37%를 차지하였다. 앞에서 추출된 대부분의 인자에서는 서울이 주요 출발지로 추출된 반면, 이 인자에서는 서울이 주요 도착지로 추출된 서울 着地型이라는 점이 특징적이다. 제6인자에서는 수도권 신도시가 건설된 고양과 성남을 비롯하여 인천이 주요 출발지로 추출되었으며, 서울을 비롯하여 그 주변의 파주 · 김포 · 광주 등 4개 지구가 주요 도착지로 기능하고 있다(그림 2-27).

이상에서 수도권에서 나타나고 있는 인구재배치 현상에 따라 거주자들이 만들어내는 통근통학통행 패턴이 어떠한 양상으로 변화하였는지와 그에 따른 수도권의 지역구조 변화에 대하여 1990년과 2000년의 자료를 이용하여 고찰하였다.

수도권에서는 신도시 건설 및 주거지교내화 현상에 따라 서울에서는 인구가 감소하고 경기도에서는 인구가 증가하는 양상을 보였다. 이러한 인구재배치에 따라 수도권의 통행발생량 분포패턴 역시 변화하였다. 즉 1990년에는 통행의 주요 발생지가 서울에 위치한 지구였던 것이, 2000년에는 경기도에 위치한 도시에서 최대발생통행량을 기록하였을 뿐만 아니라 상위그룹에 해당하는 지구가 증가하였다.

인구이동과 더불어 수도권에서의 사업체 입지변화는 흡수통행량 분포의 변화로 나타났다. 1990년에는 서울이 흡수통행의 중요한 중심지로 기능함에 따라, 서울의 도심 및 부도심에서의 흡수통행량이 크게 나타났지만, 2000년 들어서는 최대흡수통행량을 기록한 지구가 서울시 중구에서 강남구로 옮겨갔을 뿐만 아니라 서울 주변에 자리한 경기도의 주요 도시들이 흡수통행의 중심지로 변화하였음을 확인하였다.

통행량 분포의 변화에 따른 수도권 지역구조가 변화하는 양상에 대하여 지역연결체계와 통행권 추출을 통해 고찰한 결과 지역연결체계는 1990년의 6개에서 2000년에는 8개로 증가하였으며, 가장 강력하고 복잡한 연결체계 역시 서울의 중구 연결체계에서 강남구 연결체계로 변모하였다. 통행패턴을 고찰하기 위하여 인자분석을 실시한 결과, 1990년에는 5개의 인자가 도출되었으며, 2000년에는 6개의 인자가 도출되었다. 2000년 들어 개별 유동패턴을 나타내는 인자의 수는 증가하였지만, 이들 인자의 총설명량은 오히려 1990년에 비하여 감소하였다. 그리고 2000년 들어서는 서울을 주요 도착지로 하는 새로운 인자가 추출된 것이 1990년과의 큰 차이점이다.

요컨대, 1990년대 초반부터 진행된 수도권의 인구재배치와 사업체 입지변화는 거주자들의 통근통학패턴을 변화시켰다. 그 결과 수도권에서 서울 도심부의 지위가 상대적으로 약화된 반면, 강남 부도심부와 서울 주변부의 지위가 상대적으로 강화되었다. 따라서 신도시의 건설 및 교통여건의 개선은 서울과 그 주변지역과의 상호작용을 향후 더욱 활발히 진행시킬 것으로 전망되며, 그에 따른 유동패턴이나 통행권도 현재보다 광역적으로 전개되고 훨씬 복잡하고 다양한 패턴을 형성할 것으로 예상된다.

5. 지역구조의 변화

본 장에서는 거대도시 서울의 지역구조 변화과정을 고찰하기 위한 예비단계로 서울이 중심지역으로 기능하면서 주변지역을 지배하는 과정에서 형성된 서울 대도시권의 지역구조 변화를 고찰하였다. 공간상호작용의 패턴을 다양하게 분석하기 위하여 2000년대의 지역구조 분석은 이전 시기의 것에 비하여 다각적인 관점에서 통행목적별 연결체계와 통행수단별 연결체계를 상세히 구분하였으며 단위지구도 1970년대 보다 상세하게 세분하여 지역구조의 분석을 시도하였다.

수도권을 구성하는 각 하위지구 간의 일일인구유동의 공간상호작용을 토대로 분석을 실시한 결과, 수도권에서 서울이 차지하는 상대적인 지위가 약화되어 가고 있으며, 서울내에서도 도심의 지위가 약화된 반면, 강남구가 새로운 중심지로 부상하였음을 간접적으로 확인하였다.

구체적으로, 수도권 각 지구 간의 지배 · 종속관계를 보여주는 연결체계의 변화에서는 1970년대만 하더라도 서울을 최종결절점으로 하나의 완성된 연결체계가 형성됨으로써 서울의 중심성이 매우 강력하게 표출되었지만, 2000년대에 들어서는 통행목적별로 형성되는 지역구조와 통행수단별로 형성되는 지역구조에서 여러 개로 분리된 연결체계가 추출된 것이다. 즉 수도권에서 서울의 집중도가 다소 약화된 반면, 서울 주변에서 수도권의 부차적인 중심지로 기능하는 인천이나 수원의 상대적인 지위가 강화된 셈이다.

수도권에서는 서울의 인구문제 및 주택부족문제를 해결하기 위하여 1980년대 말에 수도권 5개 신도시 개발사업을 시작하였다. 신도시 개발사업이 마무리되던 1990년대 초반부터 수도권 5개 신도시에 주거인구가 증가하기 시작하였으며, 그 이후 여러 고용시설이 입지함으로써 수도권 신도시의 자족도는 서서히 향상되고 있다. 이는 곧 서울과의 기능적 관계를 약화시키는 요인으로 작용하였다. 한편 서울내에서는 1990년대 말부터 신흥상업 · 업무지역으로서의 성격을 보였던 강남구의 중심성이 강화됨에 따라 서울 중구의 중심성이 약화되는 지역구조의 재편성이 이루어졌다. 강남구는 서울내에서 뿐만 아니라 수도권에서 가장 중심성이 높은 지구로 추출되었으며, 이는 곧 서울시 도시구조의 다핵화 또는 분산화를 시사하는 것이다. 또한 연결체계의 추출에서 최종결절점 또는 최고차결절점의 수가 1970년대보다 증가한 것도 수도권의 지역구조가 서서히 다핵화의 패턴으로 변화하고 있음을 시사하고 있다.

한편 주요 출발지와 주요 도착지로 구성되는 유동패턴의 변화도 주목할 만하다. 1970년대에는 4개의 유동패턴이 추출되었지만, 1990년에는 5개가, 2000년에는 6개의 유동패턴이 추출되었다. 이와 같은 유동패턴의 변화는 수도권의 통행권이 서울 집중형에서 서울 주변에 위치한 지역을 중심으로 광역화해가고 있음을 의미한다. 특히 2000년대에 들어서는 서울 서부에 위치하고 있는 인천 · 부천 · 안산 · 시흥 등지가 하나의 통행권을 형성하였으며, 수도권 남부와 북부에서는 각각 수원과 의정부가 중심이 되는 독자적인 유동패턴이 형성되었다. 이러한 변화는 수도권의 공간상호작용에서 서울이 차지하는 비중이 감소함에 따라 나타난 것으로 볼 수 있겠다. 그리고 서울 주변의 신도시가 입지하고 있는 고양 · 성남을 비롯하여 서울의 관문기능을 수행하는 인천이 주요 출발지로 기능하고 서울이 주요 도착지로 기능하는 유동패턴이 형성된 것도 눈여겨 볼 만 하다.

참고문헌

- 건설부 · 국립지리원, 1980, 한국지지(총론), 한국지지 편찬위원회.
- 경기도 도서편찬위원회, 2001, 경기도의 어제와 오늘.
- 교통부, 1978, 교통계획연보.
- 권용식 · 김창석, 1998, "서울 대도시권의 통근패턴변화", 국토계획, 33(5), 183–197.
- 김 인, 1980, "도시체계의 형성과 도시지역분화,"「한국지지, 총론」, 531–539.
- 남영우, 1985, 도시구조론, 법문사.
- 남영우, 1996, 계량지리학, 법문사.
- 남영우 · 北田晃司 · 손승호 · 성은영, 2000, "그래프이론으로 본 서울시 통행목적별 결절지역구조," 국토계획, 35(2), 81–91.
- 남영우 · 이경택 · 손재선, 2004, "통행목적별 트립으로 본 수도권의 지역구조," 한국도시지리학회지, 7(1), 1–12.
- 남영우 · 정성운 · 강문근 · 정은경, 1989, "우리나라의 지역연결체계: 화물수송량을 지표로", 師大論集, 14, 149–165.
- 남영우 · 최재헌, 2006, 세계화시대의 도시와 국토, 법문사.
- 남영우 · 한문희 · 우광석, 2005, "수도권의 통행수단별 지역연결체계," 한국도시지리학회지, 8(1), 7–16.
- 서울특별시, 2003, 2002 서울시 가구통행 실태조사.
- 서찬기, 1990, "대구시 통행의 지역구조," 지리학, 42, 113–151.
- 성준용, 1990, 한국도시시스템, 교학연구사.
- 손승호, 2000, "서울시의 출근통행패턴과 지역연결체계", 한국도시지리학회지, 3(2), 21–37.
- 손승호, 2003, "수도권의 통근통학통행과 지역구조의 변화", 한국도시지리학회지, 6(1), 69–83.

• 윤인하 · 김호연, 2003, “수도권의 통근통행 패턴에 관한 연구: 1990-1996”, 국토계획, 38(6), 87-97.

• 이종상, 2000, “通行 O-D表를 이용한 地域間 相互作用分析”, 국토계획, 35(6), 155-165.

• 이호상, 2004, 국제항공 OD교통량으로 본 세계도시시스템의 변화, 고려대학교 대학원 석사학위논문.

• 전명진 · 정명지, 2003, “서울대도시권 통근통행 특성변화 및 통근거리 결정요인 분석”, 국토계획, 38(3), 159-173.

• 최영준, 1997, “조선시대 한양의 교지역,” 국토와 민족생활사, 한길사, 263-301.

• 최운식, 1980, “한국의 도시화,” 한국의 도시와 촌락연구, 보진재 출판사, 209-226.

• KIST, 1978, 수도권장기종합교통계획수립에 관한 연구, 서울특별시.

• 高橋伸夫 編, 2003, 21世紀の人文地理學展望, 古今書院, 東京.

• 橋本雄一, 2003, 大都市圏の地域システム, 大明堂, 東京.

• 宮城眞宏, 1976, “エントロピーによる地域結節性の分析”, 地理學評論, 49, 488-496.

• 南榮佑, 1981, パーソントリップからみたソウル市の機能地域構造-將來の豫測のための試みとして-, 人文地理, 33, 507-524.

• 森川洋, 1978, “結節地域 · 機能地域の分析手法”, 人文地理, 30(1), 17-38.

• 森川洋, 1981, “郵便通信にみられる都市階層とシステム”, 日本の都市の階層とシステムの研究, 42-57.

• 杉野光明, 1980, “長野縣の機能地域と結節地域による地域區分,” 人文地理, 32, 82-89.

• 杉浦芳夫, 1978, “爲替流動からみた明治期におけるわが国の機能地域”, 理論地理學ノート, 78, 30-52.

• 石水照雄, 1976, 計量地理學概說, 古今書院, 東京.

• 奧野隆史, 1972, “自動車交通からみた中京地域の連結體系,” 伊藤郷平 編, 中京圈, 大明堂, 東京.

• 奧野隆史, 1979, “北陸地方における自動車流動からみた地域の連結體系とその變化”, 人文地理學研究, 3, 169-188.

• 有末武夫, 1974, 交通圈の發見, 鹿島出版會, 東京.

• 朱京植, 1982, 韓國の都市化と都市システム-1960年~1980年, 地理學評論, 55, 1-20.

• Ayeni, B., 1979, Spatial Interaction in the Urban System, *Concepts and Techniques in Urban Analysis,* Croom Helm, London.

• Clark, D., 1973, Communications and the Urban Future: a Study of Trunk Telephone Call Patterns in Wales, *Regional Studies*, 7, 315-321.

• Dietvorst, A.G.J. and Weber, E., 1977, Changes in the Pattern of Information excahnge in the Netherland 1967-1974, *Tijdschrift vor Economische en Sociale Geografie*, 68, 72-82.

• Goddard, J.B., 1970, Movement Systems, Functional Linkages, and Office Location in the City Centre, in Bourne, L.S., eds, 1982, *Internal Structure of the City*, Oxford Univ. Press, 422-437.

• Haggett, P., Cliff. A. and Frey, A., 1977, *Locational Models*, Edward Arnold, Bristol.

• Lakshmann, P.P., 1972, Regional Patterns in Commodity Flows in India, *Environment and Planning A*, 49, 59-72.

• Nader, G.A., 1981, The Delineation of a Hierarchy of Nodal Regions by Means of Higher-Order Factor Analysis, *Regional Studies*, 15, 475-492.

• Nysteun, J.D. and Dacey, M.F., 1961, A Graph Theory Interpretation of Nodal Regions, *Papers and Proceedings, Reg. Sci. Ass.*, 7, 29-42.

• Pacione, M., 2001, *Urban Geography: a Global Perspective*, Routledge, New York.

• Reed, W.E., 1970, Indirect Connectivity and Hierarchies of Urban Dominance, *A.A.A.G.*, 60, 770-785.

• Robinson, H. and Bamford, C.G., 1978, *Geography of Transport*, MacDonald and Evans, London.

• Stephenson, L.K., 1974, On Functional Regions and Indirect Flows, *Geographical Analysis*, 6, 383-385.

• Taaffe, E.J., Gauthier, H.L. and O'Kelly, M.F., 1996, *Geography of Transportation*, Prentice-Hall, New Jersey.

• Tinkler, K.L., 1976, On Functional Regions and Indirect Flows, *Geographical Analysis*, 8, 205-213.

제3장 서울시 등질지역 구조의 변화

1. 등질지역의 개념과 연구 동향
2. 1970년대의 등질지역
3. 2000년대의 등질지역
4. 등질지역구조의 변화

1. 등질지역의 개념과 연구 동향

등질지역(uniform region, homogeneous region)이란 각 부분지역이 가지는 속성이 동질적인 지역들의 집합이며, 도시내에서의 등질지역은 각 부분지역이 보유하고 있는 사회 · 경제적 속성에 따라 획정된다.

사회 · 경제적 속성에 근거하여 획정되는 등질지역구조는 각 부분지역이 가지는 사회 · 경제적 속성의 지역분화와 그 결과 이루어지는 등질지역의 형성이라는 측면에서 접근할 수 있다. 지역분화 혹은 지역차별화(regional differentiation)는 장소에 따라 각종 경제활동의 입지가 이루어지는 과정으로서, 이는 곧 한 지역의 토지이용이 그 보다 작은 지역으로 분화되는 과정으로 볼 수 있다(남영우, 1985). 따라서, 사회 · 경제적 지역분화는 토지이용의 패턴이 지역별로 상이함에 따라 비롯되는 것이며, 그 결과 각 지역의 사회 · 경제적 속성을 반영하는 토지이용 패턴이 형성되는 것이다. 등질지역이 등질적인 지리적 사상이나 현상에 의하여 정의되는 것이라 한다면, 등질지역의 규명은 사회 · 경제적 속성이 유사하게 전개되는 형태의 지역분화의 개념을 통해 가능해진다.

도시내에서 사회적 속성에 의해 형성되는 지역구조를 다변량기법을 이용하여 분석하기 시작한 것은 1940년대 후반의 일이다(Robinson, 1998). 그러나 도시내부의 지역구조를 사회 · 경제적 속성에 의해 규명하려는 시도는 1920년대에 시카고학파의 사회학자들에 의해 도입되기 시작한 이래, 지역분화에 관한 연구는 오늘날 상당한 성과를 축적하였다. 이들은 도시구조의 규명에 식물생태학의 개념을 적용시켰으며, 그 결과 E.W. Burgess의 동심원 지대이론, H. Hoyt의 선형 이론, E.L. Ullman & C.D. Harris의 다핵심 이론, F.Z. Alonso의 고전 모델, R.E. Dickinson의 3지대 이론 등의 도시구조이론이 제기되었다. 이들 연구에서는 거주자의 사회적 계층에 따른 주거지 분화나 토지이용의 변화에 따라 지역분화를 일으키는 사회적 요인으로 생태학적 개념에 해당하는 흡수(absorption), 병합(annexation), 집심(centralization), 이심(decentralization), 응집(concentration), 분산(dispersion), 침입(invasion), 천이(succession), 전문화(specialization), 분리(segregation) 등의 메커니즘이 작용하는 것으로 간주하였으며, 경제적 요인으로는 경제활동을 위한 장소로서 토지가 가지는 경제적 가치 또는 접근도(accessibility) 등을 꼽았다.

즉 도시생태학은 도시내 다양한 사회집단의 조직과 상호작용관계에서 나타나는 도시사회의 현상을 생물체가 공동체를 형성해가는 과정에 비유하여 설명하고자 하였는데, 그 골자는 식생군의 경쟁개념과 영토에 대한 침입 · 천이 · 분리 등의 과정이다. 이러한 식생의 침입 · 천이 · 분리과정이 도시사회집단의 형성 및 지역분화를 설명하는 이론적 배경이 되었다.

이후 지리학에 계량기법이 도입되고 컴퓨터의 자료처리능력이 개선됨에 따라, 기존의 정성적(qualitative) 연구방법에서 벗어나 정량적(quantitative) 접근이 가능해졌다. 특히 인자분석(factor analysis) 기법은 과학의 근본인 간결의 원칙(principle of parsimony)에 입각하여 방대한 양의 자료를 처리할 수 있게 됨에 따라(남영우, 1992), 많은 변수들로부터 소수의 잠재적 인자를 밝혀내는 것이 가능해졌다. 인자분석기법은 E. Shevky & William(1949), E. Shevky & W. Bell(1955)에 의해 각각 미국의 샌프란시스코와 로스앤젤레

스의 사회지역분석(social area analysis)에 적용되었으며, 이를 통해 도시내부의 사회적 패턴에는 다수의 독립된 차원(dimension)이 존재하고 있음이 확인되었다(Pitts, 1973). 이 가운데 Shevky & Bell(1955)은 사회지역분석에서 도시의 사회적 변화에 대한 일반적인 이론을 제시하였으며 도시의 사회·경제적 변화가 가지는 의미에 대하여 고찰함으로써, 사회·경제적 상태, 가족상태, 그리고 인종상태가 도시의 사회지역을 구성하는 주요한 차원이라고 밝혔다. 사회지역분석은 W. Christaller가 제시한 중심지이론에 비해 구조화의 정도는 미약하지만, 보다 더 진보된 정량적 연구를 가능케 하였다(Clark, 1982). 그리고 J.W. Simmons(1965)와 R.A. Murdie(1969)는 미국과 캐나다 도시의 사회적 변수에 인자분석기법을 적용함으로써 각각 세가지 차원 또는 패턴이 서로 밀접한 관련을 맺으면서 도시공간상에 조직되어 있음을 확인하였다. 이것이 바로 도시의 전체적인 사회·경제적 속성에 기초하여 도출한 지역구조이며, 다시 말하면 인자분석기법을 공간패턴에 적용한 인자생태학적 접근(factorial ecological approach)이라 할 수 있다(손승호, 2004).

계량기법의 도입이 빨랐던 북미대륙의 도시를 대상으로 인자생태분석을 시도한 연구가 1960년대에 본격적으로 시작되었다면, 1970년대에는 계량혁명의 여파가 일본에 상륙함에 따라 일본의 도시지리학에서도 정량적 접근이 보편화되었으며(Abe, 1996), 그 결과 도시구조에 대한 인자생태학적 접근이 활발하게 진행되었다(森川洋, 1975; 藤目節夫, 1977; 市南文一, 1978; 上野健一, 1982; Wakabayashi, 1987). 인자생태분석을 통한 일본의 도시구조분석에서 도시구조의 형성에 가장 중요한 영향력을 가지는 인자는 사회·경제적 요인이었으며, 그 뒤를 이어 가족의 지위가 중요한 인자로 나타났다.

우리나라에서 도시의 사회·경제적 속성을 이용한 지역구조분석은 1970년대 이후 대도시를 중심으로 전개되었다. 우리나라의 대도시를 대상으로 최초의 인자생태분석을 시도한 연구는 당시 하와이대학의 교수였던 F.R. Pittts (1973)가 실시한 서울과 대구의 도시생태분석으로, 그는 서울과 대구에 각각

7가지의 패턴이 도시구조를 형성하고 있음을 규명하였다.

이기석(1975; 1980)은 전술한 Pitts의 연구를 비판하면서 서울을 대상으로 1960년과 1975년의 두 시기에 대하여 인자생태분석을 실시하였는데, 1960년에는 서울의 구성곽에 해당하는 종로구와 중구, 그리고 서대문구 일부 지구(16개 동)를 포함하는 중심지역을 사례지역으로 하였으며 1975년에는 서울시 전체 동을 대상으로 분석하였다. 그는 전통도시인 서울과 대구가 성곽도시로부터 발전했다는 사실을 간과한 Pitts의 연구를 비판하면서 구시가지와 신시가지를 분리해서 지역구조를 규명해야 한다고 강조하였다. 이에 따라 1965년에는 서울의 중심지역으로 구시가지에 해당하는 구성곽지역을 분석한 것이다. 두 시기의 연구는 총 52개의 변수를 사용하였으며, 인자분석 및 주성분분석을 통하여 1965년의 분석에서는 5개의 인자패턴이, 1975년에는 3개의 인자패턴이 존재함을 확인하였다.

서울을 대상으로 도시의 사회 · 경제적 속성을 분석지표로 지역구조의 규명을 시도한 연구로는 다음과 같은 것을 거론할 수 있다. 최상민(1979)은 서울과 부산의 주거지 분화와 공간패턴의 특성을 통해 주거지 분화의 특수성을 비교분석하였으며, 두 도시의 상이한 사회 · 역사적 배경이 서로 다른 지역구조를 형성시켰음을 확인하였다. 이숙임(1987)은 서울의 주거지 분화현상에 대하여 인자분석을 실시한 결과, 사회 · 경제적 요인이 주거지 분화에 가장 큰 영향을 미치는 것으로 간주하였다. 한주연(1989)은 서울시를 대상으로 거주자의 직업별 특성에 따라 나타나는 주거지의 분리현상에 관한 연구를 실시하였다.

우리나라에서 진행된 도시구조의 인자생태분석은 초기에는 주로 대도시의 주거지 분화에 초점이 맞추어졌었다. 그러나 도시내부에서의 지역분화가 주거지역 이외에 상업지역에서도 활발해짐에 따라, 상업지역의 공간분화를 분석한 연구(강병기, 1981; 김 인 · 김기혁, 1981; 김대영, 1990) 또는 생산자서비스 활동의 지역적 특화도가 변화하는 양상을 고찰하고 공간재편을 분석한 연구(박삼옥 · 남기범, 1997; 손승호, 2006) 등도 진행되었다. 한편 조재성(1988)은 서울시 각 구의 인구관련 변수라 할 수 있는 인구 총변동률 · 직업상의 지위 · 연령구조 지수 등의 지표를 활용하여, 사회지역구조의 변화를 고찰하였다. 도시의 지역구조를 분석함에 있어서 도시구성요소를 총망라 할 수 있는 사회 · 경제적 속성을 분석지표를 선정하여 지역분화의 패턴을 규명함으로써, 주거지역이나 상업지역은 물론 그 이외의 기능이나 활동에 의해 형성되는 지역구조분석이 가능해졌다.

본 장에서는 서울시의 각 단위지구별 사회 · 경제적 속성에 따른 등질지역구조의 변화를 고찰하기로 한다. 즉, 다수의 사회 · 경제적 속성변수로부터 등질지역을 규정해주는 주요 인자를 추출하고, 여기에 군집분석을 실시함으로써 서울시를 구성하고 있는 다수의 단위지구를 소수의 집단으로 분류하는 과정이다.

인자분석기법은 그림 3-1과 같은 과정을 통해 최종적인 결과를 도출해 낸다. 즉, m개의 단위지구로부터 구해진 n개의 실측자료를 지리행렬의 속성을 가지는 자료행렬(m×n)로 전환한 후 그 자료행렬로부터 속성변수들 간의 상관행렬(n×n)을 산출하고, 이 상관행렬을 토대로 초기인자행렬(n×n)이 추출된다. 초기인자가 추출되고 나면, 이들 인자에 대한 직교회전을 통해 k개의 공통인자에 의해 구성되는 회전된 인자행렬(n×k)이 만들어진다. 마지막 단계는 이 행렬로부터 각 단위지구에 대한 인자득점을 계산해 냄으로써 최종적으로 인자득점행렬(m×k)이 완성된다. 이렇게 해서 구해진 각 단위지구별 인자득점의 패턴을 해석함으로써, 각 지구가 가지는 속성을 파악할 수 있으며 인자부하량을 통해 각 인자의 속성을 파악할 수 있게 된다.

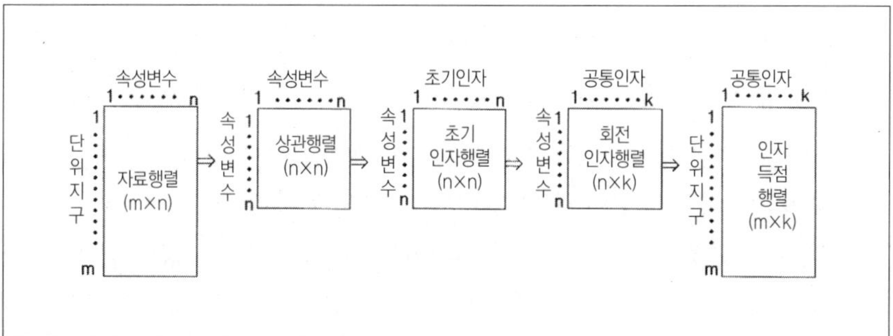

그림 3-1 속성행렬의 인자분석 과정

2. 1970년대의 등질지역

1) 공통인자의 추출과 인자득점의 분포패턴

서울시 각 지구의 사회 · 경제적 속성에 의한 지역적 특성을 규명하기 위하여 모두 30개에 달하는 변수를 열거한 속성행렬을 작성하였다. 여기에 포함되는 변수군은 표 3-1에서 알 수 있는 바와 같이, 인구밀도와 연령구성 등의 인구특성을 비롯하여 地價에 관한 모든 특성을 나타내는 변수들이다. 이와 같은 변수로 구성되어 있는 속성행렬에 R-기법의 주축형 인자분석을 적용한 결과 1.0 이상의 고유치를 갖는 8개 인자가 추출되었다. 그리고 인자의 해석을 용이하게 하기 위하여 배리막스 회전(varimax rotation)을 실시하였다. 표 3-1에서 보는 것은 모두 회전 후의 수치이다. 여기에서 공통인자로 추출된 제8인자까지의 누적설명량은 79.9%이며, 각 변수의 공통인자에 대한 변동설명량을 나타내는 공통도(communality)는 최저 0.326(지가상승률)에서 최고 0.991(남자인구비율)까지이다. 그럼 각 인자가 가지는 주요 속성을 인자부하량을 통하여 알아보도록 하겠다.

제1인자는 전체 변동의 23.6%를 설명하는 인자로, 대부분 정의 인자부하량(factor loading)을 나타내는 변수로 구성되었다. 특히 남녀별 인구비율, 1세

표 3-1 입력변수와 인자부하량(1970년대)

입력변수 \ 인자	1	2	3	4	5	6	7	8	공통도
1. 인구[1]	0.974								0.977
2. 남자인구비율[1]	0.978								0.991
3. 여자인구비율[1]	0.971								0.987
4. 15~24세 연령인구비율[1]		0.665							0.568
5. 60세 이상 연령인구비율[1]		0.518	-0.786				0.542		0.860
6. 세대당 인구[1]	0.974							0.448	0.983
7. 외국인수[1]		0.307							0.337
8. 인구밀도[1]	0.274				0.732				0.664
9. 초등학생비율[1]	0.841								0.767
10. 중고등학생 비율[1]									0.333
11. 대학생 비율[2]						0.727			0.609
12. 총학생수[2]	0.631					0.523	0.533	0.215	0.771
13. 제1차산업 종사자비율[1]									0.358
14. 제2차산업 종사자비율[1]		0.295	0.923	0.323					0.990
15. 서비스업 종사자비율[1]		0.774							0.847
16. 총종사자비율[1]			0.581						0.950
17. 주택지 연상면적 비율[1]	0.834		0.442	0.307				-0.353	0.960
18. 상업업무지 연상면적 비율[1]		0.943							0.940
19. 제조업 연상면적 비율[1]			0.887						0.853
20. 공공기관 연상면적 비율[1]		0.842							0.765
21. 교육시설 연상면적 비율[1]		0.479				0.826		-0.215	0.952
22. 총연상면적 비율[1]	0.671	0.467	0.350	0.269					0.953
23. 상업지대 평균지가[3]		0.909						0.579	0.910
24. 주택지대 평균지가[3]		0.224		0.554	0.327			0.208	0.841
25. 상업지대 최고지가[3]		0.854						0.389	0.863
26. 주택지대 최고지가[3]		0.256		0.530	0.455				0.738
27. 지가상승률[3]					-0.435				0.326
28. 세대당 평균소득[1]				0.711					0.579
29. 자가용 보유율[1]				0.809					0.708
30. 면적[2]				-0.234	-0.645		0.701		0.990
고 유 치	7.08	6.45	2.97	2.04	1.80	1.44	1.15	1.04	
개발설명량(%)	23.6	21.5	9.9	6.8	6.0	4.8	3.8	3.5	
누적설명량(%)	23.6	45.1	55.8	61.8	67.8	72.6	76.4	79.9	

자료 : 1) KIST(1978) 　　　　인자부하량 |0.20| 이상만 표시.

2) 인구 및 주택센서스(1975)

3) 한국감정원(1978)

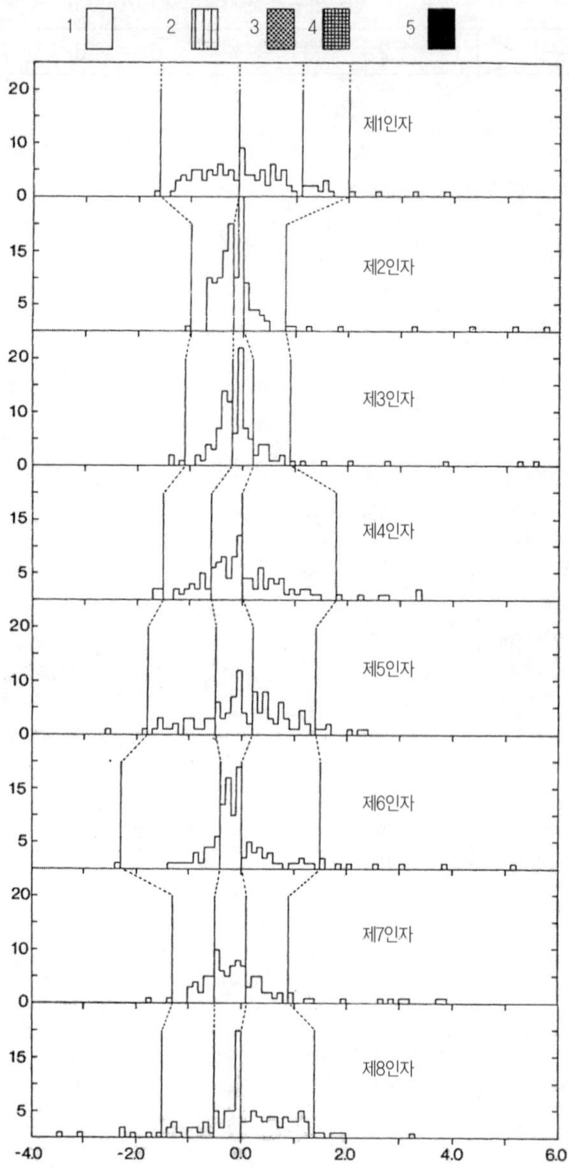

그림 3-2 인자득점의 빈도분포와 각 인자별 계급구분
상단에 표기된 숫자는 그림 3-3의 인자득점과 대응함.

표 3-2 각 인자별 인자득점의 계급치(1970년대)

인자명	계급	인자득점	인자명	계급	인자득점
제1인자	1	2.1 이상	제5인자	1	1.5 이상
	2	1.1~2.1		2	0.3~1.5
	3	0.1~1.1		3	-0.5~0.3
	4	-1.6~0.1		4	-1.8~-0.5
	5	-1.6 미만		5	-1.8 미만
제2인자	1	0.9 이상	제6인자	1	1.6 이상
	2	0.0~0.9		2	0.1~1.6
	3	-0.2~0.0		3	-0.4~0.1
	4	-0.9~-0.2		4	-2.3~-0.4
	5	-0.9 미만		5	-2.3 미만
제3인자	1	1.0 이상	제7인자	1	1.1 이상
	2	0.1~1.0		2	0.2~1.1
	3	-0.2~0.1		3	-0.5~0.2
	4	-1.1~-0.2		4	-1.3~-0.5
	5	-1.1 미만		5	-1.3 미만
제4인자	1	1.9 이상	제8인자	1	1.5 이상
	2	0.0~1.9		2	0.1~1.5
	3	-0.6~0.0		3	-0.5~0.1
	4	-1.5~-0.6		4	-1.5~-0.5
	5	-1.5 미만		5	-1.5 미만

각 인자별 계급치는 그림 3-3의 범례에 대응.

대당 가족수, 초등학생비율, 총학생수, 주택지 연상면적비율 등에 관한 변수의 부하량이 높게 형성되었다. 본 인자의 해석은 후술하는 인자득점(factor score)의 공간적 분포패턴 —이하 인자득점패턴이라 부름— 에서도 증명되는 바와 같이 일반서민의 주택지에 관한 인자로 해석된다. 표준화된 인자득점패턴을 검토하기 위하여, 우선 8개 인자에 대한 인자득점의 빈도분포를 살펴봄으로써 급변점이라고 생각되는 절단점을 찾아내어 그림 3-2에서 보는 바와 같이 5계급으로 구분하였다. 각 인자별 계급치는 표 3-2에서 보는 바와 같다.

그림 3-3에서 알 수 있듯이, 제1인자의 경우 인자득점이 2.1 이상인 지구는 면목동 · 봉천본동 · 신림동 · 남가좌동의 네 지구로서, 모두 서울 외곽지

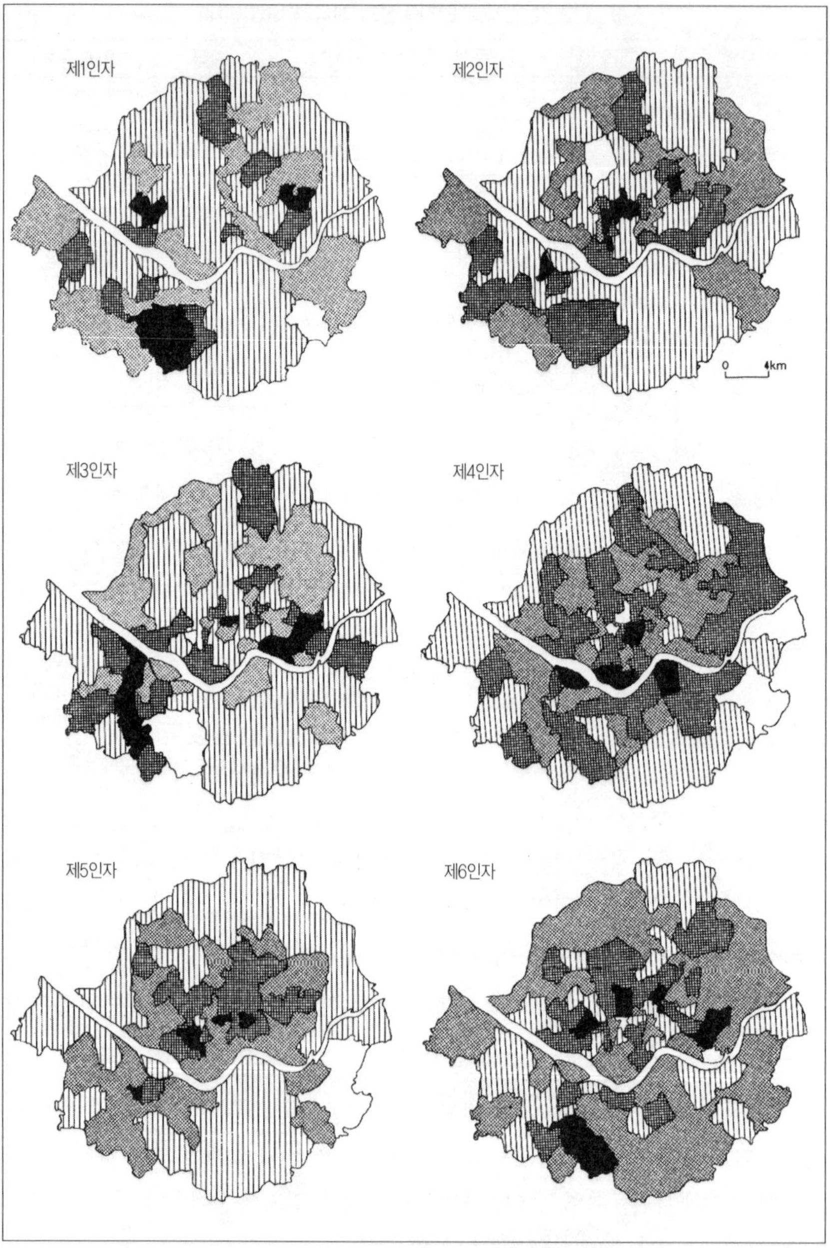

그림 3-3(a) 지역별 특성인자의 득점분포패턴
범례는 그림 3-2 및 표 3-2와 대응함.

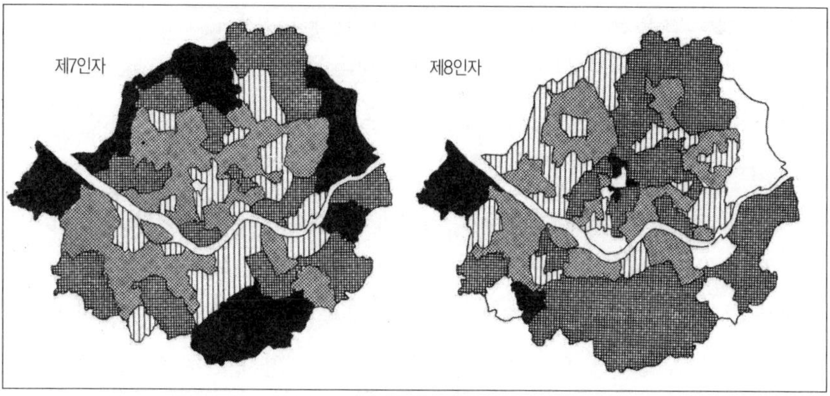

그림 3-3(b) 지역별 특성인자의 득점분포패턴

대의 인구조밀지구와 비교적 질이 좋지 않은 주택지에 분포하고 있다. 한편 부의 인자득점을 기록한 지구는 세곡동 · 종로1~3가동 · 종로4~6가동 · 잠원동 · 영등포동 · 양재동 · 소공동 · 남대문로 5가동 · 군자동 · 신도읍을 위시한 65개 지구이다. 이들 지구는 거의 대부분이 도심 및 부도심이거나 인구밀도가 낮은 지역의 주변부이다.

제2인자의 개별설명량은 21.5%로서 제1인자와 함께 큰 비중을 차지하고 있다. 본 인자는 정의 인자부하량을 취하는 여러 변수로써 성격지어진다. 본 인자는 상업 · 업무지 연상면적비율, 상업지대 평균지가와 상업지대 최고지가, 공공기관 연상면적비율, 서비스업 종사자비율 및 총종사자비율 등의 변수가 높은 부하량을 갖는 것으로 미루어 볼 때 상업 · 서비스업 · 행정 등의 중추관리기능을 발휘하는 도심 또는 부도심적 활동을 나타내는 인자인 것으로 생각된다. 본 인자의 해석은 그림 3-3의 인자득점패턴을 관찰해 보아도 알 수 있는 일이다. 정(+)의 인자득점을 갖는 지구는 종로1~3가동 · 소공동 · 명동 · 남대문로 5가동 · 을지로3~5가동의 CBD와 영등포동 · 청량리동 · 봉천본동 · 신림동 · 화곡동 등의 지구로서, 그 대부분이 2 · 3차 중심지로서 계층 지어진 지구이다. 이밖에도 CBD와 부도심의 주변지구 · 종암동 · 수유동 · 중곡동 · 금호동 · 구로동 등에도 정의 인자득점이 분포한다. 한편 인자득점이 −2.0이하인 지구는 부암동 · 화곡동 · 잠원동 · 세곡동 · 여의도동 · 가회동 · 장안동 · 군자동을 위시한 55개 지구로, 이들 대부분 주택지로서의 성격이 강하다.

제3인자는 전체 변동의 9.8%를 설명하며 제2차산업 종사자비율, 제조업 연상면적비율, 총종사자비율, 총연상면적비율에 관한 변수와 높은 정의 상관관계를 갖는다. 본 인자는 특히 높은 정의 상관관계에 있는 변수의 내용으로 미루어 보아 공업지역 또는 공업활동을 나타내는 인자로 해석된다. 60세 이상의 노령인구를 나타내는 변수가 부(−)의 부하량을 나타낸 것은 공업지역에서 볼 수 있는 특징 중의 하나이다. 본 인자의 해석은 그림 3-3(a)의 인자득점패턴으로도 입증된다. 인자득점 +1.0 이상의 지구는 가리봉동 · 성수동 · 구로동 · 양평동 · 문래동 · 을지로3~5가동 · 중곡동의 순으로서, 모든 지구가 1970년대 당시의 서울시 공업지대와 일치하는 지구이다. 본 인자가 제조업 연상면적비율과 제2차산업 종사자비율의 두 변수와 높은 상관을 갖는 것이라던가, 15~24세 연령 인구비율이 높은 지역과 일치하게 분포하는 것은 제조업 종사자가 직장과 주거지를 동일한 지역 또는 인접된 지역에서 선정한다는 사실을 반영하고 있다. 반면에 −0.2 이하의 인자득점을 나타낸 지구로는 봉천본동 · 신림동 · 아현동을 위시한 53개 지구로서, CBD의 주변부와 강남 신시가지 그리고 서울의 주변부에서 볼 수 있다.

제4인자는 전체 변동의 6.8%를 설명하며 자가용차 보유율, 세대당 평균소득, 주택지대 평균지가 및 최고지가, 외국인 수 등의 각 변수와 높은 정의 상관을 갖는다. 높은 인자부하량을 가지는 이들 변수로 판단하면, 본 인자는 제1인자와 반대로 부유한 고급주택지를 나타내는 인자인 것으로 해석된다. 여기서 자가용차 보유율과 외국인 수의 두 변수가 추출되었다는 사실은 1970년대만 하더라도 우리나라의 경우 자가용차의 보유가 부의 유력한 지표로 인식되었으며, 또 외국인 주거지의 대부분이 생활환경이 좋은 고급주택지에 있다는 사실로 미루어 볼 때 납득이 가는 결과이다. 제4인자의 해석은 그림 3-3(a)의 인자득점패턴으로도 입증된다. 즉, 본 인자의 인자득점은 도심의 외곽부와 한강 연안부, 근교주택지의 일부에서 높게 분포한다. 특히 정의 인자득점치를 보이는 지구는 장충동 · 을지로3~5가동 · 회현동 · 명동과 같은 도심의 남부, 여의도동 · 신사동 · 한강로2~3가동 · 흑석동 · 삼성동 · 한남동과 같은 한강 연안부, 그리고 서교동 · 남가좌동과 같은 신촌의 서부 등이다. 이들 지구 가운데 일제 강점기에 일본인 주거지였던 남산의 주변부를 제외하고는 그 대부분이 근래에 형성된 신흥고급주택지이다. 이 주택지는 신흥주택지라 하더라도 1960년 초기에는 이미 그 일부가 형성되어 있었다(최운식, 1979). 반면에 인자득점이 −0.6 미만인 지구는 종로1~3가동 · 소공동과 같은 CBD를 비롯하여 암사동 · 마천동 · 양재동 · 방화동 · 진관내동과 같은 농촌적 색채가 짙은 외곽지역이다. 그리고 상계동 · 중계동과 같이 주로 빈민층이 거주하던 판자촌의 철거민이 새로이 형성한 정착지와 행당동 · 봉천본동 · 현저동 · 아현동 · 돈암동과 같은 고지대의 불량주택지도 마찬가지이다. 도림동 · 시흥동 · 오류동 · 도봉동과 같은 공업지역의 주변과 마장동과 같은 하천유역의 불량주택지에서도 낮은 인자득점을 관찰할 수 있다.

전체 변동의 6.0%에 해당하는 설명량을 갖는 제5인자 역시 제1인자나 제4인자와 마찬가지로 주택지의 특성을 보이는 인자이다. 이 인자는 인구밀도, 주택지대 평균지가 및 최고지가의 변수와 정의 상관관계를 형성하였으며 단위지구의 면적 및 지가상승률과는 부의 상관관계를 형성하였다. 이들 상관관계를 기준으로 판단하면, 본 인자는 전술한 제1인자나 제4인자의 내용과는 이질적인 주택지적 특성을 나타내는 인자임을 알 수 있다. 즉 높은 인구밀도를 보임과 동시에 주택지의 지가가 높다는 사실은 고급주택지도 아니며 저급주택지도 아니라는 뜻이다. 또한 본 인자가 지가상승률과 면적에서 부의 인자부하량을 가지는 것은 신개발주택지와는 달리 비교적 안정된 주택지임을 의미하는 것이다. 따라서 본 인자는 비교적 안정되어 있는 —바꿔 말하면 변화가 적고 오래된— 중급주택지를 나타내는 것으로 해석된다. 본 인자의 해석은 다소 불명확한 점이 있긴 하지만, 상기한 내용은 그림 3-3(a)의 인자득점패턴으로도 확인할 수 있다. 즉 인자득점 +0.5 이상의 지구는 을지로3~5가동 · 하왕십리동 · 남대문로 5가동 · 중림동 · 아현동 · 도림동의 6개 지구로서, 인자득점 +0.3 이상 되는 지구와 마찬가지로 그 대부분이 1940년대에 택지화된 지역과 일치한다. 반면에 -0.5 이하의 지구는 천호동 · 마천동을 위시한 주변부로, 이곳은 대체로 1950년 후반부터 도시화된 지역이다.

제6인자는 전체 변동의 4.8%를 설명하며, 교육시설 연상면적비율 · 대학생비율 · 총학생수 등의 변수에서 높은 정의 인자부하량을 취하였다. 본 인자는 추출된 변수의 내용으로 미루어 보아 교육활동 또는 학원지역을 나타내는 인자임이 확실히 드러난다. 이러한 내용은 그림 3-3(a)의 인자득점패턴으로도 입증될 수 있다. 인자득점 +1.6 이상의 지구는 종로1~3가동 · 북아현 3동 · 신림동 · 신설동 · 중곡동 · 가회동의 6개 지구로서, 모두 대규모의 대학이 입지하고 있던 지구이다. 그리고 +0.1 이상의 인자득점을 갖는 지구는 대학이나 중 · 고등학교가 입지하고 있는 지구와 일치한다. 신개발지구인 강남지역으로 이전한 학교가 많이 있긴 하지만, 이 지역은 개발초기인 1970년대만 하더라도 인구규모에 비하여 학교의 수가 부족하였다. 특히 초등학교와 대학교의 교육기관이 부족하였다. 이러한 까닭에 강남지역에는 본 인자의 높은 인자득점이 분포하지 않는다. 반면에 -0.4 미만의 인자득점을 보이는 지구는 명동 · 회현동 · 을시로3~5가동 · 잠실동 · 아현동 등으로, 도심과 부도심의 주변이거나 도시화가 진행정도가 늦은 지구들이다.,

제7인자는 전체 변동의 3.8%를 설명하며, 60세이상 노령인구비율 · 제1차산업 종사자비율 · 면적의 세 변수와 높은 정의 상관관계를 갖는 단순한 인자이다. 본 인자는 변수의 내용으로 판단하여 「농촌성」 인자로 이름 지을 수 있을 것이며, 본 인자의 해석은 그림 3-3(b)의 인자득점패턴으로도 입증될 수 있다. 즉 +1.1 이상의 인자득점을 갖는 지구는 수유동 · 천호동 · 양재동 · 방화동 · 신도읍 · 과천면 · 구리읍의 8개 지구로, 모두 도시화의 정도가 낮고 농촌적 요소가 남아 있는 근교지역이었다. 상기한 모든 지구에서는 지속적인 도시화가 진행중이며 시가지 농업이 행해지고 있는 지역이 많다. 즉 그들 지구는 급격한 도시화에 의해 시가화된 지역에서 영세한 토지에 노동집약적인 경영의 농업형태가 전개되는 지역이다(尾留川 外, 1967; 山本正三, 1971). 이것은 농촌의 분해가 진행중인 거대도시의 외곽지대에서 일반적으로 볼 수 있는 현상일 것이다. 반면에, −0.5 미만의 인자득점을 갖는 지구는 도심과 부도심 · 청량리동 부근 · 창동 · 잠실동 · 강남의 서부지역 등에서 국지적으로 편재한다.

제8인자는 전체 변동의 3.5%를 설명하며, 주택지대 평균지가 · 주택지대 최고지가 · 세대당 인구수 등의 변수와 높은 정의 상관관계를 가지는 반면, 주택지 연상면적비율과는 부의 상관을 갖는다. 이들 변수의 내용만으로는 본 인자의 의미는 애매하여 해석하기 곤란하다. 인자득점 +0.1 이상의 지구는 종로4~6가동 · 명동 · 가회동을 포함하는 도심, 암사동 · 마천동 · 과천면 · 방화동 등의 외곽지역, 가리봉동 · 시흥동의 공업단지가 입지하여 있는 지구 등이다. 이에 대하여 한강 연안부는 성수동을 제외하면 비교적 인자득점이 낮은 편이다.

이상에서 추출한 8개 인자 가운데, 서울의 지역적 특성을 대표하는 인자는 각 인자의 개별설명량으로 판단할 때 제1인자와 제2인자이며 여기에 제3인자도 추가될 수 있다. 이들 3개 인자만으로도 전체 변동의 55.8%가 설명된다. 즉 서울의 지역적 특성은 일반서민층의 주택지, 도심 및 공업지역의 3개 인자만으로 전체 변동의 반 이상이 설명될 수 있다는 것이다.

2) 등질지역의 설정과 공간배열

여기서는 앞서 추출한 8개 인자를 이용하여 서울을 등질지역의 관점으로부터 지역구분하기로 한다. 등질지역의 구분을 위하여서는 군간평균거리법(average linkage between merged groups)에 의한 계층적 군집분석(hierarchical cluster analysis)을 적용하였다. 이 분류법은 워드법(Ward's method)과 함께 유효한 그룹화가 가능한 것으로 알려져 있다(Anderberg, 1973; 奧野隆史, 1977). 그러나 워드법은 그룹 간의 거리에 대한 구성지구수의 영향이 극단적으로 커지는 결점이 있는 것으로 지적되고 있다(奧野隆史,

표 3-3 각 유형별 인자득점의 평균과 분산(1970년대)

인자 \ 유형		A (7)	B (23)	C (16)	D (12)	E (7)	F (10)	G (21)	H (15)
제1인자	평균	−0.694	−0.094	1.4524	−0.573	−0.170	−0.344	0.072	−0.471
	분산	0.031	0.360	0.788	0.392	0.209	0.738	0.529	0.365
제2인자	평균	3.343	−0.188	0.011	−0.251	−0.320	−0.398	−0.221	−0.339
	분산	0.223	0.036	0.013	0.286	0.083	0.071	0.173	0.070
제3인자	평균	−0.034	−0.317	−0.342	−0.269	2.406	0.040	−0.021	−0.256
	분산	0.322	0.170	0.354	0.136	1.880	0.244	0.201	0.081
제4인자	평균	0.075	−0.204	−0.069	1.407	−0.480	0.265	−0.095	−0.913
	분산	1.084	0.318	0.511	0.927	0.366	0.329	0.349	0.343
제5인자	평균	0.050	0.972	−0.085	−0.637	0.120	0.057	−0.048	−0.863
	분산	0.444	0.340	0.493	0.426	0.741	0.309	0.627	0.397
제6인자	평균	−0.041	−0.242	0.097	−0.150	−0.258	1.194	−0.106	−0.079
	분산	1.853	0.292	0.619	0.635	0.053	1.087	0.436	0.228
제7인자	평균	−0.179	−0.180	−0.018	−0.372	−0.207	−0.349	−0.294	1.088
	분산	0.957	0.064	0.209	0.280	0.203	0.180	0.491	0.758
제8인자	평균	0.378	0.072	0.022	−0.341	0.010	0.252	−0.142	0.666
	분산	1.750	0.479	0.644	0.971	0.588	0.428	0.667	0.675
분산합		6.664	2.059	3.631	4.053	4.123	3.386	3.473	2.917

( )안은 소속 지구의 수.

1977). 그 때문에 여기서는 군간평균거리법을 사용하기로 하였다. 이 수법은 하나의 그룹을 이루는 두개의 작은 그룹내에 속해 있는 지구의 개수가 그 그룹에 있어서 어느 정도의 비중을 갖는가에 따라 두 그룹간의 거리를 정의하는 것이다.

이와 같은 군간평균거리법을 인자득점행렬(111×8)에 대하여 적용함으로써 8개 그룹이 얻어졌다. 이들 8개 그룹은 각기 지역적 특성이 비교적 유사한 지구들의 집단이므로 이들을 등질지역으로 간주할 수 있는 것이다. 8개 인자로 구분된 각 등질지역의 성격을 검토하기 위하여 각 그룹마다에 인자득점의 평균치와 분산을 계산하여 표 3-3에 나타내었다. 이 경우, 평균치는 전체에 대한 각 그룹의 비중을 의미하며, 분산 또는 분산합은 각 그룹의 등질성의 정도를 나타내는 것으로 생각할 수 있다.

표 3-3에서 보는 바와 같이 A부터 H까지의 8유형 가운데 가장 분산합이 작은 유형은 B이며, 이하 H, F, G, C, D, E, A의 순으로 분산합이 증가한다.

유형 A의 지역은 CBD와 서울시 공간상호작용의 2차 중심지인 영등포동 그리고 3차 중심지인 청량리동 등의 7개 지구로 구성되며, 인구감소가 현저하고 서비스업과 상업활동이 활발한 도심성이 높은 중심업무지역이다(그림 3-4). 이 지역은 전술한 제2인자가 중심이 되는 유형이다. 유형 B의 지역은 유형 A의 지역을 둘러싼 모양으로 분포하며 인구밀도가 높은 지역이다. 전통적 주택밀집지역이라 이름한 이 지역은 1940년을 전후하여 도시화된 지역으로 비교적 오래된 주택지로 구성되어 있다. 그리고 이 지역은 제5인자가 중심이 되는 유형으로서 23개 지구로 구성되어 있다. 유형 C의 지역은 유형 B의 지역보다 더 바깥쪽에 위치하는 16개 지구로 구성되어 있다. 이 지역은 구릉지에 밀집해 있는 불량주택지구와 인구밀도가 높은 지구로 구성되어 있는 것이 특징으로 서민주택지역이라 부를 수 있는 곳이다.

한편, 유형 D의 지역은 12개 지구로 구성되며, 공간적으로는 섹터(sector) 상으로 분포하고 제4인자와 대응한다고 볼 수 있다. 즉 CBD를 중심으로 하

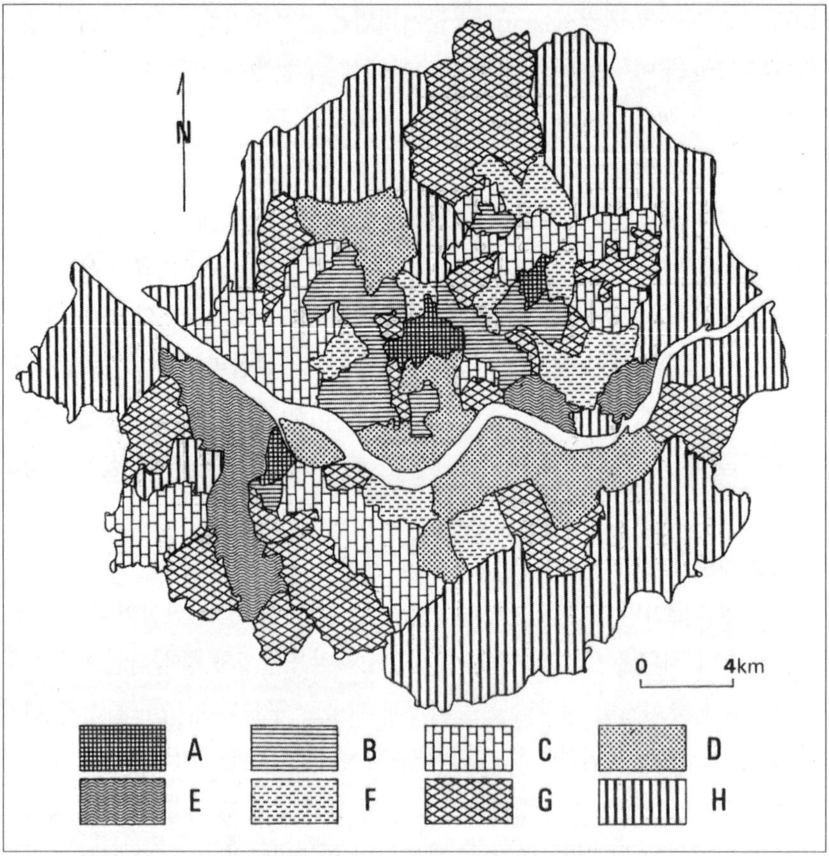

그림 3-4 서울의 등질지역 구분(1970년대)

A: 중심업무지역 B: 전통적 주택밀집지역
C: 서민주택지역 D: 신흥고급주택지역
E: 공업지역 F: 학원지역
G: 혼합지역 H: 근교주택지역

여 남북방향의 섹터와 한강연변의 섹터에 고급주택지가 분포하고 있다. 그 중에서 후자의 섹터는 1970년대 초 · 중반에 형성된 아파트 단지가 다수 입지해 있는 지역이다. 이러한 사실로 미루어 볼 때, 유형 D의 지역은 신흥고급주택지역이라 부를 수 있다. 유형 B · C · D의 지역은 모두가 주택지적 특성을 나타내고 있으나, 자세히 관찰해 보면 유형 B가 고급주택지의 특성, 유형 C가 저급주택지의 특성을 가지며, 유형 D가 그들의 중간적 특성을 갖고 있다.

유형 E의 지역은 영등포동과 구로동 부근의 5개 지구와 서울 동부의 2개 지구를 합한 7개 지구로 구성되며, 이 유형에 해당하는 모든 지구는 제3인자의 인자득점이 높아 공업지역의 특성을 갖는다. 그 가운데 영등포동 일대는 일제강점기인 1930년 이후부터 일본의 자본이 투입되어 병참기지로서 공업화가 촉진된 지역이다. 그리고 구로동은 1949년에 서울특별시로 편입되어 1970년대에 공업단지가 형성된 지역이다. 한편 서울 동부의 뚝섬지구 —성수동과 구의동 일대— 는 1949년에 서울특별시로 편입된 이래, 공장이 진출하여 공업지역을 형성하였거니와 1960년대에 대규모의 주택단지가 조성되어 본격적인 도시화가 이루어졌다(강대현, 1971).

유형 F의 지역은 10개 지구로 구성되어 있으며, 이들은 서울의 중간지대에 산재하여 분포한다. 또한 이 지역은 공간적으로는 8개소에 분리되어 있으며, 학원지역 또는 문교지역으로서의 특성을 갖고 있어 제6인자와 대응하는 유형이다. 유형 G의 지역은 21개 지구로 구성되며, 주택지역 외에도 상업지역 · 공업지역 · 학원지역이 혼재하는 혼합지역의 특성을 갖는다. 그러므로 유형 B · C · D를 순수 주택지로 본다면, 이 지역은 준주택지역이라고 할 수 있다. 그리고 유형 H의 지역은 15개 지구로 구성되어 있고, 이들은 서울의 외측에 분포하며 제7인자 및 제8인자와 대응하는 지역이다. 이 지역은 1970년대 들어 도시화가 활발하게 진행된 반면에 여전히 농촌적 요소가 남아있는 근교주택지역이다. 이 지역은 유형 B의 지역에 버금가는 등질성이 높은 유형이다.

이상에서 고찰한 것은 1970년대 서울시 각 지구의 사회 · 경제적 특성을 내포하고 있는 도시구성요소로서 서울의 등질지역을 설정한 것이다. 그 결과, 서울의 공간적 배열에는 E. W. Burgess(1927)가 제기한 동심원 구조와 H. Hoyt(1939)가 제시한 선형 구조의 혼합형을 이루고 있음이 관찰되었다. 구체적으로, 8개 유형의 지역으로 요약되는 등질지역의 공간적 배열은 서울의 중앙부에 위치한 중심업무지구로부터 거리가 멀어짐에 따라 등질지역의 성격이 변화함과 동시에 교통로나 하천을 따라 선형 배열을 이룬다는 것이다. 따라서 서울에는 동심원적 배열과 선형적 배열이 혼재하고 있다고 볼 수 있다. 또한 일부 등질지역에는 다핵구조도 엿보인다. 그러나 이들의 구조 가운데 선형 구조가 상대적으로 현저하다. 그 이유는 도시개발의 방향이나 도시화의 진전상황에 따라 서울 시가지의 골격이 형성되었기 때문인 것으로 생각된다.

3. 2000년대의 등질지역

1) 공통인자의 추출과 인자득점의 분포패턴

서울시의 등질지역구조를 규명하기 위한 전단계로, 각 단위지구를 구성하고 있는 다수의 사회 · 경제적 속성으로부터 등질지역을 규정해 주는 주요 인자를 추출하였다. 이를 위해 서울시 각 지구의 속성을 제대로 표현해 줄 수 있는 각종 속성변수 40개를 선정하여 218×40의 지리행렬을 작성하였다.

2000년대의 등질지역구조 추출을 위한 지리행렬의 작성에 포함된 변수는 표 3-4에서 보는 바와 같다. 여기에는 각 지구별 인구관련 특성을 나타내 주는 변수, 도시의 지역구조를 반영하는 대표적인 지표로 간주되는 지가에 관련되는 변수, 그리고 도시내의 경제활동과 관련되는 지구별 사업체수와 산업종사자수, 그리고 각 산업별 종사자 비율 등의 변수가 사용되었다.

상기의 변수로 구성된 행렬에 대하여 인자분석을 실시한 결과, 고유치(eigenvalue)가 1.0을 상회하는 인자로 모두 10개가 추출되었으며, 이들 10개 인자를 공통인자로 간주하였다. 그리고 추출된 공통인자의 의미를 명확히 하기 위하여 직교회전의 일종인 배리막스 회전을 실시한 결과, 제10인자까지의 누적설명량은 73.71%이다(표 3-4). 공통인자에 의해 설명되는 개별 지구

표 3-4 입력변수와 인자부하량(2000년대)

입력변수 \ 인자	1	2	3	4	5	6	7	8	9	10	공통도
1. 총인구[1]	0.976										0.980
2. 남자인구[1]	0.977										0.981
3. 여자인구[1]	0.974										0.625
4. 성비[1]		−0.225	−0.438	−0.277	−0.385					0.336	0.606
5. 0-14세 인구비율[1]	0.276	−0.493	0.676								0.848
6. 15-64세 인구비율[1]	0.255	−0.577	0.433							−0.293	0.768
7. 65세 이상 인구비율[1]	−0.394	0.474	−0.352	−0.318						0.250	0.726
8. 세대수[1]	0.981										0.977
9. 세대당 인구[1]	0.261	−0.278	0.751								0.750
10. 인구밀도[1]	0.201	−0.232					0.264		−0.700		0.728
11. 인구증감률[1]			0.622								0.508
12. 초등학생 비율							0.842	−0.304			0.860
13. 중 · 고등학생 비율							−0.737	−0.343			0.791
14. 대학생 비율			−0.227					0.783			0.762
15. 총학생수	0.725						−0.215	0.451			0.837
16. 단독주택[1]	0.791		−0.241								0.767
17. 공동주택[1]	0.761		0.442								0.802
18. 총사업체수[2]	0.669	0.418			−0.292					0.290	0.846
19. 총산업종사자수[2]	0.336	0.608		0.395	−0.249						0.768
20. 제조업 종사자율[2]					−0.753						0.692
21. 전기 · 가스업 종사자율[2]			0.222					0.583			0.444
22. 건설업 종사자율[2]				0.731							0.613
23. 도소매업 종사자율[2]									−0.343	0.631	0.736
24. 숙박 · 음식업 종사자율[2]			−0.239		0.589		0.294		−0.309		0.718
25. 운수 · 창고업 종사자율[2]			0.207	−0.388				−0.210	0.654		0.730
26. 통신업 종사자율[2]		0.256				−0.258					0.268
27. 금융 · 보험업 종사자율[2]		0.701									0.624
28. 부동산업 종사자율[2]			0.682		0.221		−0.240				0.646
29. 사업서비스업 종사자율[2]		0.221		0.735							0.650
30. 공공행정 종사자율[2]											0.746
31. 교육서비스업 종사자율[2]		−0.306		−0.277	0.377		−0.297	0.448		−0.285	0.661
32. 보건 · 복지업 종사자율[2]				−0.200						−0.719	0.599
33. 오락 · 문화관련 종사자율[2]					0.740						0.625
34. 주거지대 지가[3]		0.634		0.353							0.700
35. 주거지대 지가변동률[3]						0.687					0.527
36. 상업지대 지가[3]		0.803									0.708
37. 상업지대 지가변동률[3]		−0.495		0.205			0.292		0.241		0.519
38. 공업지대 지가[3]						0.805					0.709
39. 공업지대 지가변동률[3]						0.786					0.651
40. 면적[1]	0.586								0.648		0.789
고 유 치	8.16	3.39	2.22	2.06	1.87	1.79	1.73	1.70	1.52	1.36	
개별설명량(%)	23.32	9.70	6.34	5.89	5.33	5.10	4.94	4.86	4.33	3.89	
누적설명량(%)	23.32	33.02	39.36	45.25	50.58	55.686	0.62	65.48	69.81	73.71	

자료: 1) 서울시 통계연보(2003).　　　　인자부하량 | 0.20 | 이상만 표기하였음.

2) 서울시 사업체 기초통계 조사보고서(2003).

3) 서울시 표준지 공시지가(2003).

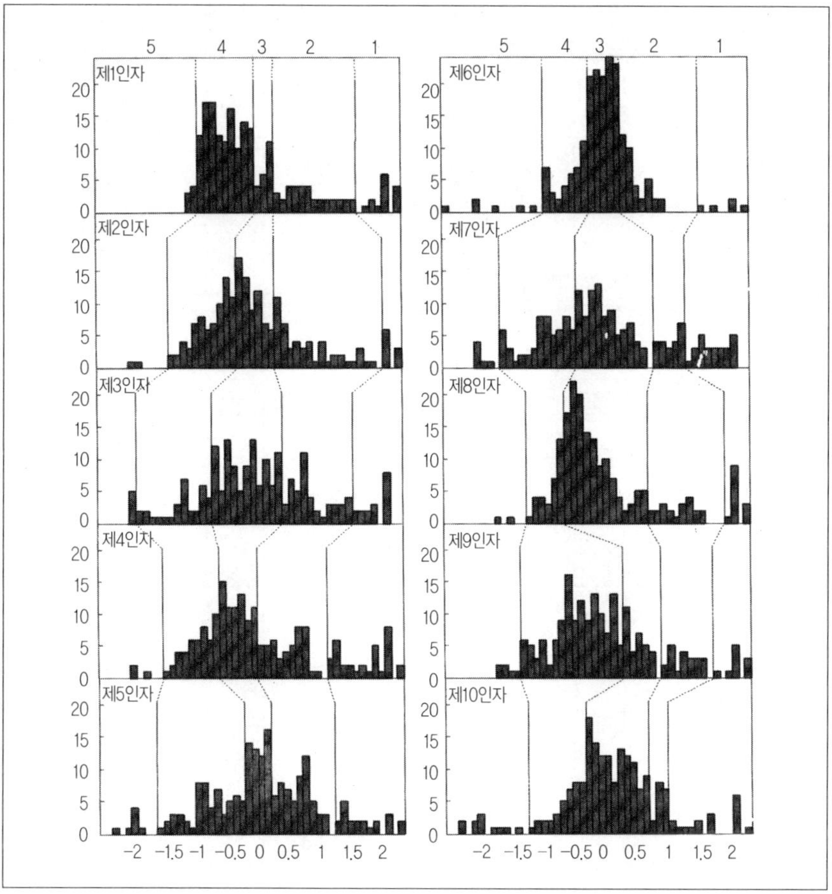

그림 3-5 인자득점의 빈도분포와 각 인자별 계급구분
상단에 표기된 숫자(계급)는 그림 3-6과 대응함.

의 변동설명량을 의미하는 공통도(communality)는 인구속성을 나타내주는 변수가 경제활동관련 변수에 비해 설명력이 대체적으로 높게 추출되었는데, 이는 서울시의 등질지역구조를 설명하는데 있어서 각 지구별 인구속성이 경제활동관련 변수에 비해 더 큰 영향력을 행사함을 의미한다.

인자분석을 통하여 추출된 10개 인자에 대하여 지구별 인자득점의 분포패

표 3-5 각 인자별 인자득점의 계급치(2000년대)

인자명	계급	인자득점	인자명	계급	인자득점
제1인자	1	1.7 이상	제6인자	1	1.5 이상
	2	0.3~1.7		2	0.3~1.5
	3	0.0~0.3		3	-0.2~0.3
	4	-0.9~0.0		4	-0.9~-0.2
	5	-0.9 미만		5	-0.9 미만
제2인자	1	2.0 이상	제7인자	1	1.3 이상
	2	0.3~2.0		2	0.7~1.3
	3	-0.3~0.3		3	-0.4~0.7
	4	-1.4~-0.3		4	-1.6~-0.4
	5	-1.4 미만		5	-1.6 미만
제3인자	1	1.5 이상	제8인자	1	1.9 이상
	2	0.4~1.5		2	0.7~1.9
	3	-0.7~0.4		3	-0.3~0.7
	4	-1.9~-0.7		4	-1.2~-0.3
	5	-1.9 미만		5	-1.2 미만
제4인자	1	1.1 이상	제9인자	1	1.7 이상
	2	0.0~1.1		2	0.9~1.7
	3	-0.6~0.0		3	0.3~0.9
	4	-1.5~-0.6		4	-1.3~0.3
	5	-1.5 미만		5	-1.3 미만
제5인자	1	1.2 이상	제10인자	1	1.0 이상
	2	0.2~1.2		2	0.7~1.0
	3	-0.2~0.2		3	-0.3~0.7
	4	-1.6~-0.2		4	-1.2~-0.3
	5	-1.6 미만		5	-1.2 미만

턴 고찰하기 위하여, 그림 3-5에서 보는 바와 같이 각 인자별로 인자득점의 빈도분포에 따른 급변점을 찾아 5계급으로 구분하였다. 그 결과 표 3-5에서와 같이 각 인자별 계급구간이 설정되었다. 이러한 과정을 거치는 이유는 인자득점이 표준화의 과정을 거쳐서 산출된 것이지만 모든 인자의 인자득점에 대하여 동일한 간격으로 계급을 구분할 경우 각 인자 및 지구의 속성이 과대

평가 되거나 또는 과소평가 될 우려가 있기 때문이다. 그럼 각 인자별 속성과 인자득점의 분포패턴에 대하여 살펴보도록 하겠다.

제1인자는 전체 변동의 23.32%를 설명하는 인자로서 추출된 10개의 공통 인자 가운데 가장 큰 설명력을 가진다. 이 인자는 65세 이상의 노년인구 비율을 제외한 모든 변수에서 정의 상관치를 기록하였다. 그 가운데 세대수, 남자인구수, 총인구수, 여자인구수 등의 변수에서 인자부하량이 아주 높게 나타났으며, 단독주택 및 공동주택과 같은 주택유형 관련 변수에서도 높은 인자부하량을 기록하였다. 이렇게 볼 때, 제1인자는 서울시 외곽에서 면적이 넓은 지구를 중심으로 다양한 유형의 주택이 자리한 인구주택밀집지역의 속성을 갖는 것으로 볼 수 있으며, 이는 이 인자에서 각 지구별 인구밀도가 正의 인자부하량을 기록한 것을 통해서도 확인이 가능하다.

노년인구의 변수에서 부의 부하량을 기록하고 세대당 인구수에서 正의 부하량을 기록한 것은 J.W. Simmons(1965)나 R.A. Murdie(1969)가 제시한 다차원의 도시구조에서 제시된 것과 일맥상통한다. 즉 기동성이 양호한 청장년층의 세대는 도시의 주변부에 거주하는 경향이 강하지만 노년층은 도시의 중심부에 거주하는 경향이 강하기 때문으로, 노년층의 인구비율은 후술하게 될 중심업무지구의 속성을 보인 제2인자에서 높은 正의 부하량을 기록하였다. 그리고 세대당 인구수 역시 대가족의 세대는 도시의 주변부에 거주하고, 소가족의 세대는 도시의 중심부에 분포함에 따라 제1인자에서는 정의 부하량을 기록한 반면, 제2인자에서는 부의 부하량을 기록하였다. 도심부의 주거지 특성에 관한 연구에 따르면, 2000년 현재 도심부에서의 노령인구비율은 15.8%로 서울시 평균의 8.9%에 비해 매우 높은 수준이며, 1인 단독가구의 비중은 33.9%로 서울시 평균의 16.3%에 비해 월등히 높은 것으로 나타났다(양재섭, 2003).

제1인자에서 3.0 이상의 높은 인자득점을 기록한 지구는 신림동(5.31) · 상계동(4.33) · 봉천동(3.87) · 화곡동(3.44) 등의 네 지구로서, 이들 지구는 모

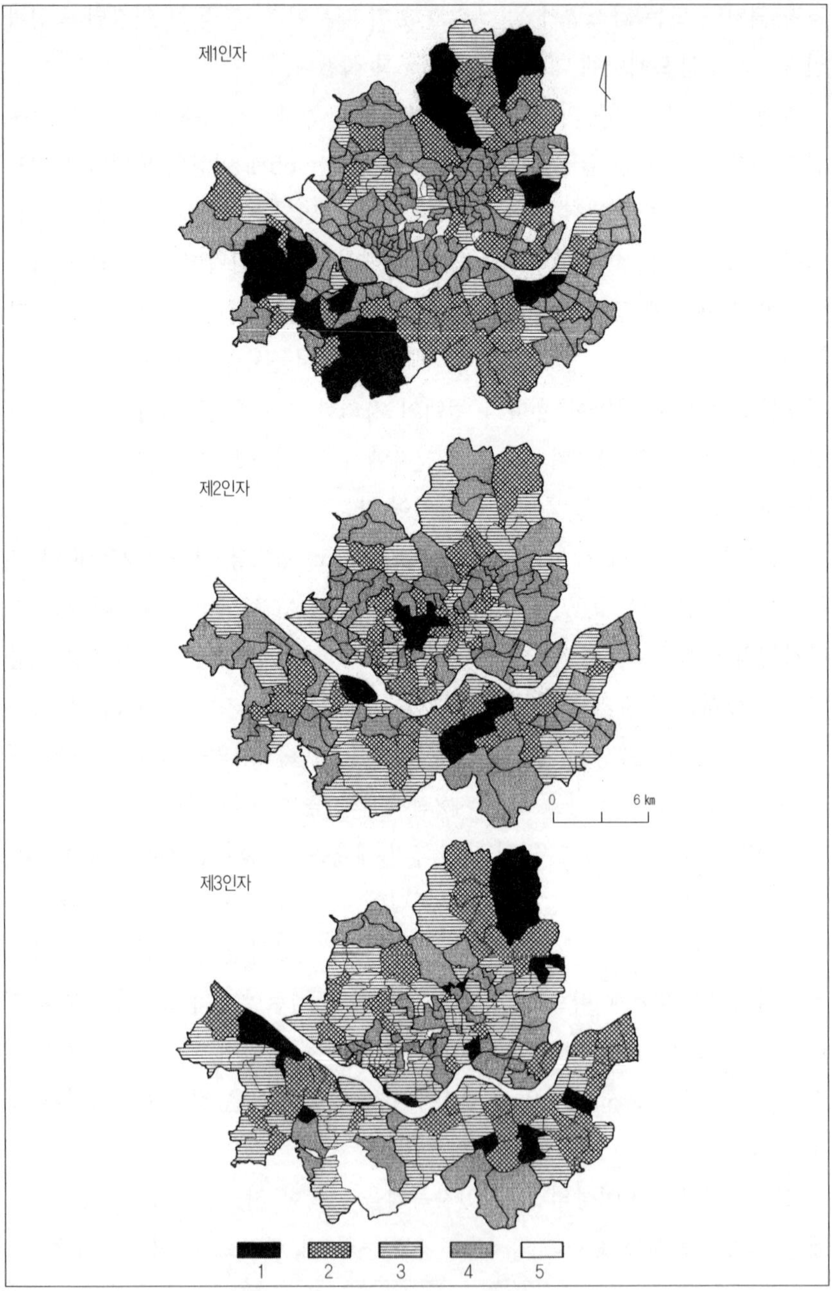

그림 3-6(a) 각 인자별 인자득점의 분포도

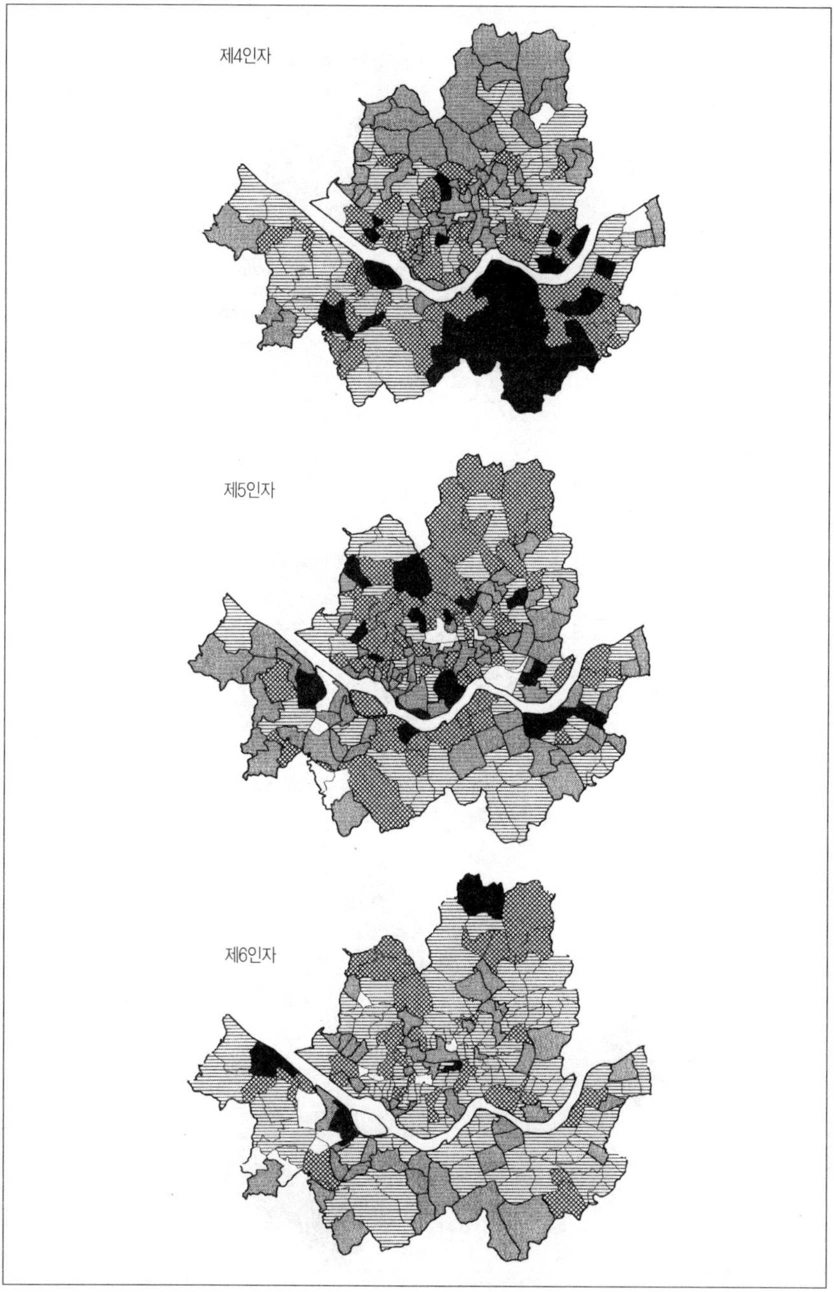

그림 3-6(b) 각 인자별 인자득점의 분포도

그림 3-6(c) 각 인자별 인자득점의 분포도

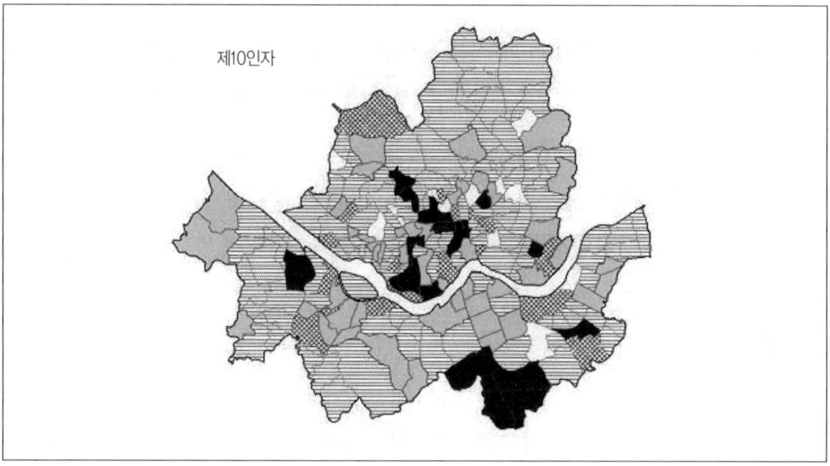

그림 3-6(d) 각 인자별 인자득점의 분포도

두 서울의 외곽지대에 자리한 인구조밀지구에 해당한다(그림 3-6(a)). 이외에 1.7 이상의 인자득점으로 제1계급에 해당하는 지구는 면목동 · 신정동 · 미아동 · 신월동 · 구로동 등지로, 이들 지구는 서울의 외곽에 자리하고 면적이 넓은 지구들이다. 이에 반해 부의 인자득점을 나타낸 지구는 도심 및 부도심에 자리한 장충동(−1.12) · 소공동(−1.01) · 가회동(−1.04)과 삼청동 · 중림동 · 명동 · 을지로동 · 청량리동 · 여의도동 등을 비롯하여 주거인구 및 인구밀도가 낮은 상암동 · 능동 · 후암동 · 응봉동 등 모두 148개 지구에 달하였다. 이들 지구는 1970년대 후반까지도 주택밀집지역의 속성을 가졌지만, 두 시기의 차이점으로는 공동주택이 크게 증가한 것을 들 수 있다. 즉, 서울시 외곽의 도시화 수준이 낮은 저급주택지역이었던 곳이 불량주택재개발 사업에 의해 신흥주거지역으로 탈바꿈하면서 대규모의 아파트 단지가 건설된 것이다.

제2인자는 전체 변동의 9.70%를 설명하는 인자로서, 제1인자에 비하여 개별설명량은 크게 감소하였다. 이 인자는 상업지대 지가, 금융 · 보험업 종사자 비율, 주거지대 지가, 사업체 총산업종사자수, 노년인구 비율, 15-64세의 경제활동인구 비율 등의 변수에서 정의 부하량을 나타내었다. 그러나 상업지대 지가변동률, 0-14세의 유소년인구 비율, 세대당 인구수, 교육서비스업 종사자 비율, 인구밀도 등의 변수에서는 부의 부하량을 기록하였다. 이를 통해 볼 때, 제2인자는 중추관리기능 또는 중심업무기능이 발달한 도심 또는 부도심적 활동을 나타내는 것으로 볼 수 있다. 그러나 중추관리기능 가운데 행정기능이 서울시 외곽지대로 이전해 감에 따라, 제2인자에서 공공행정기관 입지의 속성은 약하게 나타났다. 이러한 현상은 인자득점의 분포를 통해서도 쉽게 확인할 수 있다.

도심 및 부도심적 활동을 나타내는 제2인자에서는 상업지대 지가가 높은 부하량을 기록한 반면, 상업지대 지가변동률이 부의 부하량을 기록하였다. 이는 이들 지구에서 상업지대의 절대지가가 원래 높은 데다가, 교통혼잡으로 인하여 접근도가 다소 낮아짐에 따라 1990년대 초반부터 상업지대의 지가상승이 둔화되는 양상을 보였고(손승호 · 남영우, 1999), 최근에는 상업지대 지가가 하락하기 시작함에 따라 나타난 현상이다. 여기에 소규모 공간을 차지하는 금융 · 보험관련 업종과 같은 고차서비스업이 입지함으로써, 다른 지구에 비해 상업지대의 지가가 높은 정의 상관을 기록하였다.

이에 반해, 인구관련 변수에서는 부의 부하량을 기록하였다. 제1인자에서 설명한 바와 같이 도심이나 도시의 중심부에는 세대당 인구수가 적으며, 도심재개발 사업이 이루어짐에 따라 주거기능과 상업업무기능이 혼재하던 지구가 대부분 상업업무지구로 전환되었다. 지난 2000년까지 서울에서 도심재개발 사업지구로 지정된 172개 지구 가운데 주거기능이 포함된 경우는 전체의 11.6%인 20개에 불과하다. 이에 따라 주거용지가 감소하고 상업업무용지의 공급이 확대되다 보니 지속적인 인구감소현상이 나타나 인구밀도 역시 매우 낮은 수준이다. 도심재개발 사업이 시행된 지구에서 주거지 면적은 기존보다 평균적으로 72%가 감소하지만, 상업업무용 공간의 면적은 무려 215%가 증가한 것으로 조사되었으며(최주영, 1997), 이에 따라 도심에서는 주거지 면적 축소와 함께 도심공동화 현상이 가속화되고 있다. 그러나 주거지대 지가가 정의 인자부하량을 나타낸 것은 최근 중심부에서 진행되고 있는 주상복합건물의 신축으로 인한 고급주택화의 결과로 해석할 수 있다.

이러한 현상은 인자득점의 분포를 통해서도 쉽게 확인할 수 있다(그림 3-6(a)). 정의 인자득점을 갖는 지구는 서울의 도심에 자리한 명동(6.26)·소공동(4.30)·종로동(3.71)·회현동(2.39)을 비롯하여 효자동·사직동·충정로동·을지로동·신당동·광희동 등이 있으며, 부도심에서는 삼성동(2.55)·역삼동(2.49)·서초동(2.09)을 비롯한 논현동·대치동·반포동 등의 강남 부도심부와 여의도동·영등포동·청량리동·잠실동 등이 있다. 이외에도 도심 및 부도심의 주변지구, 그리고 창천동·대신동·숭인동·대흥동·노고산동·상계동 등지에서도 정의 인자득점을 기록하였다.

이에 반해 부의 인자득점을 보인 지구에는 가장 낮은 부의 인자득점을 기록한 가산동(-2.04)을 비롯하여 능동·구로동·석관동·군자동·대림동·독산동·방학동·양재동·중곡동·면목동 등 모두 134개 지구에 달하였다. 이들 지구 대부분은 도심이나 부도심과 분리된 곳으로, 상업업무기능에 비해 주거기능이나 제조업의 발달이 우세한 지구이다.

제3인자는 전체 변동의 6.34%를 설명하는 것으로 아파트와 연립주택 등을 포함하는 공동주택 변수에서 정의 상관관계를 보인 반면, 단독주택에서는 부의 상관관계를 형성하였다. 이 밖에 이 인자에서 정의 상관을 보인 것으로는 세대당 인구수, 0-14세의 유소년인구 비율, 인구증감률, 부동산업 종사자 비율, 운수업 종사자 비율 등의 변수이다. 반면 부의 상관을 보인 변수로는 앞에서 언급된 단독주택을 비롯하여, 65세 이상의 노년인구 비율, 15-64세의 경제활동인구 비율, 성비, 숙박·음식업 종사자 비율, 대학생 비율 등이다. 따라서, 제3인자는 상업업무기능의 발달이 완만한 주거지역의 속성을 보이는 인자이다. 그리고 인구증가율이 높은 정의 부하량(0.622)을 기록하고 공동주택에서도 정의 부하량이 나타났음은 제3인자에 해당하는 지구가 대규모의 아파트 단지가 건설된 신규공동주택지구의 속성을 나타내는 곳이라 할 수 있다. 따라서 인자득점의 분포 역시 서울시 외곽의 도시화 역사가 오래되지 않은 지구 또는 서울시 중심부의 재개발사업이 활발하게 진행된 지구 등지에서 높게 나타났다.

제3인자에서 정의 인자득점을 기록한 지구는 그림 3-6(a)에서 보는 바와 같이, 서울시 외곽의 신내동(2.79) · 등촌동(2.32) · 중계동(2.25) · 하계동(2.12) · 염창동(2.13)을 비롯하여 신도림동 · 가양동 · 상계동 · 오륜동 · 도곡동 · 일원동, 그리고 불량주택재개발 사업에 의해 고층아파트 단지가 입지하면서 새로이 주택단지로 성장한 돈암동 · 응봉동 · 행당동 등지이다. 이와 더불어 인자득점의 분포에서 제2계급에 해당하는 지구도 서울시 외곽에서 제1계급의 주변에 주로 분포하고 있음을 볼 수 있다. 반면, 부의 인자득점을 기록한 지구에는 도심부의 을지로동(-2.77) · 명륜동(-2.58) · 남영동(-2.32)을 포함하여 회현동 · 광희동 · 종로동 등이 있다. 한편 서울시 외곽의 신림동 · 봉천동 · 면목동 등지는 제3인자의 속성이 강한 것으로 인식될 수도 있지만, 본 인자에서 매우 낮은 인자득점을 기록한 이유는 이들 지구에서 인구감소가 매우 현저하게 나타났기 때문이다.

제4인자는 전체 변동의 5.89%를 설명한다. 제4인자는 사업서비스업 종사자 비율과 건설업 종사자 비율에서 상당히 높은 정의 상관을 가지며 15-64세의 경제활동인구 비율, 사업체 총산업종사자수, 주거지대 지가, 상업지대 지가변동률 등의 변수에서도 정의 인자부하량을 나타내었다. 이에 반해, 65세 이상의 노년인구 비율, 운수 · 창고업 종사자 비율, 교육서비스업 종사자 비율, 성비 등의 변수에서는 부의 상관을 기록하였다. 제4인자는 주거기능이 나타나는 동시에 상업업무기능의 침입현상이 활발하게 진행됨에 따라 기존 도시시설에의 충진현상이 나타나고 상업지대의 지가상승이 동반된 신흥상업업무지구의 성격도 가진다. 이렇게 볼 때, 제4인자는 고급주택 및 사업서비스업 지구의 속성을 가진다고 볼 수 있다.

제4인자가 가지는 상기한 속성은 그림 3-6(b)의 인자득점 분포패턴에서도 쉽게 확인이 가능하다. 즉 전통적으로 서울시의 중심지 기능을 수행해 온 한강 이북에서는 대부분의 지구에서 부의 인자득점을 기록하였다. 그러나 이와 반대로 최근 들어 급성장한 강남구와 서초구를 중심으로 하는 한강 이남에서는 대부분의 지구가 정의 인자득점을 기록하였다. 따라서 제4인자의 속성을 가장 잘 드러내 보이는 지구로는 양재동(3.58) · 역삼동(3.15) · 논현동(2.69) · 서초동(2.59) · 방배동(2.36) · 신사동(2.33) · 대치동(2.30) 등을 비롯하여, 동쪽방향으로는 성내동 · 수서동 · 방이동 · 자양동 · 광장동 등지와 서쪽방향으로는 여의도동 · 구로동 · 신대방동 등지로 대부분이 한강 이남에 자리한 지구이다. 반면, 부의 인자득점을 기록한 지구는 한강 이북의 도심과 그 주변부를 비롯하여 서울시 외곽의 고밀주택지역 및 전통적인 주택지역에 해당하는 120개 지구이며, 이들 대부분 지구는 인구주택 밀집지역의 속성을 보인 제1인자에서 높은 정의 인자득점을 기록하였던 곳이다. 부의 인자득점을 취하는 지구에는 도심에 자리한 을지로동(−2.17) · 종로동(−1.22) · 광희동(−1.19) · 명동(−1.00) 등지와 서울시 외곽의 주거지역인 하계동 · 상계동 · 수유동 · 신림동 · 목동 · 신정동 · 신월동 등지가 있다.

제5인자는 전체 변동의 5.33%를 설명한다. 제5인자는 오락 · 문화사업 종사자 비율, 숙박 · 음식업 종사자 비율, 교육서비스업 종사자 비율 등의 변수에서 정의 상관을 기록하였고, 제조업 종사자 비율, 성비, 총사업체수, 사업체 총산업종사자수 등의 변수에서는 부의 상관을 나타내었다. 이렇게 볼 때, 제5인자는 주택지역이나 상업업무중심지로서의 속성이 강하지 않고 제조업과 관련되는 제2차 경제활동의 속성도 약하지만, 제3차 경제활동을 중심으로 하는 여가활동 관련 서비스업의 속성을 강하게 나타낸다고 볼 수 있다. 이와 같이, 제5인자가 주택지역이나 상업업무지역의 속성이 강하지 않다는 것은 그림 3-6(b)에 제시된 인자득점의 분포에서도 확인이 가능하다. 혜화동(3.52) · 창천동(3.22) · 능동(2.76) · 청운동(2.16) · 잠실동(2.00) · 화양동(1.82) · 한남동(1.79) · 동선동(1.73) 등 대학가 주변의 유흥지구에서 높은 정의 인자득점을 기록하였으며, 도심에서는 가장 낮은 인자득점의 계급구간이 형성되었다. 부의 인자득점을 기록한 지구는 도심을 포함하여 모두 92개 지구이며, 가산동(-4.34) · 성수동(-3.23) · 신도림동(-2.59) · 독산동(-2.20) · 양평동(-1.94) 등을 비롯하여 수궁동 · 고척동 · 구로동 · 가락동 등의 주변지역과 본 인자에서 매우 낮은 인자부하량을 기록한 공업지구의 일부가 포함된다.

제6인자는 전체 변동의 5.10%를 설명한다. 이 인자는 공업지대 지가와 공업지대 지가변동률, 주거지대 지가변동률 등에서 높은 정의 상관을 가지며, 통신업 종사자 비율에서는 부의 인자부하량을 나타내었다. 그러나 통신업 종사자 비율은 인자분석 결과 공통도가 전체 변수 가운데 가장 낮은 0.268을 기록할 정도로 전체적인 설명력이 낮은 변수이기 때문에 제6인자를 설명하는데 있어서 무시해도 큰 무리가 없을 듯하다. 따라서 제6인자는 공업지대 지가 및 공업지대 지가변동률, 그리고 주거지대 지가변동률에 의해 설명되는 것으로 공업지역의 속성을 나타내는 인자로 해석할 수 있다. 여기에서 주거지대 지가변동률이 정의 인자부하량을 기록한 것은 이들 지구내에서 제조업 활동이 이루어지긴 하지만, 제조업활동이 쇠퇴함과 동시에 기존의 제조업 부지에 새로운 주택단지가 건설됨에 따라 나타난 현상으로 풀이된다. 따라서 제6인자에서는 그림 3-6(b)에서 보는 바와 같이, 공업활동이 활발한 지구를 포함하여 서울시 외곽의 주거지역에서 높은 인자득점이 형성되었다. 정의 인자득점을 기록한 지구는 영등포동(10.37) · 가양동(2.42) · 당산동(1.54)을 비롯하여 구로동 · 성수동 · 등촌동 · 염창동 · 창동 · 방학동 · 홍제동 · 수서동 · 문정동 등지로, 이들 지구에서는 제조업활동이 활발하게 이루어짐에 따라 공업지대의 지가상승현상이 나타났던 지구가 많이 포함된다. 이에 반해 부의 인자득점을 기록한 지구는 모두 110개 지구로 목동(-5.57) · 개봉동(-2.77) · 신도림동(-2.27) · 문래동(-1.75) · 수궁동(-1.33)을 포함하여 회현동 · 여의도동 · 명동 · 시흥동 등 현재까지도 공업활동이 이루어지고 있긴 하지만 공업지대의 지가가 하락한 지구와 주거지대의 지가가 하락한 도심부 및 부도심부에 해당하는 지구로 구성되어 있다.

제7인자는 전체 변동의 4.94%를 설명한다. 이 인자는 초등학생 비율, 숙박 · 음식업 종사자 비율, 상업지대 지가변동률, 인구밀도 등의 변수와는 정의 상관관계를 가지며, 중 · 고등학생 비율, 교육서비스업 종사자 비율, 부동산업 종사자 비율, 총학생수 등의 변수와는 부의 상관을 가진다. 제7인자는 추출된 변수의 내용으로 보아 교육활동과 관련된 내용이 매우 빈약한 인자이지만, 초등학생 비율은 매우 높은 정의 상관(0.842)을 나타내었다. 그 결과 여기에서 높은 정의 인자득점을 가지는 지구는 초등학교에 비해 중 · 고등학교의 교육기관이 부족하거나 전혀 없는 도심 주변부와 서울의 외곽지역에 주로 분포한다. 또한 제7인자는 도심이나 부도심과는 분리되고 인구밀도가 높은 기존의 주택지역에 상업활동이 입지함에 따라 상업지대의 지가상승현상이 나타나는 지구의 속성을 보인다. 즉 본 인자는 주택지역으로서의 속성이 강하게 나타나지만, 주거수준이 높지 않은 서민주택지구의 속성을 가진다. 이러한 현상은 그림 3-6(c)의 인자득점 분포에서도 확인할 수 있다. 즉, 정의 인자득점을 나타낸 지구는 창천동(2.82) · 평창동(2.29) · 남현동(2.19) · 북가좌동(2.00)을 비롯하여 서교동 · 수색동 · 녹번동 · 상암동 등지이다. 이에 반해 부의 인자득점을 기록한 지구는 모두 117개 지구로 을지로동(−2.79) · 오륜동(−2.34) · 가회동(−2.06) · 응봉동(−2.01) · 신사동(−1.88; 강남구) · 하계동(−1.79) · 도곡동(−1.62) 등지로 상업업무중심지의 주변에 동심원의 형태로 분포한다.

제8인자는 전체 변동의 4.86%를 설명하는 인자이다. 이 인자는 대학생 비율, 전기 · 가스업 종사자 비율, 교육서비스업 종사자 비율 등의 변수와 정의 상관을 가지며, 초등학생 비율, 중 · 고등학생 비율, 운수 · 창고업 종사자 비율 등의 변수와는 부의 상관을 가진다. 여기에서 전기 · 가스업 종사자 비율 역시 공통도가 0.444로 큰 편이 아니고 서울시 전체에서 차지하는 비중이 극히 미미하다. 이와 같은 연유로 제8인자의 해석에서 전기 · 가스업 종사자 비율은 고려의 대상에서 제외하였다. 따라서 제8인자는 전술한 제7인자와는 다소 상반되는 속성을 지니며, 고등교육활동의 속성을 나타내는 인자로 판단된다. 그리고 대학교는 중 · 고등학교에 비해 상대적으로 넓은 부지가 필요하기 때문에, 제8인자에서는 넓은 부지를 필요로 하는 운수 · 창고업의 입지가 상대적으로 미약하다. 따라서 운수 · 창고업의 종사자 비율이 제8인자에서 부의 인자부하량을 취하는 것은 당연한 결과일 것이다.

그림 3-6(c)에서 보는 바와 같이, 제8인자에서 높은 정의 인자득점을 기록한 상수동(4.85) · 행당동(3.55) · 대신동(3.36) · 안암동(2.64) · 동선동(2.56) · 한남동(2.38) · 공릉동(2.32)을 비롯하여 필동 · 화양동 · 흑석동 · 정릉동 · 군자동 등지에는 전문대학 이상의 고등교육기관이 하나 이상씩 입지하고 있는 지구이다. 이에 반해, 부의 인자득점을 기록한 지구는 모두 148개 지구로, 공통인자로 추출된 10개의 인자 가운데 제1인자와 더불어 가장 많은 부의 인자득점 지구를 보유하고 있다. 여기에 해당하는 지구로는 공항동(-1.65) · 상암동(-1.51) · 이화동(-1.45) · 보광동(-1.15) · 삼청동(-1.10) · 무악동(-1.07) · 연남동(-1.02) 등지로, 대부분 제7인자에서 높은 인자득점을 기록하였던 지구와 도심 및 부도심 주변에 위치한 지구들이다.

이상의 제7인자와 제8인자를 통해 볼 때, 서울시의 교육지구는 초등학교가 밀집된 초등교육지구와 전문대학 · 대학교 등의 고등교육기관이 밀집된 고등교육지구로 양분되는 양상이다. 이는 곧, 중 · 고등학교의 분포는 특정 지구에서의 집중현상이 거의 나타나지 않고, 서울시 전역에 걸쳐 산재하고 있음을 시사한다.

제9인자는 전체 변동의 4.33%를 설명한다. 이 인자는 운수 · 창고업 종사자 비율, 면적, 상업지대 지가변동률 등의 변수에서 정의 상관치를 가지며, 인구밀도, 도소매업 종사자 비율, 숙박 · 음식업 종사자 비율 등의 변수에서 부의 상관관계를 가짐으로써 서울시 변두리에 자리한 저밀주택지구의 속성을 나타내는 인자로 해석된다. 제9인자는 그림 3-6(c)의 인자득점 분포에서도 나타나는 바와 같이, 도시의 주요 경제활동인 제2 · 3차 활동의 입지가 빈약하고 제1차 활동의 입지가 두드러진 서울시 외곽에 자리한 지구에서 높은 인자득점을 기록하였다. 또한 여기에 해당하는 지구에서는 넓은 부지를 필요로 하는 운수 · 창고업의 입지가 활발하며, 최근 들어 도시화가 진행중이거나 기존 도시공간에의 충진이 이루어짐에 따라 상업지대의 지가가 미약하나마 상승추세를 보였다. 정의 인자득점을 기록한 지구는 상암동(4.85) · 공항동(4.79) · 양재동(4.17) · 내곡동(4.17) · 도봉동(2.53) · 진관내동(2.38) · 방화동(2.19) · 여의도동(2.13) · 강일동(2.12) · 세곡동(1.92)을 비롯하여 상계동 · 공릉동 · 문정동 · 신림동 · 가양동 등지로 대부분의 지구가 서울시 경계에 접하고 있다. 반면에 부의 인자득점은 모두 112개 지구에서 추출되었으며, 행당동(−1.69) · 신당동(−1.67) · 동소문동(−1.64) · 평창동(−1.59) · 창신동(−1.49) · 제기동(−1.36) 등지에서 추출되었다.

제10인자는 전체 변동의 3.89%를 설명하는 인자이다. 이 인자는 도소매업 종사자 비율, 성비, 총사업체수, 65세 이상의 노년인구 비율 등의 변수에서 정의 상관관계를 가지며, 보건 · 사회복지사업 종사자 비율, 15-64세의 경제활동인구 비율, 교육서비스업 종사자 비율 등의 변수에서는 부의 상관을 가짐으로써 도시내부 도소매업 지구의 속성을 보여준다. 그 이유는 노년인구 비율 변수에서 정의 상관관계를 나타내고 교육서비스업 종사자 비율 변수에서 부의 상관관계를 가진다는 것을 전술한 인자들에 견주어 보면, 이것들이 도시내부지역의 속성을 보여주기 때문이다. 이는 인자득점의 분포를 보여주는 그림 3-6(d)에서도 확인이 가능하다. 높은 인자득점을 기록한 지구는 광희동(3.04) · 을지로동(2.57) · 능동(2.50) · 황학동(2.23) · 회현동(2.22) · 종로동(2.12) · 신당동(2.11)을 비롯하여 목동 · 한강로동 · 제기동 · 남영동 · 양재동 등지로, 대부분의 지구가 도심 및 그 주변부에 자리하고 있으며 넓은 배후지를 확보하고 있는 대형상가 또는 재래시장이 입지하고 있는 지구이다. 이에 반해 부의 인자득점을 기록한 지구는 93개 지구로 회기동(−4.70) · 풍납동(-4.40) · 이화동(-3.80) · 대신동(-3.54) · 일원동(-2.93) · 무악동(-2.88) · 안암동(-1.95) 등지로, 이들 지구는 도시내부지역에 자리하고 있음에도 도소매업이 발달하지 않은 지구이거나, 서울시 외곽부의 인구주택밀집지역에 해당하는 곳이다.

이상에서 서울시 각 지구의 사회 · 경제적 속성변수를 이용하여 2000년대 서울시의 지역적 특성을 살펴보고, 이를 설명해 줄 수 있는 공통인자의 속성 및 각 인자별 인자득점의 공간패턴에 대하여 고찰하였다. 그 결과, 모두 10개의 공통인자가 추출되었으며, 이들 인자의 총설명량은 73.71%에 달하였다. 이러한 결과를 1970년대 서울시의 사회 · 경제적 속성을 지표로 지역구분을 실시한 앞에서의 결과와 비교해 보면, 공통인자의 수는 증가하였지만 총설명량은 감소하였음을 알 수 있다. 분석에 이용된 속성변수가 다소의 차이는 있지만, 위와 같이 공통인자의 수는 8개에서 10개로 증가한 데 반해 이들 공통인자의 총설명량이 79.9%에서 73.7%로 감소하였음은 서울시의 지역구조가 점차 복잡해지고 다양화해가고 있음을 시사하는 것이다.

2) 등질지역의 설정과 공간배열

(1) 등질지역의 군집화

여기에서는 앞에서 추출된 10개 공통인자의 인자득점을 이용하여 서울을 등질지역의 관점에서 지역구분을 행하고, 그 등질지역의 공간적 배열상태를 밝혀보고자 군집분석기법을 적용하였다. 군집분석은 속성이 유사한 것끼리 하나하나의 군집으로 분류하는 수법이므로, 유사한 정도를 측정할 수 있는 일정한 기준의 측도가 주어져야 한다. 군집분석에서 일반적으로 활용되는 측도에는 개체간의 유사도(similarity)와 거리(distance)가 있다.

군집분석을 실시함에 있어서 속성변수 행렬을 그대로 이용하지 않고 인자

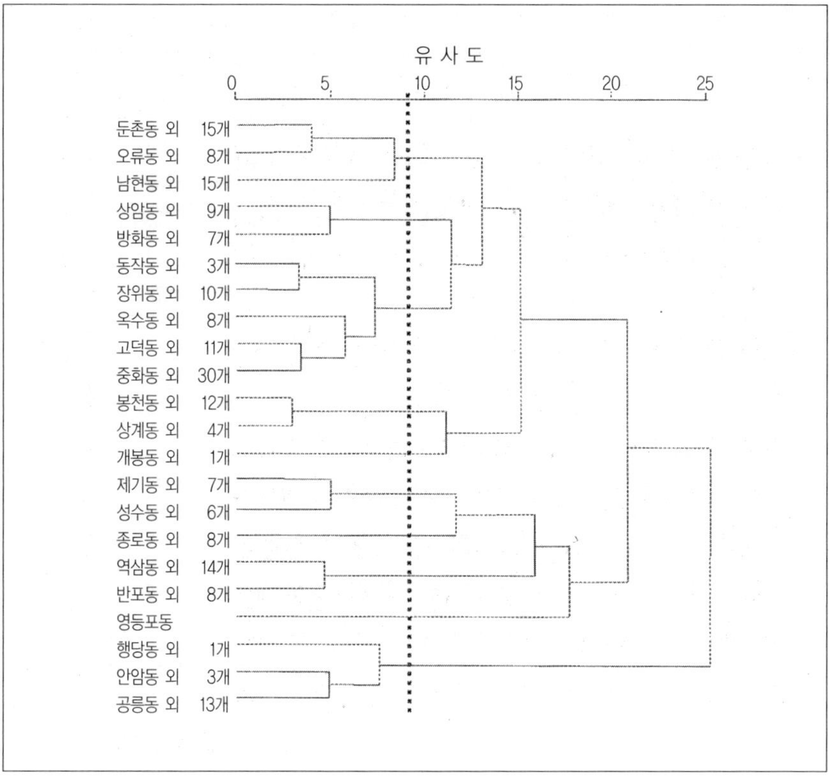

그림 3-7 등질지역 군집화의 수형도

분석을 통해 얻어진 인자득점행렬을 이용하는 이유는 속성행렬을 이용하여 등질지역을 구분하고자 할 경우, 행렬에 직접적으로 군집분석을 실시하게 되면 일반적으로 다음과 같은 2가지의 문제가 발생할 수 있기 때문이다. 첫째, 속성변수가 많은 경우 군집분석을 실시한 다음 각 유형에 대하여 이름을 붙이는 命名단계에서 해석이 곤란해 질 수 있다. 둘째, 변수들의 속성 간에 다소의 상관관계가 성립한다고 하면, 변수군이 직교좌표축을 형성하지 못하게 된다. 이러한 이유 때문에 속성변수군의 변환이 요구된다.

상기한 두 가지의 문제점을 해결하기 위해서는 군집분석을 실시하기 전에

표 3-6 각 군집별 인자득점의 평균과 분산(2000년대)

인자 \ 유형		A (9)	B (24)	C (14)	D (71)	E (18)	F (2)	G (20)	H (18)	I (41)	J (1)
제1인자	평균	-0.532	-0.044	-0.334	-0.191	2.341	1.269	-0.254	-0.294	-0.425	0.164
	분산	0.283	0.688	0.460	0.293	1.763	0.542	0.254	0.258	0.239	-
제2인자	평균	3.820	0.345	0.483	-0.239	-0.162	0.238	-0.508	-0.537	0.022	1.554
	분산	1.435	1.936	1.176	0.362	0.415	0.274	0.403	0.008	0.273	-
제3인자	평균	-0.145	0.094	-1.206	0.416	-0.417	0.772	-0.759	0.373	0.049	-0.513
	분산	0.383	0.491	0.659	0.919	0.869	0.188	0.740	0.644	0.687	-
제4인자	평균	-0.213	1.712	-0.626	-0.165	-0.168	-0.286	-0.298	-1.026	-0.002	0.636
	분산	0.832	0.728	0.609	0.423	0.449	0.102	0.365	0.229	0.731	-
제5인자	평균	-0.523	0.506	-1.513	-0.096	-0.160	0.890	0.479	-0.217	0.260	-0.348
	분산	0.767	1.086	1.699	0.688	0.737	0.411	0.764	0.186	0.704	-
제6인자	평균	-0.403	-0.073	0.084	0.031	0.015	-4.170	-0.030	0.197	-0.0991	0.371
	분산	0.115	0.191	0.491	0.233	0.165	3.908	0.007	0.808	0.184	-
제7인자	평균	0.313	-0.740	-0.850	-0.368	0.147	-0.357	-0.343	0.147	1.478	1.102
	분산	1.103	0.624	0.532	0.467	0.293	0.158	0.493	0.812	0.258-	
제8인자	평균	0.360	-0.265	-0.206	-0.259	-0.186	-0.253	2.241	-0.589	-0.219	-0.387
	분산	0.681	0.280	0.179	0.291	0.257	0.138	0.680	0.344	1.505	-
제9인자	평균	0.891	0.295	-0.383	-0.212	-0.137	-0.903	-0.055	2.059	-0.427	-1.327
	분산	0.194	1.629	0.626	0.289	0.613	0.142	0.731	1.419	0.416	-
제10인자	평균	0.165	-0.109	1.497	-0.303	-0.079	0.911	-0.129	-0.216	0.113	-0.369
	분산	1.035	0.589	1.068	1.418	0.255	1.013	1.133	0.413	0.203	-
분산합		6.828	8.242	7.499	5.383	5.816	6.876	5.570	5.121	5.200	-

(　)안은 소속 지구의 수.

변수군의 차원을 축소할 수 있는 인자분석이나 주성분분석을 적용할 필요가 있다. 변수군에 대하여 인자분석을 실시한 후, 그로부터 도출된 인자득점행렬을 이용하여 군집분석을 실시하면 명료한 지역구분이 가능해진다(村山祐司, 1990). 이에 여기에서는 218개 단위지구의 40개 속성변수에 대하여 앞에서 실시한 인자분석을 통해 도출된 10개의 인자득점행렬에 대하여 군집분석을 적용하였으며, 등질지역으로의 지역구분을 위해 Ward법에 의거한 계층적 군집분석을 실시하였다.

계층적 군집분석은 군집의 형성에 위계가 존재하므로 일단 동일한 군집에 속한 개체는 다시 흩어지지 않는 방법이다. 특히 Ward의 계층적 분류방법은 제1인자나 제2인자와 같이 개별설명량이 높은 상위인자를 과소평가하는 경향이 있기는 하지만, 여기에서처럼 다수의 지표를 이용하여 객관적인 지역구분을 행하는 군집분석기법 가운데 비교적 양호한 그룹화의 결과를 얻을 수 있는 수법의 하나이다(市南文一, 1978).

상기한 이유 때문에 등질지역의 구분을 위해 속성변수들에 대한 인자분석을 통하여 산출된 인자득점행렬(218 × 10)에 계층적 군집분석기법을 적용하였으며, 결과적으로 총 10개의 군집이 형성되었다(그림 3-7). 계층적 군집분석을 행할 경우, 군집을 몇 개로 정할 것인가에 관한 문제가 생길 수 있다. 이를 해결하기 위하여, 군집화 일정표 상에서 정보손실량을 최소화할 수 있도록 계수(coefficient)가 급격히 증가하는 단계를 찾아 군집의 개수를 결정하였으며, 최종적으로 209단계에서 지역구분을 행하였다. 이에 따라 최종적으로 10개의 군집이 추출된 것이다.

이상에 의해 만들어진 10개의 군집은 각기 지역적 특성이 비교적 유사한 지구들의 집단이므로 이들을 서울의 등질지역으로 간주할 수 있다. 그리고 표 3-6에서와 같이 10개의 군집에 대하여 각 인자득점의 평균치를 산출함으로써, 등질지역의 성격을 검토할 수 있다. 이 경우, 10개 인자득점의 평균치는 10개 인자로부터 추출한 10차원의 공간에 나타나는 각 군집의 중심값을 의미하는 것으로 전체에 대한 각 군집의 비중으로 간주할 수 있다.

(2) 등질지역의 설정

A 군집은 도심의 종로동 · 명동 · 소공동 · 충무로동과 강남 부도심의 삼성동을 비롯한 9개 지구로 구성되어 있으며, 중심업무지역의 속성을 가진 제2인자를 중심으로 형성되었음을 알 수 있다. 여기에 해당하는 지역은 서울의

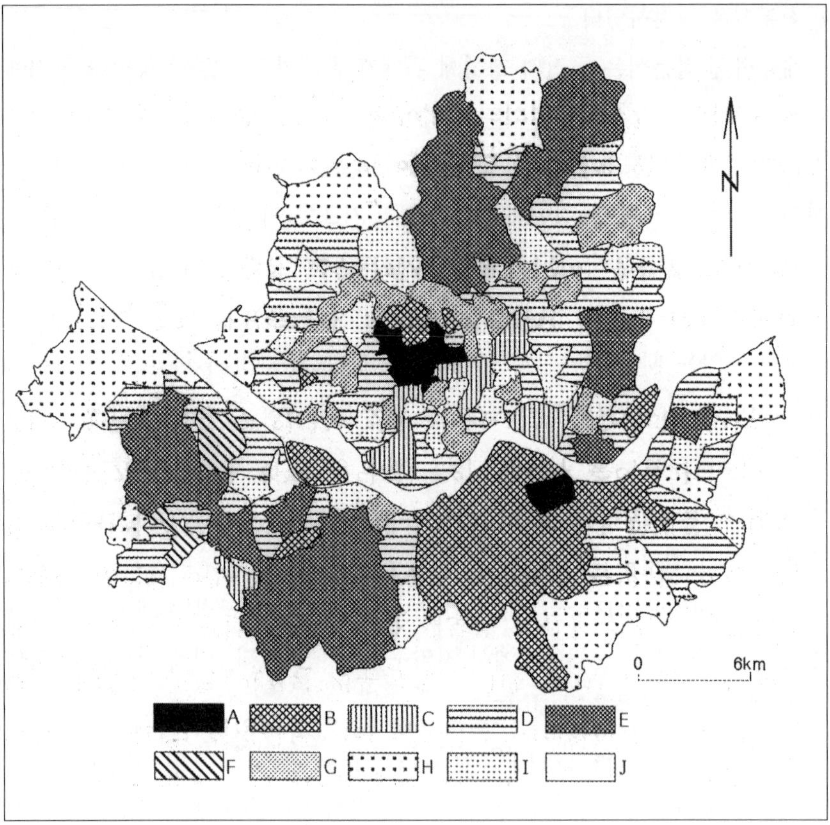

그림 3-8 서울시의 등질지역 구분(2000년대)

A: 중심업무지역　B: 생산자서비스업 및 고급주택지역　C: 도소매업지역
D: 전통적 주택밀집지역　E: 고밀주택지역　F: 중저급혼재주택지역
G: 고등교육지역　H: 저밀주택지구　I: 저급주택지역
J: 혼합지역

중심업무기능과 중추관리기능이 입지한 CBD를 포함하고 한강 이남에서는 강남의 부도심에 해당하는 삼성동을 포함하고 있으므로, 이 유형은 중심업무기능과 공공행정기관이 입지한 중심업무지역으로 분류할 수 있다. A 군집은 전술한 바와 같이 도시의 성장과정에서 노후하고 불량한 시설에 대한 도심재개발사업의 실시로 도심기능인 상업업무기능이 점차 확대되어 감에 따라 기

존의 주거지가 비주거기능의 공간으로 변화하고 있는 지역도 포함한다. 즉 이 유형에 속하는 지역은 CBD의 영역 자체가 확대됨에 따라 상주인구의 입지로는 적합하지 못하게 되고 결국에는 도심공동화현상이 발생하는 곳이다. 이에 따라 A 군집에 포함되는 지역은 주거기능이 점차 약화됨으로써 상주인구의 감소현상이 현저하지만, 서비스업과 상업업무활동이 매우 활발하게 이루어지는 도심으로서의 중심성이 높은 지역으로 변모하였다.

B 군집은 역삼동 · 논현동 · 개포동 등을 중심으로 강남구와 서초구에 걸쳐 광범하게 형성되어 있으며, 이외에 여의도동 · 잠실동 · 광장동, 그리고 전술한 A 군집과 접하고 있는 삼청동 등을 비롯하여 모두 26개의 지구로 구성되었다. 이 군집은 도심에 비해 중심성이 뒤쳐지는 부도심의 성격을 가진 신흥상업업무지구의 속성이 나타나는 제4인자를 중심으로 형성되었으며, A 군집의 주변에 자리를 하고 있는 양상이다. 여기에 해당하는 지구들은 도시화의 시기나 상업업무지구로서의 자리매김이 A 군집에 비해 다소 뒤쳐진 곳으로, 1960년대 말부터 1970년대 초 사이에 택지개발사업이나 토지구획정리사업 등의 종합개발사업이 시작된 이후 1980년대 이후에 본격적인 도시화의 기틀이 마련된 지역이다. 또한 B 군집에 해당하는 일부 지구에서는 상주인구의 감소현상이 나타나지만, 전체적으로는 상주인구의 규모가 크고 高價의 주택이 자리하고 있는 고급주택지역의 속성도 지닌다.

B 군집에 포함되는 여의도동 및 강남 · 서초구 일대는 서울시의 택지개발과정에서 개발수익을 극대화하기 위하여 고급주택지역으로 계획되었다. 서울시는 1970년대 초반에 여의도 개발을 시작하면서 중산층 이상을 유치함으로써 여의도 개발의 촉진제로 삼기 위하여 고급 아파트를 건설하였으며, 강남개발 역시 고소득층을 유인하기 위하여 단독주택 최소대지면적 규제를 실시함과 더불어 도심의 명문 고등학교를 이전 · 유치하였다. 이러한 주택공급 및 교육환경조성에 따라 차별적인 근린효과를 얻고자 하는 중산층이 대거 이주한 결과, 등질지역 분류에서 생산자서비스업 및 고급주택지역으로 분류된 강

남구와 서초구는 인구 및 가구특성에서 타지역과 확연히 구별된다(권태준 외, 1999). 따라서 B 군집은 주거기능과 상업업무기능이 혼재하는 주상복합지역이라는 점에서 도심에 자리한 A 군집과 차이를 보이며, 생산자서비스업 및 고급주택지역이라고 명명할 수 있다. 이러한 지역의 형성은 도심의 혼잡과 高地價를 피해 도심부 입지지향적인 상업업무기능이 교통조건이 양호한 근교지역이나 도시외곽에 자리한 주택지역의 중심부에 분산입지함에 따라 이루어졌다.

C 군집은 총사업체수와 총산업종사자수가 많은 지구를 포함하는 지역으로, 도시내부 도소매업 지구의 속성을 보인 제10인자를 중심으로 형성되었다. 그에 반해 아파트와 같은 신규공동주택 밀집지역의 속성을 보인 제3인자와 숙박 · 음식 서비스업의 속성을 보인 제5인자에서는 매우 낮은 평균값을 기록하였다. 따라서 이 유형은 도소매업지역으로 분류할 수 있으며, 도심의 동남방향에 동심원상으로 분포한다. 이 군집에 속한 지역은 배후지의 규모가 큰 도소매업 상가, 대형상가, 또는 재래시장이 입지하고 있는 지역이다. C 군집에는 제기동 · 한강로동 · 신당동 · 성수동 · 가산동 등을 비롯하여 모두 14개 지구가 포함되었다.

D 군집은 특정 인자에서 높은 평균값을 기록하지 못하였으며, 제3인자에서 정의 평균값을 가지는 반면 나머지 인자에서는 부의 평균값을 기록하였다. 따라서 이 유형에 해당하는 지역은 상업업무기능이 미약한 전통적인 주거밀집지역으로 볼 수 있으며, 주거지대와 상업지대의 지가 및 지가변동이 크지 않다. 이 유형은 전체 군집 가운데 가장 많은 71개 지구로 구성되며, 공릉동 · 하계동 · 연희동 · 휘경동 · 동작동 · 오류동 · 둔촌동 등의 주거지를 포함한다. 이 유형에 해당하는 지역 가운데 도심과 접해 있는 이화동 · 무악동 · 교남동 · 중림동 · 충정로동 · 북아현동 등지는 서울시 도심의 확장이 자연적 장애물이 존재하는 남북방향으로 보다는 부도심이 발달해 있는 동서방향으로 진행된다고 볼 때, 현재까지는 상업업무기능의 발달이 미약하지만 도심이

성장하고 확장함에 따라 점차 주거지로서의 기능을 상실하고 상업업무지역으로 변모할 가능성이 보이는 지구이다. 특히 인쇄출판 · 의류제조 등 전통적인 도심업종들이 도심에 인접한 주택지역으로 침투하면서 주거지로서의 기능이 약화되고 있는 실정이다(양재섭, 2003).

E 군집은 인구밀집지역의 속성을 가진 제1인자의 평균값이 높게 나타난 유형으로, 서울시 외곽의 인구규모가 크고 인구밀도가 매우 높은 지구로 구성된다. 여기에는 도시내 신도시로 개발된 상계동 신시가지와 목동 신시가지가 포함되며, 최근 들어 불량주택재개발 사업의 실시로 고층아파트 건설이 활발해짐에 따라 인구규모가 증가한 지구도 포함된다. 따라서 E 군집은 고층 아파트의 입지로 인한 고밀주택지역으로 분류할 수 있다. 이 유형에 해당하는 지구는 모두 18개 지구로 그림 3-8에서 보는 바와 같이 서울의 외곽부에 자리하고 있는 상계동 · 수유동 · 화곡동 · 신림동 · 봉천동 등지가 대표적인 곳이며, 단위지구의 면적이 넓음에도 불구하고 인구밀도가 높은 특징을 가진다. 현대의 도시에서는 자동차 교통의 발달과 함께 나타난 주택지역의 離心的 경향이 뚜렷해지고 있다. 즉 주택은 지가수준이 높은 상업업무중심지에 입지할 필요가 없기 때문에, 주거환경이 쾌적하고 지가가 저렴한 기성 시가지의 외곽방향으로 발달해 나가게 된다. 이러한 연유로 서울시에서도 이 유형에 해당하는 도시 외곽에 고층의 공동주택지대가 생겨나면서 인구밀집지역으로 발전하였다.

F 군집은 목동과 개봉동의 2개 지구로 구성된 유형으로, 제1인자와 제10인자의 인자득점 평균값은 크지만 공업지역의 속성이 강한 제6인자와 저밀주택지구의 속성을 보인 제9인자에서의 인자득점 평균값은 낮게 형성되었다. 즉, 이 유형은 과거에 번창했던 공업활동이 최근 들어 쇠퇴한 지역으로, 목동에서는 공업지대가 거의 사라짐에 따라 공업지대의 지가가 산출되지 않았으며 개봉동에서는 공업지대의 지가가 급격히 하락하였다. 과거에는 공장지대와 저급주택이 혼재하던 양상이었지만, 현재는 공장지대에 아파트를 비롯한 공

동주택의 입지가 활발해짐에 따라 인구가 밀집한 중급주택용지로 전환되었다. 이에 따라 이 유형에서는 주거지대의 지가상승 현상이 매우 현저하게 나타났다. 따라서 이 유형은 저급주택과 중급주택이 혼재하는 양상을 보이는 중저급혼재주택지역으로 분류할 수 있다. 이 유형에 해당하는 지역에서 인구증가에 동반하여 도소매업의 동반입지가 이루어짐에 따라, 제10인자의 평균값이 다소 높게 나타났다. 그러나 이 군집은 도소매업지역으로 분류된 C 군집에 비해 제1인자에서 높은 평균값을 가지므로, 고밀주택지역으로 분류된 E 군집과 유사한 속성을 가지는 지역으로 인식해도 큰 무리는 없을 것으로 사료된다.

G 군집은 대학교 및 교육서비스업의 속성을 보인 제8인자를 중심으로 형성된 고등교육지역에 해당한다. 여기에는 모두 20개 지구가 포함되었으며, 도심 주변에서는 동심원상의 패턴이 지배적으로 나타나지만 도심의 동북방향으로는 선형의 패턴을 보인다. 이들 지구는 제8인자에서 높은 인자득점을 기록하였던 상수동 · 행당동 · 대신동 · 안암동 등지로 모든 지구에 전문대학 이상의 고등교육기관이 입지하고 있다. 한강 이북에 19개 지구가 자리하고 있는데 반해, 한강 이남에서는 흑석동만이 이 유형에 해당하는 지구로 분류되었다.

H 군집은 서울의 외곽에 자리하고 있는 지구들로 구성되며, 단위지구의 면적은 넓은데 반해 상주인구의 규모가 작고 인구밀도가 낮은 특징을 보이는 제9인자의 속성이 강한 편이다. 이 유형에 해당하는 지구는 고급주택지역과 상업업무지역의 속성을 복합적으로 보인 제4인자의 평균값이 아주 저조한 것으로 미루어 도시화의 진행정도가 매우 미진하고 도시적인 성격과 농촌적인 성격이 혼합되어 나타나는 저밀주택지역으로 분류할 수 있다. 또한 여기에 속한 대부분의 지구는 서울시의 무질서한 수평적 팽창을 방지하기 위하여 설치된 그린벨트를 포함하고 있다. 따라서 서울 주변지역과 도시연담화현상이 나타나는 지구는 본 유형에 포함되지 못하였으며, 삼림이나 농경지와 같은

자연조건에 의해 도시화가 제약받고 제1차 경제활동이 상대적으로 탁월한 진관내동 · 진관외동 · 공항동 · 방화동 · 상암동 · 도봉동 등 모두 18개 지구를 포함한다.

I 군집은 제7인자의 평균값이 높게 나타났다. 이 군집은 점이지대적 성격을 갖는 주택지역으로, 서울의 외곽부보다는 중심부에 산재하는 양상이다. 그러나 산록이나 구릉지에 밀집해 있는 불량주택지구와 인구밀도가 높은 지구로 구성된 I 군집은 주거여건이나 주택의 수준으로 본다면, D 군집이나 E 군집에 비해 서민주택이 자리하고 있는 저급주택지역으로 분류할 수 있겠다. I 군집은 41개 지구로 구성되었으며, 창신동 · 숭인동 · 후암동 · 망원동 · 응암동 · 용답동 등지가 여기에 해당한다. 서울시 사회계층의 분포특성이 생활환경의 공간적 불균형 패턴과 일치하는 경향을 보임을 감안하면, 서울의 지역간 생활환경 격차는 신시가지와 구시가지의 문제라 할 수 있다(양재섭, 2004). 이는 그림 3-5에서 보는 바와 같이, 생활환경이 열악한 한강 이북의 구시가지에 저급주택지역이 주로 분포하고 있다는 사실을 뒷받침 해준다.

J 군집은 영등포동 하나의 지구로 구성된 유형으로, 공업지역의 성격을 가진 제6인자의 평균값이 매우 높게 나타났다. 이와 더불어 이 유형은 중심업무지역의 속성을 보인 제2인자에서도 비교적 높은 평균값을 기록함으로써, 공업활동과 상업업무활동이 혼합되어 나타나는 지역으로 분류할 수 있겠다. 즉, 영등포동은 업무중심지인 여의도동과 접해 있는 동시에, 공업활동이 나타나는 당산동 · 문래동과 접해 있으며, 인구밀집지역과도 접하고 있는 관계로, 인접지역의 속성을 모두 보유하고 있는 점이지역 또는 혼합지역의 성격을 가지는 지역이다. 영등포동의 토지이용은 특정 기능이나 활동이 지배적이지 않고 다양한 활동이 혼합적으로 이루어지며, 그 용도도 다른 지역에 비해 상대적으로 빠르게 변하고 있음을 볼 수 있다. 따라서 영등포동은 주거활동 · 상업업무활동 · 공업활동이 복합적으로 입지하고 있는 점이지대(transitional zone)에 해당하며, 이는 중심업무기능의 공간확산으로 인해

중심지 기능이 유입되어 들어옴에 따라 기존의 공업활동이 주거활동이나 상업활동으로 천이(succession)해 가는 생태적 과정에 따른 것이다.

이상에서 서울시의 각 지구별 사회 · 경제적 속성을 이용하여 성질이 유사한 지구끼리 등질지역을 설정하였다. 그 결과 서울시의 등질지역 배열은 구시가지가 입지한 한강 이북과 신시가지가 지배적으로 입지한 한강 이남에서 각기 다른 양상을 보였다. 즉, 한강 이북에서는 중앙에 중심업무지역이 자리하고 그 주변에 주택지역, 도소매업지역, 고등교육지역 등이 위치하고 있다. 또한 중심업무지역을 중심으로 서쪽방향과 동쪽방향에서도 다소 상이한 패턴이 전개되었다. 서쪽방향은 상업업무기능의 발달이 더딘 상태에서 전통적 주택밀집지역, 고등교육지역, 저급주택지역, 저밀주택지역이 동심원상의 패턴을 보이고 있는 반면, 동쪽방향은 전통적 주택밀집지역이 도심주변에서 나타나는 것이 아니라 도시외곽지대에 형성된 저급주택지역 및 고밀주택지역과 혼재되어 전개되는 양상을 보였다. 오히려 도심주변에는 상업활동이 지배적인 도소매업지역이 자리하고 있다. 한편 한강 이남에서는 고급주택과 상업업무활동이 다소 탁월한 생산자서비스업 및 고급주택지역의 성격을 나타내는 주상복합지역과 최외곽지대에서는 도시화의 정도가 미약한 저밀주택지역이 나타난다.

지금까지의 등질지역 분석을 통해 볼 때, 서울의 등질지역은 중심업무지역이 자리한 중앙으로부터 거리가 멀어짐에 따라 그 성격이 변화한다고 볼 수 있다. 도심 주변의 고등교육지역과 여러 유형을 망라한 주택지역은 동심원 배열을 보여주고 있으며 도심에서 외곽방향으로 전개된 도소매업지역이나 일부 고등교육지역이 선형 배열을 보임으로써, 서울의 등질지역구조는 동심원 배열과 선형 배열이 혼재하는 양상을 보인다고 할 수 있다. 그리고 중심업무지역을 제외한 나머지 시가지에서 나타난 등질지역구조의 특징은 기성시가지일수록 등질지역구조가 매우 복잡하게 전개되지만, 시가지의 역사가 오래되지 않은 신시가지일수록 등질지역구조가 단순하다는 점이다.

서울시에서 1970년대 이후 개발된 신시가지로는 도시내 신도시의 유형에 해당하는 상계동 신시가지, 목동 신시가지, 강남 신시가지 등이 있다. 이 가운데 강남 신시가지는 주거기능을 겸비한 상업 · 업무지역으로 발전한데 반해, 상계동 신시가지와 목동 신시가지는 상업업무기능이 미약한 주거기능 탁월지역으로 발전했다는 점도 서울시의 등질지역구조가 가지는 하나의 특징으로 지적될 수 있다. 이와 관련하여 양재섭(2004)은 서울시 25개 자치구별 생활환경 및 사회 · 경제적 유사성 분석을 통해, 신시가지내에서도 중대형 아파트 위주의 신흥 주거지와 업무공간이 결합되어 중산층 이상의 사회계층이 집단적으로 거주하는 강남구 · 서초구가 송파구 · 강동구 · 노원구 · 양천구 등지의 신시가지와 차별성을 가지고 있다고 하였다.

4. 등질지역 구조의 변화

본 장에서는 서울시의 각 지구별 사회 · 경제적 속성에 따른 등질지역구조를 분석하였다. 등질지역의 배열상태를 도출하기 이전 단계로, 각 단위지구를 구성하고 있는 사회 · 경제적 속성변수로부터 공통인자를 추출하였고, 인자득점의 공간적 분포패턴을 고찰하였다.

공통인자를 추출하기 위하여 인자분석을 실시한 결과, 1970년대에는 8개의 공통인자가 서울시에서 8차원의 공간을 형성하였던 것이, 시간의 흐름에 따라 2000년대에는 10개의 공통인자가 서울시에 10차원의 공간을 형성하고 있는 것으로 나타났다. 서울시의 사회 · 경제적 속성을 지표로 지역구분을 실시한 두 시기의 결과를 비교해 보면, 분석에 이용된 속성변수에서 약간의 차이는 있지만, 서울시 지역구조에 내재하고 있는 공통인자의 수가 증가하였다는 것이다. 이는 서울시의 지역구조가 점점 복잡하고 다양한 요소에 의해 특징지워지고 있음을 의미하는 것이고, 서울시 지역구조의 다원화를 보여주는 것이다. 그러나 2000년대 들어 공통인자의 수는 증가하였지만, 이들 공통인자가 설명해주는 총설명량은 1970년대에 비하여 오히려 감소하였다. 이 역시 서울의 지역구조가 점점 더 복잡해지고 다양화해가고 있음을 시사한다.

등질지역으로의 유형화를 위하여 공통인자로부터 도출된 인자득점행렬에 대하여 군집분석을 실시함으로써 두 시기의 등질지역을 설정해 보았다. 군집화과정에서 발생할 수 있는 정보손실을 최소화하도록 군집을 설정한 결과, 1970년대에는 8개의 군집이 형성되었으며, 2000년대에는 10개의 군집이 형성되었다. 이들 각각의 군집은 각기 속성이 비교적 유사한 지구들의 집단이므로, 이들을 서울의 등질지역으로 간주할 수 있다.

서울시 등질지역구조에 내재하고 있는 상위 인자의 설명력이 감소하고 있는 것으로 나타났다. 물론 가장 큰 설명력을 가지는 요인은 주택이나 인구와 관련된 속성이었고, 그 다음으로 높은 설명력을 보인 것은 두 시기 공히 도심활동인자로 나타났다. 그러나 1970년대에는 공업활동인자가 제3인자로 추출되었으나 2000년대에 들어서는 아파트와 같은 공동주택지구의 속성이 제3인자로 등장하였다. 즉 1980년대에 수도권 정비계획법이 적용됨에 따라 서울시에서 공업활동의 입지가 제한되고 서울 이외의 지역으로 공업활동이 탈도시화해감에 따라 서울에서의 공업활동은 지극히 일부지역에서만 나타나고 있다. 이와 같은 연유로 상위 인자의 속성이 변화한 것으로 이해할 수 있다.

서울의 시가지 개발 역사가 한강 이북과 한강 이남에서 다르게 전개됨에 따라 등질지역 배열은 구시가지가 입지한 한강 이북과 신시가지가 지배적으로 입지한 한강 이남에서 다소 상이한 패턴으로 전개되었다. 한강 이북에서는 서울의 물리적 · 지리적 중앙부에 중심업무지역이 자리하고 그 주변에 주택지역 · 상업지역 · 학원지역 등이 배열된 패턴으로, 전반적으로는 주거지의 비중이 크기 때문에 시간의 흐름에도 그다지 큰 변화가 발생하지 않았다.

그러나 한강 이남에서는 1970년대에 들어서 본격적인 개발이 이루어지고 최근 들어 상업업무활동의 입지로서 또는 고급주택단지로서의 성격을 보이는 강남 일대의 변화와 공업활동의 서울 탈도시화 현상에 따른 영등포 일대의 변화가 주목된다. 역삼동과 삼성동을 중심으로 형성된 강남 부도심의 신시가지에서는 고급주택가와 상업 · 업무지역이 공존하는 양상을 보였으며, 특히 재화와 서비스 생산의 중간요소로 투입되어 생산과정의 여러 단계에서 생산품의 가치를 증진시키는 중간기능을 수행하는 생산자서비스업의 입지가 매우 활발하게 이루어짐으로써 서울에서는 강남에 입지한 생산자서비스의 규모가 도심에 입지한 생산자서비스의 규모를 능가한다. 이와 같이 강남 일대는 생산자서비스업 및 고급주택지역으로 특징지워지는 주상복합지역이 매우 광범하게 전개되었으며, 아파트 단지와 같은 고밀주택지역 역시 넓은 범위에 걸쳐 형성되었다. 영등포 일대에서도 공업활동이 서울 이외의 지역으로 이전해간 장소에 도시 재활성화의 차원에서 상업업무활동이 입지하고 공동주택단지의 건설이 활발해짐에 따라 주거기능 · 상업기능 · 업무기능 · 공업기능 등이 혼재하는 혼합지역의 성격을 보였다.

두 시기의 등질지역 배치는 다소의 차이점이 있지만, 거시적인 차원에서 바라 본 거대도시 서울의 등질지역은 중앙의 중심업무지역으로부터 거리가 멀어짐에 따라 동심원 배열과 선형 배열이 혼재하는 양상을 보이고 있다. 그리고 도시화의 역사가 오래된 기성시가지일수록 등질지역이 매우 복잡하게 구조화되지만, 도시화의 역사가 짧은 신시가지일수록 등질지역구조가 단순하게 형성되었다.

참고문헌

- 강병기, 1981, "서울 도심활동의 입체적 공간이용에 관한 연구", 국토계획, 16(2), 10-25.
- 권태준 외, 1999, 도시 · 지역과 산업, 서울대학교 출판부.
- 김대영, 1990, "서울시 상업기능의 공간구조", 지리학논총, 17, 59-73.
- 김 인 · 김기혁, 1981, "서울 상업지역 공간조직에 관한 연구", 국토계획, 16(2), 26-41.
- 남영우, 1979, "System이론과 공간적 분포유형의 분석-계량지리학의 방법론과 전망-", 지리학과 지리교육, 9, 123-126.
- 남영우, 1992, 계량지리학, 법문사.
- 남영우, 1985, 도시구조론, 법문사.

• 민승기, 1993, “도시지역 다핵화 전개방향에 관한 연구–서울특별시를 사례로–”, 교통정보, 87, 16–30.

• 박삼옥 · 남기범, 1997, “서울 대도시지역의 생산자서비스 활동의 발전과 공간구조의 변화”, 지역연구, 13(2), 1–23.

• 손승호, 2004, 사회 · 경제적 속성과 공간상호작용으로 본 서울시의 지역구조, 고려대학교 대학원 박사학위논문.

• 손승호, 2006, “생산자서비스 입지 변화에 따른 서울 강남지역 경제공간의 재구조화,” 한국도시지리학회지, 9(1), 47–60.

• 손승호 · 남영우, 1999, “서울시 지가변동패턴과 지역경향면분석: 1977~1997년”, 한국도시지리학회지, 2(1), 25–42.

• 양재섭, 2003, 서울 도심부의 주거지 특성과 거주인구변화, 서울시립대학교 대학원 박사학위논문.

• 양재섭, 2004, “서울의 지역격차 현황과 균형발전을 위한 정책과제”, 서울연구 포커스, 11, 서울시정개발연구원, 1–8.

• 이기석, 1975, “서울 중심지역의 1960년 인구 및 주택특색의 분포에 관한 다변수분석”, 지리학과 지리교육, 4, 1–26.

• 이기석, 1980, “대도시 거주지 분화와 패턴에 관한 연구–서울시를 중심으로”, 한국의 도시와 촌락 연구, 보진재, 127–172.

• 이상경, 1991, 통근인구유동과 사회경제적 특성에 따른 수도권 지역구조 연구, 서울대학교 대학원 석사학위논문.

• 이숙임, 1987, 서울시 주거지 공간분화에 관한 연구, 이화여자대학교 대학원 박사학위논문.

• 전명진, 1996, “서울시 도심 및 부도심의 성장과 쇠퇴: 1981–1991년간의 변화를 중심으로”, 대한국토 · 도시계획학회지, 31(2), 33–45.

• 조재성, 1988, “서울시 사회지역구조의 공간적 변화 연구”, 국토계획, 23(2), 5–20.

• 최상민, 1979, “서울과 부산의 생태요인분석”, 지리학논총, 6, 44–69.

• 최원회, 1987, “인천시의 거주지역구조: 1970~1980”, 지리학, 36, 58–76.

• 최주영, 1997, “도심재개발 지구 공간이용패턴에 관한 연구”, 대한건축학회논문집, 13(11),

237-244.

• 한주연, 1989, "서울시의 직업별 거주지 분리현상에 관한 연구", 지리교육논집, 21, 32-70.

• 藤目節夫, 1977, "香川中央都市圈における交通流の諸特性ならびに都市構成との關係に關する研究," 地理學評論, 50(12), 700-721.

• 木内信藏, 1978, 地域概論-その理論と應用-, 東京大學出版會, 東京.

• 森川洋, 1975, "都市社會地理研究の進展: 社會地區分析から因子生態研究へ", 人文地理, 27(1), 639-666.

• 森川洋, 1976, "廣島・福岡市における因子生態の比較研究", 地理學評論, 49(5), 300-313.

• 上野健一, 1982, "都市の居住地域構造研究の發展", 地理學評論, 55(10), 715-734.

• 市南文一, 1978, "社會・經濟的地域特性と地區間通勤人口流動とからみた名古屋大都市圈の地域構造", 地理學評論, 51(7), 545-563.

• 村山祐司, 1990, 地域分析-地域の見方・讀み方・調べ方-, 古今書院, 東京.

• Abe, K., 1996, Urban Geography in Postwar Japan, *Geographical Review of Japan*, 69(1), 70-82.

• Anderberg, M.R., 1973, *Cluster Analysis for Applications*, Academic Press, New York.

• Black, W.R., 1973, "Toward a Factorial Ecology of Flows", *Economic Geography*, 49(1), 59-67.

• Burgess, E.W., 1927, The Determination of Gradient in the Growth of the City, *American Sociological Society, Publications*, 21, 178-184.

• Clark, D., 1982, *Urban Geography*, Croom Helm, London.

• Haggett, P., et al., 1977, *Locational Analysis in Human Geography 1*, Arnold London.

• Hoyt, H., 1939, *The Structure and Growth Residential Neighborhood in American Cities*, U.S. Federal Housing Administration, Washington D.C.

- Lee, K.S., 1977, *A Social Geography of Greater Seoul*, Po Chin Chai, Seoul.
- O'Connor, K. and Maher, C.A., 1982, Change in the Spatial Structure of a Metropolitan: Work-Residence Relationships in Melbourne, in Bourne. L. S.ed., *Internal Structure of the City*, Oxford Univ. Press, New York, 406-421.
- Pitts, F.R., (최운식 편역), 1973, "한국의 도시생태에 관한 연구: 서울과 대구를 중심으로", 지리학, 8, 24-36.
- Robinson, G.M., 1998, *Methods and Techniques in Human Geography*, John Wiley & Sons, New York.
- Rosenthal, R. and Rosnow, R.L., 1997, *Essentials of Behavioral Research: Methods and Data Analysis*, McGraw-Hill, New York.
- Simmons, J.W., 1964, The Changing Pattern of Retail Location, Univ. of Chicago, Dept. of Geogr., *Research Paper*, 92, 200.
- Wakabayashi, Y., 1987, Urban Factorial Ecology in Space and Time within the City Region of Hiroshima, *Geographical Review of Japan*, 60, 431-454.

제4장 서울시 기능지역 구조의 변화

1. 기능지역의 개념과 연구 동향
2. 1970년대의 기능지역
3. 2000년대의 기능지역
4. 기능지역 구조의 변화

1. 기능지역의 개념과 연구 동향

지리학에서의 지역구분은 전통적으로 앞장에서 고찰한 등질지역의 관점에 입각한 구분이 주류를 이루었지만, 계량혁명 이후부터는 공간상호작용에 주목하면서 권역의 설정이 가능한 기능지역의 관점에 입각한 지역구분이 시도되기 시작하였다(남영우, 2001). 지역간의 공간적 상호작용에 의하여 규정되는 기능지역(functional region) 혹은 결절지역(nodal region)의 구조를 파악하려고 시도한 연구는 1960년대에 들어서야 비로소 성행하기 시작하였다.

기능지역은 지표면을 여러 개의 지역으로 구분하는 경우 지역의 기능적 통일성 또는 결절성을 근거로 설정되는 지역으로서, 지역의 내부구조 또는 내부조직의 측면에서 동질적인 지표의 범위를 의미한다. 이는 중심에 초점이 되는 결절점을 가지고 그 주위의 배후지역을 기능적으로 연결시키는 결절지역 또는 통일지역(integrated region)이라는 용어와 거의 동의어로 인식되어 왔다. 그러나 결절지역은 주변의 배후지를 종속시키는 결절점과 계층성에 중점을 두는 데 비하여, 기능지역은 그렇지 않다는 차이점이 있다(남영우, 1985).

도시를 도시생태의 개념에 입각하여 일종의 유기체라고 간주한다면, 도시내에서 전개되는 활동은 도시를 구성하는 요소들의 공간적 분포패턴에 의해

서만 좌우되는 것이 아니라 그들 요소 간의 공간적 상호작용에 의해서도 결정된다. 상호작용하는 요소의 복합체를 시스템이라고 한다면, 기능지역의 설정은 도시내에서 상호작용하는 요소들 간의 관계를 규명하는 작업에 해당한다. 시스템 분석은 여러 종류의 사상이 공간적으로 조직된 전체, 즉 공간구조를 분석하는 데 궁극적으로 목표가 있다. 이러한 시스템 분석은 이동에 대한 분석으로부터 시작하여 이동이 발생하는 경로인 네트워크의 고찰로 연결되며, 최종적으로는 네트워크상의 결절점 및 계층으로 구성되는 지역구조와 그 속에 내재하고 있는 기능조직을 파악하는 것으로 이어진다(남영우, 1979).

인간의 활동은 지역적 범위에 무관하게 지역간의 상호작용인 유동을 직·간접적으로 유발시키며, 이 유동은 사회·경제적 현상들을 반영하는 하나의 지표로 인식된다. 따라서 유동현상은 사회·경제적으로 중요한 의미를 가지는 하나의 과정일 뿐만 아니라 지역경제활동을 통해 지역구조를 해명하는 데 있어서 매우 중요한 분석대상이다. 즉 도시내에서 발생하는 유동은 도시공간에 입지하고 있는 도시활동들의 유기적인 연관성을 나타내는 것이다.

유동은 지역간의 관계를 측정하는 하나의 수단으로서, 지역성의 규명을 목적으로 하는 지리학에서는 매우 중요한 연구주제로 간주된다. 왜냐하면, 지리학의 기본개념이라 할 수 있는 지역간 상호작용·지역차·지역간 연계 등은 유동의 흐름에 따라 달라지기 때문이다(최운식, 1995). 따라서 도시내부의 지역간 상호작용에 대한 측정은 도시민들의 유동패턴을 추적함으로써 가능해진다. 도시내에서 발생하는 인구의 일일유동은 도시민의 일상적 행동에 의하여 결정되는 유동패턴을 잘 표현하는 것으로, 도시민의 통행유형·통행의 출발지와 도착지·통행경로 등은 도시구조에 따라 결정되는 것이다. 이와 같은 이유로 도시내부구조와 유동패턴이 가지는 관련성에 대한 연구가 활발하게 진행되었으며, 1960년대 이후 공간상호작용의 관점에서 도시내에서 형성되는 지역구조의 규명을 시도한 연구가 본격화되었다.

공간상호작용에 의한 지역구조의 파악은 J.D. Nysteun & M.F.

Dacey(1961)에 의해 본격화되었다. 이들은 1736년 L. Euler가 네트워크의 연구를 시도한 것이 발단이 되어 D. König에 의하여 체계화된 그래프 이론을 적용함으로써, 미국 워싱턴州의 도시간 시외전화 통화량을 기초로 지역연결체계를 추출함과 동시에 도시간 계층성을 포함하는 결절지역구조를 규명하였다. 이후 인자분석기법을 통해서도 공간상호작용에 대한 기능지역이나 결절지역의 추출이 가능해졌다.

교통유동의 구조와 패턴에 관한 연구는 오랜 기간에 걸쳐 교통지리학자들의 주된 관심분야였다. 그들은 지표상에서 복잡하게 전개되는 공간상호작용을 유사한 몇 개의 패턴으로 나누어 보기 위하여 다변량분석법을 적용하였다. 다변량분석법 가운데 인자분석기법은 지역 간의 공간적 상호작용에 의하여 규정되는 기능지역의 구조를 규명한 연구에서 가장 채택 빈도가 높은 분석기법이다(Black, 1973).

인도의 철도화물 수송에서 나타난 지역구조를 해명한 B.J.L. Berry(1966)의 연구를 시작으로 베네수엘라의 항공운송망 분석을 통해 항공교통권을 설정한 W.L. Garrison & D.F. Marble(1964)의 연구, 덴마크의 시외전화통화량에 의한 지역구조를 분석한 S. Illeris & P.O. Pederson(1968)의 연구, 런던 중심부의 택시유동에 의해 형성되는 지역구조를 분석한 J.B. Goddard(1970)의 연구, 전화통화량을 지표로 영국 웨일즈州의 지역구조를 밝힌 D. Clark(1973)의 연구, 미국에서 나타나는 상품의 유동구조를 분석한 W.R. Black(1973)의 연구, 미국 25개 대도시권에 대한 물자의 유동패턴을 분석한 M. Kanno(1976)의 연구, 나이지리아 라고스에 발생한 도시내 화물유동을 분석한 A.A. Ogunsanya(1982)의 연구 등은 모두 지역간의 공간상호작용에 의한 기능지역의 설정을 위해 인자분석을 적용한 것들이다. 이들 연구는 인자의 의미를 명확하게 하는 인자회전에 있어서 직교회전의 일종인 배리막스 회전을 실시하였다.

한편 오스트레일리아의 항공유동체계를 분석한 A.J. Holsman(1980)의 연구와 캐나다 서부 서스캐처원州의 도시간 전화통화량에 의한 지역구조를 분석한 G.A. Nader(1981)의 연구는 인자의 회전에서 斜交回轉(oblique rotation)을 실시하는 고차인자분석법(higher-order factor analysis)을 적용하여 상호작용에 의한 지역구조의 계층성을 규명하였다. 고차인자분석은 추출된 인자에 대하여 사교회전을 시키는 방법이며, 사교회전은 직교회전과 달리 초기에 추출된 1차 인자들 간의 상관을 허용한다. 따라서 1차 인자분석의 인자득점을 이용한 2차의 인자분석에서 추출된 2차 인자들은 1차 인자들보다 한 계층 높은 차원의 인자가 될 수 있다. 이러한 방법을 되풀이함으로써 최종적으로는 가장 차원이 높은 하나의 인자만 추출된다. 이상에서와 같이 구미에서의 지역간 상호작용분석에는 대부분 인자분석기법이 적용되었지만, 특이한 것은 분석에 사용된 지표가 사람의 유동에 의해 형성되는 사람트립(person trip)이 거의 아니었다는 점이다. 즉 전화통화량이나 화물유동이 지역간 상호작용분석의 주요한 지표로 활용되었으며, 지역적 범위도 도시를 대상으로 한 경우보다는 국가적 차원의 도시 시스템에 대한 분석이 주를 이루었다.

그러나 일본에서는 지역간 상호작용의 지표로 인구의 일일유동인 사람트립이 주로 활용되었다. 즉 일일생활에서 나타나는 기본적인 통행이라 할 수 있는 통근통행이나 통학통행 등이 공간상호작용의 주요 분석지표로 주로 활용되었된 것이다. 여기에는 가가와(香川) 中央도시권의 교통목적별(통근통행, 통학통행, 개인용무통행, 업무통행, 그리고 이들 4개를 포함하는 총목적 통행) 유동패턴을 분석한 藤目節夫(1977)의 연구, 나고야(名古屋) 대도시권의 통근통행 유동패턴을 분석한 市南文一(1978)의 연구와 총목적 통행의 유동패턴을 분석한 林 上(1981)의 연구, 주고쿠(中國) 地方의 시외전화통화량 패턴을 분석한 森川洋(1978)의 연구, 도쿄(東京) 대도시권의 통근유동구조를 분석한 東 賢次(1980)의 연구, 오사카(大阪) 대도시권에서 이루어지는 자동차 교통유동의 지역구조를 분석한 矢野桂司(1984)의 연구, 니카타(新瀉)縣의 1970

년과 1980년의 화물유동패턴을 비교분석한 村山祐司(1991)의 연구 등이 인자분석기법을 적용함으로써, 지역간 상호작용에 의해 형성된 기능지역의 구조를 분석하였다. 상기한 연구 가운데 矢野桂司(1984)는 사교회전에 의한 고차인자분석기법을 적용하였다. 도시세력권을 나타내는 지표로 통근자료를 이용한 일련의 연구는 도시범위를 재정의하고 시간적 차이에 따른 통근범위를 비교함으로써 도시성장을 파악하고자 하였다. 일본에서의 연구 역시 전술한 구미에서의 연구와 마찬가지로 하나의 도시를 대상으로 공간상호작용에 의한 지역구조를 밝힌 경우는 드문 실정이고, 거대도시를 대상으로 그 도시의 주변지역을 포함시키는 대도시권에 관한 연구가 주로 이루어졌다.

국내에서는 계량기법이 지리학에 도입된 1970년대 이후 유동패턴에 의한 지역구조의 분석을 시도한 연구가 활발하게 진행되었다. 지역간의 상호작용 분석을 통해 지역구조를 파악한 연구에는 철도여객의 유동량을 지표로 우리나라에 15개의 교통권이 존재함을 확인한 홍경희 · 한주성(1979)의 연구를 비롯하여, 사람트립을 이용하여 서울과 수도권의 기능지역구조를 분석한 남영우(1981, 1982)의 연구, 우리나라 21개 도시를 대상으로 시외전화 통화량에 기초하여 1968년과 1980년의 도시체계 변화를 시계열적으로 고찰한 주경식(1983)의 연구, 우리나라와 일본을 대상으로 여객과 화물유동에 의해 형성된 지역연결관계를 고찰하고 OD표 및 각 지구별 속성변수 행렬에 대하여 인자분석과 군집분석을 실시함으로써 교통지역을 구분한 최원회(1988)의 연구 등 매우 많다.

기능지역구조의 분석과 관련한 국내의 연구경향은 1990년대에 들어서면서부터 방법론적인 측면에서 다소의 변화가 발생하였다. 그 첫 번째는 공통인자의 회전에 관련되는 것이다. 이전까지는 인자분석 결과 추출된 공통인자의 의미를 명확히 하기 위하여, 인자 간의 중복을 허락하지 않는 직교회전을 실시하였다. 그러나 1990년대에 들어서면서, 전술한 Nader나 Holsman의 연구방법에서처럼 인자분석 결과 추출된 초기의 공통인자에 대하여 사교회전을 실시한 것이다(허우긍, 1983; 박미현, 1995; 권용식, 1998, 홍현철, 1999). 이는 추출된 공통인자 간의 중복을 허락함으로써 공간상호작용에 의한 기능지역의 계층구조에 대한 분석을 가능케 하였다.

둘째는 OD표를 이용하여 지역간 상호작용분석을 함에 있어서 두 장소를 직접적으로 연결시키는 직접류(direct flow)와 간접적으로 다른 장소를 경유하여 연결시키는 간접류(indirect flow)의 문제점 및 그에 대한 개선방안이 제시되었다는 점이다. 기능지역이나 결절지역의 구조를 규명함에 있어서 간접류의 문제에 대해 이견을 제시한 사람은 L.S. Stephenson이었다. 그는 「기능지역과 간접류에 대하여」라는 논문을 통해 기능지역설정(functional-regionalization)에서 직접류에 간접류를 포함시키는 것과 관련해 3가지 측면에서 비판을 제기하였다(Stephenson, 1974). 그 첫 번째는 기능지역의 설정은 네트워크의 연결망이 아니라 출발지와 도착지 간의 관계라는 점이고, 두 번째는 간접류의 포함방법과 관련하여 Nysteun and Dacey의 그래프 이론이나 L.A. Brown and F.E. Horton의 마르코프 연쇄모형이 간접류 포함의 조건을 만족시키지 못했다는 점이며, 마지막으로 기존의 기능지역 설정이 간접류의 중요성을 제대로 파악하지 못했다는 점이다. 이 뒤를 이어 K.J. Tinkler(1976)는 Stephenson의 비판에 대하여 항목별로 해명하면서 간접류의 계량화를 제시한 바 있다.

인자분석기법을 적용하여 지역간의 상호작용체계에 대하여 기능지역구조를 규명한 연구로는 수도권 통근인구의 유동패턴에 따른 기능지역구조를 분석한 이상경(1991)의 연구, 서울시 지하철 이용승객의 OD표 분석을 통해 서울시 기능지역의 계층성을 규명한 박미현(1995)의 연구, 우리나라의 철도(새마을호와 무궁화호) · 고속버스 · 항공 여객유동의 지역구조를 1977년, 1985년, 1995년의 3시기로 나누어 비교분석한 北田晃司(2000)의 연구, 1990년과 2000년의 수도권 통근통학통행에 의한 유동패턴의 변화양상을 비교분석한 손승호(2003)의 연구 등이 있다.

이상에서와 같이, 국내에서의 지역간 상호작용 연구는 상품이나 전화통화량 등의 유동을 주로 분석해 온 외국의 경우와는 다르게, 사람의 이동에 의해 형성되는 지역구조의 규명에 가장 큰 관심을 가졌다는 점이다.

공간상호작용에 의해 형성되는 기능지역구조를 파악하기 위해서는 출발지와 도착지로 표현되는 상호작용행렬에 대하여 인자분석을 적용함으로써 가능해진다. 상호작용속성을 가지는 유동자료에 인자분석을 실시함으로써 기능지역을 규정하기 위해서는 인자분석 결과 도출된 인자부하량과 인자득점을 활용하여야 하며(Goddard, 1970), 다음과 같은 분석과정을 거친다.

지구 간 인구유동을 나타내는 OD행렬은 행방향과 열방향이 동일한 지구로 구성된 거래행렬(transaction matrix)의 형태를 취한다. 그림 4-1에서 보는 바와 같이, 행방향은 출발지를 열방향은 도착지를 의미한다. 이 행렬에 인자분석을 적용하기 위해서는 지구내부에서의 인구유동을 고려하지 않기 때문에 지구내의 유동에 해당하는 대각요소의 값은 0으로 간주한다. 이와 같이, 출발지와 도착지로 구성되는 상호작용의 원자료행렬(m×m)이 작성되고, 이를 통해 도착지 간의 상관행렬(correlation matrix)이 원자료행렬과 유사한 형태(m×m)로 추출된다. 여기에서 각 상관계수는 하나의 출발지로부터 발생하는 유동의 유사도(similarity)를 측정하는 것이다. 상관행렬은 공통된 출발지 패턴에 의해 구성된 도착지의 집합을 형성하며, 각각의 출발지-도착지 집합은 기능지역구조에서 독립적인 지구들로 구성된다. 따라서 회전된 인자행렬(m×k)에 존재하는 공통인자의 개수에 해당하는 만큼 기능지역이 도출된다. 마지막으로, 인자득점행렬(m×k)은 각 인자에 의해 규정되는 각 출발지의 중요도를 보여준다(Nader, 1981). 즉 OD행렬에 대하여 인자분석을 실시함으로써, 얻어지는 인자부하량은 인자와 변수 간의 상관관계를 나타내는 것으로 각 인자가 도착지와 가지는 관계의 정도를 파악하는 데 도움이 된다. 그리고 각 인자별 인자득점은 출발지의 특성을 파악하는데 도움이 될 뿐 아니라, 그 공간적 분포를 통해 각 인자가 가지는 공간적 특성을 밝히는 데에도

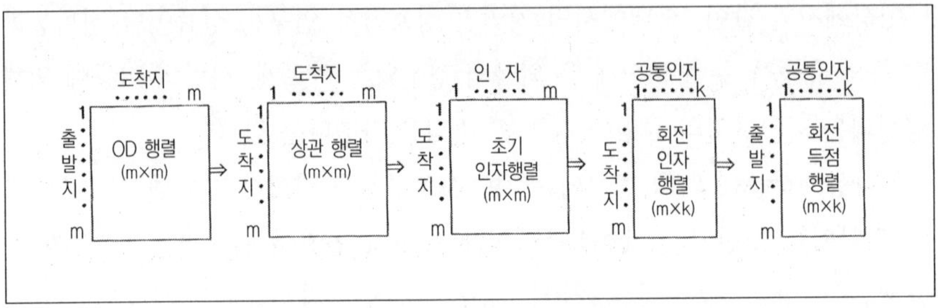

그림 4-1 공간상호작용행렬의 인자분석과정

도움이 된다. 이러한 과정을 거침으로써, 공통된 출발지 패턴을 가지는 도착지와 주요 출발지의 집합이 하나의 기능지역을 형성하게 된다.

이상에서 밝힌 방법이 도착지를 중심으로 하는 R−기법의 인자분석이라면, Q−기법은 출발지 간의 상관행렬에 기초하여 출발지 패턴의 유사성이 각 인자의 인자부하량으로 표시되고, 도착지의 각 인자에 대응하는 비중은 인자득점으로 표시된다. 동일 자료를 이용하여 분석할 경우 R−기법과 Q−기법을 적용한 결과가 약간 다르게 나타나지만, 일반적으로 R−기법에 의한 도착지 간의 상관행렬을 사용하는 경우가 많다. 공간상호작용의 유동패턴에 의해 형성되는 기능지역구조를 규명한 연구에서 최원회(1988), 원제무 외 2인(2000), Schwind(1975), Kanno(1976) 등은 R-기법과 Q-기법을 모두 적용한 반면, 남영우(1985), 손승호(2003), 森川 洋(1978), 市南文一(1978), 林 上(1981), Illeris and Pederson(1968), Goddard(1970) 등은 R-기법만을 적용하였다. 여기에서도 도착지 간의 상관행렬을 사용하는 R-기법을 적용하여 통행목적별 기능지역구조를 고찰하였다. 인자분석의 결과를 명확하게 하기 위하여 직교회전의 일종인 배리막스 회전을 실시하였으며, 여기에 이용된 통계처리는 SPSS를 이용하였다.

2. 1970년대의 기능지역

1) 분석대상지역과 분석자료

분석대상지역은 서울특별시의 전역을 조사대상으로 하였고, 단위지구는 앞에서 설명한 바와 같이 대부분 KIST가 정한 것을 따랐으나, 일부는 합병시켜 변경하였다. 100개소에 달하는 단위지구는 하나 이상의 행정동을 포함하며, 개개의 단위지구는 가능한 등질적인 지역성을 유지하도록 정하였다(그림 4-2).

1949년에 특별시로 지정된 바 있는 서울시는 1970년대 말에 17구 417동의 행정구역과 1,000만 명에 달하는 주간인구를 갖는 거대도시로 급성장하였다. 또한 서울은 한국의 수도로서 500년 이상 되는 오랜 역사를 지니고 있거니와 1970년대 말에 도시화가 급격히 빠른 속도로 진행되어 신구의 질서가 교차하는 이른바 이중구조(dual structure)를 이루고 있다. 그 뿐만 아니라 서울시는 종합적 도시기능이 집적되어 있는 한국의 수위도시(primate city)이기도 하다.

한국과학기술연구소(KIST)는 1977년에 우리나라 수도권의 장기종합교통계획을 수립하기 위하여 교통량 조사를 실시하였다. 이 교통량 조사 보고서

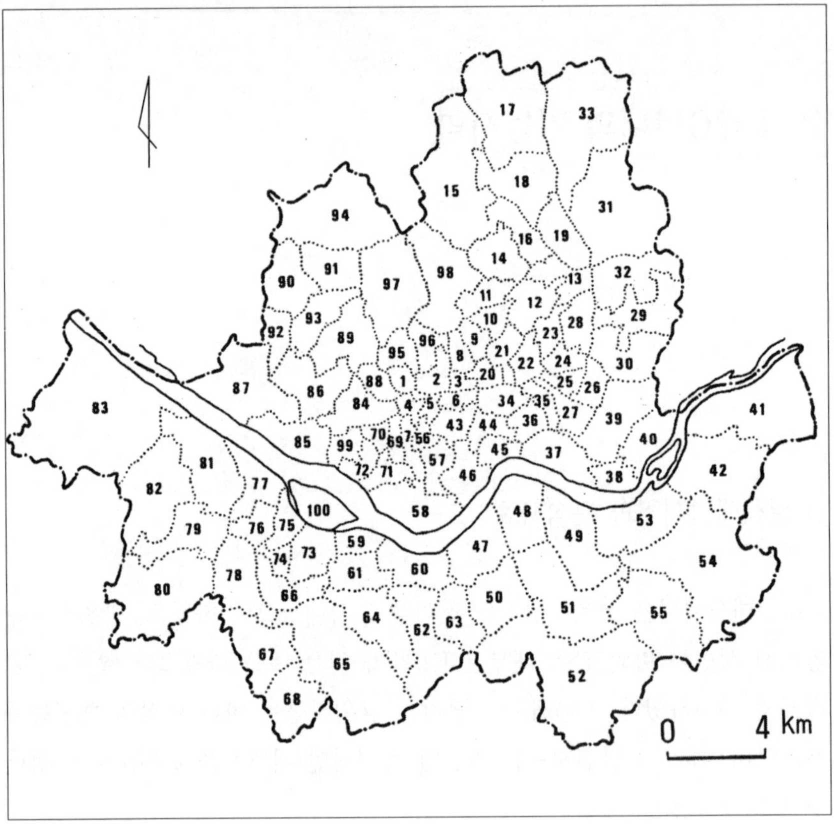

그림 4-2 분석대상지역과 단위지구(1970년대)

는 서울시의 교통문제를 구조적으로 합리화하기 위한 장기계획으로서 작성된 것이다. 이러한 배경에는 서울시의 토지이용이 고밀화되어감에 따라 시민의 교통서비스에 대한 수요량의 한계가 있다는 점, 교통시설의 정비에 앞서 투자의 필요성을 확인한다는 점, 그리고 그것에 대한 최대한의 투자효과를 거둘 수 있도록 사전계획을 수립한다는 점 등이 있다. 서울시 교통기본계획의 목표는 원활한 통행을 위한 교통시설 및 교통시설의 공급, 대량교통체계를 갖춘 서비스 수준의 개선, 인구증가를 억제하려는 교통정책의 추구, 도시

공간내에서 교통수단과 그 시설의 점유율을 낮추려는 정책, 또한 서울시와 위성도시와의 연결을 보다 효율화하는 교통체계의 개발 등이다(KIST, 1978).

1970년대의 서울시 기능지역구조의 추출에 사용된 자료는 상기한 배경과 목표에 따라 작성된 보고서의 일부인 교통량 조사의 집계결과이다. 이것은 서울시에 있어서 지구간 인구의 일일유동량(daily movement)을 조사한 것이다. 이 자료는 행 방향에 출발지(origin), 열 방향에 도착지(destination)를 각각 배열한 OD표의 형식을 취하고 있으며, 양쪽 방향의 지구 수는 각각 111개씩이다. 그러나 여기에서는 단위지구를 일부 변경하여 모두 100개로 조정하였다.

그런데, 이와 같은 去來行列을 이루는 OD행렬에서는 대각요소에 관한 수치를 포함시키는 경우와 제외시키는 두 가지 경우가 있다. 전자는 지구내의 유동량을 고려하는 경우이며, 후자는 지구내의 유동량을 분석대상으로 하지 않는 경우이다. 여기에서 사용한 OD표는 전자에 속하는 것이기 때문에 지구내 유동량을 나타내는 대각선의 수치가 매우 큰 탓으로 상관계수에 지대한 영향을 미쳤다. 그 결과, 인자분석을 행할 때에 인자득점을 산출하기 위하여 사용하는 인자득점 계수행렬의 산출이 불가능하게 되었다. 여기서는 OD행렬의 대각요소에 관한 수치는 모두 0으로 간주하는 입장을 취하였다.

2) 서울의 기능지역

(1) 공통인자의 추출

지구간의 유동량을 나타내는 OD행렬은 去來(transaction)형식의 행렬을 취하며, 이것은 행과 열의 방향에 동일한 장소를 취하게 된다. 여기서 행이 출발지를 나타내고, 열이 도착지를 나타낸다. 따라서 각 셀(cell)은 출발지와 도착지 간의 인구유동량을 나타내게 된다. 이와 같은 성격을 갖는 행렬에 대한 R-기법의 인자분석은 처음에 상관행렬을 구해야 하며, 이것은 출발지(origin)로부터 본 도착지(destination) 벡터 상호간의 유사성을 나타내는 수치로 구성되어 있다. 다음으로 이 OD행렬(100×100)에 대하여 인자분석을 행하면, 도착지 패턴의 유사성이 인자부하량(factor loading)으로 나타나며, 출발지로서의 비중은 각 인자에 대한 인자득점으로 나타난다. 여기서 적용한 R-기법의 인자분석은 열벡터 간의 상관을 중시하는 접근법이며, 본 연구에서는 SPSS 통계 패키지를 이용하여 주축법에 의해 공통인자를 추출하고 인자의 의미를 명확히 해주는 배리막스(varimax) 직교회전에 의한 인자분석을 실시하였다.

그 결과, 고유치 1.0 이상의 인자를 공통인자로 간주하여, 모두 9개의 공통인자가 추출되었다. 이들 9개 인자는 전체 변동의 81.8%를 설명하였다. 그 가운데 제1인자의 설명력이 29.9%로 가장 높으며, 제2인자는 22.7%, 제3인자는 9.5%로, 제1인자와 제2인자의 설명력이 모두 20%를 상회하는 상당한 비율을 차지하는 것이 특징적이다. OD표에 인자분석을 적용할 경우, 인자부하량은 인자와 변수와의 상관관계에 해당하는 것이므로, 이것의 크기를 검토함으로써 각 인자가 어느 변수, 즉 어느 도착지와 관계가 있는가를 밝힐 수 있다.

제1인자에 높은 부하량을 나타낸 지구는 지구 번호 1~8지구에 이루는 지역을 중심으로 하여, 그 주변의 행당동 · 한남동 · 잠원동 · 신사동 · 삼성동 · 홍제동 · 진관내동 등의 지구이다. 이들 지구는 0.7 이상의 인자부하량을 가지며, 모두가 서울시의 중앙부를 점하는 지역이다. 제1인자의 인자부하량이 0.5 이상의 값을 취하는 지구의 지역적 분포를 보면, 이들 지구는 도심과 이에 인접한 지구로 구성되어 있음을 알 수 있다. 그러므로 제1인자는 도심 및 이에 인접하는 지구를 타지역과 구분하는 인자로 해석된다. 이하 그밖의 인자도 이러한 식으로 각 인자가 가지는 의미와 내용을 검토해 보기로 하겠다.

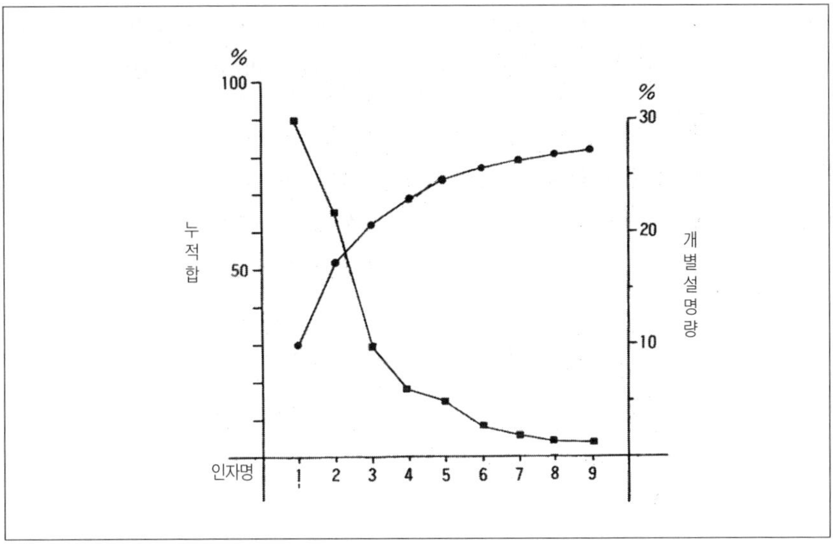

그림 4-3 개별설명량의 비율과 누적합(1970년대)

제2인자의 인자부하량이 큰 지구는 성북동 · 돈암동 · 종암동 · 미아동 · 번동 · 도봉동 · 창동 · 월계동 등의 지구이다. 제3인자에서 인자부하량이 높은 지구는 신길동 · 영등포동 · 화곡동 등의 지구이며, 이들 지구는 0.7 이상의 인자부하량을 가지거니와 영등포지구와 화곡지구를 중요한 도착지로 하는 지역이다. 제4인자는 자양동 · 중곡동 · 천호동 · 삼성동 등의 지구가 0.5 이상의 인자부하량을 갖는다. 각 인자별 보다 자세한 내용은 다음에서 고찰하도록 하겠다. 제5인자는 서초동 · 사당동 · 방배동 · 봉천동 등의 지구를 중심으로 형성되었으며, 제6인자는 청량리일대를 중심으로 형성되었다. 제7인자는 해석불능으로 고찰의 대상에서 제외하였다. 제8인자는 북아현동 · 현저동 · 갈현동 · 역촌동 등의 지구에서 높은 인자부하량을 기록하였다. 이들 제8인자까지에서 해석이 가능한 7개 인자의 누적설명량은 78.5%이다(그림 4-3).

그런데 제9인자는 고유치 1.3을 나타내었으나, 후술하는 바와 같이 인자부하량이 광범위하게 분포할뿐더러 높은 인자득점을 취하는 지구가 전혀 없었기 때문에 제7인자와 마찬가지로 고찰의 대상에서 제외하기로 하였다.

(2) 기능지역의 설정과 구조

공간적 상호작용을 나타내는 지구간 유동자료, 즉 OD표에 대하여 주성분분석이나 인자분석을 적용함으로써 유동패턴 또는 기능지역을 설정하려고 할 경우, 이것을 지도상에 나타내는 몇 가지의 표현법이 고안된 바 있다. 예컨대, Illeris & Pedersen은 각 인자의 인자부하량과 인자득점의 분포를 지도화하여, 높은 인자득점을 얻은 지구로부터 그 주변에 분포하는 인자부하량이 높고 인자득점이 낮은 지구로 향하여 강한 흐름이 있는 것으로 추정하였다. 이에 대하여 Goddard는 도착지 패턴의 유사성을 나타내는 각 인자의 인자부하량이 높은 지구 —절대치 0.5 이상— 와 그 인자에 높은 인자득점 —절대치 1.0 이상— 을 나타내는 지구 간을 직선으로 연결하였다. 이것은 각 인자에 대하여 높은 인자득점을 갖는 지구로부터 높은 인자부하량을 갖는 지구로의 흐름(flow)을 의미하는 것이다.

또한 일본의 森川洋은 각 인자마다 인자득점의 최고점수를 갖는 지구와 그것을 둘러싸고 있는 인자부하량 0.5 이상의 지구를 포함시켜 기능지역으로 간주하였다. 그는 각 기능지역을 동일한 지도상에 표시하였다. 그밖에도 인자부하량과 인자득점을 등치선으로 표현하는 방법도 생각할 수 있을 것이다. 이와 같은 표현법 가운데 Goddard의 방법은 각 인자의 유동패턴 혹은 기능지역을 나타내는 것으로서 많은 연구에 채용되고 있다. 여기에서도 이와 같은 수법을 사용하여 지도화를 시도하였다.

앞에서 추출된 각 인자에 의하여 표시되는 도착지 집합에 대하여 어느 지역으로부터 주된 유출이 있는가를 분석함으로써 관찰지역의 특성이 밝혀질 것이다. 주요한 출발지와 도착지를 서로 연결하여 얻어진 지역은 인구유동에 관하여 어느 정도의 통일성과 결절성을 지니는 일종의 기능지역으로 간주될 수 있다.

그런데 여기서 문제로 대두되는 것은 다음과 같은 두 가지 기준을 어떻게 정할 것인가에 있다. 그 가운데 하나는 인자득점과 인자부하량의 절대치가 어느 정도 이상이 되는 지구를 주요 출발지와 주요 도착지로서 간주할 것인가이며, 또 하나는 주요 출발지와 주요 도착지 간에 직선으로 연결할 때에, 양 지구 간의 유동량이 어느 정도 이상이어야 합리적일까 하는 문제이다. 이러한 문제에 관하여서는 이론적 근거가 정해진 바 없으나, 여기서는 전자의 경우 각 인자별 인자득점과 인자부하량의 빈도수를 0.1의 간격으로 산정하여, 각 간격 가운데 출현빈도가 급증하는 곳을 고려하여 출발지와 도착지 선정의 기준치를 정하였다. 또한 후자의 경우는 한 쌍의 출발지와 도착지 간의 유동량이 해당 지구의 총발생(총흡수) 트립수의 1% 이상을 초과하는 한 쌍만을 직선으로 연결함으로써 해결하였다.

종래의 연구에서는 인자부하량과 인자득점이 일정한 기준치를 넘으면 모든 출발지와 도착지 간을 직선으로 연결하였다. 그러나 저자는 이러한 방법에 대하여 의문을 갖는다. 인자부하량과 인자득점이 높은 값을 나타내었다고 해도, 지구간의 실제 유동량이 반드시 많다는 보장은 없고 실제의 분석에서도

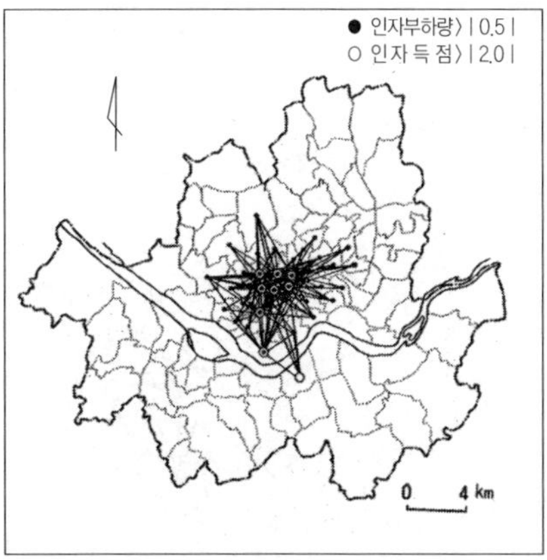

그림 4-4 도심권의 유동패턴

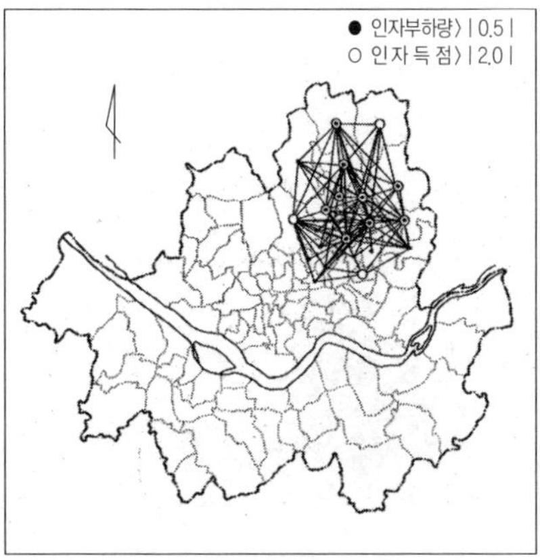

그림 4-5 도봉권의 유동패턴

유동량이 많지 않지만 인자득점이나 인자부하량이 높게 추출되는 경우가 발생하였다. 따라서 King(1968)도 지적한 바와 같이, 인자득점에 대하여 무엇인가의 해석을 내릴 경우에는 원자료행렬을 신중히 검토하여 음미하지 않으면 안 된다. 이에 따라 유동패턴의 추출에서는 인자부하량과 인자득점이 기준치를 넘어도 행과 열 벡터의 합계가 1% 미만으로 유동량이 비교적 적은 지구를 기능적 연결(functional linkage)로 표시하면 모순이므로, 행 및 열벡터의 합계가 해당지구 총트립의 1% 이상되는 한 쌍의 지구만을 선정하여 출발지와 도착지 간을 직선으로 연결하였다.

이와 같은 사실에 근거하여 인자득점과 인자부하량의 절대치가 각각 2.0과 0.5 이상인 지구를 주요 출발지와 주요 도착지로 간주하였다. 또한 각 지구별로 1% 이상의 총발생트립과 총흡수트립을 갖는 한 쌍의 지구 간을 직선으로 연결함으로써 기능지역을 설정하였다. 여기서는 단위지구별 인자부하량과 인자득점의 일람표는 생략하였다.

먼저 제1인자를 살펴보면, 인자득점이 높은 지구는 소공동(2.8) · 종로1~3가동(4.0) · 명동(3.0) · 을지로 3~5가동(3.4) · 남대문로 5가동(3.7) 등을 중심으로 그 대부분이 중심업무지구(CBD)에 해당하는 곳에 분포한다(그림 4-

그림 4-6 영등포 · 화곡권의 유동패턴

그림 4-7 천호권의 유동패턴

그림 4-8 관악 · 강남권의 유동패턴

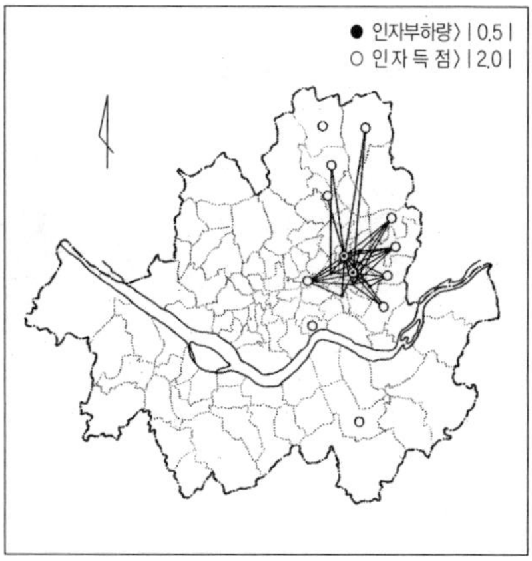

그림 4-9 청량리권의 유동패턴

4). 이들 지구는 상업 · 업무 · 행정기능이 집적하여 있는 지역이기 때문에 제1인자의 중요한 출발지가 된 것으로 생각된다. 이 지역은 앞에서 밝혀진 바 있듯이 중요한 도착지 집합이기도 하다.

제2인자는 성북구 · 도봉구 · 동대문구를 포함하는 기능지역으로 서울시의 북동부일대를 포함하는 유동패턴을 보이고 있다(그림 4-5). 인자득점이 높은 지구는 도봉동(4.6) · 창동(3.0) · 번동(2,2) 등의 지구이며, 이들 지구는 중요한 출발지인 동시에 중요한 도착지이기도 하다. 힌편 도착지를 나타내는 인자부하량은 이 유동패턴의 남부에 많이 분포한다.

제3인자와 상관이 높은 지구는 화곡동 · 영등포동 · 여의도동 등을 중심으로 한 영등포구와 강서구 일대의 지역이다(그림 4-6). 이들 각 지구가 갖는 인자득점은 영등포동(7.8)이 가장 높고, 화곡동(5.7) · 문래동(3.2) · 가리봉동(3.1) 등의 순이다.

제4인자는 삼성동 · 천호동 · 자양동 · 중곡동 등을 중심으로 하는 기능지역이다(그림 4-7). 이들 지구가 갖는 인자득점은 2.1~3.6 사이에 분포한다. 서울시의 남동지역에 해당하는 이 기능지역은 1970년대 들어서 도시화가 본격적으로 진행되기 시작한 지역이다.

그림 4-10 신촌 · 은평권의 유동패턴

제3인자에 의해 형성된 기능지역과 제4인자에 의해 형성된 기능지역과의 사이에 제5인자에 의해 형성되는 기능지역이 위치한다. 이 지역은 사당동 · 방배동 · 봉천동 등의 관악구를 중심으로 한 기능지역이다(그림 4-8). 이들 지구가 갖는 인자득점은 2.0~5.8 사이에 분포한다. 이 지역도 제4인자와 마찬가지로 1970년대 들어서 본격적인 도시화가 진행된 곳이다.

제6인자는 청량리동 · 전농동 등을 중심으로 하는 서울시 동부의 기능지역을 형성하였다(그림 4-9). 여기에서 주요 출발지로 추출된 지구는 청량리동 · 전농동을 비롯하여 상봉동 · 면목동 · 중화동 · 창신동 등지가 있으며, 상계동 · 창동 · 번동 등지도 중요한 출발지로 나타나 있다. 이렇게 볼 때, 제6인자가 차지하는 기능지역의 범위가 상당히 광범위함을 볼 수 있다. 이에 대하여 도착지를 의미하는 인자부하량도 청량리동을 중심으로 높게 형성되었다. 여기서는 본 유동패턴에 포함되는 지구와 유동관계가 크게 나타나지 않았음에도 주요 출발지로 추출된 지구가 있으나, 이들 지구는 기능지역과의 상호유동이 미약하므로 본 지역에서 제외하였다. 한편 제7인자는 인자득점과 인자부하량에 의해 형성되는 주요 출발지와 주요 도착지에 대한 해석이 불가능하여 고찰의 대상에서 제외하였다.

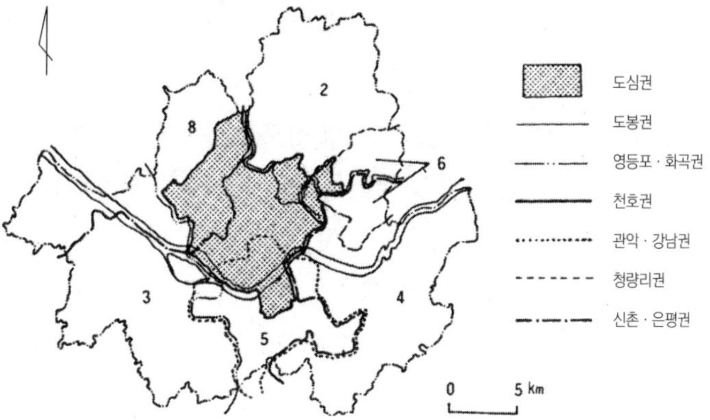

그림 4-11 1970년대의 서울시 기능지역

상기한 서울의 북동지역에 대하여, 서부지역에서는 제8인자에 의하여 설정된 기능지역이 존재한다(그림 4-10). 이 지역은 은평구와 서대문구 일대를 중심으로 형성된 지역이다. 높은 인자득점은 북아현동 · 현저동 · 갈현동 · 역촌동 · 남가좌동 등지에서 볼 수 있으며, 인자득점은 2.0~5.2 사이에 분포한다. 여기서는 혜화동이 주요 도착지로 추출되었고 군자동이 주요 출발지로 추출되었으나, 본 지역과의 유동관계가 약하기 때문에, 이들 지구는 기능지역으로부터 제외되었다.

마지막으로 제9인자는 고유치가 1.0을 상회하고 인자부하량이 서울시의 거의 전지역에 걸친 광범위한 분포를 보이고 있긴 하지만 기준치 이상의 인자득점을 가지는 지구를 전혀 찾아 볼 수가 없다. 이에 따라 제9인자는 고찰의 대상에서 제외하였다.

이상의 고찰에서 주목되는 것은 인자득점이 높은 지역은 그 인자에 상응하는 도착지역에 거의 일치하고 있다는 점이다. 또한 출발지의 발생트립과 인자득점의 크기는 반드시 비례하지 않거니와 도착지의 흡수트립과 인자부하량의 크기도 마찬가지이다. 예컨대, 제1인자의 종로 4~6가동의 인자부하량은 0.61인데 비하여, 이 지구보다도 흡수트립이 적은 세종로동의 인자부하량은 0.88로 종로 4~6가동의 그것보다 크다. 마찬가지로 제2인자의 도봉동·상계동·청량리동 등의 지구, 제4인자의 천호동·삼성동 등의 지구, 제5인자의 한강로 2·3가동을 위시하여 잠원동·방배동·사당동 등의 지구에 있어서도 상기한 것과 같은 현상이 나타났다. 이와 같은 사실은 인자부하량보다도 인자득점쪽에서 현저하게 나타났다.

이와 같이 기능지역은 기준치 이상의 트립을 갖는 한 쌍의 출발지와 도착지를 직선으로 연결함으로써 7개 지역이 설정되었으며, 이는 그림 4-4에서 그림 4-10에 걸쳐 제시한 바 있다. 7개의 기능지역을 종합적으로 나타낸 것이 그림 4-11이다. 여기서는 기준치 이상의 인자득점 또는 인자부하량을 갖는 지구들로 구성되는 연담지구를 기능지역의 경계로 하였다. 그 결과, 그림에서 보는 바와 같이 일부 지구에서는 기능지역의 중복현상이 발생하였음을 확인할 수 있다. 이와 같이 각 기능지역이 서로 중복되는 것은 당연한 현상이며, 이것이 결절지역과의 차이점이다.

3. 2000년대의 기능지역

2000년대의 일일인구유동에 의한 서울시 기능지역의 추출은 서울시 지역구조에 대하여 보다 다각적인 접근을 시도하기 위하여 통행목적별로 세분하여 고찰하였다. 서울시에서 조사를 실시한 서울시 교통센서스에서는 모두 9개의 목적통행으로 세분하여 자료 조사가 이루어졌다. 여기에서는 9개의 목적통행 가운데에서 서울시에서 차지하는 비중이 크고 서울시의 도시구조를 제대로 반영해 줄 것으로 판단되는 통근통행과 업무통행, 그리고 모든 목적통행을 합산한 총목적 통행의 3가지에 대하여 유동패턴과 기능지역을 설정해 보았다. 쇼핑통행에 의한 지역구조 역시 도시구조의 형성 및 도시기능을 설명하는데 매우 중요한 부분을 차지한다. 그러나 기능지역의 설정을 위하여 주요 출발지와 주요 도착지를 추출해 내는 과정에서 인자분석 결과 설명량이 저조하였을 뿐만 아니라 설정된 기능지역도 명확하지 않아, 고찰의 대상에서 제외하였다.

1) 분석단위지역

통행자료의 정리를 통해 구축된 서울시 행정동별 522 × 522의 OD표를 이용하여 통행패턴을 추출할 경우, 너무 과다한 단위지구의 설정으로 인하여 명료하고 일목요연한 지역구조의 추출이 어렵게 될 가능성이 있다. 그러므로, 분석단위지구의 조절을 통해 새로운 형태의 OD표를 작성해야 한다.

교통유동이 발생하는 전체 지역을 하나의 면으로 간주한다면, 전체 지역내의 장소는 점으로 인식할 수 있다. 따라서 교통유동분석은 한 지역내의 점과 점 사이에 발생하는 유동을 통하여 공간적인 지역성을 규명해내는 과정이라 할 수 있다. 그러므로, 교통유동의 분석에 있어서 점 또는 면의 크기에 관한 문제를 간과할 수 없다. 이는 달리 표현하면, 교통유동분석에 이용되는 단위지구의 규모(scale)에 관한 문제이다. 즉, 어떠한 형태의 지리적 지역(geographic area)이 도시의 내부구조를 제대로 보여주는가 하는 것으로, 분석단위지구의 설정은 장소나 지역의 특성변화에 따른 대도시 지역구조의 변화양상을 고찰하기 위하여 해결해야 하는 사항 가운데 하나이다. 지리적 지역은 연구자의 관심에 따라 달라질 수 있기 때문에 관심지역(area of interest)이라고도 불린다(Bourne, 1982). 동일한 지역을 분석대상으로 삼더라도 여하히 단위지구를 설정했는지에 따라 분석결과가 상이하게 나타났음을 볼 때, 분석단위지구의 선정이 얼마나 중요한 요소인지를 알 수 있다. 이는 곧 도시내부의 지역구조를 설명하기 위한 下位地域을 어떻게 설정하느냐의 문제라 할 수 있다. 따라서 단위지구의 크기와 그에 따른 경계설정은 각 지구 간의 계층성이나 연결체계의 파악 또는 지리적 사상의 분포패턴을 분석하기 위해 매우 중요시되어야 할 요인이다.

분석단위지구의 규모가 커짐에 따라 속성자료를 정확하고 적절하게 이용할 수 없게 되므로 지리학의 주요 과제인 지역분류에 있어서 다소의 왜곡현상이 나타났음을 부인할 수 없다. 따라서 정확한 지역분류 또는 지역구조의 규명은 연구자료가 허락하는 범위내에서 분석단위지구의 크기를 세분화함으로써 가능해지리라 본다. 통행량이 분석지표로 활용된 일련의 연구에서 분석단위지구가 다른 사상을 분석지표로 활용하는 경우보다 광범하게 설정된 원인 가

그림 4-12 분석대상지역과 단위지구(2000년대)

종로구
1: 청운동
2: 효자동
3: 사직동
4: 삼청동
5: 부암동
6: 평창동
7: 무악동
8: 교남동
9: 가회동
10: 종로동
11: 이화동
12: 혜화동
13: 명륜동
14: 창신동
15: 숭인동

중구
16: 소공동
17: 회현동
18: 명동
19: 필동
20: 장충동
21: 광희동
22: 을지로동
23: 신당동
24: 황학동
25: 중림동

용산구
26: 후암동
27: 용산동
28: 남영동
29: 청파동
30: 원효로동
31: 효창동
32: 용문동
33: 한강로동
34: 이촌동
35: 이태원동
36: 한남동
37: 서빙고동
38: 보광동

성동구
39: 왕십리동
40: 도선동
41: 마장동
42: 사근동
43: 행당동
44: 응봉동
45: 금호동
46: 옥수동
47: 성수동
48: 송정동
49: 용답동

광진구
50: 노유동
51: 화양동
52: 군자동
53: 중곡동
54: 능동
55: 구의동
56: 광장동
57: 자양동

동대문구
58: 신설동
59: 용두동
60: 제기동
61: 전농동
62: 답십리동
63: 장안동
64: 청량리동
65: 회기동
66: 휘경동
67: 이문동

중랑구
68: 면목동
69: 상봉동
70: 중화동
71: 묵동
72: 망우동
73: 신내동

성북구
74: 성북동
75: 동소문동
76: 삼선동
77: 동선동
78: 돈암동
79: 안암동
80: 보문동
81: 정능동
82: 길음동
83: 종암동
84: 월곡동
85: 상월곡동
86: 장위동
87: 석관동

강북구
88: 미아동
89: 번동
90: 수유동

도봉구
91: 쌍문동
92: 방학동
93: 창동
94: 도봉동

노원구
95: 월계동
96: 공릉동
97: 하계동
98: 중계동
99: 상계동

은평구
100: 녹번동
101: 불광동
102: 갈현동
103: 구산동
104: 대조동
105: 응암동
106: 역촌동
107: 신사동
108: 증산동
109: 수색동
110: 진관내동
111: 진관외동

서대문구
112: 충정로동
113: 천연동
114: 북아현동
115: 대신동
116: 창천동
117: 연희동
118: 홍제동
119: 홍은동
120: 남가좌동
121: 북가좌동
122: 아현동

마포구
123: 공덕동
124: 신공덕동
125: 도화동
126: 용강동
127: 대흥동
128: 염리동
129: 노고산동
130: 신수동
131: 창전동
132: 상수동
133: 서교동
134: 동교동
135: 합정동
136: 망원동
137: 연남동
138: 성산동
139: 상암동

양천구
140: 목동
141: 신월동
142: 신정동

강서구
143: 염창동
144: 등촌동
145: 화곡동
146: 가양동
147: 발산동
148: 공항동
149: 방화동

구로구
150: 신도림동
151: 구로동
152: 가리봉동
153: 고척동
154: 개봉동
155: 오류동
156: 수궁동

금천구
157: 가산동
158: 독산동
159: 시흥동

영등포구
160: 영등포동
161: 여의도동
162: 당산동
163: 도림동
164: 문래동
165: 양평동
166: 신길동
167: 대림동

동작구
168: 노량진동
169: 상도동
170: 본동
171: 흑석동
172: 동작동
173: 사당동
174: 대방동
175: 신대방동

관악구
176: 봉천동
177: 남현동
178: 신림동

서초구
179: 서초동
180: 잠원동
181: 반포동
182: 방배동
183: 양재동
184: 내곡동

강남구
185: 신사동
186: 논현동
187: 압구정동
188: 청담동
189: 삼성동
190: 대치동
191: 역삼동
192: 도곡동
193: 개포동
194: 일원동
195: 수서동
196: 세곡동

송파구
197: 풍납동
198: 거여동
199: 마천동
200: 방이동
201: 오륜동
202: 오금동
203: 송파동
204: 석촌동
205: 삼전동
206: 가락동
207: 문정동
208: 장지동
209: 잠실동

강동구
210: 강일동
211: 상일동
212: 명일동
213: 고덕동
214: 암사동
215: 천호동
216: 성내동
217: 길동
218: 둔촌동

운데 하나는 자료의 제약 때문이었다. 기존에 발표된 통행자료는 서울시처럼 대도시인 경우에는 구별 또는 교통지구별로 자료수집이 이루어졌으며 아주 상세하게 정리되기 시작한 것은 최근의 일이다. 이러한 자료를 지리적 속성을 갖는 동별 OD표로 전환하는 데에는 상당한 시간이 소요되기 때문에 분석단위지구가 세분화되지 못한 것으로 생각한다.

분석단위지구의 크기에 대하여 다른 의견이 제기될 수 있지만, 이는 분석하고자 하는 내용이나 전체 연구대상지역이 어떠한가에 따라 단위지구의 크기가 변화해야 함을 의미한다. 즉, 수도권과 같은 대도시권의 토지이용이나 성장패턴, 또는 도시 시스템 등을 분석대상으로 할 경우에는 단위지구를 시 혹은 군 단위로 설정하는 것이 바람직하다. 그러나, 본 연구에서와 같이 대도시 하나만을 분석대상으로 하는 경우에는 가능한 단위지구를 세분화시킴으로써 도심이나 부도심이 과대경계로 설정되는 것을 방지할 수 있다.

여기에서는 단위지구를 가능한 법정동을 기초로 조절하였다. 즉 여러 개의 행정동으로 分洞된 곳은 하나의 지구로 통합하였으며, 종로구나 중구의 일부 지구와 같이 여러 개의 법정동이 하나의 행정동으로 구성되거나 법정동별 자료의 확보가 곤란한 곳은 행정동을 단위지구로 설정하였다. 상기한 방법을 통해 총 218개의 분석단위지구가 설정되었다(그림 4-12). 서울시에서 조사된 통행량의 자료는 행정동을 기준으로 설정되어 있기 때문에, 본 연구에서는 分洞된 여러 행정동의 각 통행량을 합산하여 단위지구의 통행량으로 간주하였다.

2) 총목적 통행의 기능지역

(1) 공통인자의 추출

여기에서는 서울시 각 지구에서 발생한 총목적 통행량에 의해 형성되는 기

표 4-1 총목적 통행의 인자분석 결과

인 자	고유치	개별 설명량(%)	누적 설명량(%)
제1인자	22.79	13.43	13.43
제2인자	16.66	9.82	23.25
제3인자	15.66	9.22	32.47
제4인자	10.00	5.90	38.37
제5인자	8.95	5.27	43.64
제6인자	7.89	4.64	48.28
제7인자	6.87	4.04	52.32
제8인자	6.81	4.00	56.32
제9인자	6.39	3.76	60.08
제10인자	5.80	3.41	63.49
제11인자	5.66	3.33	66.82
제12인자	5.62	3.31	70.13
제13인자	4.74	2.79	72.92
제14인자	4.51	2.64	75.56

능지역구조를 살펴보기로 한다. 이를 위해 각 지구 간에 발생한 총목적 통행의 OD행렬에 대하여 주성분 인자법에 의한 R-기법의 인자분석을 적용한 결과, 고유치가 1.0을 상회하는 인자로 모두 24개가 추출되었다. 그러나 각 인자의 개별설명량은 하위인자로 갈수록 급격히 감소함에 따라 24개의 모든 인자를 공통인자로 채택하기에는 다소의 무리가 따랐다. 즉, 하위인자들은 개별설명량이 1.0%에도 미치지 못할 정도로 낮은 설명량을 나타내었기에, 인자분석 결과 개별설명량이 2.0%를 상회하는 인자만을 유효한 공통인자로 간주하였다. 그 결과 표 4-1에서 보는 바와 같이 모두 14개의 공통인자가 추출되었으며, 이들 인자의 누적설명량은 75.56%에 달하였다.

한편 공통인자에 의해 설명되는 개별 지구의 변동설명량을 의미하는 공통도(communality)는 구로동(89.1%) · 역삼동(87.5%) · 창동(84.3%) · 휘경동(84.1%) · 도봉동(83.6%) · 삼성동(81.7%) 등지에서 높게 추출되었고, 그 반면 부암동(33.1%) · 도림동(42.6%) · 숭인동(44.0%) · 독산동(46.1%) · 아현동(46.5%) · 잠원동(49.2%) · 장충동(49.3%) 등지에서 낮게 추출되었다.

총목적 통행에 의한 공간상호작용을 분석한 결과, 표 4-1에서 보는 바와 같이 상위인자의 개별설명량이 그리 크지 않음을 알 수 있다. 이와 같은 현상은 서울시에서 이루어지는 통행의 분포가 특정 지구를 중심으로 형성된 통행권에 집중되지 않고 서울시 전역에 걸쳐 비교적 고르게 분포하고 있음을 시사한다. 이는 곧 공간상호작용에 의한 서울시의 도시구조가 일극 집중체제가 아니라 다핵화된 구조를 형성하고 있음을 의미하는 것이며, 개별인자의 설명량을 고려한다면 제1인자에서 제3인자까지의 유동패턴이 주요한 통행권에 해당한다고 볼 수 있다. 서울의 다핵화현상은 직장밀도를 분석지표로 삼은 하성규 · 김재익(1992), 지가와 서비스 업무기능을 분석지표로 삼은 김수령(1992), 통근밀도를 분석지표로 삼은 전명진(1995), 고용밀도 및 사무실밀도를 분석한 송미령(1997), 지가를 분석지표로 삼은 채미옥(1997) 등의 연구에서 확인할 수 있다.

제1인자는 강남구와 서초구의 생산자서비스업 및 고급주택지역을 중심으로 형성된 유동패턴이며, 제2인자는 제1인자의 서쪽에서 영등포구를 중심으로 형성되었고, 제3인자는 도심이 위치한 종로구와 중구의 일부지구, 그리고 성북구 일대를 중심으로 형성된 유동패턴이다. 이들 3개의 유동패턴이 서울시의 총목적 통행에 의해 구성되는 주요한 통행권이라 할 수 있으며, 이는 서울시의 도시구조가 다핵화해가고 있다는 사실을 뒷받침해 준다. 또한 기존 도심부의 영향력이 감소하는 반면 제1인자에 의해 형성된 강남구와 서초구 및 제2인자에 의해 형성된 영등포구를 중심으로 새롭게 형성된 생산자서비스업 밀집지역의 영향력이 증가하고 있음을 보여주는 것이다.

이와 같이 선정된 14개 인자의 패턴을 파악하기 위해서는 각 인자별 인자득점과 인자부하량을 이용하여 주요 출발지와 주요 도착지를 선별해야 한다. 각 인자별 인자부하량과 인자득점을 이용하여 주요 도착지와 주요 출발지를 선정할 경우, 어느 정도의 인자부하량과 인자득점을 가진 지구를 주요 도착

표 4-2 인자부하량과 인자득점의 급변점(총목적 통행)

인 자	인자부하량	인자득점	인 자	인자부하량	인자득점
제1인자	0.4	1.0	제8인자	0.3	1.2
제2인자	0.5	1.1	제9인자	0.3	1.1
제3인자	0.5	1.2	제10인자	0.3	1.0
제4인자	0.5	1.3	제11인자	0.3	1.0
제5인자	0.4	1.0	제12인자	0.3	1.3
제6인자	0.5	1.0	제13인자	0.3	1.0
제7인자	0.3	1.1	제14인자	0.3	1.1

인자부하량과 인자득점은 절대값임.

지와 주요 출발지로 인정할 것인가에 대한 문제가 생긴다. 이를 해결을 위하여 앞에서 활용한 방법을 이용하여 각 인자별 인자부하량과 인자득점의 빈도분포를 활용하였다. 즉, 인자부하량과 인자득점의 빈도분포에서 빈도가 급격히 변화하는 급변점을 찾아 그 이상의 값을 나타내는 지구를 각 인자의 주요 도착지와 주요 출발지로 간주하였다. 그 결과 표 4-2에서 보는 바와 같이 각 인자별 인자부하량과 인자득점의 급변점이 도출되었다. 이렇게 해서 도출된 각 인자별 주요 출발지와 주요 도착지의 유동패턴과 통행권을 산출하기 위하여, 출발지와 도착지 간의 유동량이 해당지구 총발생통행량 또는 총흡수통행량의 3%를 상회하는 쌍만을 직선으로 연결하였다. 그럼 각 인자에 의해 형성된 기능지역별 유동패턴에 대하여 살펴보도록 하겠다.

(2) 인자별 유동패턴

제1인자는 서초동 · 삼성동 · 역삼동 · 양재동을 위시하여 강남구와 서초구에 자리한 지구를 중심으로 형성된 유동패턴이다(그림 4-13(a)). 주요 출발지에는 서초동(5.21) · 삼성동(4.25) · 대치동(3.89) · 역삼동(3.62) · 반포동(3.28) 등을 비롯하여 20개 지구가 추출되었으며, 주요 도착지로는 역삼동(0.87) · 양재동(0.86) · 도곡동(0.85) · 대치동(0.84) · 논현동(0.81) · 삼성동

(0.80) 등지를 포함하여 모두 17개 지구가 추출되었다. 즉 제1인자에서는 제3장에서 행한 2000년대의 등질지역 설정에서 생산자서비스업 및 고급주택지역으로 분류된 지구를 중심으로 높은 인자득점 및 인자부하량을 기록한데 반해, 주택밀집지역인 봉천동 · 신림동 · 잠실동 등지는 상대적으로 낮은 인자부하량을 기록하였다. 이렇게 볼 때, 제1인자에 의해 형성된 기능지역은 강남구와 서초구에서 생산자서비스업 및 고급주택지역을 중심으로 형성된 강남 · 서초권이라 명명할 수 있다. 제 1인자에서는 주요 출발지인 영등포동과 구로동, 그리고 흑석동을 제외한 모든 지구가 주요 출발지겸 주요 도착지로 추출되었다.

제2인자에 의한 유동패턴은 구로동 · 신림동 · 대림동을 중심으로 영등포구, 구로구, 관악구, 동작구 전역에 걸쳐 형성되었으며, 주요 출발지로 추출된 서초동과 신정동이 외곽에 자리하고 있는 양상이다(그림 4-13(a)). 그러나 서초동과 신정동은 인자득점이 그리 높지 않은 것으로 나타나 제2인자에 의해 형성된 유동패턴에서 기능적 연결관계는 약한 편이다. 여기에서 주요 출발지로 추출된 지구는 구로동(6.24) · 신림동(3.89) · 신길동(3.78) · 영등포동(3.75) · 봉천동(3.32) · 독산동(3.11)을 비롯하여 15개이며, 주요 도착지로는 구로동(0.91) · 대림동(0.87) · 신도림동(0.82) · 신대방동(0.79) · 시흥동(0.74)을 포함하여 21개 지구가 추출되었다. 이와 같이 제2인자에서는 구로구와 영등포구에 자리한 지구에서 높은 인자득점과 인자부하량을 기록한 반면, 관악구와 동작구에 자리한 지구에서의 인자득점과 인자부하량은 상대적으로 낮게 추출되었다. 이와 같은 연유로, 제2인자에 의해 형성된 유동패턴은 구로 · 영등포권이라 할 수 있겠다. 제2인자에서는 주요 출발지로 추출된 서초동과 신정동을 제외한 12개 지구가 주요 출발지겸 주요 도착지로 추출되었다.

제3인자는 미아동 · 동선동 · 종로동 · 삼선동 · 정릉동 등을 포함하는 성북구와 강북구를 중심으로 도심의 일부 지구가 결합하여 형성된 유동패턴이다

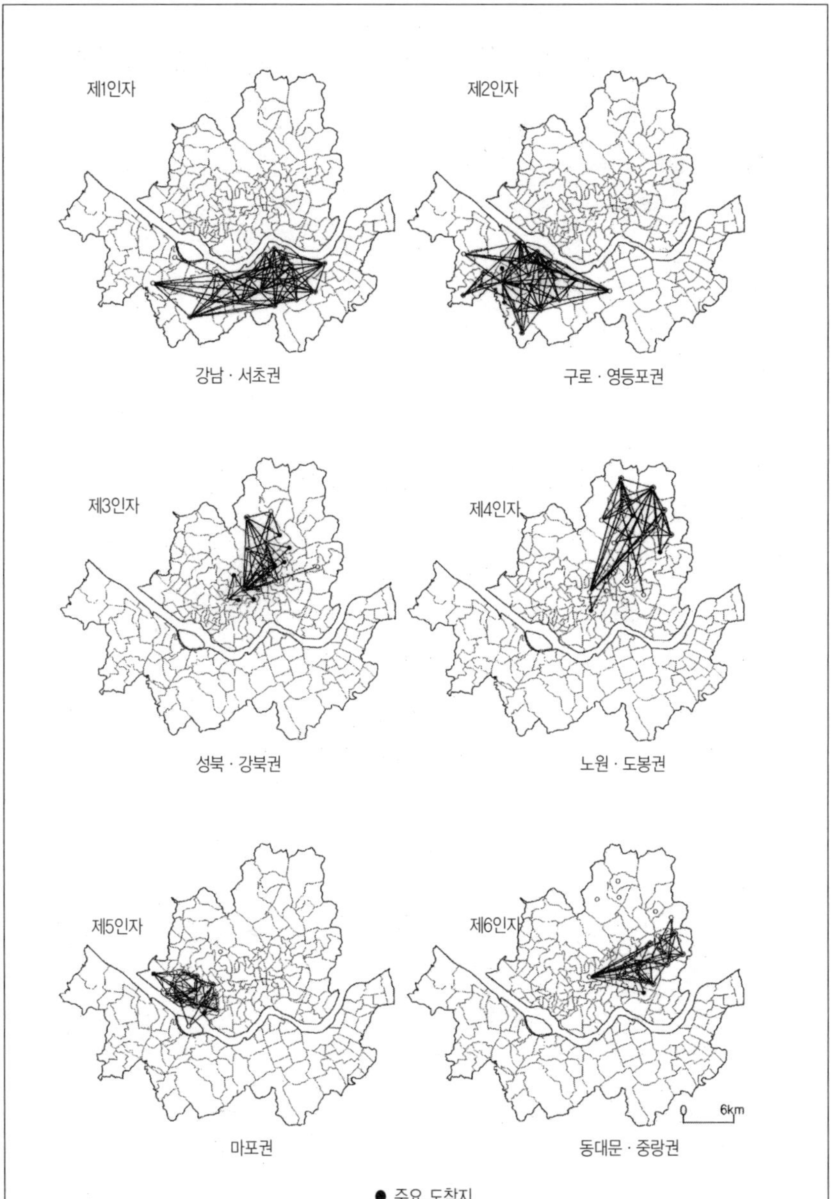

그림 4-13(a) 총목적 통행의 유동패턴

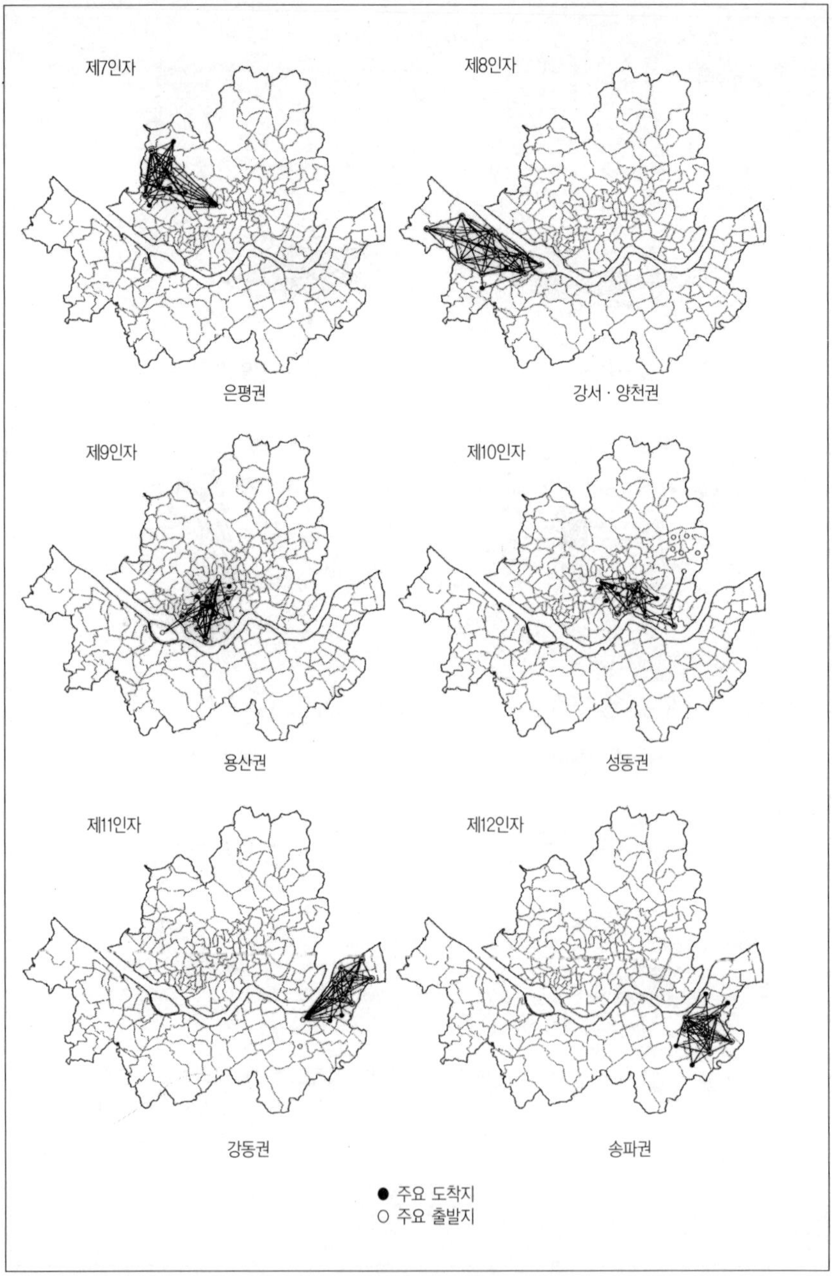

그림 4-13(b) 총목적 통행의 유동패턴

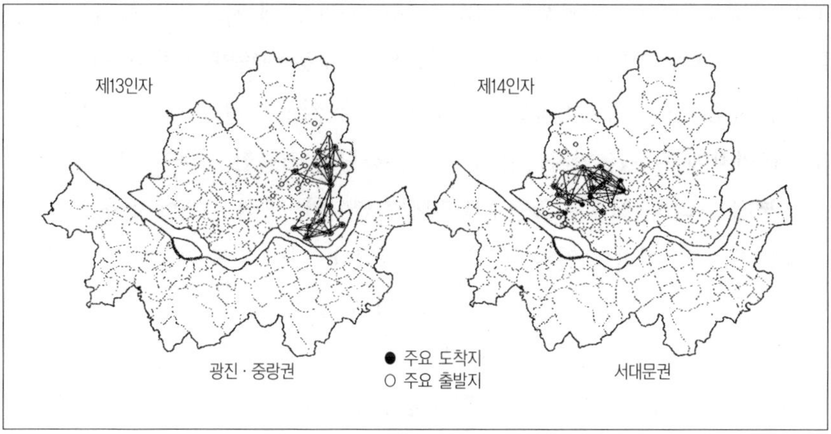

그림 4-13(c) 총목적 통행의 유동패턴

(그림 4-13(a)). 이 유동패턴에서 주요 출발지는 미아동(5.01) · 동선동(4.69) · 종로동(4.18) · 수유동(3.80) · 정릉동(3.08)을 비롯한 15개 지구로 구성되며, 주요 도착지는 삼선동(0.86) · 성북동(0.83) · 길음동(0.81) · 정릉동(0.81)을 비롯한 19개 지구로 구성된다. 여기에서는 도심에 자리한 종로동이 주요 출발지겸 주요 도착지로 추출되었고, 명동 · 광희동 · 이화동은 주요 도착지로, 소공동은 주요 출발지로 각각 추출되었다. 그러나 이들 지구는 종로동의 인자득점을 제외하고는 대부분의 지구에서 출발지와 도착지의 성격을 나타내는 인자득점 및 인자부하량이 낮은 편에 해당한다. 따라서 제3인자는 성북 · 강북권의 유동패턴에 도심의 일부 지구가 연결된 형태로 볼 수 있다.

제4인자는 앞에서 언급한 제3인자에 의한 성북 · 강북권의 북부에서 상계동 · 중계동 · 하계동 · 창동 · 도봉동 등을 중심으로 노원구와 도봉구에 걸친 유동패턴을 형성하였다(그림 4-13(a)). 이 유동패턴은 노원구와 도봉구에 위치한 대부분의 지구가 주요 출발지인 동시에 주요 도착지로 추출되었으며, 본 인자의 남쪽에 위치하는 도심방향으로 주요 출발지가 비교적 광범위하게 분포하는 양상이다. 주요 출발지로는 상계동(7.33) · 중계동(5.34) · 창동

(4.49) · 공릉동(2.64) · 월계동(2.61)을 포함하여 17개 지구가 추출되었으며, 주요 도착지로는 하계동(0.84) · 창동(0.84) · 도봉동(0.83) · 중계동(0.83) · 공릉동(0.83) · 월계동(0.80)을 비롯하여 12개 지구가 추출되었다. 이와 같이, 제4인자에서 높은 인자득점 및 인자부하량을 기록한 지구는 이 유동패턴의 북부에 자리하고 있는 인구주택 밀집지역이며, 도심 주변에서 형성된 주요 출발지는 2.0이하의 인자득점을 기록하였다. 이렇게 볼 때, 제4인자에 의해 형성된 기능지역은 노원 · 도봉권이라 할 수 있다.

제5인자는 연남동 · 대흥동 · 창전동 · 염리동 · 대신동 등지를 중심으로 마포구 전역과 서대문구의 일부 지구에 걸친 유동패턴을 형성하였다(그림 4-13(a)). 주요 출발지에는 연남동(5.06) · 대흥동(4.93) · 신수동(4.36) · 상수동(4.15) · 창전동(3.16) · 망원동(3.15)을 포함하여 16개 지구가 추출되었으며, 주요 도착지로는 창전동(0.86) · 합정동(0.85) · 신수동(0.84) · 대흥동(0.83) · 연남동(0.82)을 포함한 16개 지구가 추출되었다. 이 인자에서는 여의도동이 주요 출발지로 추출됨으로써 상업업무지역과 주택지역이 연결되는 양상이 나타난다. 한편 서대문구의 대신동 · 연희동 · 남가좌동 등은 제5인자에서 주요 출발지겸 주요 도착지로 추출되었지만, 인자득점과 인자부하량이 다른 지구에 비해 낮은 편에 해당한다. 따라서 제5인자의 유동패턴에 의해 형성된 기능지역은 마포권에 해당한다고 볼 수 있다.

제6인자는 제3인자에 의한 성북 · 강북권의 동남부에서 전농동 · 면목동 · 휘경동 · 청량리동을 중심으로 동대문구와 중랑구에 걸쳐 형성된 유동패턴이다(그림 4-13(a)). 이 유동패턴에서 주요 출발지는 전농동(5.25) · 면목동(4.72) · 청량리동(4.32) · 종로동(3.83) · 장안동(3.32) · 답십리동(3.07)을 포함한 20개 지구가 추출되었다. 그러나 이들 지구 가운데 수유동 · 쌍문동 · 방학동 · 하계동 등지는 그림에서 보는 바와 같이 유동패턴내에서 기능적 연결관계를 형성하지 못하였다. 한편 주요 도착지에는 휘경동(0.85) · 청량리동(0.79) · 전농동(0.75) · 장안동(0.74) · 답십리동(0.71)을 포함한 15개 지구가 추출되었다. 여기에서 주목할 만한 점은 주요 출발지로 추출된 종로동이 매우 높은 인자득점을 가지며 다른 지구와의 연결관계도 매우 강하다는 것이다. 요컨대, 제6인자에 의해 형성된 기능지역은 동대문 · 중랑권으로 볼 수 있다.

제7인자는 제5인자에 의한 마포권의 북부에서 응암동 · 불광동 · 역촌동 · 녹번동을 중심으로 은평구 전역과 서대문구의 일부 지구에 주요 출발지인 종로동이 연결되는 유동패턴을 형성하였다(그림 4-13(b)). 주요 출발지로는 갈현동(6.09) · 역촌동(5.99) · 응암동(5.55) · 불광동(5.27)을 포함한 8개 지구가 추출되었으며, 주요 도착지로는 녹번동(0.87) · 대조동(0.86) · 증산동(0.81) · 불광동(0.79)을 포함한 12개 지구가 추출되었다. 주요 출발지로 기능하는 종로동은 제6인자에서와 같이 비교적 높은 인자득점(2.64)을 가진다. 그에 반해 서대문구에서 주요 도착지로 추출된 홍은동과 홍제동은 인자부하량이 그리 높은 편이 아니다. 따라서 제7인자의 유동패턴에 의해 형성된 기능지역은 은평권으로 볼 수 있으며, 여기에 서대문구의 일부 지구와 종로동이 연결되는 양상이다.

제8인자는 화곡동 · 목동 · 염창동 · 발산동 등을 중심으로 강서구와 양천구 전역에, 여의도동과 영등포동 등지를 비롯한 영등포구의 일부 지구가 연결되는 유동패턴을 형성하였다(그림 4-13(b)). 주요 출발지에는 화곡동(7.33) · 염창동(4.35) · 신정동(3.37) · 신월동(3.02)을 포함한 11개 지구가 추출되었으며, 주요 도착지에는 염창동(0.90) · 발산동(0.89) · 가양동(0.87) · 신월동(0.80) · 목동(0.77) · 화곡동(0.77)을 포함한 13개 지구가 추출되었다. 이 유동패턴에서는 주요 출발지가 모두 주요 도착지로 추출됨에 따라 주요 도착지로만 추출된 개봉동과 양평동을 제외한 11개 지구가 주요 출발지겸 주요 도착지로 형성되었다. 한편 영등포구에 자리한 주요 출발지인 영등포동 · 여의도동 · 당산동은 인자득점과 인자부하량이 각각 2.0과 0.4 이하로 다른 지구에 비해 높은 편은 아니다. 따라서 제8인자의 유동패턴에 의한 기능지역은 중앙부에 자리하고 있는 화곡동 · 목동 · 신월동이 중심이 되는 강서 · 양천권이라 할 수 있다.

제9인자는 도심의 남부에 위치한 것으로, 남영동 · 한강로동 · 원효로동 · 이촌동을 중심으로 용산구 전역과 그 주변의 일부 지구가 연결되는 유동패턴을 형성하였다(그림 4-13(b)). 주요 출발지로는 남영동(5.96) · 한강로동(4.87) · 원효로동(4.69) · 한남동(3.89)을 포함한 15개 지구가 추출되었으며, 주요 도착지로는 원효로동(0.88) · 후암동(0.81) · 이촌동(0.78)을 포함하여 13개 지구가 추출되었다. 용산구에 자리한 지구에서는 인자득점과 인자부하량이 비교적 높게 나타났지만, 그 주변에 위치한 공덕동 · 신당동 등지는 1.5 이하의 인자득점을 보였고 주요 도착지로 추출된 장충동은 0.30의 인자부하량을 기록함으로써 강한 연결관계를 보여주지는 못하였다. 따라서 제9인자의 유동패턴에 의해 형성된 기능지역은 용산권으로 볼 수 있다. 한편 주요 출발지로 추출된 종로동 · 회현동 · 소공동 · 명동과 여의도동이 각기 2.0을 상회하는 인자득점을 보유함으로써, 이 기능지역은 도심과 여의도 부도심에 연결되는 양상을 나타내었다. 이는 제9인자의 유동패턴에 의해 형성된 용산권이 상업업무중심지인 도심과 여의도 부도심의 중간에 자리하고 있음에 따라 나타난 현상으로 풀이된다.

제10인자는 제9인자에 의한 용산권의 동부에서 금호동 · 행당동 · 왕십리동 · 마장동을 중심으로 하는 성동구 전역과 그 주변의 일부 지구가 연결되어 형성된 유동패턴이다(그림 4-13(b)). 주요 출발지로는 금호동(5.49) · 행당동(4.07) · 왕십리동(3.44) · 성수동(3.12) · 마장동(3.03)을 포함하여 15개 지구가 선정되었지만, 그림에서 보는 바와 같이 상봉동과 그 주변에 위치한 5개 지구는 다른 지구와의 기능적 연결관계가 형성되지 못하였을 정도로 상호작용의 정도가 약한 수준이다. 주요 도착지로는 왕십리동(0.78) · 행당동(0.75) · 금호동(0.73) · 마장동(0.73)을 포함한 15개 지구가 추출되었다. 여기에서도 종로동(1.51)은 주요 출발지로 선정되었으나, 인자득점이 높은 편은 아니다. 또한 이 인자의 동부에서 주요 출발지겸 주요 도착지로 추출된 자양동과 주요 도착지로 추출된 화양동은 인자부하량이 각각 0.37과 0.33으로 도심부에 위치한 주요 도착지보다 낮은 인자부하량을 기록하였다. 따라서 제10인자에 의해 형성된 기능지역은 인자득점과 인자부하량이 모두 높게 추출된 지구가 포함되는 성동권이라 할 수 있다.

제11인자는 천호동 · 명일동 · 암사동 · 길동을 중심으로 강동구 전역과 송파구의 일부 지구를 연결하는 유동패턴을 형성하였다(그림 4-13(b)). 주요 출발지로는 천호동(7.60) · 명일동(5.36) · 고덕동(3.89) · 성내동(3.40) · 길동(3.12)을 비롯한 10개 지구가 추출되었으며, 그 가운데 높은 인자득점을 보유한 지구는 대부분 강동구에 자리하고 있으며, 송파구에서는 잠실동(1.70)이 주요 출발지로 추출되었다. 이 유동패턴의 서부에 자리하고 있는 주요 출발지인 일원동(1.12)은 낮은 인자득점을 기록하였을 뿐만 아니라 다른 지구와의 연결관계도 매우 미약한 수준에 머물렀다. 주요 도착지로는 암사동(0.88) · 길동(0.87) · 명일동(0.82) · 성내동(0.80) · 고덕동(0.78) 등 11개 지구가 추출되었으나, 송파구의 방이동과 오륜동은 인자부하량이 0.40을 하회하는 지구로 본 유동패턴에서 큰 설명력을 가지지 못한다. 즉, 본 인자에서 강동구에 자리한 모든 지구는 주요 출발지겸 주요 도착지로 추출되었을 뿐만 아니라 인자득점과 인자부하량에서도 높은 값을 기록한 것을 볼 수 있다. 이와 같이 볼 때, 제11인자에 의해 형성되는 기능지역은 강동권이라 할 수 있다.

제12인자는 제11인자의 유동패턴에 의해 형성된 강동권에 인접하여 잠실동 · 가락동 · 송파동을 중심으로 하는 송파구 전역과 강남구의 일부 지구에 걸친 유동패턴을 형성하였다(그림 4-13(b)). 주요 출발지로는 잠실동(5.41) · 가락동(5.35) · 거여동(3.98) · 오륜동(3.39)을 포함하여 8개 지구가 추출되었으며, 주요 도착지로는 송파동(0.83) · 방이동(0.82) · 문정동(0.80) · 가락동(0.78)을 포함한 12개 지구가 추출되었다. 이들 주요 출발지와 주요 도착지 가운데 중심적인 자리를 점하는 지구는 잠실동이며, 일원동(0.35)과 수서동(0.40)은 기능지역내의 다른 지구와 상호작용이 강하지 않을 뿐만 아니라 주요 도착지로만 기능하고 있음을 볼 수 있다. 이렇게 볼 때, 제12인자에 의한 기능지역은 주요 출발지겸 주요 도착지인 잠실동이 핵심이 되는 송파권으로 볼 수 있다.

제13인자는 한강 이북의 동부에 자리한 구의동 · 자양동 · 화양동 · 중곡동 · 면목동을 중심으로 광진구와 중랑구 전역을 포함하여 성동구와 동대문구의 일부 지구에 걸쳐 전개되는 유동패턴을 형성하였다(그림 4-13(c)). 주요 출발지에는 구의동(6.26) · 자양동(4.75) · 면목동(4.74) · 성수동(2.82) 등지와 한강 이남의 잠실동을 포함하여 25개 지구가 자리하고 있으며, 주요 도착지로는 화양동((0.75) · 자양동(0.74) · 중곡동(0.72) · 군자동(0.71)을 포함하여 14개 지구가 추출되었다. 제13인자에 의한 유동패턴은 1995년에 성동구와 동대문구로부터 각각 分區된 광진구와 중랑구에 위치한 지구를 중심으로 형성된 것이다. 그리고 이 기능지역의 서부에 산재하는 주요 출발지는 모든 지구에서 2.0 이하의 인자득점을 기록하였을 뿐만 아니라 상호작용에 의한 연결관계도 미약한 수준이다. 따라서 제13인자에 의해 형성된 기능지역은 광진 · 중랑권이라 할 수 있다. 제13인자에 의한 유동패턴에서 주요 중심지로 기능하는 지구들이 현재의 성동구와 동대문구에 위치한 지구들과 기능적 연결관계를 제대로 형성하지 못한 것은, 서울의 동부에서 남북방향으로 발달한 간선도로와 지하철 등과 같은 교통로의 영향이 큰 것으로 판단된다.

제14인자는 마포권(제5인자)과 은평권(제7인자) 사이에서 홍제동 · 홍은동 · 천연동 · 무악동을 중심으로 서대문구 전역과 마포구의 일부 지구, 그리고 도심의 일부 지구가 포함되는 유동패턴을 형성하였다(그림 4-13(c)). 주요 출발지로는 홍제동(6.37) · 홍은동(5.22) · 사직동(4.74) · 종로동(2.89)을 비롯한 18개 지구가 추출되었으며, 주요 도착지로는 천연동(0.76) · 홍은동(0.66) · 홍제동(0.65) · 무악동(0.64)을 비롯한 13개 지구가 추출되었다. 제14인자의 기능지역에서는 도심의 종로동(2.89)과 소공동(1.90)이 주요 출발지로 연결되었고, 사직동과 충정로동이 주요 출발지겸 주요 도착지로 연결되는 등 도심과의 연결관계가 비교적 뚜렷한 편이다. 그에 반해 이 기능지역의 주변부에서 주요 출발지로 기능하는 불광동 · 대조동 · 망원동 등지는 다른 지구와의 연결관계가 매우 미약한 수준이다. 이렇게 볼 때, 제14인자에 의해 형성된 기능지역은 도심과 그 주변의 서대문구가 연결되는 서대문권으로 볼 수 있다.

(3) 기능지역의 설정

이상에서 총목적 통행에 의해 형성된 유동패턴과 기능지역의 도출을 시도해 보았다. 그 결과, 기능지역은 대부분 인접한 지구들 간의 연결에 의하여 형성되었으며, 원거리에 위치한 지구와는 연결관계가 거의 나타나지 않았다. 한편 각 기능지역에 포함되는 지구 가운데 일부 지구는 인접한 기능지역과의 권역적 중복이 나타남을 확인할 수 있었다. 이와 같은 기능지역의 중복현상은 서울시에서 발생하는 통행의 상호작용이 매우 복잡한 양상으로 전개되고 있음을 시사하는 것으로 볼 수 있다. 즉 기능지역의 중복현상을 보인 강남 · 서초권과 구로 · 영등포권, 구로 · 영등포권과 강서 · 양천권, 성북 · 강북권과 노원 · 도봉권, 마포권과 서대문권, 동대문 · 중랑권과 광진 · 중랑권, 은평권과 서대문권 등은 그림 4-14에서 보는 바와 같이 각 기능지역을 구성하는 단위 지구의 중복에 의한 중층적 구조의 기능지역이 형성되었다는 것이다. 이에 반해, 용산권 · 성동권 · 강동권 · 송파권은 다른 기능지역과의 중복현상이 거의 나타나지 않고 독자적인 기능지역을 형성하였다.

기능지역의 권역적 중복이 나타난 대표적인 지구는 도심에 위치한 종로동과 부도심의 성격을 지니는 여의도동을 들 수 있다. 발생통행량 및 흡수통행량이 가장 많은 종로동은 성북 · 강북권, 노원 · 도봉권, 동대문 · 중랑권, 은평권, 용산권, 성동권, 서대문권 등 한강 이북에서 형성된 7개의 기능지역에 중복되었다. 이 가운데 성북 · 강북권에서는 주요 출발지겸 주요 도착지로 추출되었고 나머지 6개의 기능지역에서는 종로동이 주요 출발지로만 추출되었

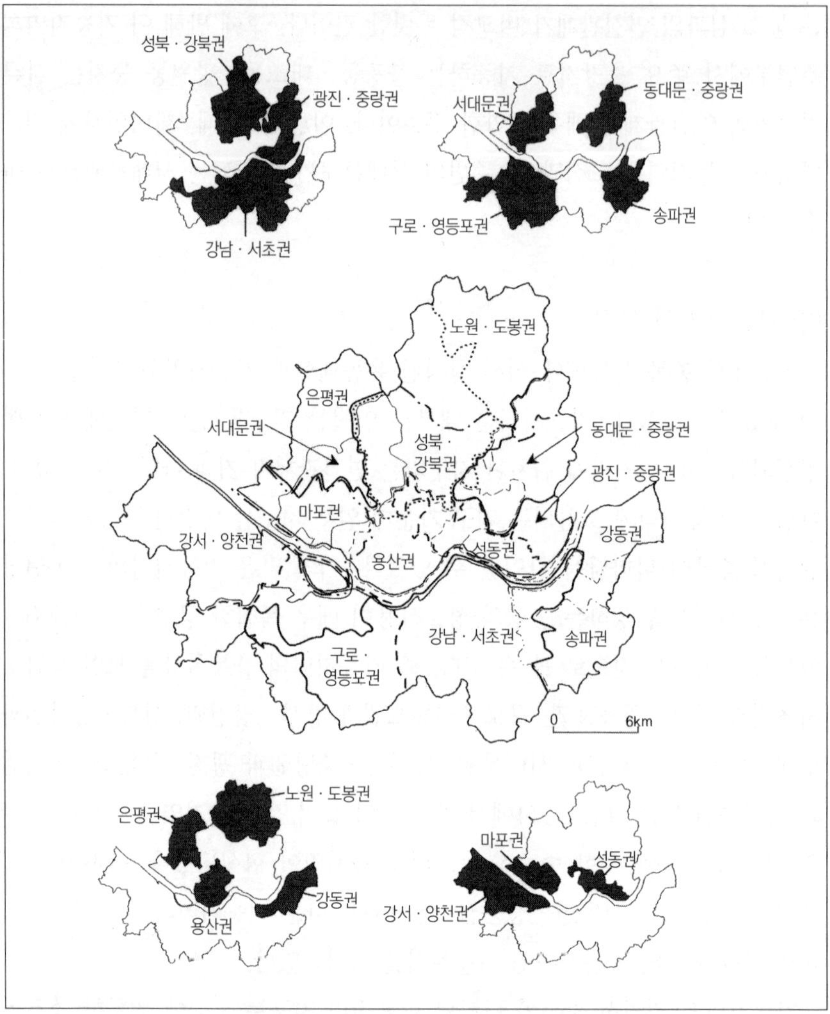

그림 4-14 종목적 통행의 기능지역 구분

다. 종로동을 어느 기능지역에 포함시킬 것인가에 관한 문제를 해결하기 위하여 각 기능지역에서 취하는 인자득점과 인자부하량을 비교해 본 결과, 제3인자(성북 · 강북권)에서의 인자득점(4.17)과 인자부하량(0.52)이 가장 높았으며, 그 다음으로 제6인자의 동대문 · 중랑권(3.83), 제14인자의 서대문권

(2.89), 제7인자의 은평권(2.64)의 순이었다. 따라서 종로동은 궁극적으로 제3인자에 의한 성북 · 강북권의 기능지역에 포함시킬 수 있겠다. 한편 소공동과 명동 등지도 기능지역의 중복현상을 나타내었다. 이와 같은 현상은 종로동과 그 주변지역이 포함되는 도심이 아직까지는 한강 이북에서 매우 중요한 자리를 차지하는 통행의 중심지임을 시사하는 것이다.

여의도동은 구로 · 영등포권, 마포권, 강서 · 양천권의 3개 기능지역에서 중복현상을 보였다. 여의도동은 마포권에서는 주요 출발지로만 추출된 반면, 나머지 두 개의 기능지역에서는 주요 출발지겸 주요 도착지로 추출됨으로써 전술한 종로동과는 다른 특징을 가진다. 즉 상주인구는 부족하고 업무기능이 강한 도심의 주요 지구는 주요 출발지로서의 기능을 강하게 나타낸 반면, 상업업무기능 이외에 주거기능도 발달한 여의도동은 출발지와 도착지의 속성을 모두 가진다는 것이다. 이러한 현상은 두 지구의 발생통행량과 흡수통행량의 차이에서도 간접적으로 확인할 수 있다. 종로동은 발생통행량이 흡수통행량에 비해 3만 트립 정도 많은 발생통행 초과지구이지만, 여의도동은 흡수통행량이 발생통행량을 약 2,000 트립 이상 상회하는 흡수통행 초과지구이다. 이처럼 기존의 상업업무중심지는 여러 기능지역에 중복되는 현상이 발생하였지만, 신흥상업업무지역에 의해 구성된 강남 · 서초권에서 생산자서비스업 및 고급주택지역의 범주에 해당하는 지구는 기능지역의 중복이 거의 나타나지 않고 독자적인 기능지역을 형성하였다.

3) 통근통행의 기능지역

(1) 공통인자의 추출

여기에서는 서울시 각 지구에서 발생한 통근통행량에 의한 통근권의 기능지역구조를 살펴보기로 한다. 이를 위해 각 지구간에 발생한 통근통행의 OD

표 4-3 통근통행의 인자분석 결과

인 자	고유치	개별 설명량(%)	누적 설명량(%)
제1인자	25.39	16.07	16.07
제2인자	20.27	11.95	28.02
제3인자	14.96	8.82	36.84
제4인자	9.23	5.44	42.28
제5인자	8.68	5.11	47.39
제6인자	8.44	4.98	52.37
제7인자	8.02	4.73	57.10
제8인자	7.21	4.24	61.34
제9인자	5.69	3.34	64.68
제10인자	4.87	2.87	67.55
제11인자	3.92	2.31	69.86
제12인자	3.18	2.01	71.87

행렬에 대하여 주성분 인자법에 의한 R-기법의 인자분석을 적용한 결과, 표 4-3에서 보는 바와 같이 개별설명량이 2.0%를 상회하는 12개의 공통인자가 추출되었으며, 이들 인자의 누적설명량은 71.87%에 달하였다.

공통인자에 의해 설명되는 개별 지구의 변동설명량을 의미하는 공통도는 여의도동(87.0%)·서초동(86.2%)·삼성동(84.4%)·영등포동(82.9%)·신대방동(82.2%)·역삼동(80.7%)·방학동(80.6%)·소공동(80.2%) 등 통근흡수통행량이 많은 지구에서 비교적 높게 추출된 반면, 중림동(16.7%)·무악동(22.2%)·사근동(27.1%)·흑석동(27.3%)·금호동(28.1%)·후암동(28.9%)·이태원동(29.2%) 등 고용중심지의 성격이 약한 지구에서는 낮게 추출되었다.

통근통행에 의한 공간상호작용을 분석한 결과, 표 4-3에서와 같이 제1인자의 개별설명량이 하위인자들의 그것과 현격한 차이를 보이지 않는 것으로 나타났다. 그러나 총목적 통행에 비해 제1인자의 개별설명량이 증가하였고 제2인자와의 개별설명량 격차도 다소 증가하였는데, 이는 도심부가 주요 도착지

표 4-4 인자부하량과 인자득점의 급변점(통근통행)

인 자	인자부하량	인자득점	인 자	인자부하량	인자득점
제1인자	0.5	1.0	제7인자	0.4	1.1
제2인자	0.5	1.1	제8인자	0.4	1.0
제3인자	0.3	1.1	제9인자	0.3	1.0
제4인자	0.3	2.8	제10인자	0.3	1.0
제5인자	0.4	2.2	제11인자	0.3	1.0
제6인자	0.4	1.1	제12인자	0.3	1.0

인자부하량과 인자득점은 절대값임.

로 기능하고 서울 북부의 인구주택 밀집지역이 주요 출발지로 기능하는 제1인자에 의한 유동패턴이 서울의 통근통행에 있어서는 가장 설명력이 높은 것임을 보여준다. 뒤를 이어, 제2인자부터 제5인자까지의 유동패턴은 한강 이남에 위치한 고용중심지와 주택지역을 중심으로 형성되었다. 그러나 분석단위지구를 서울시 각 구로 설정한 손승호(2003)의 연구에서는 통근통행의 중심지가 도심에 위치한 종로구나 중구가 아닌 강남구로 추출된 바 있다. 이러한 사실은 공간상호작용의 분석에 있어서 단위지구의 설정이 매우 중요한 요소임을 보여준다.

한편 각 인자별 주요 출발지와 주요 도착지의 분포 및 지구간 기능적 연결관계 등을 파악하기 위하여 앞에서 사용한 방법을 동일하게 적용하여, 최종적으로 12개의 기능지역을 추출하였다. 각 인자별 인자득점과 인자부하량의 급변점은 표 4-4에서 보는 바와 같다. 다음으로 각 인자에 의해 형성된 유동패턴에 대하여 살펴보도록 하겠다.

(2) 인자별 유동패턴

제1인자는 미아동 · 상계동 · 방학동 · 쌍문동을 중심으로 서울시 북부에 자리한 도봉구 · 노원구 · 성북구 · 강북구에 걸친 유동패턴을 형성하였다(그림 4-15(a)). 주요 출발지에는 2000년대의 등질지역 설정에서 고밀주택지역으

그림 4-15(a) 통근통행의 유동패턴

그림 4-15(b) 통근통행의 유동패턴

로 분류된 미아동(7.05) · 상계동(4.65) · 수유동(4.39) · 쌍문동(3.61) · 창동(3.59) · 정릉동(3.36)을 포함하여 모두 11개 지구가 추출되었으며, 이들 대부분 지구는 인구규모가 크고 통근발생통행량이 많은 곳들이다. 주요 도착지로는 방학동(0.84) · 쌍문동(0.83) · 길음동(0.82) · 번동(0.78) · 종로동(0.77)을 포함한 29개 지구가 추출되었으며, 종로동을 비롯한 도심 일대의 광희동(0.64) · 필동(0.59) · 명동(0.57) · 회현동(0.51) · 소공동(0.50) 등지도 주요 도착지로 추출되었다. 즉, 제1인자에 의한 유동패턴은 서울시 북부의 고밀주택지역이 주요 출발지겸 주요 도착지로, 그리고 도심부가 주요 도착지로 연결되는 기능지역을 형성하였다. 이렇게 볼 때, 제1인자의 기능지역은 도봉 · 성북권이라 할 수 있다. 한편 그림 4-15(a)에서 도심부의 주요 도착지가 주요 출발지와 직선의 연결관계를 형성시킨 것은 출발지를 기준으로 할 경우이고, 도착지를 기준으로 할 경우에는 전혀 연결관계가 형성되지 않았다.

제2인자는 신림동 · 봉천동 · 사당동 · 신대방동을 중심으로 관악구와 동작구 전역, 그리고 인접한 서초구의 일부 지구가 연결되는 유동패턴을 형성하였다(그림 4-15(a)). 주요 출발지는 제1인자에 의한 도봉 · 성북권에서와 같이 등질지역의 설정에서 고밀주택지역으로 분류된 신림동(7.32) · 봉천동(6.77) · 상도동(3.21) 등을 포함하여 11개 지구가 추출되었으며, 주요 도착지로는 사당동(0.83) · 신대방동(0.78) · 방배동(0.76)을 포함한 15개 지구가 추출되었다. 이 유동패턴에서는 중심부에 자리한 대부분 지구가 주요 출발지겸 주요 도착지로 기능한다. 그러나 동부에 자리한 심성동 · 양재동 · 반포동 · 잠원동 등의 지구는 주요 도착지로만 기능하고 서부에서 주요 출발지로 추출된 화곡동은 다른 지구와의 기능적 연결관계가 미약한 것으로 나타났다. 여기에서는 미약하게나마 한강을 가로지르는 연결관계가 나타났다. 즉, 한강 이북의 도소매업 기능이 강한 한강로동(0.53)과 주택지역인 한남동(1.54)이 각각 주요 도착지와 주요 출발지로 추출된 것이다. 이상에서 살펴본 바와 같이, 제2인자에 의한 기능지역은 관악 · 동작권으로 볼 수 있다.

제3인자는 천호동 · 잠실동 · 암사동 · 명일동을 중심으로 송파구와 강동구 전역에 걸친 유동패턴을 형성하였다(그림 4-15(a)). 주요 출발지로는 천호동(8.43) · 암사동(3.78) · 잠실동(3.37) · 고덕동(2.98)을 비롯한 14개 지구가 추출되었으며, 주요 도착지로는 명일동(0.88) · 암사동(0.84) · 성내동(0.83) · 방이동(0.79)을 비롯한 18개 지구가 추출되었다. 여기에서는 한강을 가로지르는 연결관계가 주요 도착지인 용두동(0.32)과 군자동(0.33)의 두 지구에서 나타났지만, 이들 두 지구의 인자부하량이 비교적 낮은 값을 취하고 있다. 이에 따라, 제3인자에 의해 구성되는 기능지역은 송파 · 강동권으로 볼 수 있으며, 여타의 기능지역에 비해 서울시에 형성된 區內에서의 완결도가 높은 편에 해당한다. 제3인자에 의한 유동패턴에 포함되는 대부분의 지구는 통근흡수요인이 많지 않은 관계로, 발생통행량이 흡수통행량을 초과하는 양상을 나타내었다.

제4인자는 화곡동 · 신월동 · 신정동 · 목동을 중심으로 강서구와 양천구 전역을 포함하며 영등포구와 마포구의 일부 지구가 포함되는 유동패턴을 형성하였다(그림 4-15(a)). 주요 출발지로는 고밀주택지역인 화곡동(7.28) · 신월동(6.37) · 신정동(4.00) · 목동(3.44) · 가양동(3.00)을 포함하여 9개 지구가 추출되었지만, 독산동과 북가좌동은 본 인자에서 인자득점이 1.50 이하로 매우 낮으며 기능적 연결관계도 매우 미약하게 형성되었다. 주요 도착지로는 발산동(0.88) · 염창동(0.79) · 공항동(0.79) · 목동(0.78)을 비롯하여 상업업무기능과 제조업이 발달한 여의도동 · 영등포동 · 문래동, 그리고 한강 이북의 대신동 · 서교동 · 충정로동 등을 포함하여 모두 19개 지구가 추출되었다. 이에 따라 제4인자에 의해 형성된 기능지역은 강서 · 양천권으로 볼 수 있으며, 이 유동패턴에서는 여의도동과 영등포동에 인접한 지구와 한강 이북에 자리한 지구는 대부분 주요 도착지로만 기능하고 있다.

제5인자는 제4인자에 의한 강서 · 양천권의 동부에 인접하여 구로동 · 고척동 · 독산동 · 시흥동 등지를 중심으로 구로구 · 금천구 · 영등포구에 걸쳐 형성된 유동패턴이다(그림 4-15(a)). 이 유동패턴에서의 주요 출발지 역시 인구 밀집지역인 구로동(6.05) · 독산동(4.22) · 시흥동(3.62) · 신길동(3.34) 등 모두 12개 지구가 추출되었다. 특히 제4인자에서 주요 출발지겸 주요 도착지로 추출되었던 신정동이 제5인자에서도 2.91의 인자득점을 기록함으로써 주요 출발지로 추출되었으며 신림동(2.26) 역시 제2인자의 유동패턴에 이어, 제5인자에서도 주요 출발지겸 주요 도착지로 추출되었다. 주요 도착지로는 고척동(0.74) · 구로동(0.73) · 문래동(0.72) · 가산동(0.71)을 포함한 20개 지구가 추출되었는데, 통근통행의 흡수요인이 많은 여의도동과 영등포동은 제4인자에서와 같이 주요 도착지로 추출되었다. 이상에서 볼 때, 제5인자에 의해 형성된 기능지역은 구로 · 영등포권이라 할 수 있다.

제6인자는 응암동 · 불광동 · 홍은동 · 홍제동을 중심으로 서울시 서북부에서 은평구와 서대문구에 걸친 유동패턴을 형성하였다(그림 4-15(a)). 주요 출발지로 추출된 지구는 역촌동(7.26) · 응암동(4.52) · 갈현동(4.15) · 홍은동(3.84) · 홍제동(3.32)을 포함한 13개 지구이며, 한강 이남의 신월동이 포함되었지만 기능적 연결관계는 미약하게 형성되었다. 주요 도착지로는 증산동(0.86) · 녹번동(0.85) · 응암동(0.84) · 갈현동(0.75)을 비롯한 18개 지구가 추출되었다. 이에 따라 제6인자에 의해 형성된 유동패턴은 은평 · 서대문권이라 할 수 있다. 이 기능지역에서는 대부분의 지구가 주요 출발지겸 주요 도착지로 추출되었지만, 기능지역 동부의 도심에 인접한 지구는 주요 도착지로만 추출됨으로써, 도심 인접지구가 은평 · 서대문권에서 통행의 도착지로 기능하고 있음을 보여준다.

제7인자는 개포동 · 반포동 · 대치동 · 역삼동 · 논현동을 중심으로 강남구와 송파구의 대부분 지구 및 인접한 서초구의 일부 지구를 포함하는 유동패턴을 형성하였다(그림 4-15(b)). 주요 출발지로는 개포동(4.09) · 반포동(3.98) · 잠실동(3.64) · 대치동(3.52) 등지와 신정동 · 구로동 · 신길동 · 상계동 등의 고밀주택지역을 포함한 17개 지구가 추출되었다. 주요 도착지로는 모두 19개 지구가 추출되었는데, 각 지구의 도착지 속성을 보여주는 인자부하량이 다른 인자에서의 인자부하량에 비해 상대적으로 낮은 값을 기록하였다. 본 유동패턴에서 주요 도착지로 추출된 지구는 대치동(0.74) · 역삼동(0.68) · 개포동(0.67) · 논현동(0.65) · 삼성동(0.59) 등이 있다. 따라서 제7인자에 의한 기능지역은 강남 · 송파권이라 할 수 있다. 그리고 제3인자에서 주요 출발지겸 주요 도착지였던 잠실동이 여기에서는 주요 출발지로만 추출되었으며, 제2인자에서 주요 출발지겸 주요 도착지로 추출되었던 서초동을 비롯한 삼성동 · 압구정동 · 청담동 · 양재동 · 수서동 등지는 주요 도착지로만 추출되었다.

제8인자는 면목동 · 중곡동 · 전농동 · 자양동을 중심으로 중랑구와 광진구 전역, 그리고 인접한 동대문구의 일부 지구를 포함하는 유동패턴을 형성하였다(그림 4-15(b)). 주요 출발지는 면목동(10.43) · 묵동(2.96) · 중화동(2.55) · 신내동(2.38)을 포함한 13개 지구로, 출발지의 속성을 나타내주는 인자득점을 고려한다면 중랑구에 자리한 지구가 광진구에 자리한 지구에 비해 출발지로서의 비중이 크다. 주요 도착지는 망우동(0.88) · 중화동(0.86) · 상봉동(0.85) · 신내동(0.83)을 포함하여 17개 지구가 추출되었다. 도착지의 속성을 보이는 인자부하량 역시 이 유동패턴의 북부에 자리한 중랑구의 여러 지구에서 높은 값을 보였다. 그러나 전체적인 상호작용을 고려한다면, 제8인자에 의한 기능지역은 중랑 · 광진권으로 볼 수 있다. 고밀주택지역인 상계동이 주요 출발지로 추출되고, 도심부에 위치한 필동이 주요 도착지로 추출된 점이 눈에 띄는 현상이다.

제9인자는 자양동 · 금호동 · 신당동 · 성수동을 중심으로 성동구와 광진구 전역에 걸쳐 형성된 유동패턴이다(그림 4-15(b)). 주요 출발지로는 자양동(7.55) · 금호동(5.33) · 구의동(3.57) · 성수동(2.75) 등을 포함하여 14개 지구가 추출되었으며, 유동패턴의 북부에 자리한 월계동과 신내동은 주요 출발지로 추출되었지만 주요 도착지들과의 기능적 연결관계가 미약하게 형성되었다. 주요 도착지로는 많은 도소매업체가 입지하고 있는 신당동(0.76)을 비롯하여 성수동(0.75) · 화양동(0.65) · 행당동(0.64) 등 모두 19개 지구가 추출되었다. 따라서 제9인자에 의해 형성된 기능지역은 성동 · 광진권이라 할 수 있다.

제10인자는 연남동 · 대흥동 · 신수동 · 창전동을 중심으로 마포구 전역과 한강 이남에 자리한 강서구와 양천구의 일부 지구가 연결되는 유동패턴을 형성하였다(그림 4-15(b)). 주요 출발지로는 연남동(5.94) · 대흥동(3.94) · 망원동(3.10) · 북가좌동(2.73) 등지를 포함한 20개 지구가 추출되었으며, 특히 강서구와 양천구의 신시가지에 자리한 고밀주택지역인 화곡동 · 신정동 · 가양동 · 신월동 등지가 주요 출발지로 기능하고 있다. 주요 도착지로는 신수동(0.76) · 도화동(0.59) · 창전동(0.57) · 망원동(0.56)을 포함한 16개 지구가 추출되었으며, 이 가운데 여의도동은 주요 도착지와는 연결관계가 형성되지 못하였고 한강 이남에 자리한 신월동 · 화곡동 · 가양동 · 신길동 등지의 주요 출발지와만 기능적 연결이 이루어졌다. 본 유동패턴에서 주요 도착지로 기능하는 지구는 여의도동을 제외한다면, 대부분 주거지로서의 성격이 약한 지구에 해당한다. 이들 지구는 2000년대의 등질지역 설정에서 주거인구가 밀집해 있는 전형적인 주택지역으로 분류되지 못한 곳이다. 또한 여기에서는 주요 도착지의 속성을 보여주는 인자부하량이 상위 인자들의 그것에 비해 다소 낮아졌음을 확인할 수 있다. 요컨대, 제10인자에 의해 형성된 기능지역은 마포권이라 볼 수 있으며, 인구밀집지역이 주요 출발지로 기능하고 상업업무기능이 주거기능에 비해 우세한 지구가 주요 도착지로 기능하는 양상이다.

제11인자는 공릉동 · 중계동 · 묵동 · 장위동을 중심으로 노원구 전역과 중랑구와 성북구의 일부 지구가 포함되는 유동패턴을 형성하였다(그림 4-15(b)). 주요 출발지는 공릉동(7.84) · 중계동(4.59) · 석관동(3.96) · 월계동(3.02) 등을 포함한 19개 지구가 추출되었으며, 역촌동 · 홍은동 · 구의동 등지도 여기에 포함되지만 기능적 연결관계는 약한 편이다. 주요 도착지로는 묵동(0.71) · 장위동(0.67) · 면목동(0.62) · 상계동(0.56)을 포함한 10개 지구가 추출되었다. 제11인자에 의한 유동패턴에서도, 주요 도착지의 속성을 보여주는 인자부하량이 제10인자에서와 같이 상대적으로 낮은 값을 취하였다. 요컨대, 제11인자의 유동패턴에 의한 기능지역은 인자득점 및 인자부하량이 높게 형성된 지구를 중심으로 노원권이라 할 수 있다.

제12인자는 미아동 · 신당동 · 남영동을 중심으로 용산구와 강북구가 중심이 되어 서울을 남북으로 가로지르는 유동패턴을 형성하였다(그림 4-15(b)). 주요 출발지로는 상계동(7.85) · 정릉동(2.85) · 한남동(2.50) · 남영동(2.39)을 포함하여 모두 29개 지구가 추출되었지만, 그림에서 보는 바와 같이 방배동 · 독산동 등지는 주요 도착지와 상호작용의 정도가 약한 관계로 직선연결이 이루어지지 않았다. 주요 도착지로는 용산동(0.52) · 원효로동(0.47) · 장충동(0.40)을 포함한 10개 지구가 추출되었으며, 본 인자에서도 주요 도착지로 추출된 지구의 인자부하량이 상위의 인자들에 비해 전반적으로 낮은 값을 보였다. 그러나 상술한 주요 도착지는 본 유동패턴에 포함된 미아동(0.36) · 중계동(0.31) · 창동(0.30) 등 서울시 북부의 고밀주택지역에 자리한 주요 도착지보다 높은 인자부하량을 보유하고 있다. 따라서 이 기능지역은 서울시 북부와 남부의 고밀주택지역이 주요 출발지로 기능하고 도심주변지역이 주요 도착지로 기능하는 용산권이라 할 수 있겠다.

(3) 기능지역의 설정

이상에서 살펴본 서울시 통근통행의 기능지역은 모두 12개가 형성되었으며, 서울시 북부의 고밀주택지역과 도심이 연결되는 도봉 · 성북권이 가장 설명력이 높은 기능지역으로 형성되었다. 그러나 통근통행의 기능지역은 제1인자를 제외하면 제2인자에서 제5인자까지의 상위인자가 한강 이남에 자리한 지구를 중심으로 형성되었다는 것이 총목적 통행의 유동패턴에 의한 기능지역구조와 가지는 차이점이다. 이와 같은 현상은 서울시 통근통행의 주요 흡수지가 도심이 위치한 한강 이북보다 신흥상업업무지역이라 할 수 있을 만큼 빠른 성장을 보인 한강 이남에 위치하고 있다는 사실과도 일맥상통하는 것이다. 또한 이는 서울시의 지역구조에서 기존에 형성된 도심중심의 일극집중도가 완화되어 가고 있음을 의미하며, 그에 따라 제3장에서 실시한 등질지역의 설정에서 생산자서비스업 및 고급주택지역 또는 중심업무지역으로 분류되었고 유동패턴에서는 주요 도착지로 추출된 여의도동 · 역삼동 · 삼성동 등지가 통근통행의 새로운 중심지로 부상하고 있음을 보여주는 것이다.

통근통행에 의해 형성된 유동패턴에서도 명확한 기능지역의 설정이 이루어지지 못하였다. 즉, 여러 지구에 걸쳐 기능지역의 권역적 중복현상이 나타났다. 그림 4-16에서 보는 바와 같이, 통근통행의 기능지역은 매우 복잡하게 얽혀 있는 양상을 보인다. 특히 제4인자에 의해 형성된 강서 · 양천권은 모두 3개의 기능지역과 중복되었는데, 그 가운데 구로 · 영등포권과의 중복현상이 가장 뚜렷하며, 이러한 현상은 주요 도착지의 자격을 가지는 지구에서 두드러졌다. 또한 강서구와 양천구의 고밀주택지역을 주요 출발지로 형성된 제10인자의 마포권은 인접한 기능지역과 주요 출발지가 중복되는 양상을 보였다. 즉, 통근통행에서 고밀주택지역은 주요 출발지의 자격으로 여러 기능지역에 걸쳐 중복되는 현상을 보인 반면, 상업업무기능이 발달한 도심이나 부도심과 같은 고용중심지는 주요 도착지의 자격으로 여러 기능지역에 걸친 중복현상을 보였다. 한편, 제3인자의 강동 · 송파권과 제7인자의 강남 · 송파권, 제4인자의 강서 · 양천권과 제10인자의 마포권, 그리고 제8인자의 중랑 · 광진권과 제9인자의 성동 · 광진권은 상당히 많은 주요 출발지와 주요 도착지에서 중복현상을 보였다.

기능지역의 추출에서 주요 출발지의 자격으로 여러 기능지역에 걸쳐 중복현상을 보인 지구는 6개의 기능지역에 포함된 상계동을 비롯하여, 5개의 기능지역에 중복된 신정동과 신길동 등이 있다. 여기에서 상계동은 도봉 · 성북권(4.65)과 용산권(7.85)에서, 신정동은 강서 · 양천권(4.00)과 구로 · 영등포

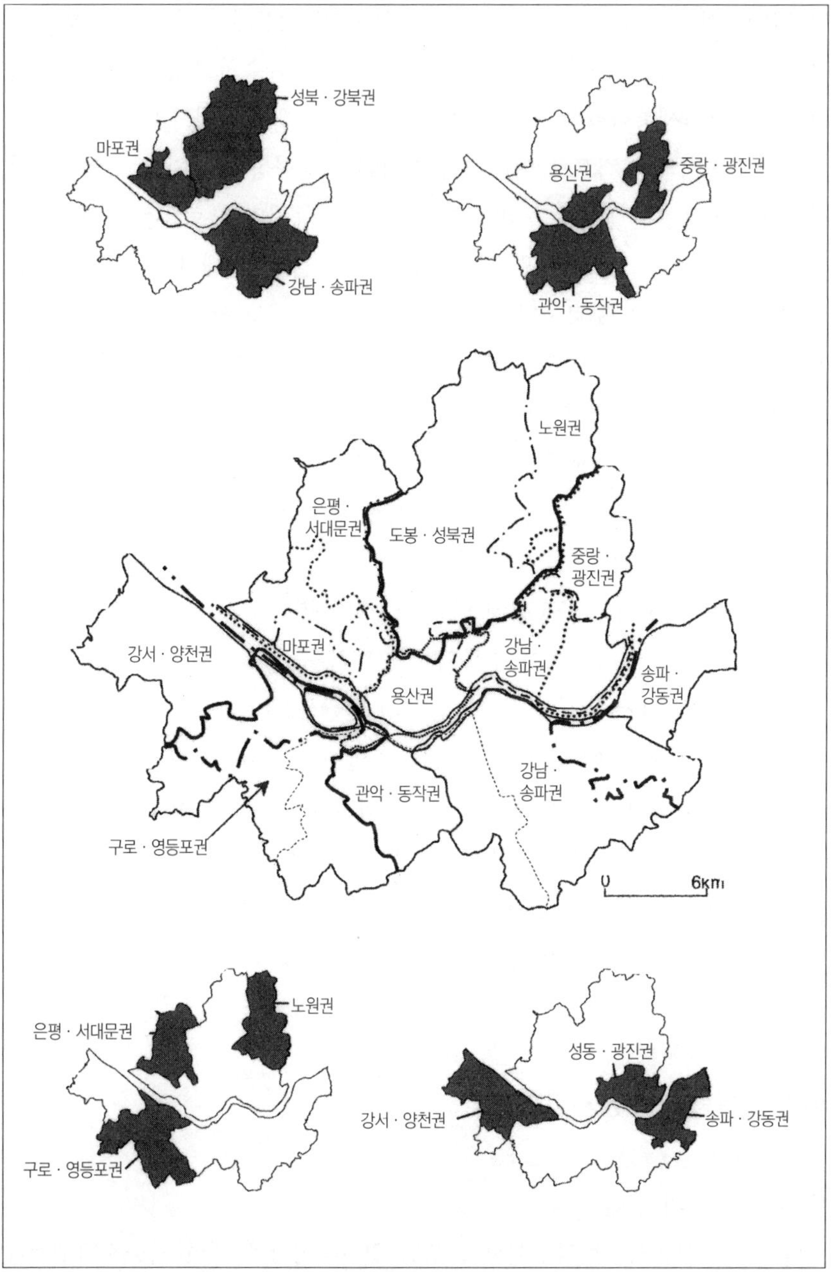

그림 4-16 통근통행의 기능지역 구분

권(2.91)에서, 그리고 신길동은 구로 · 영등포권(3.34)에서 각각 높은 인자득점을 기록하였다. 이처럼 주요 출발지의 자격으로 다수의 기능지역에 중복된 지구는 통근발생통행량의 규모가 큰 고밀주택지역에 자리하고 있다.

주요 도착지의 자격으로 여러 기능지역에 중복현상을 보인 지구는 4개의 기능지역에 포함된 공릉동을 비롯하여 3개의 기능지역에 포함된 여의도동 · 필동 등이 있다. 이 가운데 공릉동은 도봉 · 성북권(0.56)에서, 여의도동은 강서 · 양천권(0.53)과 구로 · 영등포권(0.51)에서, 그리고 필동은 도봉 · 성북권(0.59)과 중랑 · 광진권(0.50)에서 각각 높은 인자부하량을 기록하였다. 이외에 2개의 기능지역에 중복된 지구는 도심부와 여의도동 주변, 서초동과 삼성동 주변의 업무중심지에 주로 자리하고 있다. 주요 도착지의 자격으로 다수의 기능지역에 중복된 지구는 통근흡수통행량의 규모가 큰 고용중심지와 그 주변에 자리하고 있음을 볼 수 있다.

이와 같이, 서울시 통근통행에 의한 기능지역구조 역시 총목적 통행에서와 마찬가지로 여러 기능지역이 중복되는 중층적 구조로 이루어졌음을 확인하였다. 이는 서울에서 발생하는 통근통행의 공간상호작용이 매우 복잡하게 얽혀 있음을 보여주는 것이며, 통근통행의 출발지인 고밀주택지역이 주요 출발지의 자격으로 중복되고 도착지인 고용중심지가 주요 도착지의 자격으로 중복되었다는 것은 서울시의 사회 · 경제적 지역분화가 주거지와 상업업무지역에 대해서는 상당 부분 진전되었고 직장과 주거지의 분리현상이 심화되고 있다는 사실을 시사하는 것이다.

4) 업무통행의 기능지역

(1) 공통인자의 추출

다음으로 서울시 각 지구에서 발생한 업무통행량에 의한 기능지역구조를

표 4-5 업무통행의 인자분석 결과

인 자	고유치	개별 설명량(%)	누적 설명량(%)
제1인자	26.841	15.80	15.80
제2인자	14.99	8.82	24.62
제3인자	13.14	7.73	32.35
제4인자	8.70	5.12	37.47
제5인자	7.49	4.41	41.88
제6인자	6.65	3.91	45.79
제7인자	6.53	3.85	49.64
제8인자	6.45	3.80	53.44
제9인자	6.44	3.79	57.23
제10인자	5.60	3.25	60.48
제11인자	4.54	2.66	63.14
제12인자	4.30	2.53	65.67
제13인자	3.63	2.14	67.81
제14인자	3.46	2.04	69.85
제15인자	3.40	2.00	71.85

살펴보기로 하겠다. 이를 위해 각 지구 간에 발생한 업무통행의 OD행렬에 대하여 주성분 인자법에 의한 R-기법의 인자분석을 적용한 결과, 표 4-5에서 보는 바와 같이 개별설명량이 2.0%를 상회하는 15개의 공통인자가 추출되었으며, 이들 인자의 누적설명량은 71.85%에 달하였다.

한편 공통인자에 의해 설명되는 개별 지구의 변동설명량을 의미하는 공통도는 양재동(87.7%) · 대치동(84.1%) · 역삼동(84.1%) · 등촌동(83.2%) · 논현동(82.3%) · 중계동(81.0%) · 반포동(81.0%) · 도곡동(80.8%) · 삼성동(80.5%) 등 발생통행량 및 흡수통행량이 2만 트립을 상회하는 지구에서 비교적 높게 추출되었다. 이에 반해 창천동(5.5%) · 이문동(10.2%) · 북가좌동(13.4%) · 대신동(19.2%) · 도림동(20.7%) · 안암동(24.8%) · 용답동(26.8%) 등지에서 낮게 추출되었다.

서울시 지구 간 업무통행에 의한 공간상호작용을 분석한 결과, 표 4-5에

표 4-6 인자부하량과 인자득점의 급변점(업무통행)

인 자	인자부하량	인자득점	인 자	인자부하량	인자득점
제1인자	0.5	1.4	제9인자	0.3	1.2
제2인자	0.3	1.3	제10인자	0.3	1.2
제3인자	0.3	1.0	제11인자	0.3	1.3
제4인자	0.4	1.2	제12인자	0.3	1.3
제5인자	0.3	1.0	제13인자	0.3	1.4
제6인자	0.3	1.0	제14인자	0.3	1.2
제7인자	0.3	1.0	제15인자	0.3	1.2
제8인자	0.3	1.3			

인자부하량과 인자득점은 절대값임.

서 보는 바와 같이 제1인자의 개별설명량이 하위 인자의 개별설명량과 비교적 큰 차이를 나타냈다. 그러나 최상위인자를 제외한 나머지 인자들의 개별설명량은 서로 큰 차이를 보이지 않았는데, 이는 총목적 통행이나 통근통행에서처럼 통행의 분포가 특정 통행권에 집중되지 않고 여러 통행권에 걸쳐 비교적 고르게 분포하고 있음을 암시한다. 단지 제1인자와 제2인자의 개별설명량 격차가 총목적 통행이나 통근통행에 비해 증가한 것은 업무통행이 여타의 목적통행에 비해 제1인자에 의해 형성된 통행권에의 집중도가 다소 높다는 것을 보여준다.

한편 각 인자별 주요 출발지와 주요 도착지의 분포 및 지구간의 기능적 연결관계 등을 파악하기 위하여 앞에서 사용한 방법을 동일하게 적용하여 최종적으로 15개의 기능지역을 추출하였다. 각 인자별 인자부하량과 인자득점의 급변점은 표 4-6에서 보는 바와 같다.

(2) 인자별 유동패턴

제1인자는 서초동 · 삼성동 · 반포동 · 역삼동을 포함하는 강남구와 서초구, 그리고 도심부의 일부 지구 및 여의도동을 중심으로 형성된 유동패턴이다(그림 4-17(a)). 주요 출발지에는 서초동(6.55) · 삼성동(4.79) · 역삼동(4.71) ·

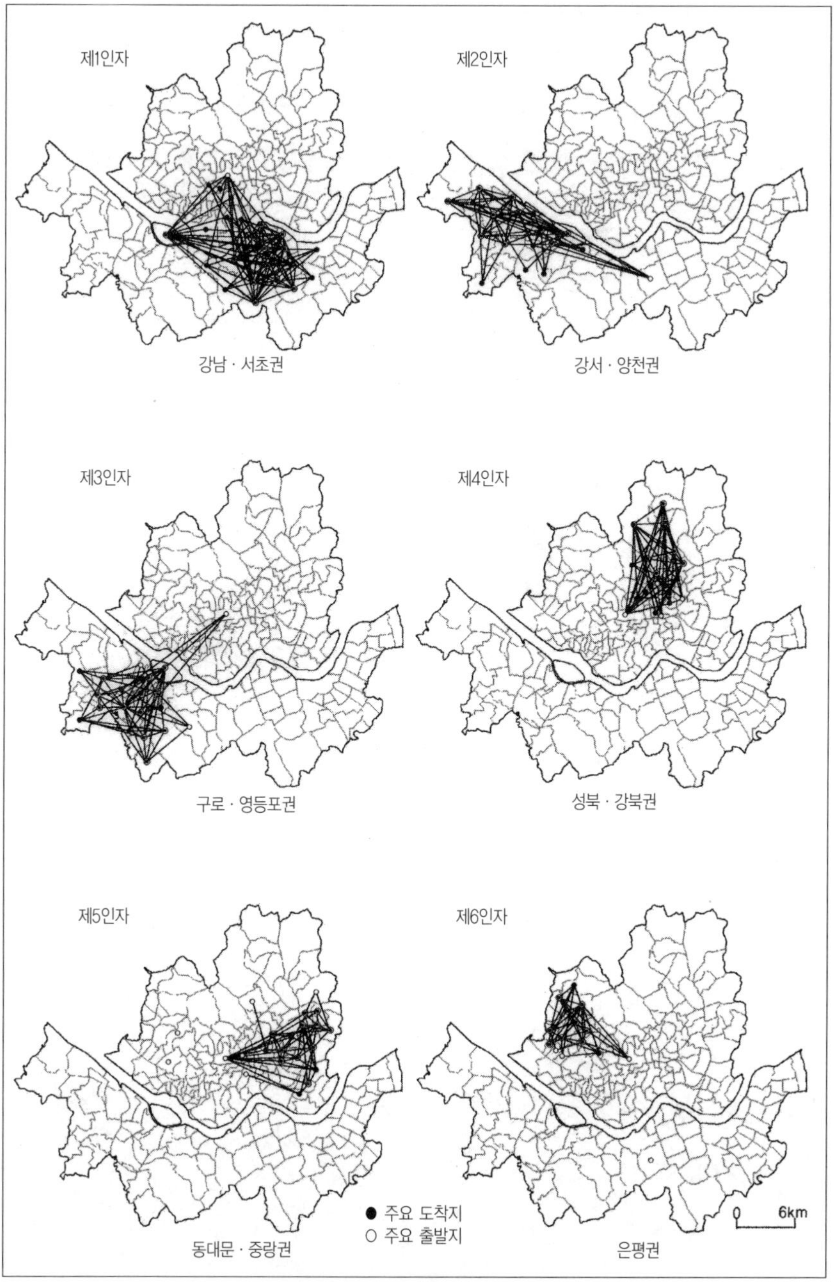

그림 4-17(a) 업무통행의 유동패턴

그림 4-17(b) 업무통행의 유동패턴

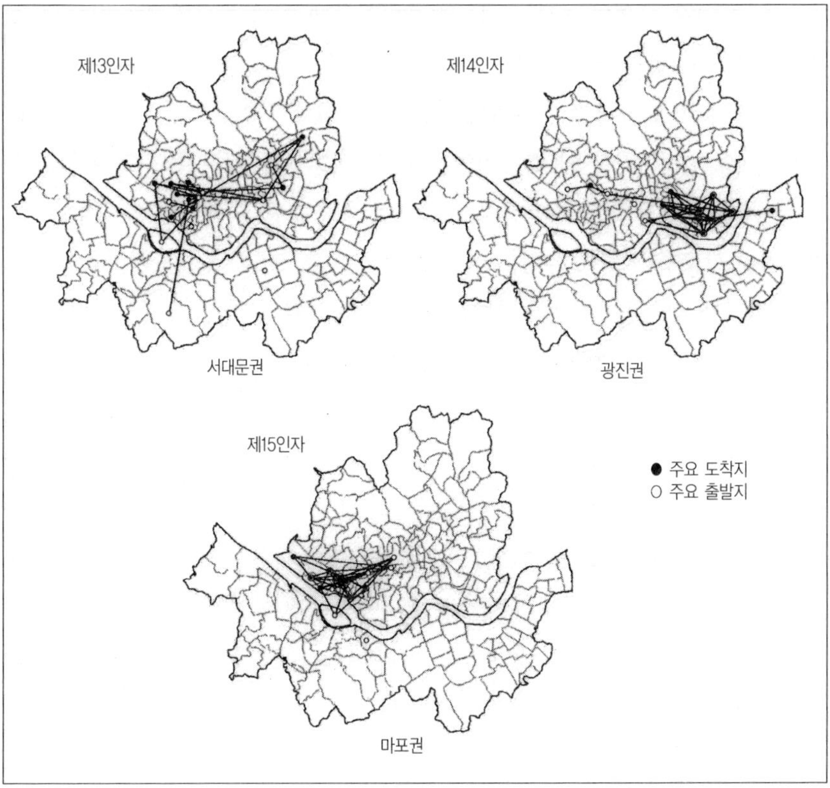

그림 4-17(c) 업무통행의 유동패턴

논현동(4.08) · 양재동(3.27)을 포함하여 모두 13개 지구가 추출되었으며, 통근통행의 주요 중심지인 종로동(1.70)과 여의도동(1.70) 역시 주요 출발지로 선정되었다. 주요 도착지는 가장 높은 공통도를 기록한 양재동(0.88)을 비롯하여 반포동(0.87) · 도곡동(0.87) · 역삼동(0.87) · 청담동(0.86) · 논현동(0.86) · 대치동(0.86) · 삼성동(0.85) 등 모두 24개 지구가 추출되었는데, 여기에는 도심부의 소공동 · 필동 · 명동, 부도심의 여의도동, 강남 부도심에 인접한 사당동과 잠실동, 그리고 한강 이북의 한남동 · 한강로동 등지가 포함된다. 제1인자에서 주요 출발지 및 주요 도착지로 추출된 지구는 공통도에서도 매우 높은 값을 보였다. 이렇게 볼 때, 제1인자에 의해 형성된 기능지역은 통근통행의 주요 중심지인 강남구와 서초구에 자리한 지구와 여의도동이 주요 출발지겸 주요 도착지로 기능하고, 여기에 도심부가 연결되는 강남 · 서초권이라 할 수 있다. 또한 이 기능지역은 주요 출발지에 비해 주요 도착지의 수가 월등히 많은 도착지 초과형의 패턴으로 통근통행의 주요 중심지와 그 주변지역이 서로 연결되는 유형이다.

제2인자는 화곡동 · 목동 · 영등포동 · 여의도동을 중심으로 강서구와 양천구 전역, 그리고 영등포구와 구로구의 일부 지구가 포함되는 유동패턴을 형성하였다(그림 4-17(a)). 주요 출발지에는 화곡동(9.26) · 목동(3.87) · 신월동(2.91) · 당산동(2.69) · 영등포동(2.66) · 신정동(2.64)을 비롯하여 모두 11개 지구가 추출되었으며, 제1인자에 의한 강남 · 서초권의 유동패턴에서 주요 출발지겸 주요 도착지로 추출되었던 서초동(1.39)이 본 인자에서는 주요 출발지로 추출되었다. 주요 도착지에는 염창동(0.85) · 가양동(0.83) · 공항동(0.82) · 발산동(0.78) · 당산동(0.77) · 신정동(0.76) 등지를 비롯한 17개 지구가 추출되었으며, 여기에는 구로구의 구로동 · 대림동 · 오류동이 포함되었다. 그러나 제2인자의 주요 도착지 가운데 구로구에 위치한 대림동과 오류동은 인자부하량이 0.4 이하로 그리 높지 않으며, 영등포구의 여의도동과 영등포동 역시 주요 출발지겸 주요 도착지로 추출되었지만, 인자득점 및 인자부하량이 타 지구에 비해 낮은 편에 해당한다. 이들 지구는 후술하게 될 제3인자에서 높은 인자부하량을 기록하였다. 따라서 제2인자에 의해 형성된 기능지역은 인자득점 및 인자부하량이 높게 나타난 지구를 중심으로 하는 강서 · 양천권이라 할 수 있겠다.

제3인자는 제1인자의 강남 · 서초권과 제2인자의 강서 · 양천권의 중간에서 구로동 · 독산동 · 영등포동 · 시흥동 · 신도림동을 중심으로 구로구와 영등포구 전역에 걸쳐 형성된 유동패턴으로, 제1인자보다는 제2인자의 기능지역 쪽으로 다소 치우친 양상이다(그림 4-17(a)). 따라서, 제3인자에 의한 기능지역은 제2인자에 의해 형성된 강서 · 양천권과 여의도동 · 영등포동 · 신정동 · 구로동 · 문래동 · 당산동 등의 여러 지구에서 중복현상을 나타내었다. 본 인자의 주요 출발지로는 구로동(8.66) · 독산동(3.86) · 영등포동(3.74) · 시흥동(2.34) · 신길동(2.20)을 포함한 16개 지구가 추출되었으며, 종로동 · 신림동 · 봉천동도 여기에 포함되었다. 주요 도착지로는 가산동(0.84) · 시흥동(0.76) · 신도림동(0.73) · 대림동(0.72) · 신길동(0.71)을 포함한 18개 지구가 추출되었다. 주요 도착지 가운데 제2인자에서도 주요 도착지로 추출되었던 신월동(0.38)과 신정동(0.35)은 비교적 낮은 인자부하량을 기록함으로써, 제3인자에서 차지하는 비중이 크지 않다. 따라서 제3인자에 의해 형성된 기능지역은 구로 · 영등포권이라 할 수 있다.

제4인자는 미아동 · 수유동 · 번동 · 길음동을 중심으로 성북구와 강북구 전역, 그리고 동대문구와 도봉구의 일부 지구가 포함되는 유동패턴을 형성하였다(그림 4-17(a)). 주요 출발지로는 미아동(6.72) · 수유동(5.52) · 동선동(3.74) · 청량리동(2.80) · 길음동(2.38)을 포함하여 12개 지구가 추출되었으며, 여기에는 종로동과 신설동이 포함되었다. 주요 도착지로는 번동(0.78) · 길음동(0.73) · 정릉동(0.71) · 쌍문동(0.60) · 수유동(0.59)을 비롯한 15개 지구가 추출되었다. 특히, 이 유동패턴에서는 주요 출발지인 종로동의 주변으로 주요 도착지가 연속적으로 분포하지만, 다른 지구와의 기능적 연결관계는 미약한 편이다. 이렇게 볼 때, 제4인자에 의해 형성된 기능지역은 성북 · 강북권으로 볼 수 있다.

제5인자는 면목동 · 전농동 · 상봉동 · 장안동을 중심으로 동대문구와 중랑구의 대부분 지구, 그리고 광진구의 일부 지구가 포함되는 유동패턴을 형성하였다(그림 4-17(a)). 주요 출발지로는 면목동(9.44) · 종로동(2.94) · 망우동(2.16) · 중화동(2.14)을 비롯하여 16개 지구가 추출되었으며, 종로동을 비롯하여 창신동과 신당동 등 도심부 일부 지구와 서울시 북부의 미아동과 공릉동 역시 주요 출발지로 기능하지만, 그림에서 보는 바와 같이 통근통행의 중심지인 종로동을 제외한 나머지 지구는 여타의 주요 도착지와 기능적 연결관계가 미약한 수준이다. 주요 도착지로는 상봉동(0.81) · 장안동(0.75) · 신내동(0.69) · 중곡동(0.66) · 중화동(0.66) · 군자동(0.62) · 전농동(0.60)을 비롯하여 15개 지구가 추출되었다. 이상에서 제5인자에 의해 형성된 기능지역은 동대문 · 중랑권으로 볼 수 있다.

제6인자는 응암동 · 불광동 · 녹번동을 중심으로 은평구 전역과 서대문구의 일부 지구가 포함되는 유동패턴을 형성하였다(그림 4-17(a)). 주요 출발지로는 응암동(5.84) · 불광동(5.26) · 역촌동(5.09) · 갈현동(5.08)을 포함한 12개 지구가 추출되었으며, 이 외에 홍은동(2.56) · 홍제동(2.46) · 종로동(2.39)이 주요 출발지에 포함되었다. 주요 도착지로는 녹번동(0.89) · 증산동(0.79) · 역촌동(0.75) · 갈현동(0.74) · 대조동(0.71)을 비롯한 11개 지구가 추출되었다. 여기에서는 서대문구에 자리한 홍은동과 홍제동이 주요 도착지로 추출되었지만, 인자부하량이 각각 0.49와 0.44로 기능지역내의 다른 지구에 비해 낮은 편에 해당한다. 따라서 제6인자에 의해 형성된 기능지역은 인자득점 및 인자부하량이 높은 지구가 자리하고 있는 은평구를 중심으로 형성된 은평권이라 할 수 있다.

제7인자는 가락동 · 잠실동 · 역삼동 · 삼성동을 중심으로 송파구의 대부분 지구와 강남구 · 광진구 · 강동구의 일부 지구가 포함되는 유동패턴을 형성하였다(그림 4-17(b)). 주요 출발지로는 가락동(8.11) · 잠실동(5.20) · 방이동(3.95) · 송파동(2.56)을 비롯하여 15개 지구가 추출되었으며, 주요 도착지로는 문정동(0.83) · 오륜동(0.80) · 거여동(0.73) · 송파동(0.70)을 비롯한 14개 지구가 추출되었다. 이들 지구로 구성된 제7인자의 기능지역은 다른 기능지역에 비해 주요 출발지의 분포가 비교적 뚜렷이 구분되는 것을 볼 수 있다. 즉, 기능지역 서부의 강남 부도심이 자리하는 대부분의 지구가 주요 출발지로 추출되었으며, 이 가운데 삼성동과 역삼동, 그리고 서초동의 기능적 연결관계가 눈에 띈다. 한편 기능지역의 동부에 자리한 천호동 · 성내동 · 풍납동은 주요 도착지의 자격으로 추출되었지만, 인자부하량이 모두 0.5 이하이고 기능적 연결관계도 강하지 않은 것으로 나타났다. 이렇게 볼 때, 제7인자에 의해 형성된 기능지역은 주요 도착지가 위치하고 있는 지구를 중심으로 송파권이라 할 수 있을 것이며, 한강 이북의 자양동 · 광장동 · 구의동 등지도 포함하고 있다.

제8인자는 종로동 · 회현동 · 신당동 · 소공동을 포함하는 종로구와 중구를 중심으로 주변에 인접한 일부 지구가 결합된 유동패턴을 형성하였다(그림 4-17(b)). 주요 출발지에는 종로동(8.15) · 회현동(5.10) · 삼선동(3.50)을 포함한 12개 지구가 추출되었고, 주요 도착지로는 신당동(0.64) · 이화동(0.63) · 창신동(0.55) · 성북동(0.55)을 비롯한 19개 지구가 추출되었다. 이 인자는 주요 출발지와 주요 도착지의 분포가 비교적 뚜렷이 구분되어 나타나는 양상이다. 즉, 종로동을 포함한 여의도동 · 서초동 등의 고용중심지가 주요 출발지로 기능하고, 도심과 그 주변에 자리한 지구들이 주요 도착지로 기능하고 있다. 제8인자에 의해 형성된 기능지역은 지구간의 기능적 연결관계가 강하게 형성되지는 않았지만, 상술한 지구 이외에 소공동 · 을지로동 · 명동 등이 포함되는 도심을 중심으로 형성된 도심권으로 볼 수 있다.

제9인자는 상계동 · 중계동 · 공릉동 · 창동 · 방학동을 포함하는 노원구와 도봉구 전역을 중심으로 강북구와 중랑구의 일부 지구가 결합된 유동패턴을 형성하였다(그림 4-17(b)). 주요 출발지로는 상계동(9.43) · 창동(3.67) · 공릉동(3.49) · 중계동(3.46)을 비롯한 8개 지구가 추출되었으며, 이들 대부분의 지구는 기능지역의 동북부에 자리하고 있다. 주요 도착지로는 중계동(0.87) · 공릉동(0.78) · 창동(0.74) · 하계동(0.70) · 방학동(0.68)을 비롯한 13개 지구가 추출되었다. 기능지역의 남부에서 청량리동과 동선동이 각기 주요 출발지로 추출되었지만, 이들 지구는 부의 인자득점을 기록한 만큼 주요 도착지와의 기능적 연결관계가 미약하게 형성되었다. 따라서 제9인자에 의해 형성된 기능지역은 노원 · 도봉권이라 할 수 있다.

제10인자는 원효로동 · 한강로동 · 이촌동 · 용산동을 포함하는 용산구 대부분 지구와 도심의 일부 지구가 포함되는 유동패턴을 형성하였다(그림 4-17(b)). 주요 출발지로는 가장 인자득점이 높은 여의도동(6.77)을 포함하여 원효로동(4.46) · 소공동(4.45) · 한강로동(3.62) · 남영동(3.08)등 모두 13개 지구가 추출되었으며, 주요 도착지로는 남가좌동(0.56) · 이촌동(0.55) · 원효로동(0.53) · 을지로동(0.52) · 이태원동(0.51)을 비롯한 19개 지구가 추출되었다. 제10인자에서는 주요 도착지의 속성을 보여주는 인자부하량이 전 지구에서 0.6 이하로 다른 인자에 비해 도착지의 성격이 약한 수준이며 그에 따라 강력한 영향력을 행사하는 도착지가 형성되지 못하였다. 이 기능지역은 제8인자에 의한 도심권과 여러 지구에서 중복되지만, 여의도동이 주요 출발지로만 기능하고 종로동이 주요 도착지로 기능한다는 차이점을 가진다. 한편 전농동과 청량리동은 유동패턴의 동부에서 주요 출발지로 추출되었지만, 주요 도착지와의 기능적 연결관계는 매우 미약한 수준이다. 이와 같은 사항을 고려한다면, 제10인자에 의해 형성된 기능지역은 인자득점 및 인자부하량이 비교적 높게 형성되고, 주요 출발지 및 주요 도착지가 많이 분포하는 용산구를 중심으로 형성된 용산권이라 할 수 있겠다.

제11인자는 왕십리동 · 마장동 · 신당동 · 장안동 등지를 중심으로 형성된 유동패턴으로 성동구 전역, 그리고 동대문구와 중구의 일부 지구를 포함한다(그림 4-17(b)). 주요 출발지로는 신당동(7.27) · 장안동(5.71) · 제기동(2.32)을 비롯하여 19개 지구가 추출되었으며, 통근통행의 중심지인 도심의 종로동 · 명동 · 을지로동을 비롯하여 여의도동이 각각 주요 출발지에 포함되었다. 주요 도착지로는 왕십리동(0.68) · 마장동(0.63) · 광희동(0.59)을 비롯하여 14개 지구가 추출되었다. 여기에서 주요 출발지는 여의도동과 영등포동을 포함하여 유동패턴의 서부에 주로 위치하고 있지만, 그와 반대로 주요 도착지는 동부에 주로 분포하는 양상이다. 제11인자의 유동패턴은 주요 출발지겸 주요 도착지인 종로동과의 기능적 연결관계가 비교적 강하게 형성되었으며, 이에 의한 기능지역은 성동권이라 할 수 있다.

제12인자는 성내동 · 천호동 · 명일동 · 길동을 포함하는 강동구 전역을 중심으로 인접한 송파구의 일부 지구가 연결되는 유동패턴을 형성하였다(그림 4-17(b)). 주요 출발지에는 성내동(7.63) · 천호동(5.00) · 고덕동(4.45) · 명일동(2.87)을 비롯하여 11개 지구가 추출되었으며, 통근흡수통행량이 많은 종로동 · 서초동 · 잠실동 등지도 주요 출발지에 포함되었다. 그러나 종로동과 서초동은 기능지역내의 주요 도착지와 상호작용의 정도가 약하기 때문에 직선연결이 이루어지지 않았다. 주요 도착지로는 명일동(0.87) · 암사동(0.83) · 강일동(0.73) · 길동(0.70)을 비롯한 9개 지구가 추출되었다. 여기에서 강동구에 자리한 모든 지구는 주요 출발지겸 주요 도착지로 추출되었다. 한편 주요 도착지 가운데 강동구에 해당하지 않는 지구로는 방이동 하나가 추출되었지만, 인자부하량은 0.34로 높은 편이 아니다. 따라서 제 12인자에 의해 형성된 기능지역은 강동권으로 볼 수 있다.

제13인자는 역삼동 · 여의도동 · 소공동 · 북아현동 · 연희동을 중심으로 형성된 유동패턴으로, 기능지역의 특색이 강하게 나타나지는 않는다(그림 4-17(c)). 주요 출발지는 충정로동(10.28) · 대흥동(2.54) · 행당동(2.39) · 청량리동(2.31) 등을 비롯한 9개 지구가 추출되었으며, 역삼동 · 여의도동 · 신림동 등지도 주요 출발지에 포함되었다. 주요 도착지로는 북아현동(0.82) · 연희동(0.71) · 아현동(0.64)을 비롯한 9개 지구가 추출되었다. 이 유동패턴에서는 통근통행의 흡수통행량이 많은 고용중심지가 주요 출발지로 기능하고 있으며, 서대문구의 일부 지구가 주요 도착지로 기능하고 있다. 따라서 제13인자에 의해 형성된 기능지역은 서대문권이라 할 수 있다.

제14인자는 군자동 · 자양동 · 화양동을 포함하는 광진구 전역을 중심으로 인접한 성동구의 일부 지구가 연결되는 유동패턴을 형성하였다(그림 4-17(c)). 주요 출발지로는 성수동(8.06) · 군자동(4.12) · 구의동(3.66) · 자양동(2.52)을 비롯한 11개 지구가 추출되었으며, 주요 도착지로는 자양동(0.73) · 화양동(0.59) · 사근동(0.52)을 비롯한 11개 지구가 추출되었다. 그림에서 보는 바와 같이, 제14인자에 의한 유동패턴은 동서방향으로 늘어선 형태의 기능지역을 형성하였는데, 기능지역의 서부에는 주요 출발지로 추출된 연희동과 소공동, 주요 도착지로 추출된 천연동이 자리하고 있다. 그러나 제14인자에 의해 형성된 기능지역은 주요 출발지겸 주요 도착지가 추출된 지구가 주로 분포하는 광진구를 중심으로 형성된 광진권이라 할 수 있다.

제15인자는 공덕동 · 망원동 · 서교동 · 연남동을 포함하는 마포구를 중심으로 하는 유동패턴을 형성하였다(그림 4-17(c)). 주요 출발지로는 공덕동(5.79) · 망원동(5.07) · 상수동(4.98) · 창전동(3.59) · 연남동(3.35)을 비롯한 12개 지구가 추출되었으며, 제8인자(도심권)와 제10인자(용산권)에서 각각 주요 출발지로서의 기능이 강했던 종로동과 여의도동이 포함되었다. 주요 도착지로는 서교동(0.74) · 망원동(0.72) · 연남동(0.69)을 비롯한 8개 지구가 추출되었다. 제15인자에 의해 형성된 기능지역은 업무통행의 발생통행량이 많은 종로동과 여의도동의 중간지대에서 형성된 마포권이라 할 수 있다.

(3) 기능지역의 설정

이상에서 서울시 각 지구에서 발생하는 업무통행의 유동에 의한 기능지역 구조를 살펴보았다. 그 결과 그림 4-18에서 보는 바와 같이 모두 15개의 기능지역이 형성되었으며, 강남구와 서초구 대부분 지구가 주요 출발지겸 주요 도착지로 추출되고, 종로동과 여의도동이 주요 출발지로 기능하는 강남 · 서초권이 가장 설명력이 높은 기능지역으로 추출되었나. 이러한 현상은 전술한 통근통행의 기능지역과 비교가 되는 부분이다. 즉, 통근통행에서는 도심부가 주요 도착지로 기능하는 도봉 · 성북권이 제1인자로 추출되었지만, 업무통행은 주거지에서 직장으로의 출근이 이루어진 후에 사무실을 기점으로 이루어지는 통행이기에 주거기능에 비해 업무기능이 탁월한 강남 · 서초권이 제1인자로 추출된 반면, 주거기능이 강한 도봉 · 성북권은 제4인자(성북 · 강북권)와 제9인자(노원 · 도봉권)로 분할되는 양상을 보였다. 또한 업무통행은 발생

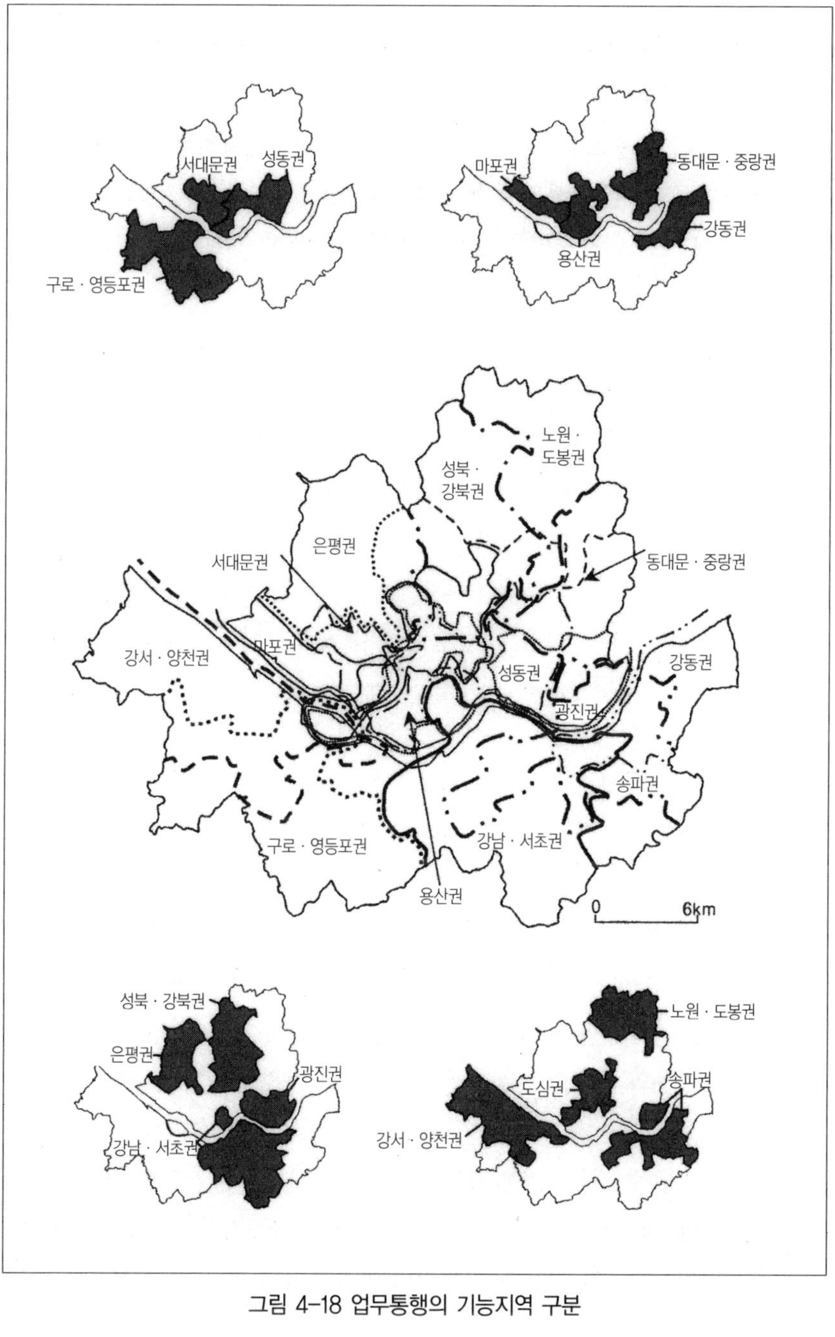

그림 4-18 업무통행의 기능지역 구분

트립과 흡수트립의 생성에서 총사업체수 및 총산업종사자수가 주요한 생성 요인으로 작용하고 통행의 출발지나 도착지가 가정을 기반으로 하지 않기 때문에, 사업체수의 규모가 크지 않고 고밀주택지역에 해당하는 관악구를 중심으로 하는 기능지역이 형성되지 못한 것으로 나타났다.

업무통행에 의한 기능지역을 형성함에 있어서 가장 눈에 띄는 지구는 주요 출발지의 자격으로 여러 기능지역에 중복된 종로동 · 여의도동 · 서초동 · 소공동 · 청량리동 등의 고용중심지를 들 수 있다. 이 가운데 종로동과 여의도동은 각각 9개의 기능지역에 걸쳐 주요 출발지로 기능하는데, 종로동은 도심권인 제8인자(8.15)를 비롯하여 제1 · 3 · 4 · 5 · 6인자에서 1.50을 상회하는 인자득점을 기록하였으며 여의도동은 용산권인 제10인자(6.77)를 비롯하여 제1 · 2 · 3 · 13인자에서 1.50을 상회하는 인자득점을 보였다.

이와 같이 통근통행의 주요 도착지가 업무통행에서는 주요 출발지로 기능하는 양상을 확인할 수 있으며, 이는 일일 단위로 형성되는 지역구조의 시간적 변화라고도 할 수 있다. 가정을 기반으로 하는 통근통행에서는 주거지와 업무중심지가 결합된 지역구조가 형성되지만, 도시내에서 출근시간대가 지난 후에 형성되는 업무통행은 직장에서 여타 장소로의 업무수행을 위해 이루어지는 것이므로 통근흡수통행의 중심지가 주요 출발지로 기능하는 새로운 지역구조를 형성시킨다. 즉, 대도시의 지역구조는 통근통행에 의한 지역구조가 형성된 후, 업무통행에 의한 지역구조가 시간적 간격을 두고 발생하게 된다.

업무통행에 의한 기능지역의 권역적 중복현상은 주요 통행의 중심지를 모두 포함하고 있는 제1인자(강남 · 서초권)에서 가장 뚜렷하다. 제1인자의 기능지역과 단위지구의 중복현상을 보인 기능지역은 제2인자(강서 · 양천권) · 제7인자(송파권) · 제8인자(도심권) · 제10인자(용산권) 등으로, 대부분의 지구가 각 기능지역에서 주요 출발지의 자격으로 중복되었다. 또한 제2인자(강서 · 양천권)와 제3인자(구로 · 영등포권)에 의한 기능지역은 서로 인접하여 형성됨에 따라 많은 지구가 두 기능지역에 중복되는 현상이 나타났다. 이외에 단위지구의 중복현상이 뚜렷이 나타나는 기능지역으로는 성북 · 강북권과 도심권, 성북 · 강북권과 노원 · 도봉권, 송파권과 광진권, 도심권과 용산권 등이 있다. 따라서 업무통행에 의한 기능지역 역시 전술한 총목적 통행이나 통근통행에서처럼 각 지구에 여러 개의 기능지역이 중복되어 형성되는 중층적 구조를 가진다고 할 수 있다.

4. 기능지역 구조의 변화

본 장에서는 서울시에서 발생하는 공간상호작용의 동태적 측면을 고찰하였다. 즉 출발지와 도착지로 구성되는 OD행렬에 대하여 인자분석기법을 적용함으로써 추출되는 공통인자에서 각 지구가 가지는 인자부하량과 인자득점의 분포를 통해 주요 도착지와 주요 출발지를 선정하였으며, 이로부터 형성되는 각 통행목적별 유동패턴과 기능지역구조를 분석하였다.

1970년대에는 총 7개의 유동패턴이 형성됨으로써 서울을 구성하는 하위지역이 7개였지만, 2000년대에 들어서는 모든 목적통행에서 공통인자의 수가 증가함으로써 유동패턴과 하위지역의 수가 증가하였다. 목적통행별 기능지역구조는 동일한 범위에 해당하는 지역을 구성하는 하위지역의 수가 증가함에 따라 여러 유동패턴의 중복현상이 나타났다.

두 시기에 나타난 기능지역구조의 가장 큰 변화는 도심권이 상대적으로 약화되었다는 점이다. 1970년대에는 도심이 주요 출발지 및 주요 도착지로 기능하면서 그 주변지역을 포함하는 도심권이 가장 규모가 큰 유동패턴을 형성하였다. 그러나 2000년대에 들어서는 모든 목적통행에서 도심권의 범위가 협소해짐은 물론 추출된 유동패턴에서의 순위도 상위권을 차지하지 못하는 경우가 발생하였다. 업무통행에서 유일하게 도심권이 형성되었을 뿐 통근통행이나 총목적 통행에서는 도심권이 형성되지도 않았다. 업무통행에서 형성된 도심권은 전체 15개 인자 가운데 8위에 해당할 만큼 비중이 작은 편이다. 이에 반해 강남구와 서초구 일대가 주요 출발지와 주요 도착지로 기능하는 강남·서초권의 유동패턴이 총목적 통행과 업무통행에서는 가장 설명력이 높은 인자로 추출되었다.

도심을 중심으로 하는 유동패턴이 최상위인자로 추출되지 않고, 강남 부도심을 중심으로 형성된 유동패턴이 총목적 통행이나 업무통행의 공간상호작용 분석에서 최상위인자로 추출되었다는 것은 서울의 도시구조가 다핵화해가고 있으며 도심의 영향력이 점차 감소함으로써 통행의 중심지가 변화하였다는 사실을 보여준다. 또한 통근통행에서 제1인자가 높은 개별설명량을 보유하지 못했다는 사실과 제2인자에서부터 제5인자까지의 유동패턴이 한강이남에 위치한 고용중심지와 주택지역을 중심으로 형성되었다는 것은 총목적 통행에서와 마찬가지로 다핵화된 도시구조를 시사하는 부분이다.

도시구조를 반영하는 인구의 일일유동에 의한 공간상호작용을 통해 기능지역구조를 분석한 결과, 서울의 도시구조가 단핵구조에서 탈피하여 점차 다핵화해가고 있다는 사실을 확인할 수 있었다. 이와 같은 현상은 서울시에서 통행의 중심지로 기능해 온 도심에서의 통행비중이 감소함에 따라 도심을 중심으로 하는 통행권이 제대로 형성되지 않았다는 것과 한강 이남에서 부도심의 성격을 보이는 강남구에 위치한 일부 지역과 여의도동 등을 중심으로 형성된 통행권이 대부분 상위인자로 추출되었음을 통해서도 확인할 수 있다. 서울시 도시구조의 다핵화현상은 1990년대 후반부터 2000년대 초반에 이르기까지 도심에서의 통행량이 감소한 것을 통해서도 확인할 수 있다. 특히 총목적 통행을 비롯하여 통학통행·쇼핑통행·통근통행·업무통행 등 주요 통행의 트립 감소가 두드러진 것으로 나타났다. 도심에서 대부분의 목적통행량이 감소한 것은 도심업무기능이 강남·여의도 등지로 분산되었기 때문이다.

또한 도시구조의 형성에서 중추적인 역할을 수행하는 통행의 중심지가 다수의 기능지역에 중복되는 현상이 본 장에서 분석대상으로 한 모든 통행에서 발견됨으로써, 공간상호작용에 의한 서울의 기능지역구조는 권역적 중복에 의한 重層的 構造를 가지면서 매우 복잡하게 전개되고 있는 것으로 결론지을 수 있다.

참고문헌

- 권용식, 1998, 서울大都市圈의 空間構造變化에 관한 硏究, 서울시립대학교 대학원 박사학위논문.
- 권용식 · 김창석, 1998, "서울 대도시권의 통근패턴변화", 대한국토 · 도시계획학회지, 33(5), 183-197.
- 권태준 외, 1999, 도시 · 지역과 산업, 서울대학교 출판부.
- 김수령, 1992, "서울의 다핵구조적 특성에 관한 연구", 지리교육논집, 27, 31-53.
- 김 인, 1991, 도시지리학 원론, 법문사.
- 남영우, 1979, "System이론과 공간적 분포유형의 분석-계량지리학의 방법론과 전망-", 지리학과 지리교육, 9, 123-126.
- 남영우, 1985, 도시구조론, 법문사.
- 남영우, 1992, 계량지리학, 법문사.
- 남영우, 2001, "지리학 기초용어의 오용과 남용", 대한지리학회보, 72, 3-4.
- 남영우 · 北田晃司 · 손승호 · 성은영, 2000, "그래프이론으로 본 서울시 통행목적별 결절지역구조", 대한국토 · 도시계획학회지, 35(2), 81-91.
- 민승기, 1993, "도시지역 다핵화전개방향에 관한 연구-서울특별시를 사례로-", 교통정보, 87, 16-30.
- 박미현, 1995, 지하철 승객 O/D표에 의한 서울시 공간특성분석, 서울대학교 환경대학원 석사학위논문.
- 서울특별시, 2003, 2002 서울시 가구통행실태조사.
- 성준용, 1990, 한국도시시스템, 교학연구사.

• 손승호, 2000, “서울시의 출근통행패턴과 지역연결체계”, 한국도시지리학회지, 3(2), 21-37.

• 손승호, 2003, “수도권의 통근통학통행과 지역구조의 변화”, 한국도시지리학회지, 6(1), 69-83.

• 손승호, 2004, 사회 · 경제적 속성과 공간상호작용으로 본 서울시의 지역구조, 고려대학교 대학원 박사학위논문.

• 송미령, 1997, 도시공간구조와 통근통행에 관한 연구: 서울을 사례로, 서울대학교 대학원 박사학위논문.

• 원제무 · 이재길 · 최막중, 2000, 서울시 도시공간구조 변천과정, 백산서당.

• 이상경, 1991, 통근인구유동과 사회경제적 특성에 따른 수도권 지역구조 연구, 서울대학교 대학원 석사학위논문.

• 이종상, 2000, “통행 O-D표를 이용한 지역간 상호작용분석” 대한국토 · 도시계획학회지, 35(6), 155-165.

• 전명진, 1995, “다핵도시공간구조하에서의 통근행태”, 대한국토 · 도시계획학회지, 30(2), 223-236.

• 주경식, 1983, “한국의 도시화와 도시체계”, 국토계획, 18(2), 133-155.

• 채미옥, 1997, 서울시 지가의 공간적 분포특성과 지가결정요인에 관한 연구, 서울시립대학교 대학원 박사학위논문.

• 최운식, 1995, 한국의 육상교통, 이화여대 출판부.

• 최원회, 1988, “대전시의 도시내부 인구이동의 구조와 사회 · 경제적 특성”, 국토계획, 23(2), 55-91.

• 하성규 · 김재익, 1992, “주거지와 직장의 불일치 현상에 관한 연구”, 대한국토 · 도시계획학회지, 27(1), 51-67.

• 허우긍, 1993, “서울의 통근통행: 지리적 특성과 변화”, 대한교통학회지, 11(1), 5-21.

• 홍경희 · 한주성, 1979, “철도여객교통의 지역구조에 관한 연구”, 경북대학교 논문집, 27, 113-130.

• 홍현철, 1999, “대도시 지역의 여가활동에 대한 지역구조적 특성”, 한국도시지리학회지, 2(2), 83-94.

• KIST, 1978, 수도권장기종합교통계획수립에 관한 연구, 서울특별시.

• 南榮佑, 1981, "パーソントリップからみたソウル市の機能地域構造-將來の豫測のための試みとして-", 人文地理, 33, 507-524.

• 南榮佑, 1982, "パーソントリップからみた韓國首都圈の地域構造 -1977年と1991年の比較-", 東北地理, 34(3), 125-137.

• 東 賢次, 1980, "東京圈における通勤流動の構造", 東北地理學會 春季學術大會發表資料.

• 藤目節夫, 1977, "香川中央都市圈における交通流の諸特性ならびに都市構成との關係に關する研究", 地理學評論, 50(12), 700-721.

• 北田晃司, 2000, "都市間旅客流動からみた韓國都市システムの空間構造", 地學雜誌, 109(1), 106-119.

• 森川洋, 1978, "結節地域・機能地域の分析手法-中國地方を例として-", 人文地理, 30(1), 17-38.

• 石水照雄, 1981, "新潟縣都市群での都市人口移動", 田邊健一 編, 日本の都市システム, 古今書院, 東京, 398-422.

• 市南文一, 1978, "社會・經濟的地域特性と地區間通勤人口流動とからみた名古屋大都市圈の地域構造", 地理學評論, 51(7), 545-563.

• 林 上, 1981, "名古屋大都市圈の分析-パーソントリップの空間パターン", 田邊健一 編, 日本の都市システム, 古今書院, 東京, 300-316.

• 村山祐司, 1985, "カナダ・トロントにおける人口移動パターンとその規定要因", 人文地理學研究, IX, 219-220.

• 村山祐司, 1991, 交通流動の空間構造, 古今書院, 東京.

• Ayeni, B., 1979, Spatial Interaction in the Urban System, *Concepts and Techniques in Urban Analysis*, Croom Helm, London.

• Bamford, C. G. and Robinson, H., 1978, *Geography of Transport*, MacDonald & Evans, London.

• Berry, B.J.L., 1966, Interdependency of Flows and the Spatial Structure: A General Field Theory Formulation, in *Essays on Commodity Flows and the Spatial Structure of Indian Economy*, Dept. of Geogr., Res.

Pap., 111, Univ. of Chicago, Chicago, 189–256.

- Black, W.R., 1973, Toward a Factorial Ecology of Flows, *Economic Geography*, 49(1), 59–67.
- Bourne, L.S. and Simmons, J.W., 1982, Defining the Area of Interest, in Bourne, L.S.(ed), *Internal Structure of the City*, Oxford Univ. Press, Oxford, 57–72.
- Clark, D., 1973, The Formal and Functional Structure of Wales, *A. A. A. G.*, 63(1), 71–84.
- Davies, W.K.D., 1978, Spatial Patterns of Commuting in South Wales, 1951–1971: A Factor Analysis Definition, *Regional Studies*, 12, 353–366.
- Garrison, W.L. and Marble, D.F., 1964, Factor Analytic Study of the Connectivity of a Transportation Network, *Papers, Reg. Sci. Ass.*, 12, 231–238.
- Goddard, J. B., 1970, Movement Systems, Functional Linkages, and Office Location in the City Center: A Study of Central London, in Bourne. L. S.(ed.), 1982, *Internal Structure of the City*, Oxford Univ. Press, New York, 422–437.
- Holsman, A., 1980, Higher-Order Factor Analysis and Its Application to Transport Networks, *Professional Geographer*, 32(2), 192–198.
- Illeris, S. and Pedersen, P.O., 1968, Central Places and Functional Regions in Denmark: Factor Analysis of Telephone Traffic, *Geografisk Tidsskrift*, 67, 1–17.
- Kanno, M., 1976, Canonical Analysis of Commodity Flows and Socio-Economic Structure in Major U.S. Metropolitan Areas, *Geographical Review of Japan*, 49(4), 197–215.
- King, L.J., 1969, *Statistical Analysis in Geography*, Prentice-Hall, 奧野隆史 · 西岡久雄 譯, 1973, 地域の統計的分析, 大明堂, 東京.
- Nader, G.A., 1981, The Delineation of a Hierarchy of Nodal Regions by Means of Higher-Order Factor Analysis, *Regional Studies*, 15(6), 475–492.

- Nysteun, J.D. and Dacey, M.F., 1961, A Graph Theory Interpretation of Nodal Regions, *Papers and Proceedings, Reg. Sci. Ass.*, 7, 29–42.
- O'Connor, K. and Maher, C.A., 1982, Change in the Spatial Structure of a Metropolitan: Work–Residence Relationships in Melbourne, in Bourne. L. S.(ed.), *Internal Structure of the City*, Oxford Univ. Press, New York, 406–421.
- Ogunsanya, A.A., 1982, Spatial Patterns of Urban Freight Transport in Lagos Metropolis, *Transpn. Res. A*, 16A(4), 289–300.
- Plane, D.A., 1981, The Geography of Urban Commuting Fields: Some Empirical Evidence From New England, *Professional Geographer*, 33(2), 182–188.
- Robinson, G.M., 1998, *Methods and Techniques in Human Geography*, John Wiley & Sons, New York.
- Schwind, P.J., 1975, A General Field Theory of Migration: United States, 1955–1960, *Economic Geography*, 51(1), 1–16.
- Smith, R.H.T., 1970, Concepts and Methods in Commodity Flow Analysis, in Hurst, M.E.E.(ed), 1974, *Transportation Geography: comments and readings*, McGraw–Hill, New York, 131–145.
- Stephenson, L.K., 1974, On Functional Regions and Indirect Flows, *Geographical Analysis*, 6, 383–385.
- Tinkler, K.L., 1976, On Functional Regions and Indirect Flows, *Geographical Analysis*, 8, 205–213.
- Ullman, E.L., 1954, Geography as Spatial Interaction, in Hurst, M.E.E.(ed), 1974, *Transportation Geography: comments and readings*, McGraw–Hill, New York, 29–40.
- Wheeler, J.O., and Mitchelson, R.L., 1989, Information Flows among Major Metropolitan Areas in the United States, *A. A. A. G.*, 79(4), 523–543.

제5장 서울시 결절지역 구조의 변화

1. 결절지역의 개념과 연구 동향

2. 1970년대의 지역연결체계

3. 2000년대의 지역연결체계

4. 지역연결체계의 변화

1. 결절지역의 개념과 연구 동향

전통적으로 지리학에서의 지역인식은 등질지역(homogeneous region)과 기능지역(functional region) 또는 결절지역(nodal region)의 관점에서 이루어져 왔다. 따라서 한 지역의 내부구조 역시 특정한 지리적 사상이 유사하게 나타나는 등질지역과 각 하위지역의 구성요소가 상호 기능적으로 밀접하게 연결되는 범위인 기능지역 또는 결절지역의 개념으로 파악할 수 있다. 제3장에서 고찰한 바와 같이 등질지역의 관점은 주거지역 · 상업지역 · 공업지역 등과 같이 지역분화의 개념으로 파악하는 것이다. 제4장에서 고찰한 바 있는 기능지역 또는 본 장에서 고찰하고자 하는 결절지역의 관점은 인구이동 · 통근인구유동 · 물자유동 · 정보유동 등의 공간상호작용에 의한 지역특성을 파악하는 것이다.

지금부터 본 장에서 규명하고자 하는 결절지역이란 지역의 내부구조 또는 내부조직의 측면에서 등질적인 지표의 범위를 의미하고, 이것은 중심에 초점이 되는 결절점을 가지고 그 주위의 배후지역(hinterland)을 기능적으로 종속시키는 통일지역(integrated region)이라는 용어와 거의 동의어로 인식되고 있다. 이는 학자에 따라 명칭이 상이한데, J.A. Quinn(1950)과 松井勇(1960)은 결절지역을 통일지역이라 칭하였고 이에 대하여 미국지리학회 및

木內信藏(1978)은 결절지역이라고 칭하였다. 통일지역이라 불리는 이유는 어느 지역이 그것의 초점이 되는 중심지와 기능적으로 결합하여 조직상의 통일을 이루고 있기 때문이다. 등질지역이 기계적 지역구분인데 비하여, 결절지역은 기능적 지역구분이므로 기능지역이라 호칭하는 것은 타당하다고 하겠다. 그러나 사실상 결절지역 · 통일지역 · 기능지역은 각기 다른 의미를 가지고 있다(남영우, 1985).

기능지역과 결절지역은 공간상호작용을 바탕으로 이루어지는 기능적 지역구분이기 때문에 서로 유사한 속성을 가지지만, 엄격히 구분하면 이들은 분석기법이나 배후지역의 중복여부 등에서 상이한 속성을 가진다. 결절지역은 출발지와 도착지를 네트워크로 연결하는 그래프 이론(graph theory)을 적용함으로써 얻어지는 것으로 중심지에 대한 배후지역의 중복이 허용되지 않는 상호배타적인 상호작용 영역(interaction territory)의 개념이다. 그러나 기능지역은 제4장에서 고찰한 바와 같이 인자분석을 이용하여 주요 출발지와 주요 도착지가 결정되는 것으로 배후지역 경계 간의 중복을 허락하는 상호작용 장(interaction field)의 개념이다(Haggett, 1977). 즉 결절지역은 중심지 간의 지배 · 종속관계를 파악하거나 계층성을 규명하는 데 유용한 지역구분 방법이라 할 수 있고, 기능지역은 공간상호작용이 이루어지는 유동권을 설정하는 데 유용한 지역구분이다. 도시내에서 발생하는 요소들 간의 상호작용은 특정 지구를 중심으로 유동이 집중함에 따라 결절점으로서의 속성을 보이는 중심지를 형성시키고, 상위 중심지가 하위 중심지를 지배 · 종속시키는 공간 질서가 형성됨에 따라 차상위의 결절점을 중심으로 결절지역을 이루며, 결절지역은 상호작용체계에 의해 기능지역을 형성한다.

그래프 이론을 적용함으로써 도출되는 결절지역구조의 규명은 단위지구 간에 발생하는 최대결절류 또는 제2결절류만을 채택하여 이루어진다는 점에서 단위지구 간의 모든 유동량이 고려되지 않는 단점을 가지고 있다. 물론 인접행렬(adjacency matrix)을 계산할 때에 모든 지구 간의 유동량이 고려되기는 하지만, 궁극적으로 지역연결체계 및 결절지역구조를 산출할 때에는 최대 결절류나 제2결절류만이 지역구조를 표현해 준다. 따라서 인자분석에 의한 기능지역의 설정이 다수의 지구 간에 발생하는 모든 유동량을 고려함으로써 출발지와 도착지 패턴을 모두 고려할 수 있기 때문에 상기한 단점을 보완해 줄 수 있는 지역구조의 규명방법이라 할 수 있다. 이처럼 기능지역과 결절지역이 유사점과 차이점을 가짐에도 불구하고 이들 두 지역구조의 개념을 오용한 사례를 국내의 일부 연구에서 찾아볼 수 있다.

지리학 연구의 핵심이 지역간 관계의 분석에 있다고 보면, 지역 간의 관계를 분석하는 수법 가운데 하나는 지역 간의 흐름이나 상호작용을 통해서 가능해진다. 즉 지역 간의 관계는 교통현상이라는 측면에서 지역간 공간상호작용과 지역간 연결정도에 따라 결정된다. 여기에서 공간상호작용(spatial interaction)이란 한 지역내에서 발생하는 현상이 아니라 다른 지역에 미치는 영향을 뜻하는 것으로 공간적 패턴 속에서 나타나는 관계적 개념(situation)으로 인식될 수 있으며, 순환(circulation)이나 지역간 상호의존성(regional interdependence), 또는 확산(diffusion)이나 중심화(centralization) 등으로 이해할 수 있다(Ullman, 1954).

지역구분에 있어서 등질지역의 개념은 비교적 일찍이 제기되었기 때문에 이에 대한 연구는 국내외에서 매우 활발히 진행된 바 있다. 그러나 제4장에서 살펴본 기능지역의 개념이나 본 장에서 살펴보고자 하는 결절지역의 개념은 등질지역에 비해 뒤늦게 제기되었고 그 내용도 복잡하므로, 이에 대한 연구는 등질지역의 그것에 비해 활발하지 않은 실정이다. 다시 말해, 도시내부의 지역구조를 도시기능의 집중과 분산이라는 지역분화의 관점에서 등질지역구조를 해명한 연구는 쉽게 접할 수 있지만, 지역 간의 공간상호작용으로 규정되는 기능지역이나 결절지역의 측면에서 지역구조를 해명한 연구는 미미한 실정이다.

각 지역 간의 지배 · 종속관계에 의거하여 연결되는 하나의 시스템을 지역연결체계라 할 수 있을 것이다. 지역연결체계에 의해 형성되는 결절지역구조의 분석은 그래프 이론을 적용함으로써 미국 워싱턴주 도시간 시외전화통화량을 분석한 J.D. Nysteun and M.F. Dacey(1961)에 의해 본격화되었다. 우리나라에서는 계량기법이 지리학에 도입된 1970년대 이후 유동패턴에 의한 지역구조의 분석을 시도한 연구가 활발하게 진행되었다. 여기에는 1970년과 1973년의 서울시 통행량에 대하여 그래프 이론을 적용함으로써 두 시기의 목적통행과 수단통행에 의한 결절지역구조를 규명한 김재한(1979)의 연구를 필두로 우리나라 교통수단별(도로교통, 철도교통, 총수단) 화물수송량을 지표로 지역연결체계를 추출한 남영우 외(1989)의 연구, 96개 도시(市級都市 32개, 邑級都市 64개) 간의 여객버스 유동패턴을 통해 1961년 · 1975년 · 1985년 3시기의 지역연결체계를 비교 분석한 이옥희(1990)의 연구, 대구시의 일일인구유동을 기초로 결절지역구조를 해명한 서찬기(1990)의 연구 등이 있다.

1990년대 들어서면서 지역간 유동의 직접류와 간접류에 대한 문제가 제기되고, 이에 대한 개선방안이 대두되기 시작하였다. 이를 계기로 1990년대에는 공간상호작용 분석에서 직접적 연결과 간접적 연결을 모두 고려함으로써 지역구조를 분석한 연구가 활발하게 진행되었다. 서울시의 통행목적별(총목적 통행 · 출근통행 · 업무통행 · 쇼핑통행) 결절지역구조를 직접적 연결만을 보여주는 원자료 행렬에 의한 것과 간접류까지를 고려하는 인접행렬에 의한 것을 비교분석한 남영우 외(2000)의 연구를 비롯하여, 서울시 출근통행의 지역연결체계를 추출하고 통행중심지의 계층구조를 규명한 손승호(2000)의 연구, 1990년과 2000년 두 시기의 수도권 통근통학통행의 지역연결체계가 변화하는 양상을 비교분석한 손승호(2003)의 연구, 그리고 국제항공유동의 OD표에 의해 70개 세계도시간의 연결체계를 추출함으로써 세계도시시스템의 시계열적 변화를 비교분석한 이호상(2003)의 연구 등이 대표적이다.

2. 1970년대의 지역연결체계

1) 분석단위지역과 분석방법

(1) 분석단위지역

1970년대의 서울시 결절지역구조를 규명하기 위한 분석대상 단위지구는 서울특별시에 속하는 106개 지구를 중심으로 하여 경기도에 속하는 5개 지구를 포함한 111개 지구이다. 경기도에 속하는 5개 지구는 서울특별시의 시역과 연담하고 있으며 서울특별시의 도시계획구역으로 지정된 지역이다(그림 5-1). 서울특별시의 106개 단위지구는 하나 이상의 행정동을 포함하며 등질적인 지역성을 중시하여 정해진 것이다. 1977년도의 서울시 행정동수는 473개에 달하였다. 1970년대의 지역연결체계 추출에서 분석대상으로 하는 지역의 주변부는 대부분 시가지의 무질서한 팽창을 방지하기 위하여 지정된 개발제한구역(green belt)이거나 또는 이것과 접해 있다.

(2)분석방법

여기서는 그래프 이론법을 111개 단위지구 간의 인구일일유동에 관한 OD표에 적용하여 각 지구 간의 연결체계를 고찰하고, 이 결과에 근거하여 결절

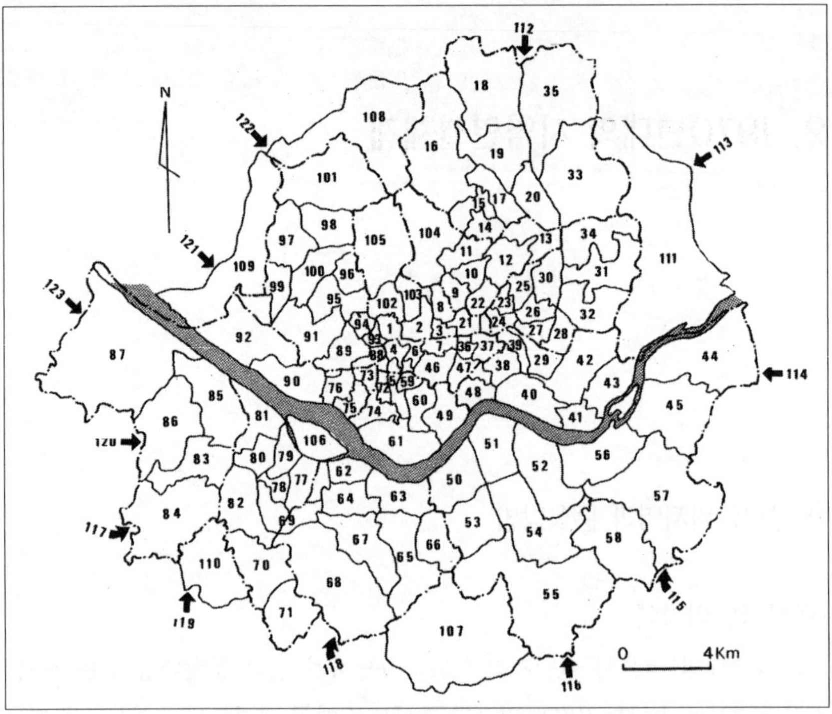

그림 5-1 분석대상지역과 단위지구(1970년대)

1. 세종로동 2. 종로 1,2,3가동 3. 종로 4,5,6가동 4. 소공동 5. 남대문로 5가동
6. 명동 7. 을지로 3,4,5가동 8. 혜화동 9. 성북 1,2동 10. 돈암동
11. 길음동 12. 종암동 13. 장위동 14. 미아 4,5,6,8동 15. 미아 1,2,3,7동
16. 수유동 17. 번동 18. 도봉동 19. 창동 20. 월계동 21. 창신동 22. 신설동
23. 제기동 24. 용두동 25.청량리동 26. 전농동 27. 답십리동 28. 장안동 29. 군자동
30. 이문동 31. 망우동 32. 면목동 33. 숭계동 34. 중화동 35. 상계동 36. 신당 6,7,8동
37. 하왕십리동 38. 행당동 39. 마장동 40. 성수동 41. 자양동 42. 중곡동 43. 구의동
44. 암사동 45. 천호동 46. 장충동 47. 신당동 48. 금호동 49. 한남동 50. 잠원동
51. 신사동 52. 삼성동 53. 서초동 54. 역삼동 55. 양재동 56. 잠실동 57. 마천동
58. 세곡동 59. 회현동 60. 용산2가동 61. 한강로2,3동 62. 노량진동
63. 흑석동 64. 상도동 65. 사당동 66. 방배동 67. 봉천본동 68. 신림동 69. 대림동
70. 가리봉동 71. 시흥동 72. 중림동 73. 아현동 74. 원효로 75. 공덕동 76. 염리동
77. 신길동 78. 도림동 79. 영등포동 80. 문래동 81. 양평동 82. 구로동 83. 신정동
84. 오류동 85. 염창동 86. 화곡동 87. 방화동 88. 북아현 1,2동 89. 북아현 3동
90. 서교동 91. 남가좌동 92. 성산동 93. 천연동 94. 현저동 95. 홍제 1,2,4동
96. 홍은동 97. 갈현동 98. 불광동 99. 역촌동 100. 응암동 101. 진관내동 102. 효자동
103. 가회동 104. 정릉동 105. 부암동 106. 여의도동 107. 과천면 108. 신도읍Ⅰ 109. 신도읍Ⅱ
110. 광명리 111. 구리읍

지역구조를 파악하기로 한다. 그래프 이론법에서는 최대결절류(dominant nodal flow 또는 the largest nodal flow)만을 고찰하는 경우가 보통이나, 이 방법으로 하면 최대결절류 이하의 결절류에 의하여 검출되는 연결체계의 파악이 불가능하게 된다. 바꿔 말하면, 최대결절류만을 고찰하면 OD표의 정보손실량이 크며(Davies and Lewis, 1970; Clark, 1973; Kariel and Welling, 1977), 그 차위결절류와의 경합적 관계가 밝혀질 수 없게 된다(森川洋, 1978). 이러한 이유로 여기서는 제3결절류까지를 분석대상으로 하였다. 그리고 지역연결체계를 고찰하기 위한 네트워크 연구에 있어서는 결절점과 링크와의 두 요소로 이루어지는 형태가 중요하지만, 여기서는 링크의 굵기에 의하여 표현되는 결절점 간의 연결도에 대하여서도 고찰하기로 한다.

그래프 이론의 개념을 도입한 결절지역의 분석법은 Nysteun and Dacey(1961)에 의하여 개발된 것으로 지역의 연결체계라든가 결절지역을 설정하려고 할 때 이 분석법이 높이 평가받으며(奥野隆史, 1979; Tinkler, 1979), 가장 빈번하게 이용되어온 수법 중 하나이다. 이 수법은 그 후로도 몇몇의 실증적 연구에 채용되어 수정이 가해져 왔다(村山祐司, 1982). 여기서는 Nysteun-Dacey 모델과 奥野隆史(1972)에 의하여 변형된 방식과를 저자가 수정하여 이용하기로 하였다.

맨 처음 연구대상지역 중 최대지구의 흡수교통량에 대한 두 지구 i와 j 간의 교통량의 비율 y_{ij}를 산출하여 y_{ij}를 요소로 하는 인접행렬(adjacency matrix)을 Y로 한다. 그 결과 2단계의 간접류를 평가하는 행렬은 Y^2로 표시된다. 이와 마찬가지로 3단계의 간접류는 Y^3, n단계의 그것은 Y^n으로 표시된다. 그러나 이 경우에 몇 단계까지의 간접류를 고려해야 할 것인가 하는 문제가 생긴다. 또 원래의 자료인 OD표가 비율척도로 되어 있는 경우는 Y^n이 0.00이 될 때까지 큰 값의 n을 상정하지 않으면 안된다. 경우에 따라서는 $n=\infty$까지 상정해야 할 경우도 있을 것이다. 이는 간접적인 영향을 무한대에 가까운 단계까지 고려하는 경우를 의미하나, 이러한 것은 현실적으로 있을 수 없는 일이다(森川洋, 1978).

간접류를 평가하는 방법에 관하여서는 약간의 연구가 있으나, 아직 정착된 해결책이라고는 볼 수 없다. 즉 K.L. Tinkler(1976, 1980)는 n이 커지면 커질수록 행렬 Y^n의 요소값이 작아지며, B의 행렬구조에 커다란 영향력을 미치지 못하므로 일정한 수준까지만 제곱해주면 충분하다고 한다. 이에 대하여 森川洋(1978)은 행렬 B와 함께 3단계의 간접류 Y^3까지 고려한 행렬 을 작성하고, 이것으로 일본 中國地方의 결절구조와 큰 값의 n을 취한 경우의 결절구조와는 거의 상이점이 없었음을 증명한 바 있다. 이 밖에도 간접류를 어떻게 평가할 것인가 하는 문제에 관하여서는 M.F. Harvey & J. Auwerter(1973) · D.B. Cates(1978) · 村山祐司(1982) 등의 연구가 행해진 바 있다. 그리하여 여기에서는 서울의 교통시스템을 고려하여 2단계(즉 n=2)까지의 간접류를 채용하기로 하였다. 이것은 분석대상지역이 도시차원이며, Harvey & Auwerter (1973)가 지적한 바와 같이 국가나 광역차원의 지역과 비교해 볼 때, 간접류의 효과가 매우 약할 것으로 예상되기 때문이다.

다음으로 b_{ij}를 요소로 하는 행렬 B(단, n=1, 2)를 가지고 각 지구마다의 모든 기점 트립수에 대한 쌍을 이루는 상대 지구 간의 퍼센트를 구하여 이것을 행렬의 형식으로 표시한다. 따라서 111개 지구의 각 행에 있어서 비율의 합계는 100%이다. 각 행의 비율 가운데 해당지구보다 규모가 큰 상대 지구와의 연결비율을 취하여, 또 그 가운데에서 최대비율만을 선출한다. 이와 같은 조작에 의하여 각 단위지구의 대부분은 각각 규모가 큰 결절점을 향하여 하나의 링크(link)를 내밀게 된다. 이 유향성 링크(directed link)는 결국 결절류를 의미하는 것이며, 각 지구가 그 주변의 여러 지구 가운데 어느 지구와 가장 관계가 깊은가를 나타내는 것이다. 바꿔 말하면, 각 지구가 어느 지구와 최대의 의존관계를 가질까 하는 것이며, 결국은 결절점의 공간적인 독립 또는 종속의 관계를 나타내는 것이다.

일반적으로 지역연결체계를 고찰하기 위한 네트워크연구에서는 전술한 바와 같이, 결절점과 링크와의 두 요소로 이루어지는 형태가 고찰의 대상이 되지만 여기서는 링크의 굵기에 대하여서도 고찰하기로 한다. 이는 각 체계내의 하위체계(sub-system) 상호 간의 결합정도에 따라 그 지역의 완결성(또는 결절성)을 식별할 수 있기 때문이다. 이와 같은 관점을 취할 경우 링크의 굵기는 결절류의 강약상태를 표현하는 것으로 인식된다. 그리하여 여기서는 우선 최대결절류뿐만 아니라 제3결절류까지 고찰대상으로 해야 할 필요성을 밝히고, 제1위에서 제3위까지의 세가지 결절류에 대하여 각각의 연결도를 5수준으로 구분하였다.

2) 지역연결체계

(1) 지역연결체계

① **최대결절류의 연결체계:** 앞서 밝힌 방법에 따라 검출된 서울시 공간상호작용의 최대결절류가 형성하는 연결체계를 지도화하면 그림 5-2에서 보는 바와 같다. 이 그림에서 볼 수 있듯이, 서울에 11개소의 최종결절점이 존재하며 이들은 거의 독립적인 연결체계를 형성하고 있다. 11개소의 최종결절점은 종로1~3가동 · 미아4~6동 · 창동 · 망우동 · 청량리동 · 천호동 · 삼성동 · 신림동 · 영등포동 · 화곡동 · 역촌동에 존재한다. 이들 최종결절점을 핵으로 하는 11개의 연결체계에 대하여 각기 도심체계 · 성북체계 · 도봉체계 · 청량리체계 · 중랑체계 · 천호체계 · 강남체계 · 관악체계 · 영등포체계 · 강서체계 · 은평체계와 같이 대부분 구의 명칭에 따라 이름을 붙이기로 하였다. 도심과 청량리의 양 체계를 제외한 대부분 연결체계의 범위는 당시 서울시 각 구의 행정구역과 거의 일치하고 있다. 즉 성북체계는 성북구, 도봉체계는 도봉구, 천호체계는 당시의 천호출장소, 강서체계는 강서구, 은평체계는 은평구의 행정구역과 많은 부분에서 일치하고 있다. 또한 도심체계

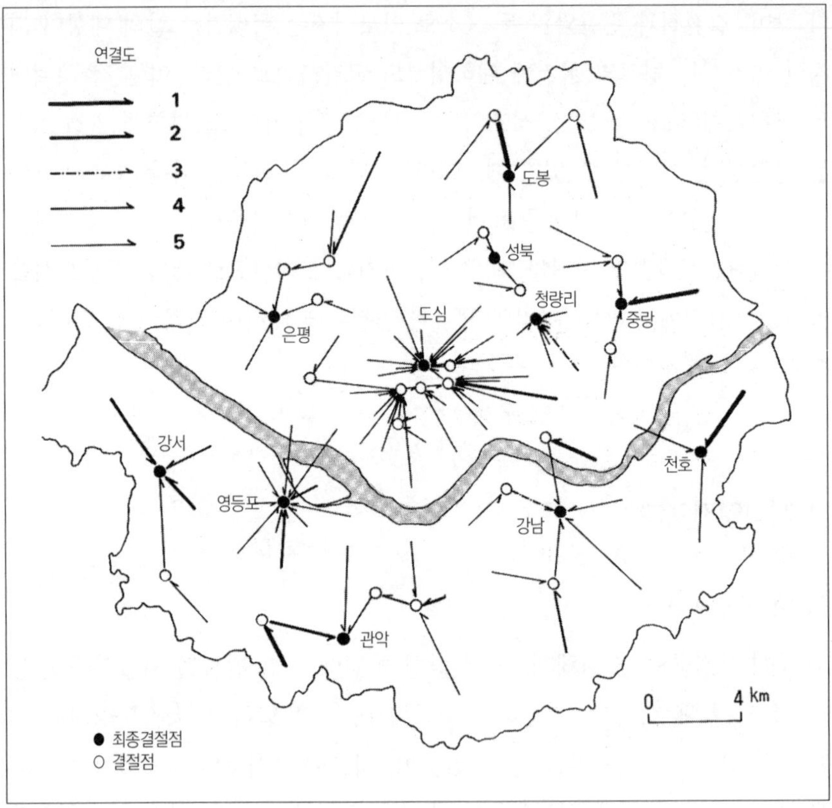

그림 5-2 최대결절류로 본 서울의 지역연결체계(1970년대)

는 종로구 · 중구 · 용산구 · 서대문구를 망라하는 범위이다. 이러한 현상은 서울의 지역연결체계에서 볼 수 있는 하나의 특징이라 할 수 있다.

이들 11개 체계 가운데 가장 규모가 크고 강한 결절성을 갖는 것은 서울의 중앙부를 점하는 도심체계이다. 이 체계는 CBD에 그 주변지구가 연결되는 것으로, CBD내의 연결을 제외하면 모두 33개의 단위지구가 연결되는 체계이다. CBD에 연결되는 지구는 군자동을 제외하고는 연결수준이 연결도 5를 보이고 있거니와, 이것은 도심체계에서 주목되는 점이기도 하다. 도심체계가 연구지역 가운데 가장 강한 결절성을 갖고 있다고 하나, 여기서 의미하는 바

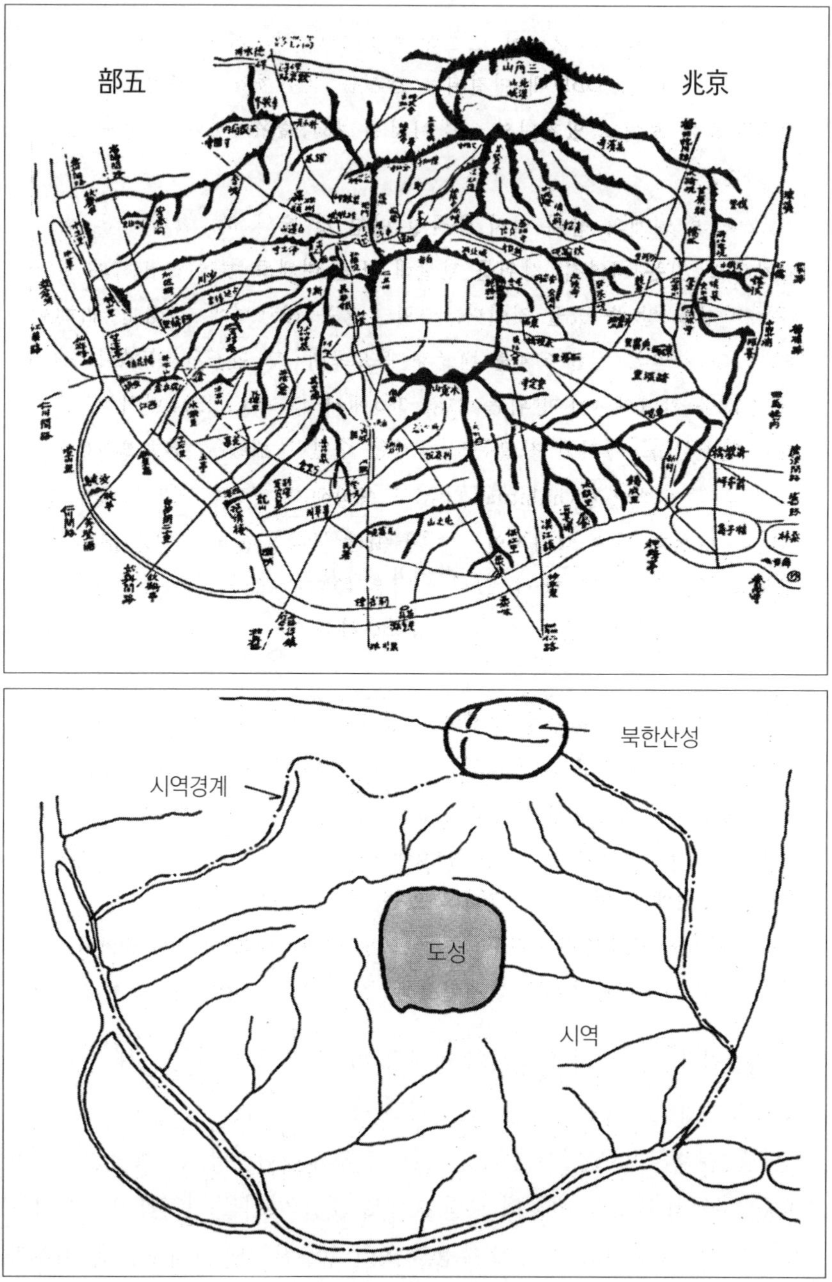

그림 5-3 서울의 도성(1861년)

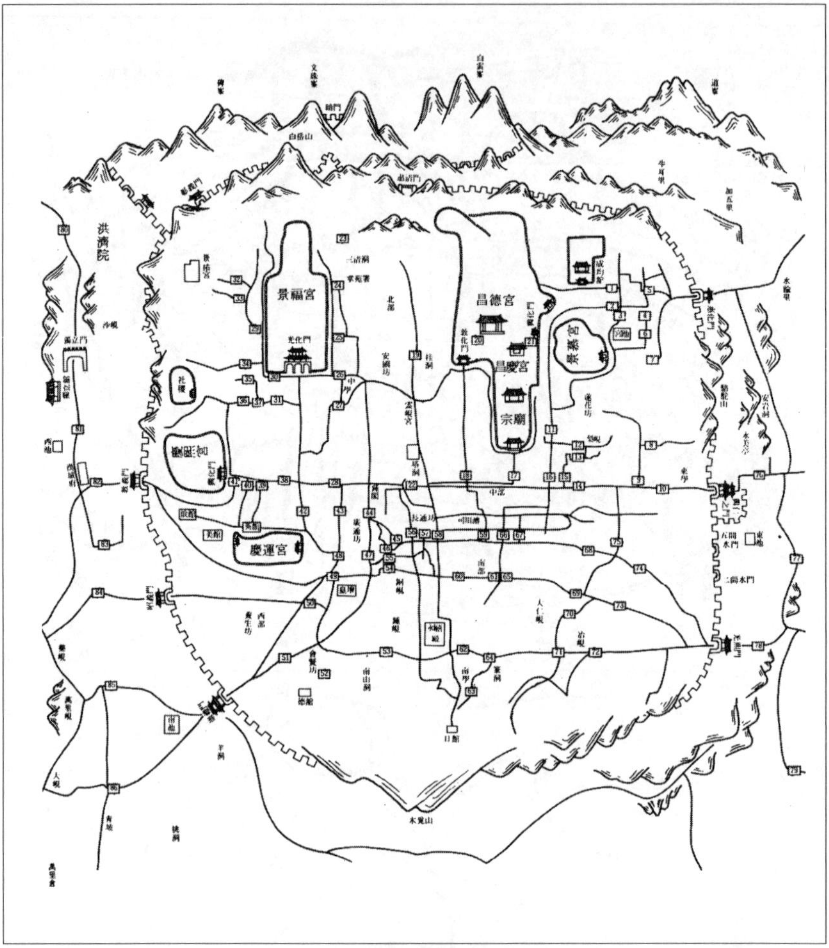

그림 5-4 도성의 하천망(20세기 초)

연결도는 원자료 행렬의 요소값이 아니라 비율척도로 환산한 상대치를 사용하였기 때문에 군자동은 그 연결도가 낮게 평가된 것이다.

또한 본 체계의 범위 역시 주목할 만한 것 중의 하나이다. 본 체계가 차지하고 있는 지역적 범위를 관찰해 보면 대체로 옛날의 서울 시역과 일치한다는 사실을 알 수 있을 것이다. 그림 5-3은 1861년에 작성된 고지도인데, 이것과

앞의 그림 5-2를 대조해 봄으로써 그 당시의 시역이 명확하게 떠오를 것이다. 이 범위는 그림 5-4에서 보여준 1394년의 시역과도 거의 일치한다. 이러한 사실은 서울시의 주민이 도성의 세력권하에서 생활해 온 관습적 통행(habitual trip)의 영향에서 기인한 것으로 풀이된다. 트립이 발생할 때에 역사적인 지역의 관성이 작용한다는 것은 도심체계를 검토해 봄으로써 확인할 수 있다. 즉 본 체계의 중앙부는 종로 1~3가동과 을지로 3~5가동을 각각 결절점으로 하는 두개의 하위체계로 재구분된다. 또 이들 양 하위체계는 을지로 3~5가동을 추이결절점으로 하여 중개되고 있으나 독자적으로 하위체계를 형성하고 있다. 이것은 과거에 작은 하천이 종로구와 중구를 남북으로 종단하고, 이것이 청계천에 합류되어 도성을 동서로 횡단하는 하천망을 이루고 있던 까닭에 이 하천이 장벽효과(barrier influence)가 된 결과로 풀이된다(그림 5-4참조). 이 영향은 청계천이 복개된 1970년대에도 여전히 존속되어 나타났다.

관악체계 · 강남체계 · 은평체계는 모두 네 개의 하위체계로 구성되어 있다. 즉 관악체계는 최종결절점인 신림동과 그 자체의 하위체계에 봉천동 · 사당동 · 가리봉동의 하위체계를 포함하여 시흥동과의 연결수준, 신림동과 가리봉동과의 연결수준이 높으며, 그밖의 연결수준은 사당동과 방배동 간의 연결도 4를 제외하고는 낮은 편이 아니다. 강남체계는 최종결절점인 삼성동과 그 자체의 하위체계에 성수동 · 신사동 · 역삼동의 하위체계를 포함하여 모두 네 개의 하위체계로 구성되어 있다. 본 체계를 구성하는 10개 단위지구는 상술한 관악체계와 비교하여 결절성이 상대적으로 약한 편이다.

또 은평체계는 최종결절점인 역촌동과 그 자체의 하위체계에 응암동 · 갈현동 · 불광동의 하위체계를 포함하여 모두 네 개의 하위체계로 구성되어 있으며, 본 체계의 연결수준은 낮다. 여기서 관악 · 강남 · 은평의 세 체계가 차지하는 범위는 넓은 것처럼 보이지만, 그것은 이들 세 체계를 구성하는 각 단위지구의 면적이 넓기 때문이다. 이와 같은 현상은 중랑체계에서도 볼 수 있다.

즉, 이 체계는 최종결절점인 망우동에 면적이 큰 단위지구인 구리읍이 연결되어 있기 때문에 넓은 것처럼 보이나 단위지구수는 적다. 본 체계는 망우동과 그 자체의 하위체계에 중화동 · 면목동의 하위체계를 포함하여 모두 세개의 하위체계로 구성되어 있다. 그 가운데 망우동과 구리읍과의 연결수준이 높고 그밖의 것은 낮다. 창동을 최종결절점으로 하는 도봉체계도 상술한 중랑체계와 유사한 연결체계의 형태를 이루고 있다.

도심체계와 도봉체계의 사이에 있는 성북체계는 최종결절점인 미아 4~6동과 그 자체의 하위체계에 종암동과 미아 1~3동의 하위체계를 포함하여 모두 세 체계로 구성되어 있다. 그 가운데 종암동과 미아 1~3동은 추이결절점을 갖는 결절점이며, 그들의 연결수준은 낮다. 본 체계는 도심 · 도봉 · 중랑의 세 체계 사이의 점이적인 색채가 강하다.

강서체계는 비교적 단순한 형태를 나타내고 있다. 본 체계는 최종결절점인 화곡동에 연결도 2 및 4의 수준에서 연결하여 5개 지구로 구성된 하위체계와 오류동을 결절점으로 하는 하위체계로 구성되어 있다. 화곡동은 그것에 직접이면서도 높은 연결수준에서 이어지는 지구를 가지며 오류동과의 결합은 약하다.

도심체계와 중랑체계 사이에 있는 청량리체계는 작은 규모의 체계이긴 하지만 다섯 지구를 지배하고 있으며 부도심에 준하는 결절점을 갖는다. 그리고 천호체계도 청량리체계와 마찬가지로 최종결절점에 모든 종속지구가 직접 연결히는 단순한 별모향의 결합 형태를 취한다.

도심체계의 다음으로 강한 결절성을 갖는 것은 영등포체계이다. 본 체계의 최종결절점인 영등포동에 연결되는 지구는 모두 10개 지구에 달하며, 그 모든 지구는 영등포동에 직접 연결되어 있어 별모양의 결합 형태를 보여준다. 종속지구 가운데 영등포동과 한강을 가운데 끼고 위치한 염리동과 서교동이 최종결절점과 직접 연결된 것은 본 체계의 결절성이 얼마나 강한가를 보여주는 좋은 증거이다.

② 제2결절류에 의한 연결체계: 최대결절류의 지역연결체계에 대한 고찰에서는 11개소에서 연결체계의 존재가 검출되었으나, 제2결절류의 지역연결체계에서는 30개 체계가 검출되었다. 이것에 관한 연결체계를 지도화하면 그림 5-5와 같다. 여기서 제2결절류로 이루어지는 연결체계를 고찰하는 주된 목적은 어떤 지구로부터 나오는 최대결절류를 의미하는 링크의 방향이 제2결절류에서 다른 체계로 바뀌게 될 경우, 즉 경합적 관계를 밝히려는데 있다. 「경합적 관계」라는 것은 어떤 지구의 최대결절류를 나타내는 링크가 제2결절류에서는 단 하나의 링크도 나오지 않고 고립적인 최종결절점(trivial terminal point)이 되어버린 경우도 의미한다. 그리하여 여기서는 상술한 경합관계에 중점을 두어 고찰하기로 한다.

그림 5-5에서 볼 수 있듯이, 최종결절점은 종로 1~3가동 · 잠실동 · 영등포동 · 응암동 등 모두 30개소에 존재하고 있거니와 당연한 일이겠지만 최대결절류로 검출된 바 있는 최종결절점의 수보다 많다. 30개 체계 가운데 가장 규모가 크며 강력한 결절성을 갖는 체계는 최대결절류의 경우와 마찬가지로 서울의 중앙부를 차지하는 종로체계이다. 이 체계는 전술한 도심체계에 상당하는 것으로 판단된다. 그러나 여기서는 도심체계가 둘로 분열되어 을지로 3~5가동을 최종결절점으로 하는 또 하나의 독립된 체계를 형성하고 있다. 종로체계는 CBD내의 연결을 제외하면 모두 22개 지구와 연결되어 있는 체계이다. 본 체계는 소공동과 명동의 두 하위체계를 가지며, 종속지구와의 연결은 모두 낮은 연결도를 나타내고 있다.

한편 을지로체계는 종로 4~6가동과 신설동의 두 하위체계를 갖는다. 본 체계는 도심의 동쪽에 위치하여 상술한 종로체계와 경합적 관계에 있다. 종로 4~6가동의 하위체계는 혜화동에 연결되며, 또 혜화동은 성북동에 연결되는 형태를 취한다. 한강 북쪽의 원효로동 · 한남동 · 금호동 · 행당동은 어느 지구에도 연결되지 않은 채 하나의 지구만으로 이루어진 결절성이 강한 체계를 형성하고 있다. 이밖에도 결절류를 갖지 않는 고립적인 최종결절점이 많이

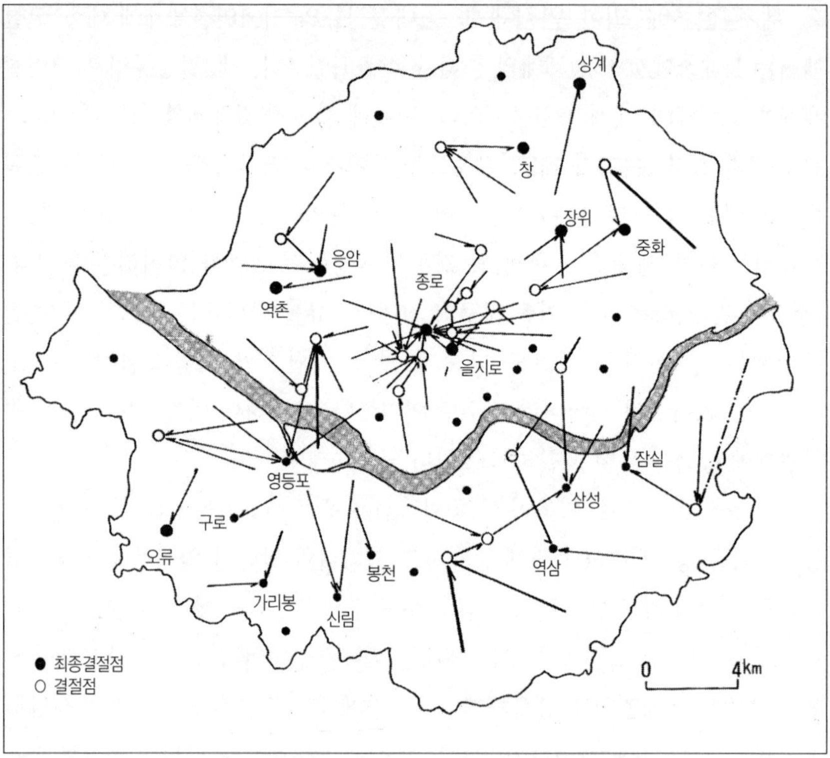

그림 5-5 제2결절류로 본 서울의 지역연결체계

산재한다. 즉 상기한 네 지구 이외에도 도봉동 · 면목동 · 중곡동 · 잠원동 · 사당동 · 시흥동 · 방화동 · 마장동 등 13개 체계가 있다. 이들과 같은 고립적인 최종결절점의 존재는 여기서 말하는 제2결절류가 그들 자신의 결절점보다 규모가 작은 지구를 지향하고 있기 때문에 생겨난 것이다.

창동체계는 수유동 하위체계를 포함하며, 수유동은 미아 1~3동과 번동을 종속시킨다. 이 체계는 최대결절류에서 고찰한 도봉체계 및 성북체계와 경합적 관계에 있다. 상계동체계는 지극히 단순한 형태를 보이며 월계동을 종속시킨다. 그리고 봉천동 · 구로동 · 오류동 · 역촌동 등의 체계도 상계동체계와 마찬가지로 단순한 형태를 보인다. 이들 체계에 이어 단순한 연결형태를 가지는 것은 장위동 · 신림동 · 가리봉동의 체계이며, 이들 체계는 하위체계를 갖지 않는다. 또한 이들 체계는 가능한 가까운 곳의 결절점을 찾아 종속하는 단순한 형태를 나타내고 있기 때문에 W. Christaller가 제시한 최근린원리에 입각한 체계로 간주할 수 있다.

반면에 영등포동과 삼성동의 양 체계는 제2결절류로 이루어지는 연결체계로서는 규모가 크다고 할 수 있다. 이 가운데 영등포체계는 화곡동과 남가좌동의 양 체계를 포함하며, 화곡동은 양평동과 문래동을, 또 남가좌동은 서교동 · 염리동 · 여의도동 · 현저동을 종속시킨다. 이러한 사실로 미루어 보아 영등포동은 화곡동이나 남가좌동과 경합적 관계에 있음을 알 수 있다. 공덕동은 영등포동과 직접 연결되어 있으나, 이 지구는 도심과 부도심과의 중간적 위치에 있기 때문에 전술한 도심체계와 영등포체계와의 경합지역이 되고 있다. 삼성동체계는 4개소에 하위체계를 갖고 있으며, 본 체계는 역삼동과 잠실동의 양 체계와 경합관계에 있다. 역삼동 · 잠실동 · 중화동 · 응암동의 네 체계는 각기 신사동, 가락동, 청량리동과 중계동, 갈현동의 하위체계를 포함하고 있으며, 중화동체계가 두 하위체계를 갖는 것 외에는 하나씩의 하위체계를 보유하고 있다.

③ 제3결절류에 의한 연결체계: 상술한 제2결절류에 관한 고찰에서는 30개 체계에 50개의 결절점이 도출된 바 있으나, 여기서는 37개 체계에 51개의 결절점이 추출되었다. 이것에 관한 연결체계를 지도화하면 그림 5-6에서 보는 바와 같다.

제3결절류로 검출되는 연결체계를 고찰하려는 주된 목적은 다음과 같다. 즉 어떤 지구에서 나오는 제2결절류를 나타내는 링크의 방향이 제3결절류에서는 다른 체계로 바뀌어버린 경우와 고립적인 최종결절점이 되어버린 경우의 경합적 관계를 밝히려는 데 그 목적이 있다. 그림 5-6에서 볼 수 있듯이, 제3결절류에 의하여 이루어지는 연결체계의 형태는 최대 및 제2결절류의 그

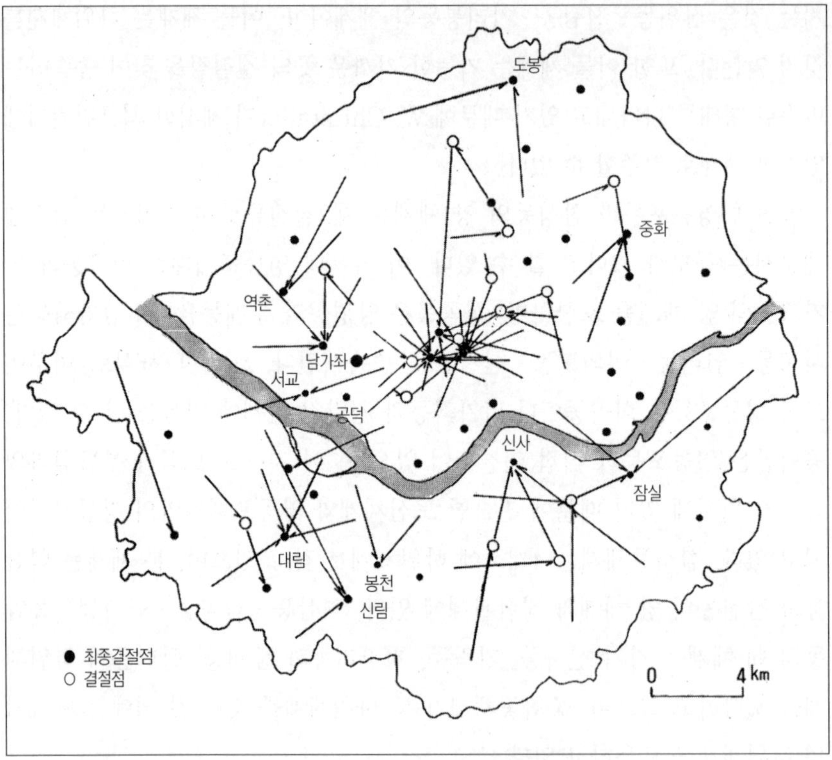

그림 5-6 제3결절류로 본 서울의 지역연결체계

것과 비교해 볼 때 단순하다는 것을 알 수 있다. 그리고 각 체계가 차지하는 완결범위는 전체적으로 좁아졌으며, 연결체계의 형태는 각 체계를 구성하는 지구가 연담되지 않고 비지적으로 존재하는 형태를 이루고 있다.

도심에는 종로 1~3가동 · 명동 · 을지로 3~5가동의 세 최종결절점이 존재하며, 이들 세 지구는 소공동이나 종로 4~6가동 등과 함께 서로 경합적 관계에 있는 것으로 생각된다. 도심의 세 체계는 각기 복잡한 형태를 보이고 있으며 규모도 크다. 이들의 뒤를 이어 대림동과 남가좌동의 양 체계가 보여주는 연결체계도 복잡한 형태를 취하고 있다. 이밖에도 신림동 · 잠실동 · 신사동의 세 체계가 보여주는 연결체계도 상기한 두 체계와 마찬가지로 비교적 복

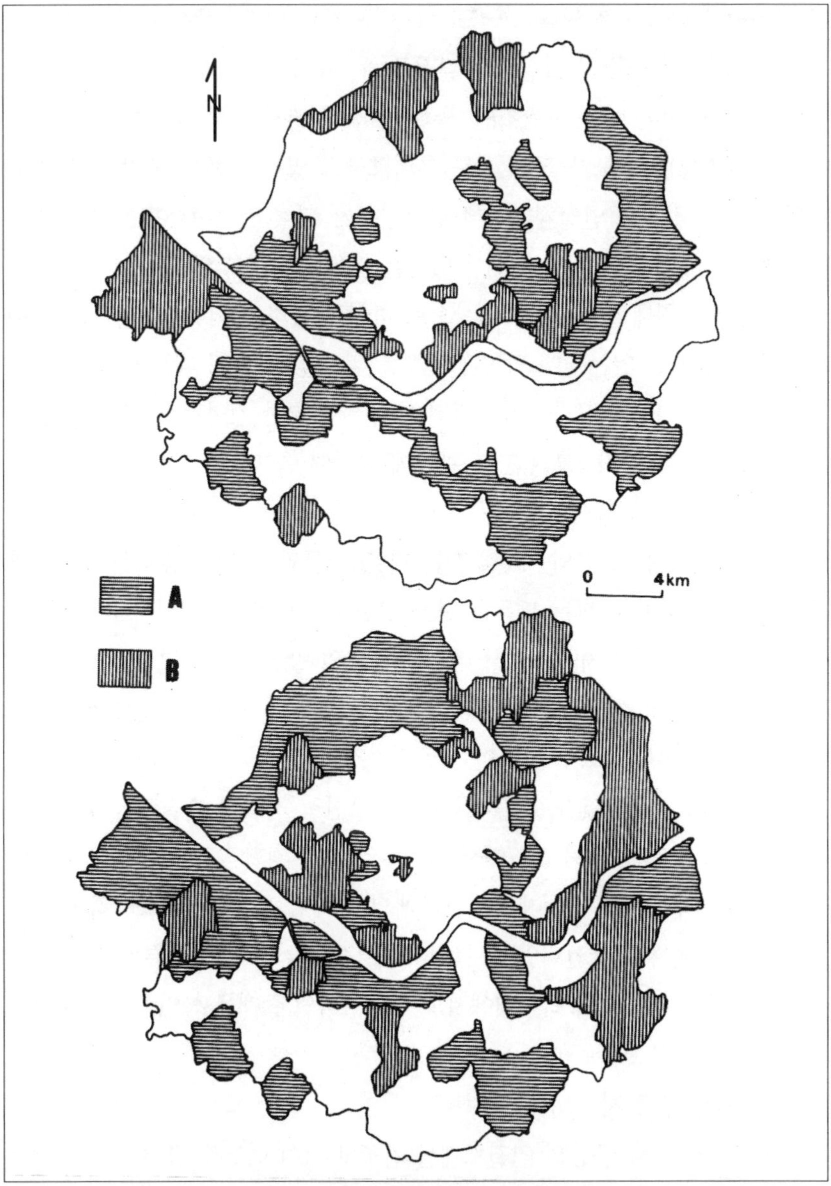

그림 5-7 지역연결체계로 본 경합지역

윗그림: 최대결절류와 제2결절류와의 경합

아래그림: 제2결절류와 제3결절류와의 경합

A: 차위의 결절류가 다른 체계를 지향하는 경우,　B: 차위의 결절류가 고립적인 최종결절점을 형성하는 경우.

잡한 형태를 나타내고 있다. 그리고 각 지구 간의 연결수준은 전체적으로 보아 매우 낮으며, 다수의 결절점은 결절류(즉, 링크)를 갖지 않는 고립적인 결절점이 되어 있다. 이들 고립적인 최종결절점의 존재는 제3결절류가 그들 자신의 결절점보다 규모가 작은 지구를 지향하고 있기 때문에 생겨난 것이다. 이와 같은 결절점은 연결체계상에 경합지구가 되어 있으며, 이 지구가 지배하는 모든 지구는 경합지역이 되어 있다는 것을 시사하고 있다.

이상에서는 최대결절류만을 대상으로 하여 고찰하면 최대결절류의 네트워크 배후에 숨겨져 있는 별도의 연결체계를 검출할 수 없기 때문에 제3결절류까지 고찰하였다. 그 결과, 각 결절점은 서로 치열한 경합적 관계에 놓여 있다는 사실이 밝혀졌다. 그 경합적 관계에 관하여 좀 더 구체적으로 조사하기 위하여 그림 5-7을 작성하였다.

이 그림은 최대결절류와 제2결절류, 제2결절류와 제3결절류와의 경합지역을 나타낸 것이다. 본래는 모든 지구가 경합지역이 될 수 있다. 여기서는 전술한 바와 같이 어떤 지구로부터 나오는 링크의 방향이 차위의 결절류에서는 다른 체계로 바뀐 경우(그림 5-7의 A)와, 그 링크가 차위의 결절류에서는 한 개의 링크도 내지 않고 고립적인 최종결절점이 된 경우(그림 5-7의 B)만을 경합지역으로 간주하였다. 이들의 판별은 당연히 차위의 결절점과의 대비에 의하여 행하여졌다. 그림 5-7에서 알 수 있듯이, 경합적 관계는 도심체계와 인접하는 지역일수록 심하며 또 각 체계의 경계가 되는 곳에서도 격심한 경합적 관계의 존재가 확인되었다. 그리고 제2결절류와 제3결절류가 경합할 경우를 고려하면 서울의 주변지대에서도 경합지역의 존재를 확인할 수 있다.

(2) 중심지의 결절지역과 계층구조

앞에서 검출된 세 종류의 연결체계를 기초로 하여 어느 특정 중심지의 결절지역과 그것의 계층구조를 설정할 수 있다. 여기서는, 중심지의 결절지역과 그것의 계층구조는 최대결절류를 주로 하여 설정하며, 제2 · 제3결절류는 참고로 하는 것에 그쳤다. 이는 세 종류의 결절류 가운데 결절구조를 형성하는 데 있어서 최대결절류가 가장 적합성을 가지고 있기 때문이다.

최대결절류에 의하여 검출된 연결체계의 형태를 고찰함에 있어서 밝혀진 바 있듯이 111개의 단위지구로 구성된 서울은 28개의 중심지를 초점으로 하여 각기 28개의 권역으로 나누어 질 수 있다. 이들 중심지 가운데 최종결절점의 자격을 갖는 중심지는 11개 지구이므로 최종적으로는 11개의 권역으로 통합된다.

도시내부의 결절구조는 국가 및 광역적인 지역규모와 달리 도시 특유의 구조를 이루고 있다(Davies, 1972; 남영우, 1981). 도시내부에 있어서 중심지의 계층성에 관하여서는 많은 논의가 있었으나, 대부분의 연구는 도시시설면의 조사, 즉 중심지가 갖고 있는 인구 또는 시설의 양과 같은 규모에 근거를 두어 계층화를 시도하였다. 예컨대, 미국의 시카고를 대상지역으로 한 B.J.L. Berry(1963), J.W. Simmons(1964), B. Garner(1966) 등의 연구는 시설면의 조사에 근거하여 도시내부 쇼핑센터의 계층구분을 행하였다. 도시내부의 계층구성에 관한 그들의 연구를 집약한 W.K.D. Davies(1972)에 의하면, 상기한 연구에서는 모두 CBD를 포함하여 5계층으로 구분하고 있다. 도시의 규모가 커질수록 계층수는 증대하는 경향이 있으며, 이런 경향은 동일한 규모의 도시일지라도 질적 차이에 따라 약간씩 다를 것으로 생각한다.

이와 같은 종래의 중심지 계층화방식과는 달리, 여기에서처럼 도시내부의 중심지가 갖는 결절성을 근거로 한 계층성의 연구는 이전에는 시도된 바가 없다. B.J.L. Berry and H.G. Barnum(1962)이 지적한 바 있듯이, 중심지 주변의 인구밀도나 중심성의 대소가 지역적으로 다를 경우는 동일한 규모의 중심지일지라도 그 계층적 지위(hierarchical order)는 달라지게 되므로, 인구밀도라든가 사회 · 경제적 수준을 반영한 유동완결성 또는 결절성에 근거하여 계층화하는 편이 한층 현실적이라고 생각된다(奧野隆史, 1979). 그러나 Nysteun-Dacey 모델은 각 결절점이 어느 계층에 속하는가에 대하여 전혀

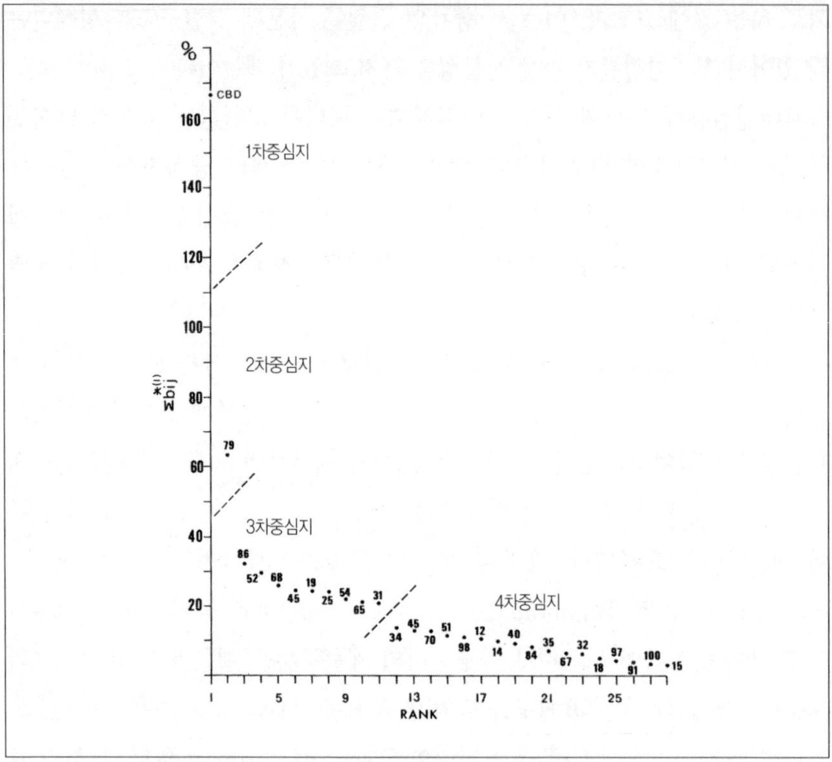

그림 5-8 중심지의 계층구분: 결절류의 합계($\sum_{j}^{n} b^{*(1)}_{ij}$)에 대한 각 결절점의 순위규모곡선

번호는 그림 5-1의 단위지구번호와 대응함.

언급하지 않았다. 그러므로, 예컨대 수 개의 결절류를 모은 최종결절점이 몇 개 존재한다고 하여도 이들을 비교하여 어느 것이 보다 높은 계층에 속할 것인가 하는 논의는 불가능하다.

그리하여 여기서는 그림 5-8에 나타낸 바와 같이 가로축에 각 결절점의 결절류 총계 $\sum_{j}^{n} b^{*(1)}_{ij}$ 로 설정하고, 세로축에는 그것의 순위를 기입하는 순위규모곡선을 그려 이 곡선의 급변점(breaking point)에 주목하였다. 이렇게 함으로써 28개의 결절점은 4계층의 중심지로 구분될 수 있다. 결절점의 수는 33개이지만, 전술한 바와 같이 도심체계의 최종결절점과 그것의 하위체계에 추이하는 6개의 결절점을 일괄하여 CBD로 간주하였기 때문에 여기서 말하는 결절점의 수는 28개이다. 여기서 가로축을 비율척도인 $\sum_{j}^{n} b_{ij}^{*(1)}$ 로 한 것은 가로축을 단지 유동량의 총계로 한다면 결국 유동량이 많은 지구가 결절류와는 관계 없이 고차중심지로 간주될 우려가 있기 때문이다. 그렇게 되면 이는 결절지역의 개념과 본질적으로 상반되는 결과가 나오게 된다. 결절지역의 초점이 되는 결절점(중심지)은 그 지역의 사회 · 경제적 속성이나 밀도에 있어서 각기 상위하다고 木內信藏(1978)가 지적한 바 있다. 또한 R. Abler *et al.*(1972)은 결절지역이란 것이 공간적 상호작용에 의하여 구성된 것이므로 그 지역의 유동량의 크기와 중심지의 계층과는 반드시 비례하지 않는다는 사실을 시시한 바 있다.

이상과 같은 방법으로 선정된 중심지군을 4계층으로 구분함으로써 그림 5-9에서 보는 것과 같은 결절지역이 설정되었다. 또한 이 결절지역을 수형도(dendrogram)로 나타내면 그림 5-10과 같다. 이들 두개의 그림에서 알 수 있듯이, 서울의 결절지역은 11개 권역으로 나누어지며, 각 권역의 명칭은 전술한 체계의 이름을 그대로 사용키로 한다. 이는 당연한 것이지만 결절지역의 수나 넓이가 각각의 최종결절점을 중심으로 하는 연결체계의 그것과 일치하기 때문이다. 그리고 각 체계를 구성하는 하위체계의 수준에서 「하위지역(sub-region)」이라 불릴 수 있는 새로운 권역을 설정하면 26개의 권역으로 나누어진다. 일반적으로 하위체계보다 낮은 수준에서의 권역설정도 가능하지만 그 수준 이하의 권역은 지역간의 결합정도가 미약하다는 것을 의미하므로 여기서는 제2단계까지의 권역만을 설정하는데 그치기로 하였다. 즉 11개의 권역 —이것을 최고차중심지의 지배범위라는 뜻이므로 1차권이라 부름— 으로 나누어지는 1차권과 26개의 권역으로 나뉘어지는 2차권이 각각 설정되었다는 것이다.

11개 권역의 중심지인 CBD를 비롯하여 미아동 · 창동 · 청량리동 · 망우동 · 천호동 · 삼성동 · 신림동 · 영등포동 · 화곡동 · 역촌동의 결절지역의 구

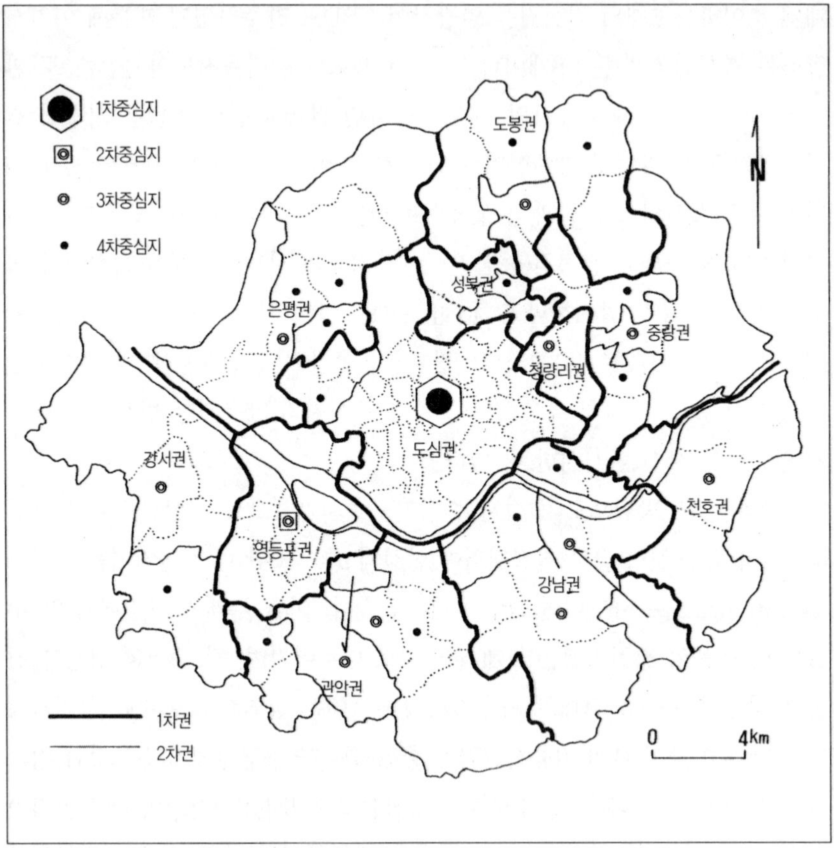

그림 5-9 서울의 결절지역(1970년대)

성에 대하여 고찰하면, 청량리동 · 천호동 · 영등포동을 중심으로 하는 세 권역은 2차권을 갖지 않고 있음을 알 수 있다. 이러한 사실은 상기한 세 중심지가 각기 종속지구들을 직접 연결하는 성형결합을 이루고 있는 탓으로 하위체계를 형성하지 않았음에 기인한다. 청량리동과 천호동은 그 자체를 3차 중심지로 하는 1차권을 구성하며, 영등포동은 그 자체를 3차 중심지로 하는 1차권을 구성한다. 도심권은 CBD를 1차 중심지로 하는 2차권과 남가좌동을 4차 중심지로 하는 2차권으로 구성된다. 결절지역의 규모면에서 최대인 도심권이

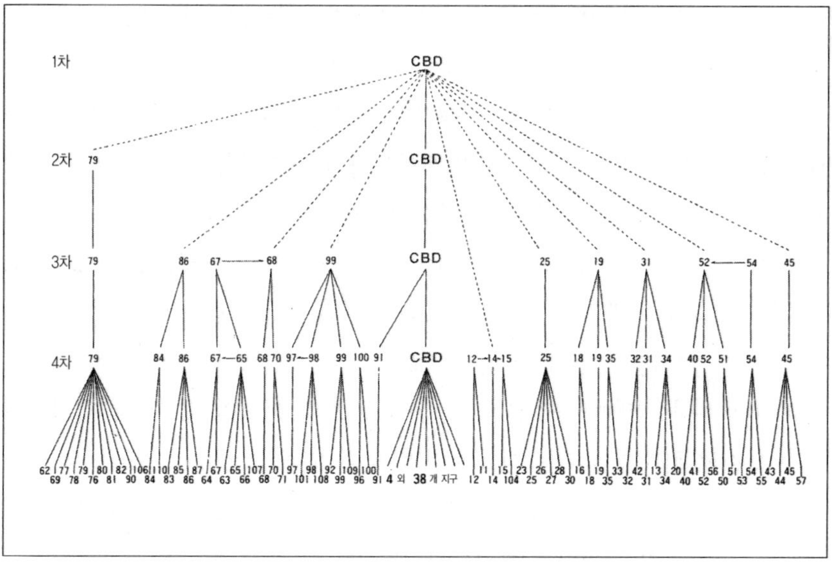

그림 5-10 서울의 결절지역 수형도

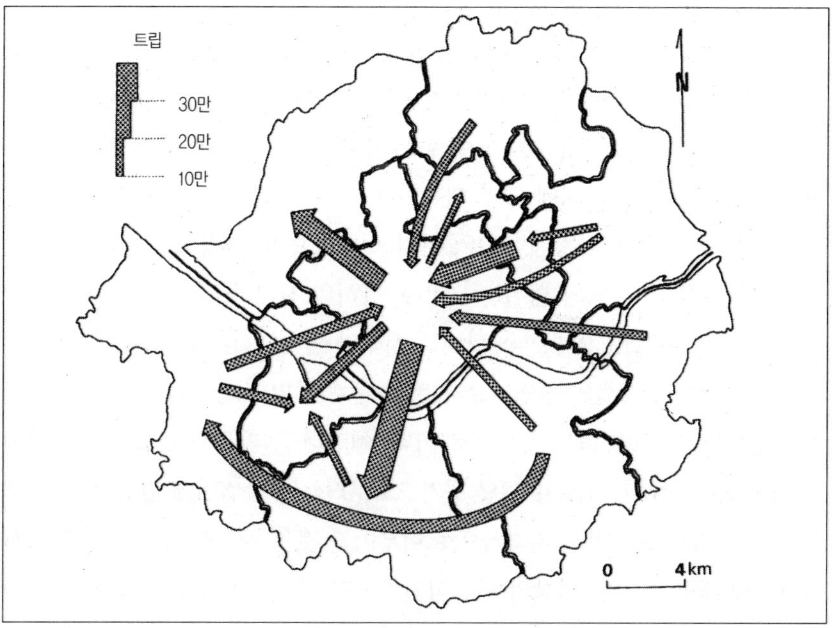

그림 5-11 결절지역간의 유동

둘만의 2차권을, 더욱이 4차 중심지의 2차권을 갖는다는 것은 CBD가 그 주변지역에 대하여 강력한 지배력을 갖고 있기 때문이다.

한편, 그밖의 결절지역은 강서권을 제외하고는 모두 셋 또는 네 개의 2차권을 갖는다. 강서권은 3차 중심지인 화곡동과 4차 중심지인 오류동의 두 2차권을 갖는다. 도심권 · 성북권 · 청량리권 · 천호권 · 영등포권의 다섯 중심지는 그림 5-10에서 잘 나타나 있듯이 피라미드와 같은 모양의 계층구조를 보여주고 있으나, 그 밖의 중심지는 이것과 동일한 구조를 갖고 있지 않다.

여기서는 각기 독립된 11개 권역으로 구성되는 결절지역을 설정하였으며, CBD가 보유하고 있는 중추관리기능은 CBD보다 저차의 중심지와 지배관계 또는 보완적 관계에 있다는 사실에 비추어 볼 때(Buursink, 1975), 각 권역은 서로 완전 독립되어 있다고 볼 수 없다는 견해가 오히려 더 현실적인 것이다. 이러한 사실은 그림 5-11을 보아도 이해할 수 있다. 이 그림에서 알 수 있듯이, 도심권과 그밖의 권역과의 관계는 지배 · 종속관계뿐만 아니라 상호보완적인 관계도 있음을 관찰할 수 있다.

그리고 각 권역의 지역적 범위가 전술한 바와 같이 자연적 장애물이나 행정구역과 대체로 일치한다는 사실에도 주목하지 않을 수 없다. 이러한 것은 각 권역의 결절류가 구의 경계를 넘어 다른 구로 뻗지 않기 때문이며 행정구역이 지형과도 밀접한 관계에 있기 때문이다. 특히 도심권은 14세기 당시의 서울 시역내에서 사람의 왕래가 이루어지고 있었으며, 영등포권 · 청량리권 · 성북권과 같은 세 권역의 범위는 1949년 당시의 시역과 일치하고 있다. 그밖의 권역의 범위는 1949년 이후 확대된 시역과 일치한다. 그러나 서울의 경우 시역의 확대와 도시화의 진전과는 긴밀한 관계에 있다고는 하지만 반드시 일치한다고 만은 볼 수 없는 것도 사실이다. 예컨대, 관악권과 강남권이 위치하고 있는 한강 남부지역은 1963년 경기도로부터 서울특별시에 편입되었다. 그러나 이 지역의 도시화가 본격적으로 이루어진 것은 1970년대 후반의 일로서 시역의 확대와는 10년 이상의 시간적인 차이가 있다. 이와 같은 현상은 도봉구 · 강서구 · 중랑구의 일부에서도 볼 수 있다. 그리고 서울특별시의 구 경계는 전술한 바와 같이 하천이나 산지 등의 자연적 장애물과 옛날의 도성과도 일치하고 있는 사실로 미루어 볼 때, 구 경계가 단지 행정구역으로서 획정된 것이 아니라 자연적 · 역사적 배경을 갖고 정해진 것이라고 생각된다.

위에서 고찰된 사실로 미루어 보아, 서울에서 가장 먼저 형성된 권역은 도심권이며, 그 다음이 영등포권, 그리고 2차권으로 추출된 성수권의 순인 것으로 생각된다. 이들 세 권역은 1945년경에는 이미 형성되어 있어던 것으로 추측된다. 그 후 청량리권 · 종암권 · 미아권 · 응암권 · 천호권 등의 모든 권역이 형성되었을 것이다. 화곡권 · 창권 · 상계권 · 관악권 · 강남권의 권역이 형성된 것은 1970년대에 들어서의 일이다. 특히 강남권은 정부가 실시한 강남으로의 인구이전정책에 힘입어 급격히 도시화된 신개발지이다.

이상에서는 최대결절류에 의하여 검출된 각 결절지역에 대하여 고찰해 보았다. 그 결과 다음과 같은 사실이 밝혀졌다.

첫째는, 각 체계의 주변부에 위치하는 지역일수록 독립성이 강하며 도심권과 인접한 지구일수록 치열한 경합적 관계에 놓여 있다는 사실이다. 그리고 하위결절류를 채용할수록 체계의 규모는 작아지게 되며, 체계의 수는 당연히 많아진다. 또한 체계를 구성하는 각 지구는 서로 연담하는 경향에서 비지적으로 되는 경향으로 바뀐다.

둘째는, 연결체계에 기초하여 설정된 결절지역은 W. Christaller(1933)가 주장한 최근린원리에 입각하여 권역을 형성하는 경향이 있다는 사실이다. 또한 자연적 장애물이나 역사적 요소 등이 장벽효과로 작용하여 권역의 형성에 영향을 미치는 것이라고 생각된다.

3. 2000년대의 지역연결체계

1) 분석단위지역

서울시를 대상으로 장소 간의 유동량을 통해 결절지역구조를 규명한 연구가 1970년대만 해도 극히 소수에 지나지 않았지만, 1990년대와 2000년대에 들어서면서는 비교적 활발하게 진행되었다. 그러나 일부 연구에서는 분석단위지구의 크기를 지나치게 과다하게 설정함으로써, 명확한 도시구조의 규명이 이루어지지 못한 경우도 있다. 즉 분석단위지구의 규모가 커질수록 속성자료의 정확하고 적절한 이용이 불가능하므로 지리학의 주요 과제인 지역분류에 있어서 다소의 왜곡현상이 나타났음을 부인할 수 없다. 따라서 정확한 지역분류 및 지역구조의 규명은 연구자료가 허락하는 범위내에서 분석단위지구의 크기를 세분화함으로써 가능해질 것이다(손승호, 2000). 2000년대의 지역연결체계의 추출에 적용된 분석단위지역은 전장에서 실시된 2000년대 서울시 유동패턴의 추출에 사용되었던 것과 동일하다.

서울시의 도시화가 진행됨에 따라 2000년대 들어 서울시의 인구증가는 물론 행정동의 변화도 발생하였다. 앞에서 고찰한 1970년대에는 473개의 행정동을 분석대상으로 하였지만, 여기에서는 그보다 증가한 522개의 행정동이 분석대상에 포함되었다. 그러나 분석단위지구를 지나치게 세분화하게 되면,

그림 5-12 분석대상지역과 단위지구(2000년대)

종로구
1: 청운동
2: 효자동
3: 사직동
4: 삼청동
5: 부암동
6: 평창동
7: 무악동
8: 교남동
9: 가회동
10: 종로동
11: 이화동
12: 혜화동
13: 명륜동
14: 창신동
15: 숭인동

중구
16: 소공동
17: 회현동
18: 명동
19: 필동
20: 장충동
21: 광희동
22: 을지로동
23: 신당동
24: 황학동
25: 중림동

용산구
26: 후암동
27: 용산동
28: 남영동
29: 청파동
30: 원효로동
31: 효창동
32: 용문동
33: 한강로동
34: 이촌동
35: 이태원동
36: 한남동
37: 서빙고동
38: 보광동

성동구
39: 왕십리동
40: 도선동
41: 마장동
42: 사근동
43: 행당동
44: 응봉동
45: 금호동
46: 옥수동
47: 성수동
48: 송정동
49: 용답동

광진구
50: 노유동
51: 화양동
52: 군자동
53: 중곡동
54: 능동
55: 구의동
56: 광장동
57: 자양동

동대문구
58: 신설동
59: 용두동
60: 제기동
61: 전농동
62: 답십리동
63: 장안동
64: 청량리동
65: 회기동
66: 휘경동
67: 이문동

중랑구
68: 면목동
69: 상봉동
70: 중화동
71: 묵동
72: 망우동
73: 신내동

성북구
74: 성북동
75: 동소문동
76: 삼선동
77: 동선동
78: 돈암동
79: 안암동
80: 보문동
81: 정능동
82: 길음동
83: 종암동
84: 월곡동
85: 상월곡동
86: 장위동
87: 석관동

강북구
88: 미아동
89: 번동
90: 수유동

도봉구
91: 쌍문동
92: 방학동
93: 창동
94: 도봉동

노원구
95: 월계동
96: 공릉동
97: 하계동
98: 중계동
99: 상계동

은평구
100: 녹번동
101: 불광동
102: 갈현동
103: 구산동
104: 대조동
105: 응암동
106: 역촌동
107: 신사동
108: 증산동
109: 수색동
110: 진관내동
111: 진관외동

서대문구
112: 충정로동
113: 천연동
114: 북아현동
115: 대신동
116: 창천동
117: 연희동
118: 홍제동
119: 홍은동
120: 남가좌동
121: 북가좌동
122: 아현동

마포구
123: 공덕동
124: 신공덕동
125: 도화동
126: 용강동
127: 대흥동
128: 염리동
129: 노고산동
130: 신수동
131: 창전동
132: 상수동
133: 서교동
134: 동교동
135: 합정동
136: 망원동
137: 연남동
138: 성산동
139: 상암동

양천구
140: 목동
141: 신월동
142: 신정동

강서구
143: 염창동
144: 등촌동
145: 화곡동
146: 가양동
147: 발산동
148: 공항동
149: 방화동

구로구
150: 신도림동
151: 구로동
152: 가리봉동
153: 고척동
154: 개봉동
155: 오류동
156: 수궁동

금천구
157: 가산동
158: 독산동
159: 시흥동

영등포구
160: 영등포동
161: 여의도동
162: 당산동
163: 도림동
164: 문래동
165: 양평동
166: 신길동
167: 대림동

동작구
168: 노량진동
169: 상도동
170: 본동
171: 흑석동
172: 동작동
173: 사당동
174: 대방동
175: 신대방동

관악구
176: 봉천동
177: 남현동
178: 신림동

서초구
179: 서초동
180: 잠원동
181: 반포동
182: 방배동
183: 양재동
184: 내곡동

강남구
185: 신사동
186: 논현동
187: 압구정동
188: 청담동
189: 삼성동
190: 대치동
191: 역삼동
192: 도곡동
193: 개포동
194: 일원동
195: 수서동
196: 세곡동

송파구
197: 풍납동
198: 거여동
199: 마천동
200: 방이동
201: 오륜동
202: 오금동
203: 송파동
204: 석촌동
205: 삼전동
206: 가락동
207: 문정동
208: 장지동
209: 잠실동

강동구
210: 강일동
211: 상일동
212: 명일동
213: 고덕동
214: 암사동
215: 천호동
216: 성내동
217: 길동
218: 둔촌동

지역분류의 의미가 사라지며 일반화된 지역구조를 규명해내기 어렵게 된다. 따라서 여기에서는 서울시의 분석단위지구를 가능한 법정동 단위로 통합함으로써 총 218개의 단위지구가 형성되었다(그림 5-12). 연결체계의 추출을 위한 그래프 이론법의 적용은 앞에서 언급한 것과 동일한 방법으로 이루어졌다.

2) 지역연결체계

(1) 최대결절류에 의한 연결체계

서울시 단위지구 간 최대결절류에 의한 연결체계는 그림 5-13에서 보는 바와 같다. 이 그림에서 알 수 있듯이, 서울에는 38개의 최종결절점이 존재하며 이들은 독립적인 연결체계를 형성하고 있다. 이는 1970년대의 일일인구유동에 의한 최대결절류의 연결체계가 11개소로 추출된 것에 비하면 아주 많은 변화가 있었음을 의미한다. 물론 단위지구의 수가 증가할수록 최종결절점의 수가 증가하지만, 짧은 기간 동안에 최종결절점이 11개소에서 38개소로 크게 증가하였음은 서울시 단위지구 간의 공간상호작용 패턴이 도시구조의 변화에 수반되어 상당히 복잡하고 다양하게 전개되어 가고 있음을 시시하는 부분이다. 즉 서울의 도시구조가 이전의 단핵 중심의 패턴에서 강남 일대와 영등포 일대가 새로운 업무중심지로 성장함에 따라 다핵화의 패턴으로 전개되어 가고 있으며, 도시내 사람들의 이동패턴에서 통행의 중심지가 점차 다변화되어 가고 있다는 것이다.

최종결절점으로 추출된 38개 지구 가운데 여의도동 · 성수동 · 소공동 · 남가좌동 · 진관내동 · 동교동 등의 6개 지구는 하위지구를 전혀 거느리지 못하는 고립결절점으로 추출되었으며, 나머지 32개 지구는 하나 이상의 하위지구를 종속시키고 있다. 여기에서 여의도동이 고립결절점으로 추출되었다는 사실은 여의도동을 중심으로 전개되는 공간상호작용이 서울시 전 지구에 비교적 고르게 분포하고 있음을 보여준다.

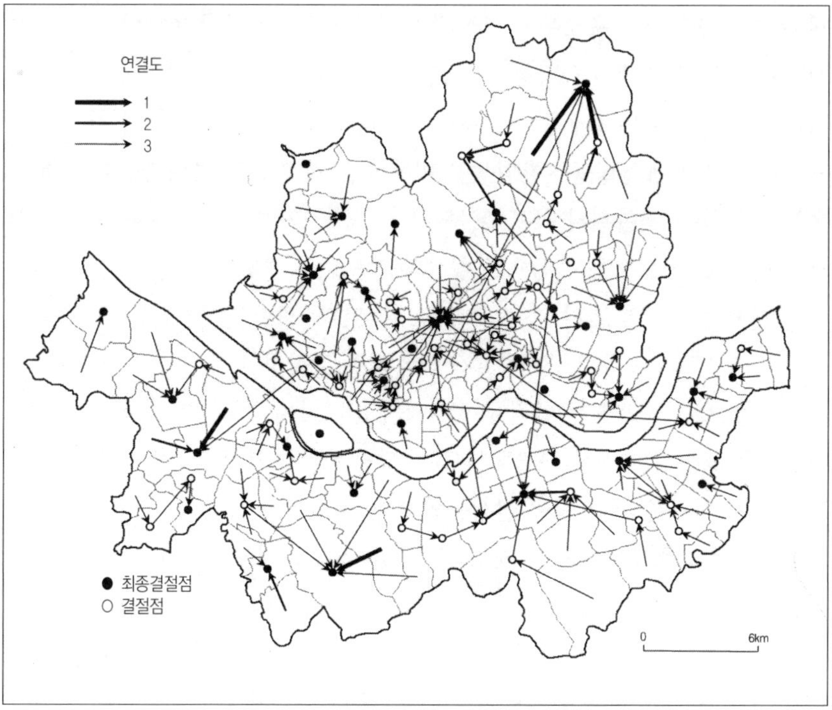

그림 5-13 최대결절류의 지역연결체계(2000년대)

앞에서 살펴본 1970년대의 지역연결체계의 추출에서는 최대결절류에 의한 지역연결체계의 범위가 대부분 당시의 서울시 구 경계와 거의 일치하였기 때문에, 연결체계의 명칭도 대부분 구의 명칭에 따랐다. 그러나 2000년대의 지역연결체계 분석에서 추출된 연결체계의 규모 및 범위는 이전의 것과 사뭇 다른 양상이다. 종로동을 최종결절점으로 하는 종로 연결체계는 가장 규모가 크고 넓은 배후지를 포섭하는 체계로서 모두 41개의 하위지구를 거느리는 반면에, 한강로동 · 대신동 등지는 하위지구가 1개에 불과할 정도로 각 체계 간의 규모 차이가 크게 나타났다.

가장 규모가 큰 연결체계는 서울의 중앙부에서 종로동을 중심으로 형성된 종로 연결체계이다. 최종결절점인 종로동은 제4차 결절점으로 추출되었으며,

제3차 결절점으로는 종로동의 남쪽에 위치하는 회현동이 추출되었다. 이외에 제2차 결절점은 명동 · 신당동 · 사직동 · 아현동 · 청파동 등의 5개 지구이며, 제1차 결절점으로는 신설동 · 광희동 · 효자동을 포함하여 총 10개 지구가 추출되었다. 이밖에 장충동 · 후암동을 비롯한 24개 지구는 하위지구를 전혀 종속시키지 않는 최하위지구로 추출되었다. 종로 연결체계는 그림 5-13에서 보는 바와 같이 도심을 중심으로 형성되었음에도, 체계내에 포함되는 하위지구의 배후지가 그리 넓지 않은 것으로 나타났다. 또한 본 연결체계는 하위지구와의 연결도가 모두 3으로 상호작용에 의한 결절성이 강하지 않은 편이다.

그 다음으로 규모가 큰 연결체계는 강남 신시가지에 위치한 역삼동을 최종 결절점으로 형성된 역삼 연결체계이다. 강남개발 초기인 1970년대만 하더라도 앞에서 살펴본 바와 같이 삼성동의 중심성이 가장 높았다. 삼성동의 중심성은 지하철 2호선이 서울의 시청과 CBD · 영등포 부도심 · 강남 부도심의 3핵을 연결하는 순환선으로 개통됨에 따라 더욱 증가하였지만, 1990년대 중반 이후 강남에서는 역삼동의 중심성이 삼성동의 그것을 앞지르기 시작하였다. 이와 같은 변화는 인구의 일일유동패턴에도 투영되어 나타남으로써, 역삼동이 최종결절점으로 추출된 것으로 볼 수 있다. 이는 손승호(2000)가 규명한 1996년의 서울시 지역연결체계에서도 나타난 결과이다. 역삼동 역시 종로동과 마찬가지로 제4차 결절점에 해당하며, 인접한 서초동이 제3차 결절점으로 추출되었다. 제2차 결절점으로는 방배동 1개 지구가, 제1차 결절점으로는 반포동 · 사당동 · 대치동 · 양재동 · 수서동 등의 5개 지구가, 그리고 개포동 · 논현동을 포함한 12개 지구는 최하위지구로 각각 추출되었다. 역삼 연결체계는 한강을 가로지르는 지배 · 종속관계를 형성시켰으며, 도심에 자리하고 있는 삼청동을 직접적으로 지배하고 있다. 또한 역삼동의 동쪽과 서쪽에 각각 인접한 대치동과 서초동은 연결도 2의 연결관계를 형성하였다.

다음으로 규모가 큰 연결체계는 모두 10개의 하위지구를 거느리며 서울의 북부에서 형성된 상계 연결체계와 서울의 동남부에서 형성된 잠실 연결체계이다. 상계 연결체계에서는 상계동이 제3차 결절점으로, 월계동은 제2차 결절점으로, 그리고 장위동과 중계동이 각각 제1차 결절점으로 추출되었다. 도심에 자리하고 있는 필동을 비롯한 6개 지구는 최하위지구로 추출되었다. 여기에서는 창동과 중계동이 연결도 1로 연결되었고, 하계동과 공릉동이 연결도 2로 연결되는 등 다른 체계에 비하여 지구간 상호작용에 의한 연결정도가 강한 것으로 나타났다.

잠실 연결체계는 역삼 연결체계의 동부에서 송파구의 대부분 지구를 포섭하고 있으며, 여기에서 최종결절점인 잠실동은 제3차 결절점으로 추출되었다. 이 연결체계에서는 가락동이 제2차 결절점으로 추출되었으며 문정동은 제1차결절점으로, 그리고 송파동 · 석촌동을 비롯한 7개 지구가 하위지구를 전혀 거느리지 못하는 최하위지구로 나타났다.

상계 연결체계의 남서쪽에서는 미아동과 정릉동이 각각 최종결절점으로 기능하는 연결체계가 형성되었다. 미아 연결체계에서 미아동은 제3차 결절점으로 추출되었으며 추이결절점인 수유동과 쌍문동을 연결수준이 비교적 높은 연결도 2로 지배하고 있다. 이 연결체계는 방학동 · 번동 · 길음동 등지를 최하위지구로 종속시키고 있으며, 여기에는 모두 7개 지구가 포함되었다. 정릉 연결체계에서는 동소문동을 지배하는 돈암동이 추이결절점으로 추출되었으며, 동선동은 정릉동에 직접적으로 연결되었다.

응암 연결체계는 서울의 서북부에서 9개의 지구로 구성된 것으로, 최종결절점인 응암동은 제2차 결절점으로 추출되었다. 이 체계에서는 수색동을 하위지구로 하는 추이결절점인 증산동이 제1차 결절점으로 종속되었을 뿐 그 외의 구산동 · 역촌동 · 녹번동 등지는 모두 최종결절점인 응암동에 직접적으로 연결되었다. 따라서 응암 연결체계는 배후지의 수는 다른 연결체계에 비해 적은 편이 아니지만, 배후지의 범위는 협소한 특징을 가진다. 이 체계에서도 각 지구 간의 연결수준은 연결도 3으로 미약한 편이다.

신림 연결체계는 서울의 서남부에서 8개의 지구로 구성되었으며, 최종결절점인 신림동은 제2차 결절점으로 추출되었다. 이 체계에서 추이결절점인 구로동은 인접한 신도림동 · 대림동 · 가리봉동의 3개 지구를 지배하는 하위체계를 형성하였으며, 신림동에 인접한 신대방동 · 봉천동 등을 포함한 4개 지구는 신림동에 직접적으로 연결되었다. 전반적인 연결수준은 매우 미약하지만, 인구규모가 큰 신림동과 봉천동의 연결수준은 연결도 1로서 매우 강하게 형성되었다.

제3차 결절점인 구의동을 최종결절점으로 하는 구의 연결체계는 인접한 7개 지구를 종속시키고 있다. 이 연결체계에서는 제2차 결절점으로 화양동이 추출되었으며, 중곡동과 군자동이 제1차 결절점으로 각각 추출되었다. 구의 연결체계의 북쪽에서는 면목동을 최종결절점으로 하는 연결체계가 형성되었다. 면목 연결체계는 7개의 지구로 이루어졌으며 중화동과 그 하위지구인 묵동을 제외한 나머지 지구가 면목동에 직접적으로 종속된다. 이들 체계에 인접해서 장안 연결체계와 전농 연결체계가 각각 형성되어 있지만, 이들 두 체계는 배후지의 수나 범위가 크지 않다. 요컨대, 한강 이북지역의 동북부에서는 남북방향으로 형성된 상계 연결체계 · 면목 연결체계 · 구의 연결체계가 지배적인 위치를 점하고 있으며, 이들 세 체계는 각각 노원구 · 중랑구 · 광진구를 배후지역으로 형성되었음을 확인할 수 있다.

은평구 · 서대문구 · 마포구 등이 자리하고 있는 서울의 서북부 지역에서는 하위지역을 전혀 거느리지 못하는 고립결절점 3개소(진관내동 · 남가좌동 · 동교동)를 비롯하여 모두 9개의 연결체계가 형성되었다. 그 가운데 가장 규모가 큰 연결체계는 앞에서 언급한 바 있는 응암 연결체계이다. 성산 연결체계의 최종결절점인 성산동은 제2차 결절점으로서 망원동과 신수동을 추이결절점으로 종속시켰다. 성산 연결체계에는 최하위지구인 합정동 · 노고산동 등을 포함하여 모두 7개 지구가 연결되었다. 한편 서울의 서북부에 자리하고 있는 서교동은 한강 이남에서 형성된 신정 연결체계의 추이결절점으로 상수동을 하위지역으로 지배하고 있다.

홍제동은 응암동과 종로동 사이에서 형성된 최종결절점이다. 홍제 연결체계에서는 홍은동이 추이 결절점으로 추출되었으며, 모두 5개의 하위지구가 연결되었다. 불광동은 제1차 결절점의 자격으로 최종결절점이 되었으며, 대조동 · 갈현동 · 진관외동의 3개 지구를 직접적으로 지배하는 연결체계를 형성하였다. 평창동과 대신동은 각각 부암동과 대흥동만을 하위지구로 지배하는 연결체계를 형성시켰다.

한강 이남의 서울 서남부에서는 앞에서 살펴본 신림동을 비롯하여 신정동 · 화곡동 · 개봉동 · 영등포동 · 독산동 · 상도동 · 방화동 · 여의도동 등지가 최종결절점으로 추출되었다. 제2차 결절점인 영등포동을 최종결절점으로 하는 영등포 연결체계는 당산동과 신길동이 추이결절점으로 기능하며 양평동 · 대방동 등 모두 6개의 하위지구를 종속시킨다. 영등포동에 인접한 여의도동은 발생통행량 및 흡수통행량 등 공간상호작용의 규모가 매우 큼에도 불구하고 하위지구를 전혀 지배하지 못하는 고립결절점으로 추출되었다. 이는 서울시 각 지구에서 여의도동을 통행의 목적지로 하는 발생트립이 최대결절류를 전혀 형성하지 못하였기 때문으로, 도심이나 강남 부도심에 자리한 최종결절점과는 달리 여의도동의 배후지가 서울시 전역에 고르게 분포하고 있음을 반증하는 사실로 볼 수 있다.

신정 연결체계는 4개의 하위지구가 연결되었다. 이 연결체계의 특징은 한강 이북의 추이결절점인 서교동과의 연결수준이 연결도 3으로 낮은 편이지만, 한강을 가로지르는 연결관계를 형성시킨 점이다. 이 체계에서는 신정동에 직접적으로 연결되는 목동과 신월동의 연결수준이 각각 연결도 1과 2로서, 체계내에서의 공간상호작용의 정도가 크다는 사실을 알 수 있다. 신정동과 접하고 있는 화곡동은 제2차 결절점의 자격으로 최종결절점을 형성하였다. 화곡 연결체계는 등촌동을 추이결절점으로 염창동을 지배하고 있으며, 최하위지구인 발산동과 가양동은 화곡동에 직접적으로 연결되었다. 신정 연결체계의 남부에서는 제3차 결절점인 개봉동을 최종결절점으로 하는 연결체계가 형성되었다. 개봉 연결체계에서 개봉동은 고차결절점이지만, 배후지에는 추이결절점인 고척동과 오류동, 그리고 최하위지구인 수궁동만이 포함되었다.

독산동과 상도동, 방화동은 제1차 결절점의 자격으로 최종결절점으로 추출된 지구로서, 각각 2개, 2개, 1개의 하위지구를 거느리는 연결체계를 형성하였으며, 배후지는 각 연결체계의 최종결절점과 접해 있는 지구로 구성되었다. 단지, 독산 연결체계에서 최하위지구인 시흥동과의 연결수준이 연결도 2로 비교적 높은 점이 눈에 띄는 현상이다.

서울 동남부에서는 잠실동 · 천호동 · 명일동 · 오금동 등지가 최종결절점으로 추출되었으며, 그 가운데 가장 규모가 큰 것은 앞에서 언급한 바 있는 잠실 연결체계이다. 천호 연결체계에서는 성내동이 추이결절점으로 기능하며, 성내동은 한강을 가로질러 멀리 떨어진 도화동을 하위지구로 종속시켰다. 이외에 천호 연결체계의 최하위지구로는 암사동 · 길동 · 풍납동 · 둔촌동 등지가 있다. 천호동에 인접한 명일동을 최종결절점으로 하는 명일 연결체계에서 명일동 역시 제2차 결절점의 자격을 가지며, 이 체계의 추이결절점인 고덕동은 강일동을 종속시킨다. 그리고 오금 연결체계는 마천동만이 유일한 하위지구로 추출되었다.

이외에 성수동과 소공동은 고립결절점으로 추출되었으며, 공덕동과 한강로동은 각각 2개와 1개의 하위지구를 종속시키는 연결체계를 형성하였다.

이상에서 서울시 각 단위지구 간의 공간상호작용에서 최대결절류에 의한 지역연결체계를 살펴보았다. 도심의 종로동을 최종결절점으로 하는 연결체계가 가장 강력한 것으로 추출되었지만, 배후지의 수나 규모는 그리 크지 않음을 확인할 수 있었다. 또한 한강 이남에서 형성된 역삼 연결체계는 종로 연결체계에 버금가는 것으로서, 배후지의 수에 비해 범위는 매우 넓은 것으로 나타났다. 이들 두 연결체계를 제외한 나머지 연결체계는 대체로 10개 이하의 배후지를 거느리는 양상이다. 지구 간 지배 · 종속관계는 최종결절점을 중심으로 인접하고 있는 지구가 연결되었으며, 대략적인 범위는 서울시에 설정된 행정경계인 구의 경계를 크게 벗어나지 않았다. 1970년대의 서울시 지역연결체계에 비해 최종결절점이 크게 증가하였음은 서울시의 지역구조가 점차 복잡하게 다원화되어 가고 있음에 따라 공간상호작용의 패턴도 점차 다분화되어 가고 있는 것으로 볼 수 있겠다. 또한 연결체계의 증가는 배후지의 규모를 축소시켰으며, 이에 따라 상위의 연결체계에 종속되는 배후지의 수와 범위도 1970년대에 비해 비해 크게 감소하였다.

2000년대 들어 서울시 각 지구 간의 지배·종속관계를 토대로 각 결절점 간의 계층성을 규명하고 연결체계내에서 연담하는 지구들로 구성되는 결절 지역의 규명은 생략하였다. 그 이유는 1970년대 처럼 서울시 공간상호작용의 패턴이 단순하게 형성되지 않았으며, 이에 따라 완결된 형태의 권역 설정이 다소 불가능하기 때문이다.

(2) 제2결절류에 의한 연결체계

최대결절류의 지역연결체계에 대한 고찰에서는 모두 38개소가 최종결절점으로 추출됨으로써, 서울시에는 모두 38개의 연결체계가 존재하는 것으로 확인되었다. 제2결절류에 의한 지역연결체계를 분석한 결과, 최대결절류에서보다 많은 51개의 연결체계가 추출되었다(그림 5-14).

제2결절류의 연결체계에서 최종결절점으로 추출된 지구 가운데 하위지구를 거느리는 곳은 여의도동·종로동·역삼동·미아동 등 모두 36개이며, 하위지구를 전혀 종속시키지 않고 고립결절점으로 추출된 지구는 방배동·청담동·후암동 등지를 비롯한 15개 지구에 달한다.

제2결절류의 연결체계에서 가장 강력한 것은 여의도동을 최종결절점으로 하는 여의도 연결체계로서, 이 체계에는 모두 22개의 하위지구가 종속된다. 여의도동은 최대결절류에서 하위지역을 전혀 거느리지 못하는 고립결절점이었으나, 제2결절류에서는 가장 강력한 연결체계를 형성하는 최종결절점이 되었다. 또한 이 체계에서는 한강을 가로지르는 연결관계가 주목된다. 제3차 결절점인 여의도동은 한강 이북의 한강로동을 제2차 결절점으로 지배하며, 영등포동을 비롯한 3개 지구를 제1차 결절점으로 지배한다. 여기에서 한강 이북의 하위지구는 대부분 최대결절류의 연결체계에서 종로 연결체계에 포함되었던 곳이다.

서울 서남부에서는 여의도 연결체계 이외에 구로동·화곡동·등촌동·신정동이 하위지구를 거느리는 연결체계를 각각 형성하였으며, 문래동은 고립

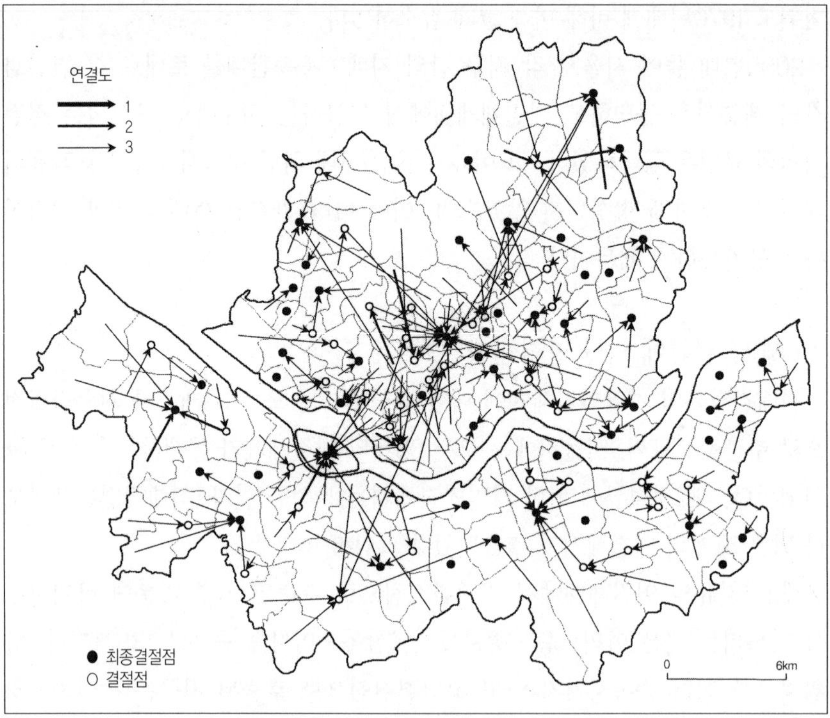

그림 5-14 제2결절류의 지역연결체계

결절점으로 추출되었다. 이들 최종결절점에 의한 연결체계에서는 구로 연결체계의 하위지구가 6개로 가장 많으며, 그 다음으로는 화곡 연결체계가 5개, 등촌 연결체계는 2개 신정 연결체계는 1개의 하위지구를 포섭하였다. 구로동은 최대결절류에서는 구로동의 동쪽에 자리하고 있는 지구를 지배하였지만, 제2결절류에서는 구로동의 서쪽에 자리하고 있는 추이결절점인 개봉동을 비롯하여 오류동 · 고척동 등지를 지배하고 있다. 화곡 연결체계는 추이결절점인 목동을 비롯하여 신월동 · 방화동 등지가 하위지구로 종속되고 있다. 제2결절류에 의한 연결체계에서는 지구간 연결도가 대체로 미약한 수준을 나타내었는데, 이 연결체계에서는 목동과 신월동이 최종결절점인 화곡동에 연결도 2로 연결됨으로써 비교적 강한 연결관계를 나타내었다.

여의도 연결체계와 더불어 규모가 큰 것은 도심의 종로동을 최종결절점으로 하는 종로 연결체계이다. 종로 연결체계는 도심 서쪽에 자리한 지구를 중심으로 모두 21개의 하위지구와 연결되어 있으며 연결수준은 모두 연결도 3으로 낮은 편이다. 도심 주변에서는 숭인동과 보문동이 결절류를 갖지 않는 고립결절점으로 추출되었으며, 광희동과 신당동은 각각 1개, 3개의 하위지구를 지배하는 연결체계를 형성하였다.

역삼 연결체계는 강남에서 형성된 가장 강력한 규모의 것으로 모두 17개의 하위지구가 연결되어 있다. 제3차 결절점인 역삼동은 각각 하위체계를 형성하고 있는 삼성동 · 잠실동 · 개포동을 제2차 결절점으로 종속시키며, 논현동 · 석촌동 · 일원동을 제1차 결절점으로 포섭하였다. 최대결절류의 연결체계에서 역삼동의 추이결절점이었던 대치동 · 반포동 · 서초동 · 방배동은 제2결절류에서 각각 최종결절점으로 추출됨으로써 각기 독자적인 연결체계를 형성시켰다. 이러한 사실은 상기한 여러개의 하위연결체계가 각기 경합적 관계에 있음을 보여주는 것이다. 최대결절류에서 최종결절점이었던 잠실동은 제2결절류에서 역삼 연결체계의 추이결절점으로 추출됨에 따라 잠실체계도 역삼체계와 경합관계에 있음을 볼 수 있다.

역삼동의 서쪽에 인접하고 있는 서초동을 최종결절점으로 하는 서초 연결체계는 인접한 지구를 포섭하기 보다는 멀리 떨어진 지구를 하위지구로 거느리는 양상이다. 이 연결체계에서는 양재동만이 인접하고 있을 뿐, 추이결절점인 신림동과 명동을 비롯하여 최하위지구인 시흥동 · 독산동 · 노량진동 · 이촌등은 모두 비지적으로 분포하고 있다. 특히 추이결절점인 신림동과 최종결절점인 서초동과의 연결관계가 매우 미약한 수준으로, 이 연결체계의 추이결절점인 신림동의 지배력이 더 강력하다고 볼 수 있다. 신림동이 추이결절점으로 추출됨에 따라 최대결절류에서 신림 연결체계의 하위지구로 추출되었던 봉천동은 제2결절류에서는 인접한 5개 지구를 거느리는 최종결절점으로 추출됨으로써 하나의 연결체계를 형성하였다.

제2결절류에 의한 연결체계에서 최종결절점은 최대결절류에서와는 다소

상이하게 서울시 외곽의 주택지역에 많이 분포하는 경향을 보인다. 서울시 서북부 지역에서 갈현동 · 역촌동을 비롯한 6개의 최종결절점이 형성되었고, 동북부의 주택밀집지역에서는 정릉동 · 미아동 · 상계동 · 중계동을 비롯하여 10여개의 최종결절점이, 한강 이남의 동부지역에서는 암사동 · 고덕동 · 천호동 등지를 포함하여 8개소에 최종결절점이 형성되었다.

서울시 동북부 지역에서 주목되는 연결체계는 상계 연결체계와 중계 연결체계이다. 상계동과 중계동은 서로 접해 있는 인구밀집지역이다. 최대결절류에서는 중계동이 상계 연결체계의 추이결절점으로 기능하였지만, 여기서는 서로 독립적인 연결체계를 형성하였다. 상계동과 중계동은 모두 제2차 결절점에 해당하며, 거느리는 하위지구의 수는 상계동이 방학동 · 하계동 등 7개 지구를, 중계동은 도봉동 · 쌍문동 등 5개 지구이다. 상계 연결체계에서는 하계동이 연결도 2의 수준으로 연결관계를 형성하였으며, 도심에 입지한 가회동 · 이화동 · 회현동 등지가 하위지구로 추출된 점이 특이하다. 중계 연결체계에서는 쌍문동 · 창동 · 공릉동과의 연결수준이 비교적 높은 편이다.

지하철 및 버스를 통한 교통 접근성이 양호한 구의동은 제3차 결절점의 자격으로, 8개의 하위지구를 지배하고 있다. 구의 연결체계는 군자동과 능동이 최종결절점에 직접적으로 연결되는 양상이며, 하위체계인 성수 연결체계는 추이결절점인 행당동을 비롯하여 5개의 지구를 거느린다. 구의동은 최대결절류의 연결체계에서도 7개의 하위지구를 지배하는 최종결절점이었으며, 제2결절류에서도 완결된 연결체계를 형성하는 최종결절점으로 추출되었다. 한편 성수동은 최대결절류에서 고립결절점이었으나, 여기서는 추이결절점으로 기능하고 있다.

최종결절점의 증가와 함께 각 연결체계별 배후지의 규모와 범위가 최대결절류에서보다 축소되었다. 상술한 3대 연결체계(여의도 연결체계 · 종로 연결체계 · 역삼 연결체계)를 제외한 나머지 연결체계의 최종결절점 가운데 포섭하는 하위지구의 수가 5개 이상인 것은 미아동(8개) · 구의동(8개) · 상계동(7개) · 구로동(6개) · 서초동(6개) · 갈현동(5개) · 성산동(5개) · 중계동(5개) ·

봉천동(5개) · 화곡동(5개) 등 11개소이다. 반면, 하위지구를 전혀 거느리지 못하는 최종결절점은 상술한 바와 같이 15개이며, 하나의 하위지구만을 거느리는 최종결절점은 신정동 · 천호동 · 수유동 등 모두 10개 지구에 달한다.

이처럼 각 연결체계에서 하위지구의 수가 감소함에 따라, 많은 지구에서 최대결절류와 제2결절류에 의한 경합적 관계를 나타내었다. 즉, 제2결절류에 의한 연결체계를 추출한 결과, 최대결절류에서와 동일한 최종결절점에 종속되는 하위지구의 수가 감소한 것이다. 일부 지구는, 최대결절류에서는 최종결절점에 직접적으로 연결되었다가 제2결절류에서는 추이결절점을 경유하여 최대결절류에서와 동일한 최종결절점에 종속되기도 한다. 또는 최대결절류에서는 추이결절점을 경유하여 최종결절점에 연결되었던 지배 · 종속관계가 제2결절류에서는 직접적으로 연결되는 경우도 있다. 예컨대, 가리봉동은 최대결절류에서 구로동에 직접적으로 종속되었지만, 제2결절류에서는 가산동을 추이결절점으로 삼아 구로동에 연결되었다. 이와 반대로, 하계동은 최대결절류에서는 추이결절점인 중계동을 경유하여 최종결절점인 상계동에 종속되었지만, 제2결절류에서는 최종결절점인 상계동에 직접적으로 연결되는 양상을 나타내었다. 또는 추이결절점만 변경된 경우도 있다. 염창동은 최대결절류에서 추이결절점인 등촌동을 경유하여 최종결절점인 화곡동에 연결되었지만, 제2결절류에서는 목동을 추이결절점으로 하여 최종결절점인 화곡동으로 종속되는 패턴을 보였다. 이와 같이, 최대결절류와 제2결절류에 의한 연결체계에서 지배 · 종속관계가 변화하지 않은 경우도 있지만, 많은 지구에서 최종결절점의 변화가 발생하였다.

4. 지역연결체계의 변화

본 장에서는 서울시 각 지구 간의 공간상호작용에 의해 형성되는 지역구조의 변화를 지역연결체계에 기초한 결절지역의 개념에 입각하여 고찰하였다. 그 결과 가장 두드러지는 점은 서울을 구성하는 하위지역 또는 연결체계의 수가 2000년대 들어 크게 증가하였다는 것이다.

최대결절류의 분석에서 11개의 최종결절점이 추출되었던 1970년대의 연결체계는 서울의 도심인 종로동을 최종결절점으로 하고 그 주변지역이 종속되는 도심체계가 가장 강력한 것이었으며, 여기에 포함되는 배후지의 규모 역시 매우 광범하게 전개되었다. 그러나 2000년대 들어 가장 강력한 중심지 기능을 발휘하는 종로 연결체계는 지배하는 하위지구의 수가 감소함과 더불어 배후지의 범위도 이전에 비해 협소하게 형성되었다.

최종결절점이 11개소에서 38개소로 크게 증가한 것은 서울시 단위지구 간의 공간상호작용패턴이 도시구조의 변화에 수반되어 상당히 복잡하게 다원화해가고 있음을 보여주는 것이다. 특히 서울의 도시구조가 강남 일대와 영등포 일대를 중심으로 형성된 새로운 업무중심지의 등장과 함께 다핵화의 패턴으로 전개됨에 따라, 일일인구이동의 패턴에서 통행의 중심지가 점차 다변화해가고 있다.

앞에서 살펴본 기능지역구조의 변화에서도 나타난 현상이지만, 최근 들어 서울에서는 도심의 기능이 일부 약화되면서 한강 이남의 강남 일대와 여의도와 영등포를 중심으로 하는 영등포구 일대가 새로운 중심지로 부상하였다. 이는 결절지역구조의 변화를 통해서도 확인이 가능하였다. 즉 도심이 거느리는 지구의 수가 감소함과 더불어 배후지의 범위가 축소된 반면, 강남에서는 역삼동의 중심성이 증가한 것을 볼 수 있다. 강남개발 초기인 1970년대만 해도 역삼동에 비해 삼성동의 중심성이 컸지만, 1990년대 이후 역삼동에 생산자서비스를 비롯한 각종 업무기능의 입지가 활발하게 전개됨으로써(손승호, 2006), 역삼동이 강남 지역에서 새로운 중심지로 부상한 것이다.

이상의 서울시 지구 간의 연결체계분석을 종합해 보면, 각 지구가 수행하는 기능에 따라 배후지의 수나 범위가 확연하게 변화하였음을 볼 수 있었다. 도심에서는 최종결절점의 수가 감소하였을 뿐만 아니라 배후지의 범위도 이전 시기에 비해 협소해진 것으로 나타난 반면, 한강 이남의 신흥상업업무지역이 형성된 강남 일대에서는 역삼동이 새로운 중심지로 등장함에 따라 배후지의 수적인 증가와 더불어 연결체계의 범위가 더욱 광역적으로 전개되는 양상을 보였다.

한편 1970년대에 최종결절점을 형성함으로써 도심에 버금가는 지위를 누렸던 영등포동에서도 도심과 유사한 현상이 발생하였다. 요컨대, 서울시민들의 일일인구이동에 따른 지역구조는 신흥중심지가 등장함으로써 기존의 중심지가 상대적으로 다소 위축됨에 따라 국지적인 연결체계가 많이 형성되었으며, 결과적으로는 1970년대에 나타났던 것과 같은 뚜렷한 결절지역구조를 보여주지 못하게 되었다.

여기서 저자가 지적해두고 싶은 것은 미군이 주둔하던 용산기지의 이전에 따른 공간을 어떻게 이용할 것인가의 문제에 관한 것이다. 그 용지를 공원화할 것인가, 상업 · 업무지화할 것인가? 두 방안이 예상된다. 만약 후자를 선택한다면 양호한 접근성과 공간적 비교우위에 힘입어 새로운 권역(기능지역 혹은 결절지역)이 형성될 것이다. 새로운 권역은 도심권을 잠식하게 되어 약화일로에 있는 도심권의 중심성에 치명타를 가하는 결과를 초래한다. 본장에서 밝혀진 바와 같이 1970년대에 비하여 2000년대의 도심권이 위축됨에 따라 서울 중심지체계의 지배구조에 문제가 발생하고 있다. 그것을 방지하기 위해서라도 용산기지는 공원화하는 것이 미래의 지속가능한 서울을 위하여 바람직한 발전방향이라고 사료된다. 뉴욕의 맨해튼 도시계획이 센트럴 파크를 중심으로 설계된 것처럼 서울의 미래도 용산공원을 랜드마크로 정하면 좋을 것 같다.

참고문헌

- 김재한, 1979, "그래프 이론에 의한 서울시 통행구조분석", 지리학논총, 6, 30-43.
- 남영우 · 정성운 · 강문근 · 정은경, 1989 "우리나라의 지역연결체계-화물수송량을 지표로-", 사대논집, 14, 149-165.
- 남영우 · 北田晃司 · 손승호 · 성은영, 2000, "그래프이론으로 본 서울시 통행목적별 결절지역구조", 대한국토 · 도시계획학회지, 35(2), 81-91.
- 남영우, 1985, 도시구조론, 법문사.
- 서찬기, 1990, "대구시 통행의 지역구조", 지리학, 42, 113-151.
- 손승호, 2000, "서울시의 출근통행패턴과 지역연결체계", 한국도시지리학회지, 3(2), 21-37.
- 손승호, 2003, "수도권의 통근통학통행과 지역구조의 변화", 한국도시지리학회지, 6(1), 69-83.
- 손승호, 2006, "생산자서비스 입지 변화에 따른 서울 강남지역 경제공간의 재구조화," 한국도시지리학회지, 9(1), 47-60.
- 이옥희, 1990, "여객버스 유동에 의한 한국도시체계의 변화에 관한 연구", 지리학, 42, 67-84.

- 이호상, 2003, "국제항공여객 유동량으로 본 세계도시시스템의 변화: 1992년과 2001년의 비교", 한국도시지리학회지, 6(2), 103-117.
- 南榮佑, 1981, "ソウルにおける結節地域の構造とその特性-日日人口流動からみた場合-", 地理學評論, 第54巻, 637-659.
- 木内信藏, 1978, 地域概論-その理論と應用-, 東京大學出版會, 東京.
- 森川洋, 1978, "結節地域・機能地域の分析手法-中國地方を例として-", 人文地理, 30(1), 17-38.
- 松井勇, 1960, "基本地域の分類", お茶ノ水大人文紀要, 13, 41-57.
- 奥野隆史, 1972, "自動車交通からみた中京地域の連結體系," 伊藤郷平 編, 中京圈, 大明堂, 東京.
- 奥野隆史, 1979, "北陸地方における自動車流動からみた地域の連結體系とその變化", 人文地理學研究, 3, 169-188.
- 村山祐司, 1982, 結節地域設定に關するNysteun-Daceyモデルの再檢討, 地理科學, 37, 73-84.
- Abler, R., Adams, J.S. and Gould, P., 1972, *Spatial Organization: The Geographer's View of the World*, Prentice-Hall, London.
- Berry, B.J.L. and Barnum, H.G., 1962, Aggregate Relations and Elemental Components of Central Place System, *Jour. of Reg. Sci.*, 4, 35-68.
- Berry, B.J.L., 1963, *Commercial Structure and Commercial Blight*, Univ. of Chicago, Dept. of Geogr., Research Paper, 85.
- Buursink, J., 1975, Hierarchy, a Concept Between Theoretical and Applied Geography, *Tijdsch. Econ. Soc. Geogr.*, 66, 194-203.
- Cates, D.B., 1978, Short-run Structural Change in an Active Network of Declining Connectivity, *Professional Geographer*, 30, 9-13.
- Christaller, W., 1933, *Die Zentrallen Orte in Süddeutschland*, Jena, 江澤讓爾 譯, 1969, 都市立地發展, 大明堂, 東京.
- Clark, D., 1973, The Formal and Functional Structure of Wales, *A. A. A. G.*, 63(1), 71-84.

- Davies, R.L., 1972, Structural Models of Retail Distribution: Analogies with Settlement and Urban Land-Use Theories, *Trans. Inst. Br. Geogr.*, 57, 59–82.
- Davies, W.K.D. and Lewis, C.R., 1970, Regional Structure in Wales: Two Studies of Connectivity, in Carter, H. and Davies, W.K.D.(ed), *Urban Essays in the Geography of Wales*, Longman, London, 22–44.
- Garner, B., 1966, The Internal Structure of Retail Nucleations, Northwestern Univ. *Studies in Geography*, 12, 25–58.
- Haggett, P., et al., 1977, *Locational Analysis in Human Geography 1*, London, Arnold.
- Harvey, M.F. and Auwerter, J., 1973, Derivation and Decomposition of Hierarchies from Interaction Data, *Ohio State Univ. Dept. of Geogr., Discussion Paper*, 31.
- Kariel, H.G. and Welling, S.L., 1977, A Nodal Structure for Canadian Cities Using Graph Theory and Vewspaper Datalines, *Canadian Geographers*, 21, 148–163.
- Nysteun, J.D. and Dacey, M.F., 1961, A Graph Theory Interpretation of Nodal Regions, *Papers and Proceedings, Reg. Sci. Ass.*, 7, 29–42.
- Quinn, J.A., 1950, *Human Ecology*, Prentice-Hall, New York.
- Simmons, J.W., 1964, The Changing Pattern of Retail Location, Univ. of Chicago, Dept. of Geogr., *Research Paper*, 92, 200.
- Tinkler, K.L., 1976, On Functional Regions and Indirect Flows, *Geographical Analysis*, 8, 205–213.
- Tinkler, K.L., 1979, Graph Theory, *Progress in Human Geography*, 3, 85–116.
- Tinkler, K.L., 1980, *Expected Statistics for Nysteun-Dacey Nodal Analysis*, Paper presented at Annual Conference of the Association of Annual Conference of the Association of Canadian Geographers.
- Ullman, E.L., 1954, Geography as Spatial Interaction, in Hurst, M.E.E.(ed), 1974, *Transportation Geography: comments and readings*, McGraw-Hill: New York, 29–40.

제6장 서울시 지가분포의 변화

1. 지가와 도시구조
2. 1970년대의 지가 분포
3. 2000년대의 지가 분포
4. 지가분포의 변화

1. 지가와 도시구조

토지의 가격은 지역분화와 토지의 용도를 결정해 주는 주요 인자로서(Alonso, 1964), 지가(land value)는 일반적으로 경제가치를 기초로 하여 성립된다고 볼 수 있다. 또한 경제가치는 토지의 효용 · 상대적 희소성 · 토지에 대한 유효수요라는 세 요소의 상관결합에 의하여 형성되는 것이다. 그뿐만 아니라 지가는 「도시의 언어」라 일컬어질 만큼 도시가 갖는 종합적인 성격을 망라하고 있다. 이렇게 볼 때, 지가는 토지가 지니는 사회 · 경제적 특성을 잘 표현해 주는 지표로 간주될 수 있을 것이다. 도시연구에서 지가가 분석지표의 하나로서 빈번히 이용되는 이유는 바로 상기한 사실에 근거를 두고 있기 때문이다.

현대의 도시사회에서 지가문제가 차지하는 비중은 매우 크다고 할 수 있다. 지가문제가 큰만큼 여러 학문 분야에 걸쳐 이에 관한 연구가 최근에 성행하고 있다. 지가는 우선 토지의 단위 면적당 가격으로 표시되는 경제현상의 하나이기 때문에 경제학의 연구대상이 될 것이다. 또한 지가를 하나의 지표로 하여 도시의 사회구조를 분석하려고 시도하는 경우에는 도시사회학의 연구대상이 되며, 도시계획에서도 지가가 중요한 비중을 차지한다는 현실에서 볼 때에는 도시공학의 연구대상도 될 것이다. 그러나 도시라는 지역을 선정하고, 지가라는 경제현상을 분석지표로 하여, 도시의 지가형성원인과 도시의 지역성 또는 지역구조를 밝힌다고 하는 점에서 볼 때, 지가는 도시지리학 분야의 중요한 연구대상이 된다. 도시의 지역분화를 논의한 E.W. Burgess, H. Hoyt, E.L. Ullman & C.D. Harrison 등이 제시한 모든 모델도 공통적으로 지가와 지대(rent)의 개념에 입각해 있다는 점에서 지가는 도시 연구에서 매우 중요한 부분을 차지한다.

한편 도시의 지가분포는 그 도시의 경제적 지형(economic topography)이라 할 수 있다. 그래서 도시지가의 동향은 단순히 도시역 내부 인구의 일반적 성장을 반영할 뿐만 아니라 도시의 자연적 확대과정도 보여준다. 도시는 규모가 커짐에 따라 그 구조적 형태도 변화하지만, 그와 같은 구조적 변화는 지가에 반영된다. 이와 같은 연유로, 도시의 지가는 도시의 내부구조를 나타내는 중요한 지표가 되며, 서로 다른 시기의 지가를 비교하는 것은 그 도시의 구조상 발전경향을 알 수 있게 해준다(石水照雄, 1974). 그러므로 도시지가의 변화과정과 패턴을 이해하는 것은 도시성장의 방향을 결정짓는 도시구조의 설명에 필수적이며(Ritter, 1971), 도시의 연구에서 지가구조의 변화를 이해하는 것이 중요하다고 할 수 있다.

한 도시지역에서는 여러 형태로 도시기능의 지역적 분화가 행해지며, 그 과정에도 여러 가지의 유형이 존재한다. 예컨대, 구심적 이동과 원심적 이동이 그것이다. 이와 같은 과정을 통하여 도시가 대도시로 성장할수록 등질지역의 분화가 활발히 진행되어 가는데, 이 분화의 動因은 지가이다. 지가의 변동은 도시화를 원인적 · 결과적으로 반영하고 있으며, 지가의 형성은 도시구조와 성장상태 및 성장과정의 측면에서 도시화와 밀접한 관련을 갖는다. 따라서 도시형성에 대한 변수들은 도시지가의 형성에 크게 영향을 미친다.

지가의 변동은 원인적인 측면도 있지만 도시화에 의해 나타나는 결과적 측면도 간과할 수 없다. 지가의 높고 낮음에 따라 각종 기능이 입지하는 경우에는 원인적 측면이 강하다고 할 수 있다. 그러나 도시의 경우에는 인구 및 기능의 집중에 의한 입지선호의 증가, 교통여건의 발달에 따른 접근도의 향상 등에 의해 토지이용에 대한 경쟁이 증가하면서 지가의 변동에 영향을 미치게 된다. 이렇게 볼 때 지가의 변화는 도시화의 산물이라고 볼 수 있다.

즉 도시내 지가의 변동과 토지이용은 상호작용을 한다고 볼 수 있다. 도심 및 기성시가지에서는 높은 지가 및 지대로 인해 시가지의 수평적 확장보다는 수직적 확장이 주로 이루어지고 있으므로 토지이용에 대한 경쟁이 심하지 않고 지가상승률 역시 높지 않다. 반면 도시의 외곽지대에서는 신흥주거단지 및 상업시설이 입지함에 따라 지가의 상승폭이 크고, 이에 따라 높은 지가 및 지대를 지불할 수 있는 기능이 침입해 들어옴으로써 지대지불능력이 부족한 기능은 더 외곽지대로 천이해 나가게 된다. 이러한 과정을 거쳐 기성시가지는 건물의 고층화현상이 뚜렷해지고 있으며, 외곽지대에서는 시가지의 확장 내지 도시시설의 충진이 이루어지고 있다.

본 장에서는 거대도시 서울의 지가 분포패턴과 그것의 일반적 특성을 규명하고자 한다. 이와 동시에 이를 위한 분석방법을 검토해 보려는데 목적이 있다. 이러한 목적을 달성하기 위하여 여기서는 지역경향면 분석(regional trend surface analysis)이 주된 방법으로 이용 · 검토되었다. 이 계량적 방법은 종래 해외의 지리학 분야에서 많은 연구가 행해진 바 있거니와, 국내의 지리학 분야에서도 약간의 연구가 이루어진 바 있다. 해외의 연구에는 R.J. Chorley & P. Haggett(1965), P. Haggett(1967), G. Robinson & K.B. Salih(1974), D.J. Unwin(1970), H. Wrigley(1977) 등이 지역경향면 분석의 지도화 또는 방법론적 검토 등과 관련한 연구를 실시하였다. 지역경향면 분석은 지리학의 주요한 분석방법의 하나로서 인구(박수병, 1977; 주경식, 1979) · 토지생산성(石水照雄 外, 1976; 朱京植, 1980) · 매스 미디어의 공간적 확산(山本正三 外, 1975; 市南文一, 1980) · 지형(박수병, 1977) 등의 연구에 이용되고 있다. 그러나 지가는 F.E. Horton & D.R. Reynolds가 주장한 바와 같이 도시의 지역구조 속에 포함되는 대표적인 요소로 꼽히는 지표 중의 하나임에도 불구하고, 일찍이부터 지가분포의 지역경향면에 관하여 연구된 것은 극히 드물다. 특히 국내에서는 서울시의 지가변동 패턴을 이해하기 위하여 지역경향면 분석을 실시한 손승호 · 남영우(1999)의 연구를 비롯하여 극소수에 지나지 않는다.

2. 1970년대의 지가 분포

1) 분석방법의 검토

(1) 지역경향면 분석의 의의와 문제점

지역경향면분석은 수치로 표현된 지표사상이 전역적(규칙적) 경향과 국지적(또는 우연적) 성분으로 구성되어 있다는 전제하에 국지적으로 나타나는 비체계적이고 우연적인 변화를 제외시키고 전역적으로 나타나는 체계적이고 규칙적인 변화의 패턴을 분석하는 기법으로, 지표사상을 全域的 傾向(regional trend)과 局地的 殘差(local residual)로 나누는 조작적 수법이라는 점에 분석의 의미가 있다. 즉 일반적 분포패턴이나 잔차의 분포패턴이 도시구조의 한 단면을 반영하는 것으로 간주할 수 있다(남영우, 1984). 바꿔 말하면, 일정한 공간에 분포되어 있는 지표사상이 전역적 경향과 국지적 잔차로 복합되어 구성되었다고 간주하고, 그 사상 가운데에서 우연적으로 생긴 차이를 제거하여 규칙적인 차이의 패턴에 주목하는 방법이다.

그리고 지역경향면 분석을 통해 나타나는 잔차를 분석함으로써 국지적 성분을 해석하게 된다. 지역경향면 분석은 경향면상의 기대치보다 더 높은 실측치를 나타내는 정(+) 잔차와 기대치보다 더 낮은 실측치를 나타내는 부(-)

잔차의 분포지역을 파악함으로써 지역적 특성을 파악할 수 있게 해주는 기법이다.

지역경향면 분석에는 多項式近似法과 重후리에近似法의 두가지 방법이 지리학에서 많이 이용되고 있다(Haggett and Bassett, 1970; Yeates, 1974). 그러나 오늘날과 같이 컴퓨터가 개발되지 않았던 1950년대만 하더라도 이른바 地域顔面圖分析(regional faces map analysis)의 일종인 期待値法(expected-value method)이 지형학과 지질학 분야에서 이용되었다(Krumbein, 1955; 1956). 그 가운데 중회귀식으로 표현되는 다항식근사법의 지역경향면 분석은 지도상에 설정한 직교좌표 (x_i, y_j)에 관하여 분포수치를 전역적 성분 $Z(x_i, y_j)$와 국지적 성분 e_{ij}로 분리하는 수법이다. 즉, 분포수치 Z_{ij} 가운데 $Z(x_i, y_j)$가 지역경향면(regional trend surface)이며, e_{ij}가 잔차(residual)이다. 지역경향면을 나타내는 다항식은 다음과 같은 기본형태를 취한다.

$$Z_{ij} = Z(x_i, y_j) + e_{ij} \qquad (1)$$

여기서 1차의 지역경향면 ${}_1Z_{ij}$는

$${}_1Z_{ij} = \beta_0 + \beta_1 x_i + \beta_2 y_i \qquad (2)$$

로 표시되며, 2차의 지역경향면 ${}_2Z_{ij}$는

$${}_2Z_{ij} = \beta_0 + \beta_1 x_i + \beta_2 y_j + \beta_3 x^2{}_i + \beta_4 x_i y_j + \beta_5 y^2{}_j \qquad (3)$$

으로 표시된다. 이하 3차 이상의 지역경향면 nZ_{ij}도 마찬가지로 하여 6차는 28항, 7차는 36항, 8차는 45항의 다항회귀식으로 표현된다. 다항식근사법의

지역경향면 nZ_{ij}는 최소 자승법에 의하여 실제의 분포수치 Z_{ij}와 상기한 각 식에서 구하여진 계산치 $\hat{Z}_{ij}$와의 편차평방합 $\sum_{k}^{n}(Z_{ij}-\hat{Z}_{ij})$를 최소로 하는 회귀파라미터를 산출함으로써 얻어지게 된다.

이와 같은 지역경향면 분석을 분석방법으로 채택할 경우에 다음과 같은 문제점이 생기게 된다(남영우, 1979). 첫째는 한 곳에 고도로 집중된 수치가 분포하거나, 지역별 분포수치에 극심한 차이가 있을 경우에는 지역구조를 파악하기 어렵다는 것이다. 둘째는 자료의 관측지점(data-point)의 여하에 따라 지역경향면의 적합도(coefficient of determination)가 달라진다는 점이며, 셋째는 잔차 e_{ij}를 어떻게 해석할 것인가 하는 점이다. 마지막으로 넷째는 연구지역내에서 국지적인 적합도를 검출하기 어렵다는 점이다.

이상에서 지적한 문제점을 해결하기 위하여 여기에서는 다음과 같은 조치를 취하였다. 즉 첫째의 문제점은 연구지역의 범위를 가능한 한 서울특별시 경계의 내측으로 한정함으로써 지역별 분포수치의 극심한 차이가 생기지 않도록 하였다. 왜냐하면, 서울시 경계 밖의 지가는 대개의 경우, 경계 안의 지가보다 저렴하므로 숫자상 큰 차이가 있기 때문이다. 이와 동시에 동별 지가의 편차를 작게 하기 위하여 동별 평균지가를 사용하였다.

두 번째의 문제점은 메쉬자료(mesh data)가 없는 우리나라의 경우에는 단위지구를 변환하거나(주경식, 1979), 자료의 관측지점을 재배치함으로써 해결할 수 있을 것이다. 그러나 저자는 지역경향면 분석에서 그와 같은 인위적 조작을 행하지 않고 동별로 된 본래의 자료(raw data)를 그대로 사용하였다. 단, 관측지점(data-points)이 균등분포(dispersed pattern)인가 응집분포(clustered pattern)인가를 조사해 보았다. 이 경우 무작위분포(random pattern)를 취하여도 별 문제는 없겠으나, 응집분포인 경우라면 곤란할 것이다. 이 분석에서는 最近隣法(nearest-neighbor method)을 사용하여 이를 검정해 본 결과 균등분포 또는 무작위분포에 가깝다는 사실을 확인하였다.

세 번째로 지적된 문제점은 중요한 것이 아니다. 그리고 이 문제를 해결하기 위하여 여기에서는 잔차를 분석함으로써 우연적으로 발생하였다고 간주되는 국지적 성분을 규명하였다. 그리고 네 번째의 문제점은 현재까지 개발된 지역경향면 분석의 컴퓨터 프로그래밍으로서는 불가능하므로 국부적인 적합도를 검출해 보고 싶은 부분만을 발췌하여 별도로 잔차분석을 적용해 보는 방법만이 있을 뿐이다. 여기서는 그와 같은 방법이 연구목적에 비추어 볼 때 필요성을 느끼지 않으므로 생략하였다.

(2) 좌표회전과 적합도의 제고

분포수치 Z_{ij}에 대한 지역경향면 Z의 적합도는 통상 Z_{ij}와 Z 간의 오차평방합, 즉 총잔차평방합이나 결정계수로써 판정한다. 그러나 적합도의 판정은 반드시 Z_{ij}와 Z의 공간적 분포간의 적합도를 잘 반영한다고 볼 수 없다(石水照雄 外, 1976). 그러므로 Z_{ij}의 공간적 분포에 대한 Z의 공간적 분포가 어느 정도 일치하는가에 관한 오차척도를 개발할 필요성이 있다고 생각된다. 또한 잔차값을 통하여 국지적 성분(여기서는 지가분포의 국지적 요인이라 함이 더 타당할 것이다)을 탐색한다는 의미에서도 잔차값이 질서 있는 분포를 보이지 않을 때까지 지역경향면의 적합도를 높일 필요성이 있다. 이와 관련하여 지역경향면을 나타내는 다항식의 각 파라미터 β_1, β_2, β_3, $\cdots$, β_i가 갖는 독자성을 부여할 필요성도 지적될 수 있을 것이다.

이와 같은 몇 가지의 필요성에 대응하는 방법으로서는 좌표 x_i, y_j 또는 분포수치 Z_{ij}의 변환과 같이 다항식의 차수, 즉 nZ_{ij}의 n을 6차 이상으로 높이는 것 등이 고려될 수 있을 것이다. 분포수치 Z_{ij}의 변환은 구체적으로 표준득점 · 제곱 · 대수 등을 취하는 경우가 생각될 수 있을 것이다. 또는 중후리에 근사법을 적용하는 것도 하나의 방법일 것이다. 그러므로 여기에서는 그림 6-1과 같은 과정을 거쳐 지가분포의 지역경향면 분석을 행하였다. 즉 분석대상지역인 서울시에 x_i와 y_j로 구성되는 직교좌표를 설정하여, 각 동의 중심적 위치를 지가조사지점으로 간주하여 중회귀식 nZ_{ij}를 구하였다. 그리고

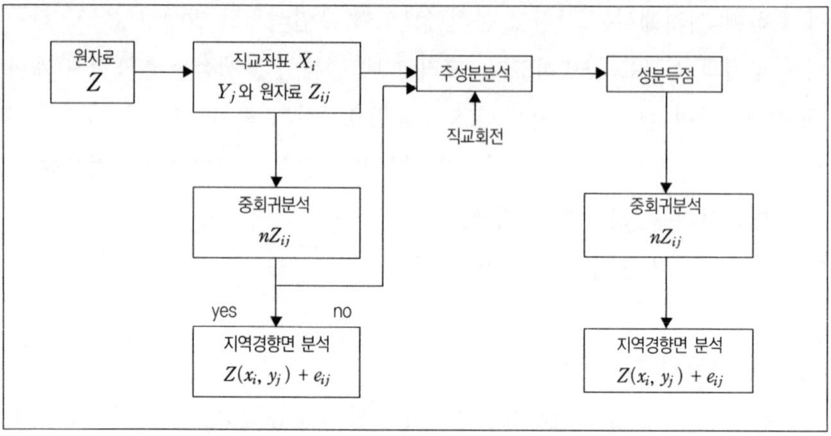

그림 6-1 지역경향면 분석의 좌표회전
(yes, no는 편회귀계수의 분포결과로 판단함)

중회귀식에서 각 항이 갖는 파라미터를 분석해 보았다. 그 결과 각 파라미터가 갖는 비중은 그림 6-2에서 보는 바와 같이 전체적으로 커다란 몫을 차지하지 못한다는 사실을 알았다. 여기서는 2차, 4차, 6차, 8차의 경우만을 제시하였으나, 1차에서 10차까지의 각 파라미터를 분석하면 1차에서 6차까지는 7차 이상의 파라미터에 비하여 상대적으로 각 항이 갖는 비중이 큰 편이라고 할 수 있다. 그림 6-3에서 하변의 파라미터의 번호표시가 전술한 식 (2) · (3)과 다른 이유는 지역경향면의 다항식이 중회귀식의 형태를 취한다고 하였으므로 식 (2)는

$$Y_1 = \beta_{00} + \beta_{10}x_1 + \beta_{01}x_2 \qquad (2')$$

와 같이 변형될 수 있으며, 식 (3)은

$$Y_2 = \beta_{00} + \beta_{10}x_1 + \beta_{01}x_2 + \beta_{20}x_1^2 + \beta_{11}x_1x_2 + \beta_{02}x_2^2 \qquad (3')$$

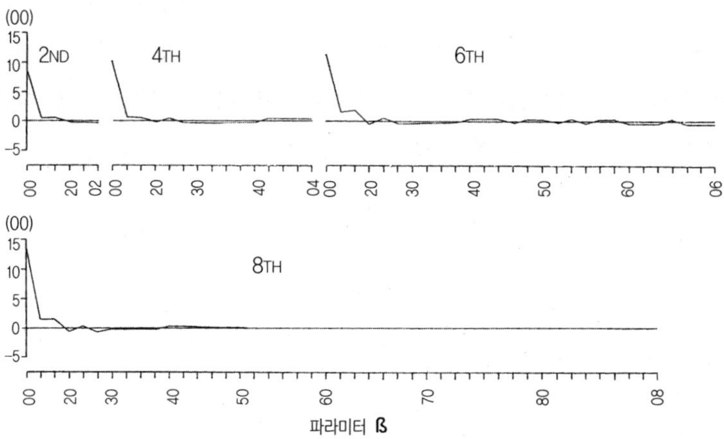

그림 6-2 편회귀계수값의 단면도(좌표회전 이전)

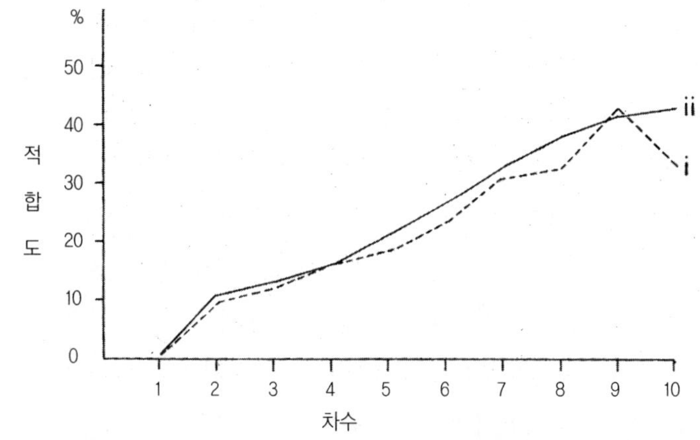

그림 6-3 적합도의 추이

i): 회전 이전의 적합도 ii): 회전 이후의 적합도

과 같이 변형되어 표시될 수 있기 때문이다. 이 경우에 좌표가 독립변수, 분포수치에 해당하는 y가 종속변수로 생각하면 된다. 8차 다항식의 파라미터의 경우에는 β_{13}과 β_{41}부터 거의 0에 가까운 수치를 보이고 있다. 따라서 이들 파라미터(즉 편회귀계수)들이 중회귀식 전체에서 차지하는 비중은 매우 작은 것으로 간주될 수 있다. 이렇게 볼 때, 지역경향면의 차수를 8차 이상으로 높일 필요가 없게 되는데, 이는 앞에서 지적한 바와 같이 잔차값이 질서있는 분포를 나타내지 않을 때까지 지역경향면의 적합도를 높여야 한다는 이론과 상치하게 된다. 그러나 지역경향면의 고차화만이 적합도를 높일 수 있다고 단정할 수는 없다. 지역경향면의 차수를 높이게 되면, 독립변수 사이의 거의 완벽한 선형 종속(linear dependency)이 발생하여 적어도 하나의 독립변수가 다른 독립변수의 선형결합으로 표현됨에 따른 변수들 간의 다중공선성(multi-collinearity)이 출현함으로써 추정이 불가능한 계수가 발생할 개연성이 있으며, 연구자가 의도한 일반적인 분포경향을 추출하기 어렵게 된다. 즉 차수를 높일수록 회귀방정식의 설명력은 높아지지만, 너무 고차의 지역경향면을 산출하면 잔차는 적어질지라도 오히려 지역경향면으로서의 의의는 감소한다.

이상과 같은 문제를 해결하는 방법으로서 저자는 이미 설정된 직교좌표에 대하여 회전을 실시하였다. 즉 주성분분석(principal component analysis)을 채용함으로써 좌표회전을 시도하여 고유치(eigen value) 1.0 이상의 성분 8개를 추출하였다. 제 1성분의 변동설명량이 49.2%로 가장 높았으며, 제8성분까지의 누적변동설명량은 89.9%로 비교적 높은 편이었다. 이와 같은 통계적 조작은 좌표공간에 있어서 회전을 행한 후에 다중회귀분석을 실시하여도 얻어지는 결과는 똑같다는 사실에 근거를 두고 있다. 여기서는 좌표의 직교화를 행하기 위하여 주성분분석을 적용하고 또 각각의 성분이 갖는 성분득점(component score)을 사용하여 다중회귀식을 산출하였다.

좌표의 직교화를 시도함으로써 지역경향면의 적합도가 얼마만큼 향상되었는가를 그림에 나타내었다. 또 좌표회전에 의하여 중회귀식의 각 파라미터가

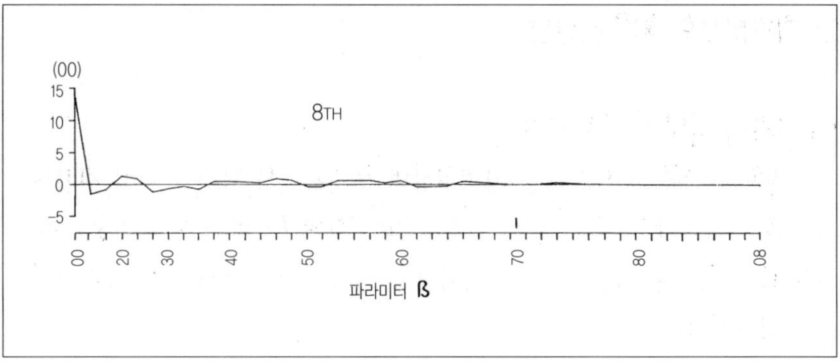

그림 6-4 편회귀계수값의 단면도(좌표회전 이후)

차지하는 비중이 얼마만큼 증대되는가는 그림 6-4에 나타내었다. 표 6-1에서는 지역경향면의 차수를 높임에 따라 적합도가 지속적으로 상승함을 알 수 있으며, 좌표회전 후의 적합도가 9차의 경우를 제외하고는 모두 높다는 사실을 알 수 있다. 한편, 그림 6-4에서는 8차의 지역경향면을 나타내는 중회귀식의 파라미터만을 표시하였는데, β_{31}이후부터는 회귀계수로서 차지하는 비중이 좌표회전 전에는 미미한 상태였지만, 좌표회전 후에는 회귀계수로서 차지하는 비중이 크게 향상되었음을 알 수 있다.

이상의 결과로 볼 때 9차 이상의 지역경향면 분석을 행하여도 적합도는 높아질지라도 8차 이하의 지역경향면과 큰 차이가 없을 것으로 생각된다. 그러므로 여기에서는 10차까지의 지역경향면 분석을 산출하였으나, 8차의 지역경향면을 주로 고찰의 대상으로 하였다. 경향면의 차수를 높일수록 적합도는 대체로 향상되는 것이 사실이나, 너무 고차의 경향면을 산출하면 오히려 잔차는 적어질지라도 지역경향면으로서의 의의는 감소한다. 바로 이러한 점이 지역경향면 분석을 행할 경우에 주의해야 할 점이다.

2) 지가분포의 지역경향면

(1) 지가의 일반적 분포패턴

서울의 지가를 지표로 하는 지역경향면 분석을 적용하여 그것의 적합도 · 신뢰구간 · 회귀의 유의성 등을 산출하였다. 신뢰구간의 변동은 적합도의 그것에 대응하고 있으며, 회귀식은 1차를 제외하고 10차까지 모두 유의하다는 것이 밝혀졌다.

표 6-1에서 알 수 있듯이 적합도는 지역경향면의 고차화에 따라 10차까지 상승한다. 지역경향면의 신뢰구간(95% 수준)은 1차에서 약 ±1,000원에 가까운 정도이나, 차수를 높임에 따라 신뢰구간의 폭은 더욱 좁아져 8차에서는 약 ±600원을 약간 상회하는 정도이다. 또한 「j차와 (j+1)차 양자의 지역경향면에 있어서 그들의 분산(variance)은 같다」라는 귀무가설을 세워 이를 기각할 것인가 또는 채택할 것인가를 판정하는 분산비도 1차를 제외하고 10차까지 유의수준 5%에서 귀무가설이 기각되어 그 유의성이 검정되었다. 그리하여 여기에서는 2차부터 8차까지의 지역경향면을 작성하였다.

표 6-1 서울에 있어서 지가분포의 지역경향면(1970년대)

차수	적합도 (%)	신뢰구간 (95%)	VS.		분산비	자유도	F-값 (5%)	판정
			차수	차수				
1	0.91	999,252원	전평균	1	1.62	2/355	3.00	-
2	10.96	897,819	1	2	14.45	3/352	2.60	○
3	13.64	870,839	2	3	13.74	4/355	2.37	○
4	16.04	846,454	3	4	13.12	5/343	2.21	○
5	21.70	789,516	4	5	15.57	6/337	2.10	○
6	26.84	737,728	5	6	17.30	7/330	2.01	○
7	32.77	677,926	6	7	19.62	8/322	1.94	○
8	38.12	624,230	7	8	21.40	9/313	1.88	○
9	41.64	589,844	8	9	20.72	10/303	1.83	○
10	43.22	576,813	9	10	19.86	11/292	1.75	○

서울시 지가의 일반적 분포패턴을 밝히기 위해서는 몇 차의 지역경향면을 고찰하면 타당한가라는 문제가 제기된다(市南文一, 1980). 고찰의 대상으로 해야 할 차수는 표 6-1에 나타낸 분산분석의 결과 유의하다고 판정된 차수이어야 함은 당연한 일이다. 종래의 연구에서는 유의하다고 판정된 차수 가운데 최종차수를 고찰대상으로 한 경우도 있거니와 적합도가 증가하기 때문에 가장 큰 차수를 채택한 경우도 있다. 그러나 차수가 다르면 일반화의 정도도 다를 것이기 때문에 여기에서는 가능한 유의하다고 판정된 각 차수를 모두 고찰의 대상으로 삼도록 유념하였다.

그림 6-5는 지가분포의 표준화 경향면을 나타낸 것이다. 표준화를 실시한 이유는 다른 지역과의 비교를 수월하게 하기 위함이다. 2차의 지역경향면은 종로구와 중구에 걸친 지역을 정상으로 하는 타원상의 커다란 동심원이 동서방향으로 가로놓인 형태를 취하고 있어, 일단 서울에 있어서는 지가의 기본적은 분포패턴은 동심원 구조임을 인정할 수 있다. 그러나 3차의 지역경향면

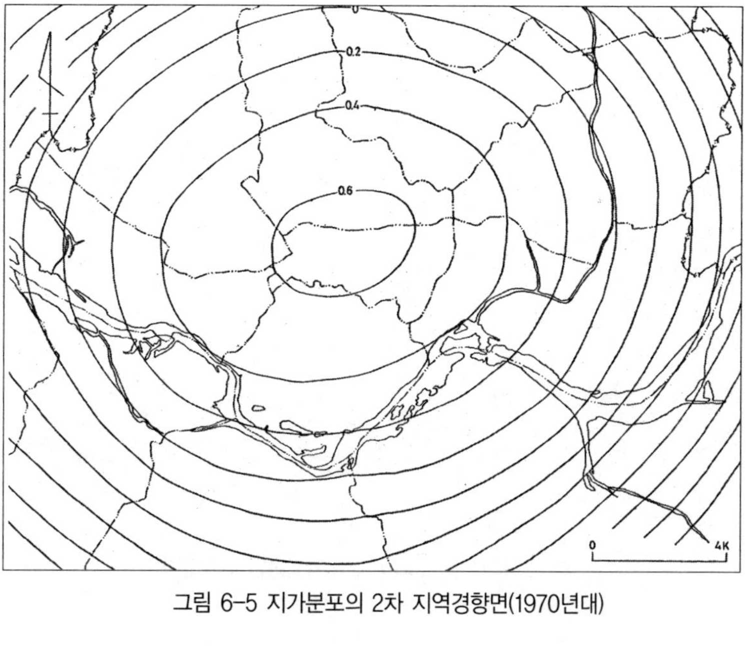

그림 6-5 지가분포의 2차 지역경향면(1970년대)

부터는 지가의 분포패턴이 조금씩 변형되어 나타나기 시작한다. 즉 2차의 지역경향면에서 보여주었던 단순한 동심원 구조는 3차부터 부분적으로 왜곡되기 시작하여 동서방향의 타원형을 이루던 것이 남북방향의 타원형을 이루는 동심원 구조로 변형되었다. 여기서는 3차에서 7차까지의 지역경향면 그림은 생략하였다.

4차의 지역경향면부터는 영등포 일대에 또 다른 고지가면이 등장하기 시작하여 5차에서 더욱 뚜렷해짐을 알 수 있다. 또한 6차에서는 성동구 일대에 凹자 형태의 동심원 구조가 출현하였다. 그러던 것이 8차의 지역경향면에서는 도심을 중심으로 하는 동심원 구조 외에도 영등포와 청량리 그리고 강남구 일대에도 또 다른 동심원 구조가 출현함으로써 점차 복잡화 · 다핵화해 가는 서울의 지가분포의 한 단면을 엿볼 수 있다(그림 6-6). 또한 뚝섬 부근에는 6차의 지역경향면부터 출현한 凹자 형태의 동심원이 8차에서도 그래도 존속하고 있다.

그림 6-6 지가분포의 8차 지역경향면(1970년대)

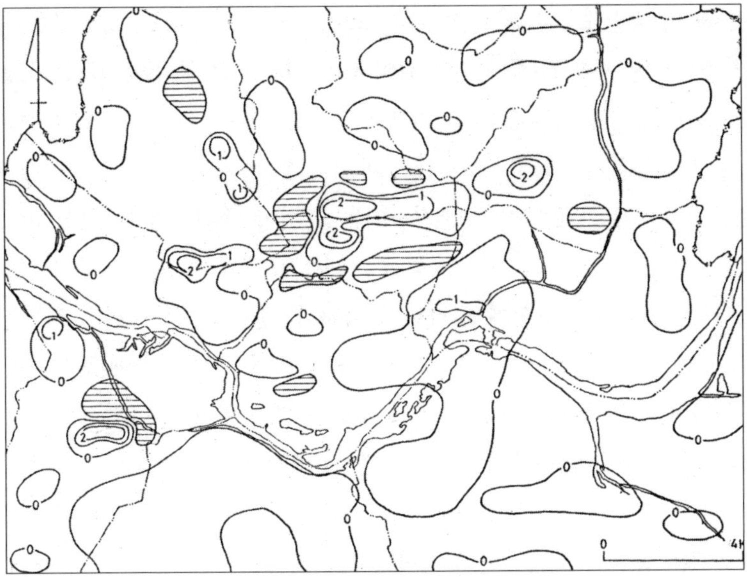

그림 6-7 8차 지역경향면의 잔차분포도
(빗금은 부의 잔차를 갖는 지역임)

전체적으로 개관할 때, 가장 높은 지역경향면을 나타내고 있는 지역은 종로구와 중구 일대의 도심으로 표준화 수치 1.4를 정점으로 하고 있으며, 그 다음이 부도심인 영등포 일대로 1.2의 분포를 보인다. 이하 강남 일대의 0.4, 천호동과 용산동의 0.0의 순이다. 서울시 주변부에 가까운 지역에서는 경향면의 등치선이 갑자기 낮아짐을 알 수 있다. 그와 같은 분포경향은 서울시의 동부와 서부에서 볼 수 있으며, 서울의 남부에서도 그러한 경향이 관찰될 수 있다.

강남구 일대에 독립된 동심원이 출현한 것은 주목할 만한 일이다. 이 지역은 한강 이북지역 인구의 강남이전정책을 계기로 급격히 도시화된 곳으로, 1970년대 후반에는 토지투기현상이 극심하여 급격한 지가상승을 초래하였었다. 1978년 당시의 지가를 보면, 강남구의 최고지가는 상업지대가 100만 원(평당가격), 주택지대가 35만 원이었고, 신촌 일대의 최고지가는 상업지대가

250만 원, 주택지대가 40만 원이었다. 또한 평균지가의 경우, 강남구는 상업지대가 55만 원, 주택지대가 25만 원이었고, 신촌 일대의 평균지가는 상업지대가 150만 원, 주택지대가 25만 원으로 당시만 하여도 강남지구보다 신촌지구의 지가가 높았다. 그러나 그림 6-6에서 보는 바와 같이 강남구 일대에는 독립된 동심원이 존재하나, 신촌지구에는 그것이 존재하지 않는다. 이것은 서울의 지역경향면에서 최고의 정점을 보이는 도심과의 거리 때문에 기인된 결과로 해석된다. 즉 도심에 인접하여 위치한 신촌지구는 공간적 자기상관(spatial autocorrelation)이 작용하여 도심의 동심원 구조 속에 포함되어 버린데 비하여, 강남지구는 도심과 어느 정도 거리를 두고 있는 탓으로 공간적 자기상관이 약하게 작용하였기 때문이다. 지역경향면 분석에 있어서 공간적 자기상관은 빼 놓을 수 없는 중요한 요소인 것이다. 그러므로 경향면을 고찰한 경우에는 공간적 자기상관의 영향이 어느 정도 개재되었는지를 고려하여 해석하여야 한다.

이상에서 고찰해 본 바와 같이 지가의 일반적 분포패턴은 도시구조를 잘 반영하여 형성된 것으로 간주될 수 있기 때문에, 본 장의 서두에서 지가가 도시연구의 종합적 지표가 된다고 언급한 사실은 바로 이런 것을 입증하는 말이다.

(2) 잔차의 분포와 국지적 성분

이상에서의 고찰로 1970년대 서울시 지가의 일반적 분포패턴이 밝혀졌다. 그러나 위에서 고찰한 것은 전역적 경향만을 분석한 것이며, 적합도가 의미하는 바와 같이 원자료가 갖는 변동을 완전히 설명하였다고 볼 수 없다. 그러므로 앞에서 실시한 분석을 보충하기 위하여 잔차를 고찰함으로써 국지적 성분을 해석하지 않으면 안 될 것이다.

그림 6-7은 8차의 지역경향면으로부터 산출된 잔차값을 표준화하여 지도화한 것이다. 이 그림에서 정(+)의 잔차가 큰 지구는 지역경향면상의 추정치보다도 더 높은 지가를 보이는 곳이며, 부(−)의 잔차가 큰 지구는 지역경향면

상의 추정치보다도 더 낮은 지가를 보이는 곳으로 이해하면 된다.

먼저 정의 잔차에 관하여 고찰해 보면, 가장 높은 잔차값 2를 보이는 곳은 종로 · 명동 · 청량리 · 신촌 · 영등포의 5개소이며, 잔차값 1을 보이는 곳은 상기한 곳 외에도 현저동 · 홍제동 · 금호동 · 염창동의 9개 지구이다. 그 밖에 잔차값 0을 보이는 것은 여러 곳에 산재하여 광범위하게 분포한다. 이들 정의 잔차를 보이는 곳은 대체로 결절점으로 간주될 수 있는 지구가 많다(남영우, 1981). 특히 종로 1 · 2가와 명동의 잔차가 가장 높고, 이하 영등포, 청량리, 신촌의 순으로 결절성(nodality)의 고저를 잘 반영하고 있다. 이들 각 지구는 지역경향면 상의 추정치 보다 더 높은 지가를 보인다.

한편 부(–)의 잔차에 관하여 고찰해 보면, 가장 낮은 잔차값은 CBD의 주변과 부도심인 영등포의 주변에서 나타나고 있다. 그림 6–7에서는 잔차값이 –1 이하인 지구를 빗금으로 표시해 놓았다. 상기한 곳 외에도 녹번동 · 용산동 · 장안동에 낮은 부의 잔차가 관찰되었다. 이들 각 지역은 지역경향면 상의 추정치보다 실제는 더 낮은 지가를 보인다.

이상에서 고찰한 바와 같이 정의 잔차분포는 원자료의 지가분포와 비교해 볼 때 매우 유사한 점이 특이하며(남영우 · 윤진숙, 1983), 부의 잔차가 CBD와 인접한 곳에서 크게 나타난 것은 이른바 「주변성」으로 해석되어야 할 것이다. 또한 전술한 지가의 일반적 분포패턴뿐만 아니라 잔차의 분포패턴 역시 도시구조의 한 단면을 반영하는 것으로 간주될 수 있다. 왜냐하면 다양한 계층성을 갖는 대도시의 모든 사상은 지역경향면 분석을 적용할 경우에 일반적 분포패턴만을 나타내게 되어 세부사항이 사라짐으로써 단순화 내지는 평준화되어 버리기 때문이다.

지금까지 1970년대 서울시의 지가패턴을 밝히고자 시도하였으며, 지역경향면 분석을 적용하여 지가의 일반적 분포패턴을 객관적으로 고찰해 보았다. 그 결과는 다음과 같이 요약될 수 있다.

다항식 근사법의 지역경향면 분석을 적용할 때, 그 경향면의 적합도를 높이고 각 중회귀식의 편회귀계수가 갖는 의미의 비중을 크게 하기 위하여서는 주성분분석을 적용함으로써 좌표회전을 행하면 큰 효과를 거둘 수 있음이 계산 결과 밝혀졌다

지가의 일반적 분포패턴을 2차의 지역경향면으로 고찰하면, 도심을 정상으로 하는 타원상의 커다란 동심원이 동서방향으로 가로 놓인 형태를 취하고 있어, 일단 서울시의 기본적인 지가분포 패턴은 동심원 구조임을 알 수 있다. 그리고 8차의 지역경향면으로 고찰하면, 타원상의 패턴이 집합된 다핵상의 동심원 구조로 파악될 수 있다. 그러나 서울시의 주변부에서는 지가 수준이 급격한 체감현상을 보이고 있어 이러한 패턴과 더불어 상기한 타원상 패턴의 양자가 1970년대 말기 서울시의 기본적 도시구조를 반영한 것으로 해석할 수 있다.

국지적 성분을 검토하기 위하여 잔차분석을 실시한 결과, 정의 잔차는 도심 또는 부도심과 같은 중심지에 높게 나타나고 있어 결절성의 고저를 반영하는 것으로 판단된다. 그리고 부의 잔차는 CBD의 주변과 부도심인 영등포이 주변에서 크게 나타나고 있어 「주변성」의 의미를 지니는 것으로 해석할 수 있다.

3. 2000년대의 지가 분포

2000년대의 지가분포에 대한 지역경향면 분석은 1970년대의 그것과 달리 주거지대와 상업지대로 구분하여 고찰하기로 하겠다. 도시구조가 복잡해지고 다원화될수록 도시내 토지이용의 패턴도 달라지기 마련이다. 특히 도시내 사회 · 경제적 속성의 변화에 따라 서울시에서도 주거지역과 상업업무지역의 구분이 예전에 비해 명확하게 이루어지고 있기 때문에 이들 두 가지 용도지대의 지가를 구분하여 살펴보고자 하는 것이다. 1970년대와는 달리 2000년대에는 용도지대별 지가의 산정이 세분화되었다. 즉 각 지구별로 필지를 세분화하여 지가가 산정되기 때문에 2000년대의 지가분포에 대한 분석은 각 지구별 최고지가를 이용하였다.

1) 주거지대 지가의 지역경향면

(1) 지가의 변동 및 분포 패턴

한 지역의 공동체 인구가 증가하게 되면 이에 따른 주택의 수요가 증가하게 된다. 만약 주택공급이 한정되어 있다면 지대 및 부동산 가격이 상승함으로써 도시내부의 토지이용은 더욱 집약적으로 나타난다(이현욱, 1991). 서울의 주거지대는 도시내부의 토지이용 가운데 녹지지대를 제외하고 가장 넓은 면적을 차지한다. 주거지는 도시역 확대의 선도적 역할을 하므로 주거지대 지가의 변천과정을 통해 그 도시의 확대 및 발전방향을 전망해 볼 수 있다. 특히 주거지대는 거주자의 사회 · 경제적 속성과 관련하여 여러 변화를 나타내며, 거주자의 이동에 따라 주거지의 성격이 변화하게 된다(이숙임, 1987).

서울에서는 1970년대 말부터 도심공동화 현상이 상당히 진척된 상태이기 때문에 도심부의 주거지대 지가가 형성되지 않은 곳이 여러 군데에서 나타났다. 주거지대의 지가가 비싼 도심 일대의 지가상승률은 낮지만, 서울시 외곽의 주거지대 지가가 낮았던 지역은 인구의 전입으로 연평균 상승률이 높게 형성되었다. 특히 1970년대 말에 시행된 강남지역개발은 상업지대의 지가 뿐만 아니라 주거지대의 지가도 급상승시켰다. 송파구 일대도 1981년에 실시된 토지구획 정리사업을 통해 지가상승이 현저하게 나타났다.

1970년대 후반 서울의 인구밀도는 도심의 동서축이 큰 폭으로 감소하고 도심주변은 소폭의 감소를 보이면서 도심의 동서방향으로 도심공동화의 축이 형성되기 시작하였다. 1980년대 초에는 도심의 남쪽과 동서방향의 인구가 큰 폭의 감소를 보였고 도심 남북방향으로 인구공동화 축이 점차 확장되었으며(권순현, 1997), 영등포와 청량리 일대에서도 각기 부도심화가 진행되면서 인구공동화현상이 나타났다. 따라서 이들 지역의 주거지대 지가상승률은 크지 않다.

그러나 외곽의 신흥주거지대에서는 지가상승률이 높게 나타났다. 1980~90년대에 도봉구 · 노원구 · 강북구에서 신축된 건축물 가운데 주거용 건물의 연면적은 서울시 전체의 30.1%를 차지하였고, 강동구와 송파구가 12.2%를 차지하였다. 주거용 건물의 연면적을 서울시 주거지대의 지가와 관련시켜 보면, 이들 지역의 지가상승이 매우 급격했음을 알 수 있다. 그러나 이 시기의 강서구 · 양천구 및 구로구 · 금천구와 비교하면 또 다른 차이점이 발견된다. 노원구 · 도봉구 · 강북구에서는 건물 한 개 동의 연면적 평균이

2228.0㎡로, 349.7㎡의 강서구 · 양천구, 359.9㎡의 구로구 · 금천구, 281.5㎡의 강남구 · 서초구, 291.2㎡의 강동구 · 송파구 등과 대조적이다. 즉 한강이북의 주거지대 지가가 한강이남보다 훨씬 높거나 상승폭이 컸으며, 이를 극복하기 위해 비교적 고층의 주거단지가 형성되었다는 것이다.

이와는 달리 서울의 도심 일대는 1980년대 중반부터 인구감소가 현저해지고 공동화 현상이 심화되면서 주거지대의 지가가 산출되지 않는 지구의 수가 증가하였으며, 지가상승폭은 도심 일대보다 외곽지역에서 크게 나타났다. 고소득층이 외곽부의 새로운 주택으로 이주한 곳에 저소득층이 남게되면서 기존 주거지의 수요를 약화시키는 하향여과(filtering down) 과정이 나타남으로써 기존의 주거지는 쇠퇴하게 된다. 저소득층은 이와 같은 과정을 통해 주택을 획득하고, 주거 여건이 열악한 도심부의 주거지대 지가는 상승폭이 작아진다.

강남구는 인구증가와 함께 인해 지가상승률이 가장 높게 나타났다. 1970년대 말부터 1990년대 말 사이의 주거지대 지가 변화를 분석한 결과, 일원동이 39.8%의 가장 높은 상승률을 보였고, 수서동이 39.1%, 개포동이 36.8%의 연평균상승률을 보였다(손승호, 1999). 이러한 급상승세는 강남개발사업이 마무리되고 새로운 주거단지에 입주가 시작되면서 나타나기 시작했다. 1997년에 서울시에서 주거지대 지가가 가장 높은 지역은 강남구 삼성동으로 평방미터(㎡)당 350만 원이며, 그 다음은 논현동으로 320만 원이었다. 이는 1980년대 초에 강남개발이 진행되면서 인구가 증가함에 따라 주거지대의 지가가 상승하였기 때문이다.

이와 더불어 서울의 도심재개발 사업은 사회공간의 변화를 가져왔다. 이는 도심의 지가를 대폭 상승시켜 도심공동화 현상을 심화시켰다. 그리고 서울시의 불량주택지역을 확산시킴으로써 일반 주거지대의 주택가격을 상승시키는 결과를 초래하였다. 도심재개발이 이루어지기 전에는 대부분 주거기능과 상업기능이 혼재하였으나, 현재 도심재개발이 완료된 지구에 신축한 건물의 대부분은 업무용이다. 또한 도심재개발은 해당지구 뿐만 아니라 그 주변지역의 지가도 연쇄적으로 상승시켜 그 정도의 지대지불능력을 가지지 못한 주거기능을 도심으로부터 축출하는 현상이 나타났다(박선미, 1992). 따라서 도심의 상주인구가 감소하게 되고 도심으로부터 밀려난 사람들이 주변부에 자리잡게 되면서 주거지대 지가에 영향을 미치고 있다.

1970년대 말부터 1990년대 말까지 주거지대 지가의 변동을 살펴보면, 1990년대로 들어섬에 따라 연평균상승률이 둔화되었음을 확인할 수 있다. 즉 1980년대에는 연평균상승률이 17%대를 유지하였다. 그러나 1990년대에 들어서는 11%대로 완화됨으로써 주거지대의 지가 수준이 다소 평준화되어가고 있지만, 지역적 편차는 더 확대되고 있음을 확인할 수 있다. 1980년대의 최고상승률은 25.9%이었지만, 1990년대에 들어서는 최고상승률이 39.8%로 증가한 것도 이러한 사실을 뒷받침한다.

2000년대에 들어서 서울시 주거지대의 지가변동 패턴은 지가가 상승한 지역이 하락한 지역보다 많다는 특징을 가진다. 주거지대의 지가 상승은 이전의 변동패턴과 유사하게 수서동 · 상계동 등지처럼 서울시 외곽에 자리한 주택밀집지역을 중심으로 이루어졌으며, 도심이나 그 주변지역을 비롯하여 서울시 외곽에 입지한 저밀주택지역 등지에서는 주거지대의 지가가 하락한 것으로 나타났다. 주거지대의 지가가 하락한 지역에는 도심과 그 주변에 입지한 회현동 · 명동 · 이화동, 여의도 부도심이 자리한 여의도동, 강남 부도심의 역삼동 · 삼성동, 주거환경이 열악하거나 외곽의 저밀주택지역에 해당하는 문래동 · 신도림동 · 내곡동 · 강일동 · 상일동 등지가 있다. 물론 주거지대의 절대지가가 높은 신사동 · 청담동 · 반포동 등지에서도 지가의 하락현상이 나타났다.

2002년 현재 서울시 주거지대 지가의 평균값은 평방미터당 419만 원이며, 주거지대 지가가 책정되는 지구만을 대상으로 하면 평균값은 429만 원이다. 서울시 주거지대 지가 변화에서 가장 눈에 띄는 점은 제3장에서 실시한 등질지역 분류에서 상업 · 업무기능의 입지와 함께 기존 공장지대의 재개발을 통해 주거지역이 입지함에 따라 혼합지역의 성격을 보이는 영등포동의 지가 상승이 매우 큰 폭으로 이루어졌다는 것이다. 영등포동은 여의도동에 인접하고 있음에도 불구하고, 1990년대에서 2000년대로 들어서면서 연평균 20%에 가까운 지가 상승률을 나타내었다. 영등포동의 주거지대 지가는 평방미터당 1,250만 원으로 서울시에서 가장 높은 값을 기록하였다. 그리고 도심의 서쪽에 자리하고 있는 대신동의 주거지대 지가가 1,220만 원으로, 영등포동의 뒤를 잇는다.

영등포동과 대신동은 주거지대 지가가 높은 지역이 연담하고 있지 않지만, 강남 일대에서는 높은 주거지대를 나타내는 지역이 연담하고 있다는 특징이 있다. 강남구와 서초구 일대는 앞에서 실시한 등질지역 분류에서 생산자서비스업 및 고급주택지역으로 추출되었다. 고급주택이라 함은 주택의 질이 양호한 경우도 포함되며, 주택가격이 상대적으로 고가인 경우도 포함한다. 강남 일대의 주거지대 지가는 신사동이 1,180만 원으로 가장 높았으며, 인접하고 있는 논현동 · 잠원동 · 서초동 · 역삼동 등지의 지가도 평방미터당 1,000만 원을 상회한다. 상기한 지역뿐만 아니라 삼성동 · 대치동 · 청담동 등지에서도 평방미터당 1,000만 원에 육박하는 주거지대 지가를 기록하였다.

주거지대 지가가 가장 낮은 지역은 지가가 책정되지 않은 곳을 제외하면 서울시 서북부의 시경계에 자리하고 있는 진관내동으로 평방미터당 82만 원이다. 이는 영등포동의 지가와 비교해 보면, 영등포동의 1/15에도 미치지 못하는 수준이다. 이외의 모든 지역에서는 주거지대 지기가 평방미터당 100만 원을 상회하였지만, 서울시 공업지대가 자리하고 있는 양평동, 서울시 외곽의 신내동 · 수궁동 등지에서는 낮은 지가를 나타내었다.

(2) 지가분포의 지역경향면

2002년의 서울시 주거지대 지가분포의 지역경향면 분석은 8차까지 이루어

표 6-2 주거지대 지가분포의 지역경향면(2000년대)

차수	적합도(%)	분산비	자유도	F-값(5%)	판정
1차	6.83	41.37	2/1,129	3.00	○
2차	5.65	33.80	2/1,129	2.21	○
3차	16.70	32.19	7/1,124	1.88	○
4차	26.03	39.45	10/1,121	1.72	○
5차	28.45	31.73	14/1,117	1.60	○
6차	28.71	28.71	20/1,111	1.46	○
7차	38.31	26.39	26/1,105	1.42	○
8차	42.34	24.43	33/1,098	1.39	○

졌다. 그 이상으로 차수를 높여도 적합한 결과가 산출될 수 있지만, 앞에서도 밝힌 바와 같이, 경향면의 차수를 높인다고 해서 결코 바람직하지 않기 때문에 다중공선성의 문제가 대두되지 않는 범위내에서 지역경향면을 산출한 것이다. 여기에서도 절대지가를 그대로 이용하지 않고, 표준화시킨 값을 이용하였다. 그 결과는 표 6-2에서 보는 바와 같으며, 여기서 구해진 지역경향면은 유의수준 95% 수준에서 모두 유의한 것으로 나타났다.

지가분포의 지역경향면은 2차에서부터 8차까지 대체로 유사한 패턴을 나타내었기에, 여기에서는 주로 8차 지역경향면에 대하여 고찰하도록 하겠다. 그림 6-8에서 보는 바와 같이, 주거지대 지가분포의 지역경향면은 3곳에서 정점을 형성하는 동심원의 패턴을 나타내고 있다.

그 가운데 가장 눈에 띄는 곳은 도시개발의 역사가 짧은 반면 최근 들어 서울시 상업업무기능의 중심지로 성장함과 동시에 고급주택지의 성격을 보유하고 있는 강남 일대이다. 강남 일대는 앞에서도 언급한 바와 같이 신사동을 비롯한 여러 지역에서의 주거지대 지가가 평방미터당 1,000만 원을 상회하였다. 이에 따라 강남 일대에 형성된 경향면의 동심원은 정점을 형성하고 있는 신사동으로부터 동쪽으로는 송파동과 잠실동, 서쪽으로는 서초동, 남쪽으로는 대치동 · 도곡동 등지에 이르기까지 광범위한 범위에 걸쳐 형성되었다. 강남을 정점으로 하는 동심원 형태의 경향면은 한강을 가로질러 한강과 인접함으로써 쾌적한 주거여건을 확보하고 있는 금호동을 비롯하여 이태원동 등지에까지 연결되었다.

강남 일대의 지역경향면이 나타내는 동심원의 간격이 매우 좁게 형성되었음은 주거지대 지가분포의 지역격차가 비교적 크게 나타나고 있음을 의미한다. 특히 한강변에서 간격이 좁게 형성된 것은 한강 이남지역과 한강 이북지역에서 주거지대의 지가 분포가 매우 큰 격차를 보이고 있다는 것으로, 강남과 인접하는 한강 이북지역에서는 대부분 부의 값을 형성하였다.

2002년도에 가장 높은 주거지대 지가를 보인 지역은 영등포동이었으며, 지역경향면 분석에서도 영등포동을 중심으로 하는 동심원이 형성되었다. 영등포동을 정점으로 하는 이 동심원 역시 상기한 강남 일대에 걸쳐 형성된 경향면과 마찬가지로 동심원 간의 간격이 매우 좁게 형성되었으며, 정점으로부터 멀리 떨어지지 않은 지점에서는 부의 값을 기록하였다. 주거지대로서의 성격이 강하지 않은 양평동은 평방미터당 121만 원의 지가를 보임으로써 가장 낮은 값을 기록하였으며, 이와 함께 문래동 · 도림동 · 신도림동 등지에서 부의 값을 보였다.

주거지대 지가분포의 지역경향면에서 나타난 또 하나의 정점은 평방미터당 1,200만 원의 지가를 보인 대신동에서 형성되었다. 대신동을 정점으로 하는 신촌 일대에 형성된 경향면의 동심원은 서쪽방향으로는 광범한 범위를 포함하지 않지만, 도심이 자리하고 있는 동쪽방향으로는 높은 값을 보인 명동 · 소공동을 지나 신당동과 창신동까지를 포함하는 비교적 광범한 동심원을 형성하였다. 도심에서는 아주 높은 값을 형성하지는 못하였지만, 서울시 외곽의 도시화 수준이 미약한 저밀주택지역보다는 높은 값을 나타내고 있음을 보여준다. 도심에서는 도심재개발의 실시와 함께 주택용지의 부족으로 상주인구의 감소현상이 나타나고 있고, 이는 결국 주거지대 지가의 하락을 초래하는 것으로 알려져 있다. 그럼에도 서울 도심에서의 주거지대 지가가 서울시

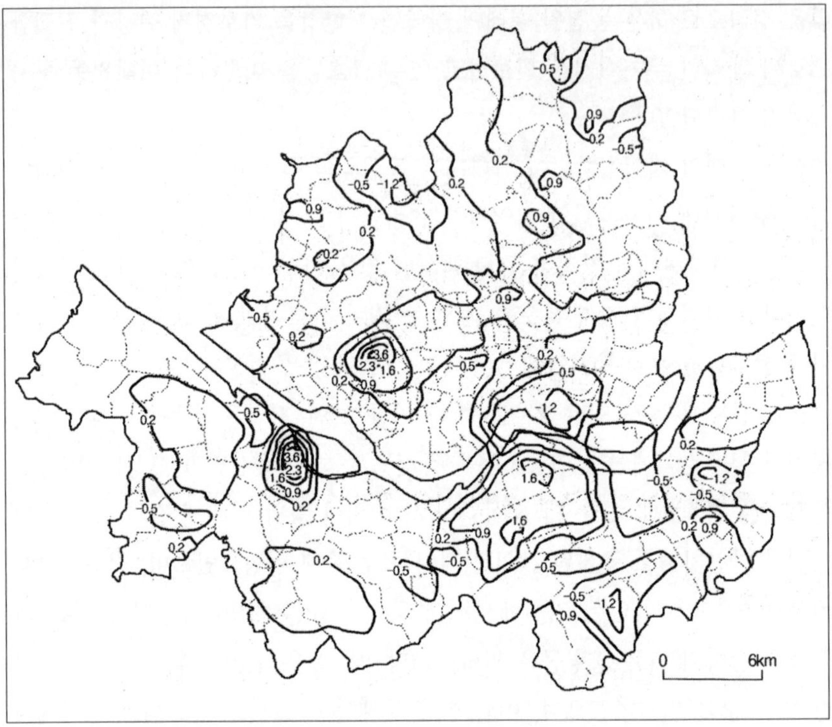

그림 6-8 주거지대 지가분포의 8차 지역경향면(2000년대)

에서 주변부에 위치하고 있는 지역에서보다 높은 값을 보인 이유로는 낡고 노후한 주거공간을 고급주택공간으로 변경하는 도심재활성화 사업인 젠트리피케이션(gentrification) 등의 실시로 도시 내부지역에서도 주거여건이 점차 개선됨에 따른 것으로 볼 수 있다(남영우, 1998).

상기한 3개의 정점과 같은 높은 값을 나타내지는 않지만, 서울 북부지역에서도 하나의 정점이 미아동에서 형성되었다. 미아동을 정점으로 하는 지역경향면의 동심원은 협소한 범위에 걸쳐 형성되었다. 이외에도 주거지대 지가의 표준화 값이 정의 값을 취하는 지역이 많이 분포하지만, 지역경향면을 뚜렷하게 형성한 곳은 없다.

부(-)의 표준화 값을 취함으로써 경향면에서 정점이 아닌 저점을 형성한 지역은 주로 서울시 외곽의 저밀주택지역에서 쉽게 확인할 수 있으며, 도시내부지역에서도 일부 식별된다. 서울시 외곽에서는 상암동 · 진관내동 · 상일동 · 오륜동 · 세곡동 · 내곡동 · 양평동 등지를 저점으로 경향면이 형성되었으며, 내부지역에서는 사근동이 저점으로 추출된 경향면의 형성이 특징적이다. 도심에서는 전형적인 상업업무지역의 성격을 보이는 남대문로 · 충무로 · 세종로 등지에서 아주 낮은 값을 기록하였다. 그러나 경향면상에서는 이들 지역이 대신동을 정점으로 하는 동심원과 강남구 신사동을 동심원으로 하는 경향면의 사이에 자리함으로써, 독자적인 경향면을 형성시키지 못하였다. 이 역시 앞에서 서술한 바와 같이 정점으로부터의 거리 때문에 나타난 결과로 볼 수 있다. 즉 도심이 신촌일대에 인접함으로써 공간적 자기상관이 작용하여 신촌의 동심원 구조속에 포함되어 버린 때문이다.

(3) 잔차의 분포와 국지적 성분

앞에서 실시한 일반적 분포패턴은 주거지대 지가의 분포를 정확하게 반영해주지 못한다. 즉, 지가분포에 내재하고 있는 국지적 성분인 잔차에 대한 검토가 필요하다는 것이다. 이를 위해 그림 6-9와 같은 주거지대 지가의 잔차분포도를 작성하였다.

주거지대 지가에 대한 경향면의 잔차는 경향면에서와 유사하게 저점과 정점이 형성되었으며, 서울시 외곽부에서 일부 높은 잔차를 나타내었다. 그러나 서울시 외곽부의 경우에는 분석대상에서 제외되는 지역과의 경계부이기 때문에 그림에서 나타내주는 잔차값이 정확하게 현상을 반영하고 있다고 판단하기는 어렵다. 잔차의 분포는 -1.8~+3.5의 범위를 형성하였다. 가장 높은 정의 잔차를 보인 지역은 주거지대 지가가 매우 높게 형성되었던 영등포동과 대신동이었으며, 낮은 부의 잔차를 보인 지역은 성수동 · 오륜동 일대 등지이고 상업기능이나 업무기능이 강하게 나타나는 일부 지역에서도 부의

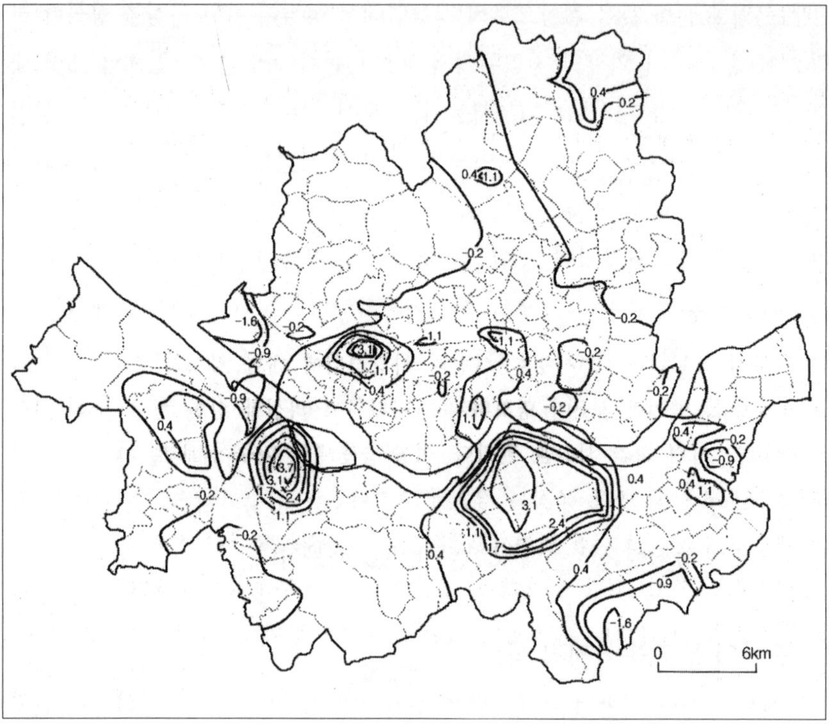

그림 6-9 8차 지역경향면의 잔차분포도

잔차를 기록하였다.

국지적 잔차의 전체적은 분포패턴을 살펴보면, 부의 잔차를 보인 지역보다 정의 잔차를 보인 지역의 범위가 더 넓은 것을 확인할 수 있다. 부의 잔차를 보인 지역은 대체로 서울시 외곽부의 인구희박지역 또는 주거지로서 성격이 강하지 않고 도시화의 진전정도가 미비한 곳을 포함하고 있으며, 서울시 내부에서는 성동구와 동작구 일대에서 부의 잔차를 나타내었다. 정의 잔차를 보인 지역은 경향면상에서 동심원상에서 정점을 형성하였거나 그와 인접하고 있는 곳에 주로 분포하고 있다. 여기에 해당하는 지역은 여의도와 영등포 일대, 강남 일대, 신촌 일대가 전형적인 양상을 보이고 있다.

2) 상업지대 지가의 지역경향면

(1) 지가변동 및 분포 패턴

토지이용이 고도화된 지역은 타지역에 비해 더 많은 인간활동이 집적된 곳이므로 주변지역의 인구 및 기능이 집중된 곳이며, 한 지역에서 최고의 지가는 접근도와 지대가 높다는 것을 뜻한다. 따라서 지가와 접근성이 큰 지점에 입지하는 상업기능은 지대지불능력이 큰 것이고, 그렇지 않은 업종은 접근성이 상대적으로 낮고 지가가 저렴한 지역으로 중심지에서 밀려나게 된다.

1970년대 후반부터 1990년대 말까지 서울시 상업지대 지가의 연평균상승률이 큰 지역은 강남구와 서초구, 강동구와 송파구 일대 및 여의도 등지이다. 이들 지역은 1960~1970년대에 영동 및 여의도 개발이 본격화되고 도심기능을 분담할 수 있는 각종 기능이 집적함에 따라 지가가 큰 폭으로 상승하였다. 이와 더불어 강동구 · 송파구 일대도 1970년대 중반부터 지가상승폭이 크게 나타났다.

서울시가 1960년대 말부터 시작한 강남개발계획에 의해 본격적으로 개발되기 시작한 강남구의 논현동 · 신사동 · 역삼동 · 삼성동 · 대치동 · 도곡동 등지에서는 상업지대의 연평균 지가상승률이 20%를 상회하였다. 반면 압구정동과 청담동은 주변지역에 비해 상업지대의 지가상승폭이 크지 않은 점으로 미루어 주거기능이 우세한 지역이거나 상업시설의 발전이 비교적 완만하게 진전된 곳으로 파악된다.

여의도는 1966년에 여의도 종합개발사업이 수립된 후 1980년대 초반부터 본격적인 사무실 입지가 시작되었다. 이를 계기로 공간수요가 증가하면서 지가가 급상승하기 시작해 연평균상승률이 29.6%를 기록하였고 서울의 부도심으로서 확실히 자리매김을 하였다. 이 수치를 같은 기간 서울시 전체 상업지대지가의 연평균상승률 14.8%와 비교해 볼 경우 매우 급속한 성장이 있었음을 알 수 있다. 이러한 결과를 토대로 알 수 있는 사실은 1977년에서 1987년

사이에 서울의 상업지대는 한강 이북보다 한강 이남의 일부지역에서 집중적인 개발이 이루어졌다는 것이다. 즉, 1970년대부터 강남과 잠실, 천호동, 영등포 등의 발전기틀이 본격적으로 잡히기 시작하였다.

도심이 자리하고 있는 중구는 연평균상승률이 12.8%에 불과하여, 서울시에서 지가 상승폭이 가장 낮게 나타났다. 그리고 종로구에서 13.7%의 상승률을 나타냈음에 비춰볼 때, 이 기간은 서울의 CBD가 수평적으로 확장하면서 도심주변부에 상업업무기능이 새로이 입지한 시기로 볼 수 있다. 즉, 기존의 도심 및 도심인접지역의 개발보다는 주변의 용산구 · 마포구 · 서대문구 등에서 상업기능의 발달이 활발하게 진행되었으며, 서울의 중추기능이 도심주변지역과 부도심으로 서서히 이전하고 있음을 알 수 있다.

지가상승률이 높은 외곽부의 강서구 · 은평구 · 강북구 · 노원구 등은 1963년도에 현재의 서울시 경계가 확정된 이후 1990년대까지 지속적인 성장을 거듭해온 곳들이다. 이처럼 서울시 중심부보다 외곽부에서 지가상승률이 높은 이유는 신흥주거지가 형성되면서 상업시설이 동반입지한 때문이다. 그러나 서울 외곽부에서 지가상승률이 높게 나타난 곳이 상업업무기능의 입지 및 집적에 기인한다고 단정하기에는 곤란한 점이 있다. 그 이유로는 인접도시와 연담하고 있는 일부지역을 제외한 서울 외곽부의 대부분 지역은 상업지대의 절대지가가 극히 낮은 상태에서 상승함으로 인해 지가상승폭이 도심부나 기타 상업업무시설의 밀집지역보다 높게 나타났기 때문이다.

우리나라 최고의 지가를 나타내는 명동은 1980년대의 연평균상승률이 13.9%에 불과하였다. 이 수치는 1980년대 서울시 상업지대 지가의 연평균상승률 14.8%와 비교하면, 큰 차이는 아니지만 서울시 도심의 상업기능이 다소 약화되었음을 시사하는 것이다. 명동일대에서는 1973년부터 시작된 도심재개발로 인해 지대지불능력이 부족한 업종은 외곽으로 밀려나고, 그 자리에 고층건물이 세워졌다. 그리고 이 고층건물에는 대형백화점 · 은행 · 증권회사 · 보험회사 등이 새로이 입지하게 되었다. 그러나 고급의류업계가 강남의 상권에 압도되면서 명동 일대의 일부 상업기능은 정체 내지는 쇠퇴현상을 보이고 있다. 1982년에서 1987년 사이의 연평균지가상승률이 0.8%에 불과하다는 사실을 통해 명동의 쇠퇴현상을 확인할 수 있다.

반대로, 도심재개발과 관련하여 지가상승률이 높게 나타나는 지역이 있다. 도심주변의 서대문구와 마포구에서는 재개발완료지구의 지가상승률이 높게 나타났다. 이러한 이유는 주택지대에서 업무지대로 용도변경이 이루어진 때문이다. 주택지역에서 업무지대로 용도변경이 이루어지면 지가는 약 1.4배 상승하는 것으로 알려져 있다(국토개발연구원, 1983). 이 밖에 한남동 · 신당동 · 장충동 일대에서도 지가상승률이 높게 나타났다.

지가상승률이 높은 지역은 장차 성장이 기대되는 지역으로, 주변도시와 연담현상이 나타나는 강북구 · 은평구 · 금천구 등은 1980년대를 전후하여 많은 성장을 보였다. 반대로 서울시 외곽의 일부지역에서는 자연조건에 의해 성장 및 개발에 제한을 받거나 개발제한구역의 설정으로 건축물의 증 · 개축, 토지의 형질변경 및 도시계획사업의 시행이 제한됨으로써 개발이 활발하게 이루어지지 않았다.

1990년대에 들어 서울시 상업지대의 연평균 지가상승률은 8.6%로, 1980년대에 비하여 다소 안정화되었다. 도심과 그 주변부에서는 평균을 훨씬 밑도는 반면, 주거밀집지역인 노원구 · 마포구 · 양천구 · 강서구 · 송파구 등지에서 비교적 높은 상승률을 보인 점이 특이한 사항이다. 주거밀집지대의 연평균 지가상승률이 다른 지역에 비해 높은 것은 주거지역의 형성에 따른 상업시설의 동반입지 때문으로 볼 수 있다.

도심부는 절대지가가 높을 뿐만 아니라, 교통혼잡으로 인해 접근도가 다소 떨어지면서 지가상승이 둔화되었다. 또한 도심주변지역에서도 상업지대의 지가상승이 비교적 완만한 편이다. 특히 1990년대 후반 도심의 사업체 종사자수는 강남구의 그것보다 훨씬 적으며, 업체당 평균 종사자수도 강남구가 12.4명인데 반해 종로구와 중구는 각각 7.2명과 7.0명으로 강남구에 비해 소규모 업체가 많다. 이들 지역에서는 영세한 의류업 및 봉제업이 주상복합 건물에서 소규모로 이루어지기 때문이다.

1990년대 후반 들어 도심에서 백화점 및 대형쇼핑상가의 양적 변화는 나타나지 않았지만, 주거밀집지역이나 부도심으로 성장한 지역에서는 그 수가 증가추세를 보였다. 특히 노원구는 신시가지가 조성되면서 인구가 급격히 증가하고 소비자의 수가 증가함에 따라 3개의 대형백화점이 들어섰다. 또한 강남구와 서초구에서도 1980년대에 5개에 불과하던 것이 주거지확대 · 인구증가 · 교통여건의 개선 · 수서지구개발의 진행으로 1990년대 말에는 12개로 그 수가 증가하였다. 강동구와 송파구도 2개에 불과하던 백화점이 5개로 증가하였다. 이처럼 주거밀집지역 또는 접근성이 양호한 지점에 대형상가의 입지가 이루어지면서 상업지대의 지가를 상승시켰다.

한편 지가상승은 금융관련 업종과 같은 고차서비스업이 입지함으로 인해 현저해진다. 특히 강남구와 서초구에는 1980년대 말에 180여 개의 금융관련 업소가 있었으나, 1990년대 말에는 무려 500개를 상회하였다. 금융서비스업은 영등포구와 송파구에서도 증가세가 뚜렷하게 나타난다. 이처럼 소규모 공간을 차지하는 금융기관의 입지가 상업지대의 지가상승에 견인차 역할을 한 것으로 볼 수 있다.

교통여건의 개선도 상업지대의 지가를 상승시키는 요인으로 작용하였다. 중랑천을 따라 개통된 동부간선도로 동쪽의 노원구 · 중랑구 · 광진구에서 지가상승률이 주변지역보다 높게 나타난다. 더욱이 지하철 7호선이 동부간선도로와 평행하게 남북방향으로 개통됨으로써 지가가 상승하게 되었다. 또한 남부순환도로 주변지역에서도 지가상승률이 높게 나타난다. 강남구의 대치동 · 수서동 · 일원동 일대는 남부순환도로와 연결되고 지하철 3호선의 노선 연장 및 8호선 건설계획과 맞물리면서 지가상승이 매우 현저하다.

1970년대 말부터 1990년대 말까지의 서울시 상업지대 지가 변동을 통해 지속적으로 성장 · 발전한 지역을 찾아볼 수 있다. 대표적인 지역은 강남구와 송파구이며, 도심부보다는 외곽부로 나갈수록 연평균 지가상승률이 높아지고 있다. 결과적으로 도심부에서 상업시설이 이탈하면서 분산화가 진행되고, 도심주변지역의 상업지대가 성장하면서 도심부의 상업지대지가가 다소 안정화되어가고 있는 셈이다. 또한 강남권의 성장과 주거지 밀집으로 인한 연쇄효과로 주택밀집지대에서 상업시설이 성장하였다. 따라서 도심부의 연평균상승률보다는 주변지역으로 나갈수록 연평균상승률이 높아졌다.

또한 상업지대의 지가변동은 해당 지역에 입지한 상업시설의 종류에 따라 크게 영향을 받음을 알 수 있다. 대규모의 주거지가 형성된 지역에 입지하는 상가의 경우는 다수의 고정인구 및 유동인구에 의해 고객의 최소요구치를 확보할 수 있으며, 도시재개발이나 재건축이 진행되는 곳을 배후지로 포섭할 수 있다. 대형상가는 접근성이 우수해야 하고 넓은 매장을 필요로 하기 때문에, 이러한 조건을 충족시킬 수 있는 도심외곽의 간선도로변에 입지함을 알 수 있다.

서울시에서 상업지대 지가는 주거지대 지가에 비해 책정되지 않는 곳이 많다. 서울시 지가분포의 고찰에서 분석단위지구로 설정한 218개 지구 가운데 2002년 현재 상업지대의 지가가 책정된 지구는 136개 지구에 불과하고, 나머지 82개 지구에서는 지가가 책정되지 않았다. 이처럼 상업지대의 지가가 책정되지 않은 지구가 많은 것은 서울시 도시계획과정에서 적용된 용도지구제(zoning system)가 적용된 결과, 서울시에 상업업무지역으로 지정된 지구가 많지 않기 때문이다. 2002년 현재 서울시 상업지대 지가의 평균값은 평방미터(㎡)당 435만 원이지만, 지가가 책정된 지구만을 대상으로 하면 평균값은 698만원으로 상승한다.

2002년도 현재 서울시에서 상업지대 지가가 가장 높은 곳은 오래전부터 우리나라 최고의 지가를 자랑해 온 명동으로, 평방미터당 지가는 3,600만원에 달하였다. 도심부에 자리하고 있는 명동을 비롯하여 명동에 연담하고 있는 종로동 · 소공동 · 회현동 · 을지로동 등지의 지가도 평방미터당 2,000

만 원을 상회하였다. 이들 지역 가운데 지가가 꾸준히 상승한 곳은 회현동 · 을지로동 · 소공동이며, 명동이나 종로동에서는 상업지대 지가의 일시적인 하락현상이 나타났다. 영등포동에서도 상업지대 지가의 하락 현상이 나타났다. 도심이나 부도심의 일부지역에서 상업지대의 지가가 하락하는 현상은 전술한 바와 같이 도심부에서 교통혼잡이나 접근도의 감소 등이 도심 일부지역의 상업기능을 저하시키기도 하였고, 강남 일대 또는 서울시내 다른 지역에서 상업기능이 성장함에 따라 도심이 상대적인 쇠퇴현상을 보였기 때문일 것이다.

서울시 상업지대 지가의 분포에서 눈에 띄는 곳은 강남 일대이다. 서울내의 또 다른 서울로 인식되는 강남 일대는 일제시대 때만 하더라도 서울의 주변지역에 해당하는 농촌적 성격이 강한 지역에 불과하였지만, 1963년에 서울시 행정구역으로 편입된 이후부터 1970년대에 실시된 강남개발사업의 본격화와 함께 아주 단기간에 서울시 경제활동의 무게중심으로 변화하였다. 강남지역은 1970년대 초반에 시가지가 개발되기 시작한 이후 다양한 산업의 입지가 이루어지면서 도심에 비해서는 중심성이 다소 뒤쳐지는 부도심의 성격을 가진 신흥상업업무지구의 속성을 나타내고 있다(손승호, 2004). 강남 일대에서는 서초동을 비롯하여 삼성동 · 대치동 · 역삼동의 지가가 평방미터당 1,500만 원을 상회하며, 주거지대 지가가 매우 높았던 논현동 · 신사동을 비롯한 잠원동 · 반포동, 그리고 잠실동과 천호동의 지가가 평방미터당 1,000만 원을 상회할 정도로 상업업무기능이 발달하였다.

한편, 오래전부터 한강 이북의 동부에서 서울의 부도심 역할을 수행해 온 청량리동 · 전농동을 비롯하여, 도심 서쪽에서 부도심의 역할을 수행해 온 창천동 · 대신동 · 노고산동 등지에서도 평방미터당 1,000만 원을 상회하는 지가를 나타내었다.

상업지대 지가분포와 주거지대 지가분포는 상호 밀접한 관계를 가지는 것으로 분석되었다. 서울시에서 두 지가분포의 상관계수를 산출한 결과 상관계수(r)가 0.591(유의수준 0.01)을 기록하였다. 따라서 도심과 같이 상업업무기능 위주로 도시기능이 유지되는 지역을 제외하면, 일반적으로는 주거지대 지가가 높을수록 상업지대 지가도 높게 형성되는 경향을 보이게 된다. 이는 주거지대 지가가 높게 형성되었던 강남 일대나 신촌 일대뿐만 아니라 주택지역으로서의 성격이 강한 곳에서도 찾아볼 수 있는 현상이다. 이에 대한 상세한 기술은 후술하는 지역경향면 분석에서 하기로 하겠다.

(2) 지가분포의 지역경향면

2002년의 서울시 상업지대 지가의 분포에 대한 지역경향면 분석은 주거지대 지가와 마찬가지로 8차까지 실시하였다. 그 이상으로 차수를 높여도 적합한 결과가 산출될 수 있지만, 앞에서도 밝힌 바와 같이, 경향면의 차수를 높인다고 해서 결코 바람직하지 않기 때문에 다중공선성의 문제가 대두되지 않는 범위내에서 지역경향면을 산출한 것이다. 그 결과는 표 6-3에서 보는 바와 같으며, 여기서 구해진 지역경향면은 유의수준 95%수준에서 모두 유의한 것으로 나타났다. 경향면의 차수가 높아짐에 따라 경향면의 적합도는 상승하고 있지만, 차수가 높아질수록 적합도의 상승분은 크지 않은 것으로 나타났다.

표 6-3 상업지대 지가분포의 지역경향면(2000년대)

차수	적합도(%)	분산비	자유도	F-값(5%)	판정
1차	4.18	24.60	2/1,129	3.00	○
2차	3.94	23.14	2/1,129	2.21	○
3차	17.00	32.89	7/1,124	1.88	○
4차	20.59	29.07	10/1,121	1.72	○
5차	22.36	22.98	14/1,117	1.60	○
6차	24.15	17.69	20/1,111	1.46	○
7차	24.79	14.01	26/1,105	1.42	○
8차	26.13	11.77	33/1,098	1.39	○

상업지대 지가분포의 지역경향면 역시 2차에서부터 8차까지 대체로 유사한 패턴을 형성하였다. 즉 그림 6-10에서 볼 수 있는 것처럼, 서울의 3대 핵심지역이라 할 수 있는 도심 · 영등포 · 강남일대에서 동심원 패턴의 경향면이 존재하며, 나머지 지역에서는 뚜렷한 정점이 형성되지 않았다. 상업지대 지가분포의 경향면이 주거지대 지가분포의 경향면과 가지는 차이점으로는 강남일대에서는 동심원이 광범위하게 분포하지 않는 반면, 도심에서는 명동을 정점으로 동심원의 범위가 비교적 확장되었다는 점이다.

먼저 도심에 형성된 경향면에 대하여 살펴보도록 하겠다. 도심에서는 서울에서 뿐만 아니라 우리나라에서 지가가 가장 비싼 명동이 정점을 형성하였다. 명동과 인접하고 있는 종로동 · 소공동 · 회현동 · 을지로동 등지가 정점

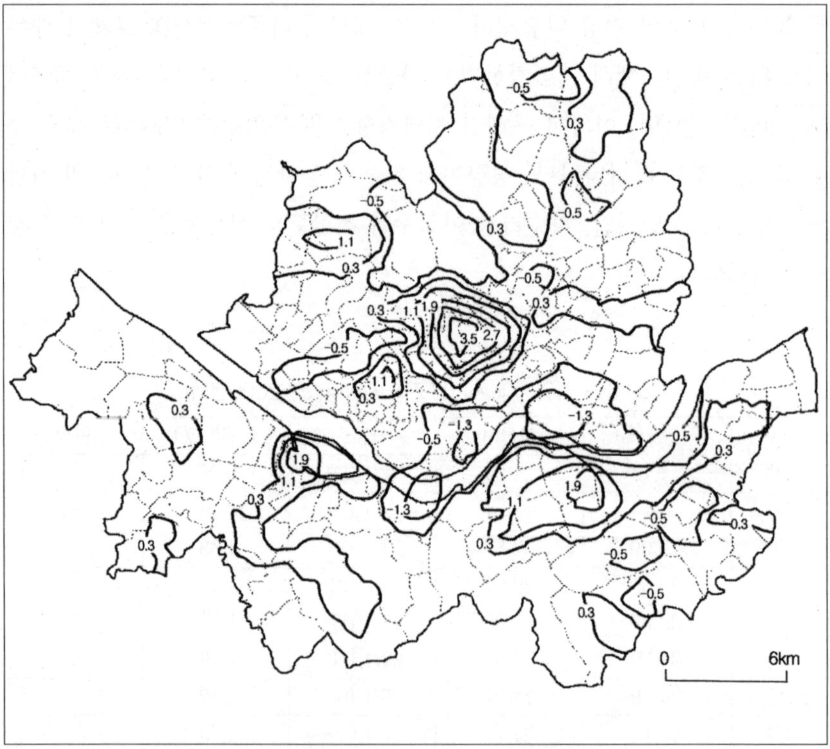

그림 6-10 상업지대 지가분포의 8차 지역경향면(2000년대)

을 구축하고 있으며, 그 주변지역으로 향할수록 지가 수준은 낮아진다. 한 도시내에서 지가가 급격히 하락하는 지점까지를 도심의 경계로 설정할 수 있음에 비추어 보면(남영우, 1976), 그림 6-10에서도 서울시 도심의 범위를 개략적으로 확인할 수 있을 것이다. 도심에서 형성된 동심원이 매우 좁은 간격을 유지하고 있으며 서쪽방향에 비해 동쪽이나 남쪽에서의 간격이 훨씬 협소하다. 도심에서 형성된 동심원은 도심의 서쪽에 자리한 신촌일대에 형성된 동심원에 연결되어 있는 양상이다. 신촌일대에서는 대신동과 창천동을 정점으로 하는 소규모의 동심원 패턴이 형성되었다. 따라서 도심에 형성된 동심원과 신촌일대에서 형성된 동심원을 연계시켜 본다면, 서울의 도심은 동쪽이나 남쪽방향보다는 서쪽방향에 형성된 부도심과의 연담현상을 보일 가능성이 크다.

도심 다음으로 상업지대 지가가 높은 지역은 평방미터당 1,700만 원을 나타낸 강남구 삼성동이었다. 강남 일대에서 삼성동을 정점으로 형성된 동심원은 인접하고 있는 잠실동 · 대치동 · 역삼동 · 서초동에 걸쳐 길게 형성되었으며, 주거지대 지가분포에서처럼 넓은 범위를 포함하지는 않는다. 지가분포의 패턴을 고려한다면, 강남 일대에서 상업업무지역은 일부 지역에 응집되어 형성되어 있다고 볼 수 있겠다. 현대 도시의 산업구조는 과거의 소비자서비스 중심에서 생산자서비스 중심으로 변화해가고 있다. 이는 서울시에서도 동일하게 나타나고 있는 현상이며, 서울시에서는 기존 도심 집중형의 입지패턴에서 벗어나 신흥상업업무지역으로 등장한 강남 일대에서 생산자서비스의 성장이 두드러지게 나타나고 있다. 특히 역삼동을 중심으로 삼성동 · 서초동 등지가 생산자서비스 입지의 핵심지역으로 등장하였으며, 나머지 지역은 상대적으로 생산자서비스의 입지가 부진하게 이루어짐으로써 강남지역에서 주변지역화해가고 있는 실정이다(손승호, 2006). 생산자서비스의 입지는 곧 토지이용의 경쟁을 유발함으로써 해당지역의 상업지대 지가를 상승시키는 요인으로 작용하게 된다. 상기한 지역이 강남일대에서 높은 지가를 보이는 이유

역시 서울내에서의 접근도 향상과 함께 산업입지의 핵심지역으로 등장함에 따른 것으로 풀이할 수 있다.

도심의 서쪽에 자리하고 있는 신촌 일대에서도 상업기능의 발달이 뚜렷한 창천동과 노고산동을 중심으로 하는 정점이 형성되었다. 그러나 이 동심원은 인접하고 있는 도심의 경향면이 워낙 탁월하게 형성되어 있기 때문에, 상대적으로 작아보인다.

이외의 지구에서는 경향면이 정점이나 저점을 뚜렷하게 형성시키지 못하였다. 단지 가장 높은 정점을 형성한 도심과 강남 일대에 형성된 정점 사이에서 미약하게나마 -0.6의 저점이 형성된 정도이다.

(3) 잔차의 분포와 국지적 성분

서울시 상업지대 지가 분포의 국지적 잔차분포를 나타낸 것이 그림 6-11이다. 그림에서 보는 바와 같이, 잔차분포도는 상업업무기능이 탁월한 지역을 중심으로 정의 잔차를 보이고 있으며, 주거기능이 강한 주변지역으로 향할수록 잔차폭이 감소하는 경향을 확인할 수 있다. 잔차의 분포 범위는 -1.3~+3.5에 걸쳐 형성되었으며, 부의 잔차를 보이는 지역의 범위가 정의 잔차를 보이는 지역에 비해 협소한 것으로 나타났다.

1970년대 이후 서울 도시구조의 다핵화 구상과 함께 지하철 2호선을 따라 형성되는 3핵도시 구상이 이루어졌다. 이 계획에 따라 기존의 도심이 하나의 핵으로 기능하고, 상업기능의 중심지로는 영등포와 여의도 일대를, 업무기능의 중심지로는 삼성동을 중심으로 하는 강남 일대의 개발사업이 이루어졌다. 이와 같은 서울시의 3핵도시 구상안에 따라 형성된 이들 3핵에 해당하는 지역에서의 정의 잔차가 주목된다.

반면, 상기한 3핵의 중간지대에 자리하고 있는 성동구에서 한강을 가로질러 연결되는 동작구 일대에서는 대부분의 지역이 부의 잔차를 기록하였으며, 3핵에 인접한 주변지역에서도 부의 잔차를 형성하였다. 이와 함께, 주거지로

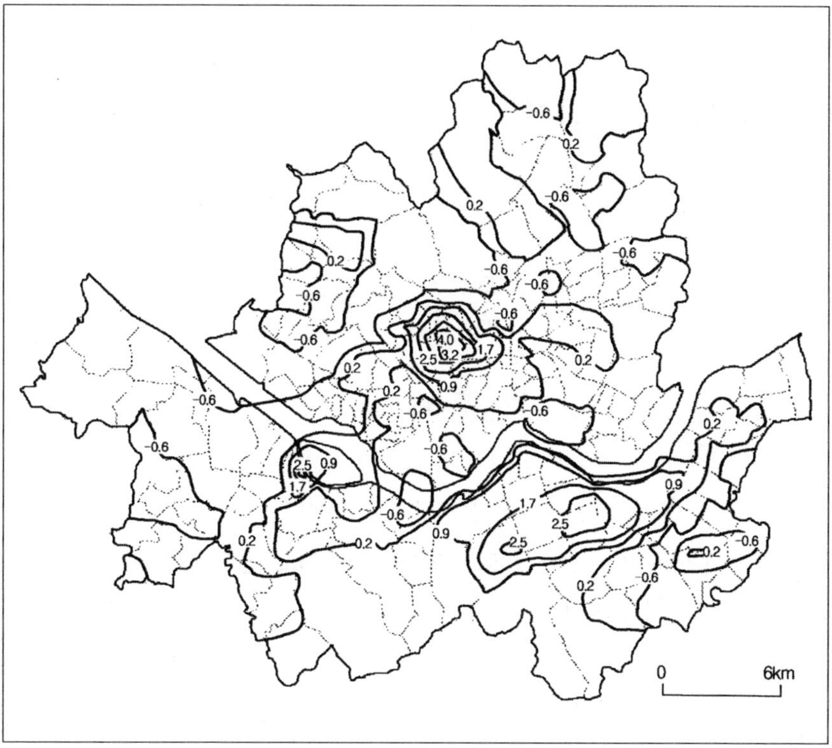

그림 6-11 8차 지역경향면의 잔차분포도

서의 성격이 강한 수유동 · 상계동 · 대치동 일대에서도 부의 잔차를 기록하였다.

4. 지가분포의 변화

우리나라의 지가는 1989년에 실시한 토지공개념 제도와 1990년대 초의 거시경제 안정으로 1992년부터 토지가격이 하락세로 반전되면서 절대가격 자체가 떨어지기 시작하였다. 이후 1992년부터 소폭의 상승세를 보이던 지가는 1997년 12월 외환위기 이후 큰폭의 하락세를 나타내다가 1999년부터 다시 회복세를 보이기 시작하였다.

특히 서울시에서는 1987년에 들어서면서 1982년부터 시행된 제2차 국토종합개발계획이 일부 수정되고 수도권의 인구 및 산업의 집중문제를 해결하기 위한 대책이 마련되면서, 성장억제 및 관리정책이 시행되었으며 각종 기능이 서울 외곽으로 이전하는 분산화가 진행되었다. 따라서 이 시점을 전후해서 서울시에서는 공간구조의 변화와 함께 지가분포에도 많은 변화가 발생하였다(손승호, 1999).

서울시 지가분포에서 나타난 두드러진 특징은 강남 일대에서의 지가가 매우 큰 폭으로 상승하였다는 점이다. 이는 강남개발사업의 진행과 그에 따른 상업업무기능의 입지와도 큰 관계를 가지며, 지하철 2호선의 개통과 광역교통체계의 확충에 따른 서울내외에서의 접근성 향상과도 매우 밀접한 관계를 가진다. 즉 1970년대에는 강남 일대에서 형성된 정점의 값이 0.4에 지나지 않았지만, 2000년대에는 주거지대 지가가 3.1을, 상업지대 지가는 2.5를 기록하였다.

지가분포의 편차가 1970년대에 비해 2000년대 들어서서 증가한 점도 주목할 만하다. 지역경향면 분석을 통해서도 드러났듯이, 경향면상에서 정점이 형성된 지구에서의 가장 높은 표준화 값이 1970년대에는 1.4에 불과하였지만, 2000년대에 들어서는 주거지대 지가는 영등포동에서 3.7을 기록하였으며 상업지대 지가는 도심에서 4.0을 상회할 정도로 서울시 동별 지가분포에서 편차가 증가하였다.

도시내에서 지가분포가 도시내 경제활동의 입지를 설명해준다는 점에서, 서울의 지가분포를 통해 본 지역구조는 도심과 영등포로 대별되던 1970년대의 패턴에서 강남이 추가됨으로써 3핵의 패턴으로 변화하고 있다고 볼 수 있겠다. 도심의 서쪽에서 상업지대 지가의 동심원이 소규모로 형성된 반면, 동쪽에서는 그렇지 않은 점을 고려한다면 서울시 도심의 수평적 확장이 신촌 일대로 이루어짐으로써 도심의 영역이 확장될 가능성도 배제할 수 없을 것이다. 이들 3개의 핵은 상업기능이나 업무기능이 탁월하게 형성되었다는 공통점도 보이지만, 도심은 주거기능이 다른 두 핵에 비해 다소 미약하다는 차이점을 보인다. 그러나 도심과 인접한 곳에서 주거지대의 지가가 정점을 보였고, 도시 내부에서의 도심 재활성화사업으로 고급주택지대의 형성이 이루어지고 있음을 고려하면, 도심에서도 주거지대 지가의 상승을 예상해 볼 수 있다.

참고문헌

- 국토개발연구원, 1983, 현행 개발이익 환수제도와 개선 방안.
- 권순현, 1997, 한국 대도시의 인구공동화 과정에 관한 지도학적 분석, 고려대학교 대학원 석사학위논문.
- 남영우, 1976, “지가에 의한 CBD 설정과 지가분포의 유형분석”, 지리학과 지리교육, 6, 51-78.

• 남영우 , 1979, “System 이론과 공간적 분포유형의 분석”, 지리학과 지리교육, 9, 122-135.

• 남영우, 1984, “서울에 있어서 지가분포의 지역경향면분석”, 사대논집, 9, 115-130.

• 남영우, 1998, “도심재개발을 위한 연계정책연구”, 대한국토도시계획학회지, 33(6), 49-65.

• 남영우 · 윤진숙, 1984, “서울시의 지가분포와 상승추세”, 지리학총, 12, 22-37.

• 박선미, 1992, 서울 도심재개발의 특성과 공간변화, 고려대학교 대학원 석사학위논문.

• 박수병, 1977, “매스미디어의 공간확산에 관한 연구, 1945~1977” 지리학, 16, 55-77.

• 손승호, 1999, 서울시 지가변동의 패턴과 지역경향면분석, 고려대학교 대학원 석사학위논문.

• 손승호, 2004, “서울시 등질지역과 기능지역의 구조 분석,” 대한지리학회지, 39(4), 562-584.

• 손승호, 2006, “생산자서비스 입지 변화에 따른 서울 강남지역 경제공간의 재구조화,” 한국도시지리학회지, 9(1), 47-60.

• 손승호 · 남영우, 1999, “서울시 지가변동패턴과 지역경향면분석: 1977~1997년,”, 한국도시지리학회지, 2(1), 25-42.

• 이숙임, 1987, 서울시 주거지 공간분화에 관한 연구, 이화여자대학교 대학원 박사학위논문.

• 이현욱, 1991, “광주시 공간구조에 미치는 지가와 지가형성의 요인”, 지리학연구논문, 전남대학교 사회과학대학 지리학과.

• 주경식, 1979, “지역경향면분석”, 지리학과 지리교육, 9, 136-144.

• 南榮佑, 1981, “ソウルにおける結節地域の構造とその特性-日日人口流動からみた場合-”, 地理學評論, 54, 637-659.

• 山本正三 · 櫻井明久, 1975, 1970年における日本農業の土地生產性パターン-傾向面分析豫備報告-, 東京教育大學地理學研究報告, 19, 53-60.

• 石水照雄, 1974, 都市の空間構造理論, 大明堂, 東京.

• 石水照雄 · 大友篤 · 磯部邦昭, 1976, 地域傾向面の意義 · 適用事例および問題點, 地理學評論, 49, 455-469.

• 市南文一, 1980, 本邦における農業土地生產性の分布パターンとその變化, 1960~1975年,“ 地理學評論, 53, 739-757.

- 朱京植, 1980, ソウルにおける人口密度の地域傾向面分析, 東北地理, 32, 26-34.
- Alonso, W., 1964, *Location and Land Use*, Havard Univ. Press, Cambridge.
- Chorley, R.J. and Haggett, P., 1965, Trend-Surface Mapping in Geographical Research, *Transactions and Paper, The Institute of British Geographers*, 37, 47-67.
- Haggett, P., 1967, Trend-Surface Mapping in the Interregional Comparison of Intra-regional Structures, *Papers, The Regional Science Association*, 20, 19-28.
- Haggett, P. and Bassett, K.A., 1970, The Use of Trend-Surface Parameters in Inter-urban Comparisons, *Environment and Planning*, 2, 225-239.
- Horton, F. E. and Reynold, D. R., 1971, Effects of Urban Spatial Structure on Individual Behavior, *Economic Geography*, 47, 36-48.
- Hoyt, H., 1960, Changing Patterns of Land Values, *Land Economics*, 36, 109-117.
- Krumbein, W.C., 1955, Statistical Analysis of Faces Mapping, *Journal of Sedimentary Petrology*, 25, 115-122.
- Krumbein, W.C., 1956, Regional and Local Components in Faces Map, *Bulletin of the A. A. P. G.*, 40, 2163-2194.
- Ritter, F. A., 1971, An Appraisal of Measure of Residential Land Value, *Economic Geography*, 47, 185-191.
- Robinson, G. and Salih, K.B., 1974, An Illustration of Four-variable Trend Analysis Applied to Regional Growth, *Regional Studies*, 8, 47-55.
- Unwin, D.J., 1970, Percentage RSS in Trend Surface Analysis, *Area*, 1, 25-28.
- Wrigley, N., 1977, Probability Surface Mapping: a New Approach to Trend Surface Mapping, *Transactions, The Institute of British Geographers*, 2, 129-140.
- Yeates, M. H., 1965, Some Factors Affecting the Spatial Distribution of Chicago Land Values, 1910-1960, *Economic Geography*, 41, 57-70.

서울의 도시구조 변화

찾·아·보·기

간접류 67
간접연결 66
간접행렬 48
강남개발 촉진책 34
강남구 연결체계 120
강북억제책 34
개발제한구역 349
開城府制度 24
開市 31
開港 31
거래행렬 201
결절구조 291
결절류 73
결절성 336
결절지역 195
京仁地方 41
경제적 지형 320
계층구조 290
계층적 지위 291
고립결절점 76
고유치 328
공간상호작용패턴 312
공간적 자기상관 334
공간행동의 일반적 장이론 62
공통도 142
관습적 통행 283
관악체계 283
교통지역 57
군간평균거리법 57, 153
군집분석 57
圈狀構造 60
권역적 중복 231
그래프 이론 272
근교주택지 149
근교지역 151
기능적 연결 210
기능지역설정 200
기능지역의 중복현상 214
期待値法 323

농촌성 150

다중공선성 328
다차원의 도시구조 161
다항식 326
다핵구조 36, 37, 156
단위행렬 48
단핵구조 36
대도시형 교통지역 60
도봉체계 284
도시구조 312
도시구조의 다핵화현상 263
도시내부구조 196
도시의 언어 319
도시재개발 351
도심 재활성화사업 359

도심공동화 현상 166
도심공동화 338
도심재개발 338
도심재활성화 344
도심체계 284
등질지역 137
등질지역구조의 변화 186
등질지역의 군집화 174
등질지역의 설정 177

메갈로폴리스 62
메쉬자료 324

발생통행 104
배리막스 회전 142
배후지역 271
백만도시 37
버스통행 94
변경형 교통지역 60
병합 138
분리 138
분산 138
불량주택지구 153
비율척도행렬 68

사람트립 198
四山禁標 24
사회지역분석 139
상계동체계 286
상호작용 영역 272
상호작용 장 272
생산자서비스 188
서민주택지역 153
선형 종속 328
성분득점 328
城底十里 23
세계도시 37
세계도시시스템 274
쇄국정책 30
쇼핑통행 79
수도권 63
수도권의 지역구조 83
수송분담률 86
수위도시 203
수위도시탁월형 61
승용차통행 90
市街地 27
신개발주택지 149
신흥고급주택지 149
신흥고급주택지역 154
신흥상업업무지역 84

업무통행 76
업무통행의 기능지역 246
연결선 49
연결패턴 51

영등포체계 284
외환위기 358
용도지구제 351
워드법 152
원자료행렬 68
유동패턴 220
유동패턴의 변화 123
유향네트워크 73
은평체계 283
을지로체계 285
응집 138
이심 138
이중구조 203
인구감소현상 166
인구공동화현상 338
인자득점행렬 141
인자생태분석 139
인접행렬 71, 272
日日商圈 29
일일유동량 205
일일유동패턴 302

장벽효과 283
재개발완료지구 349
저밀주택지역 184
전문화 138
점이형 교통지역 60
定都 22
제2결절류 311
제3결절류 277
젠트리피케이션 344
左廟右社 前朝後市 22
좌표회전 329
주거밀집지대 349
주거지 분화 28
주거지 분화현상 140
주거지교내화 현상 102
周禮式 도시계획기법 20
주변성 336
주상복합지역 184
주성분분석 328
중구 연결체계 117
중랑체계 284
중심화 273
重層的 構造 264
중회귀식 326
지가 319
지가상승 338
지가상승률 338, 348, 349
지리적 지역 216
지배 · 종속관계 130, 302, 311
지역간 상호의존성 273
지역경향면분석 322
지역구조 변화 130
지역구조의 해명 85
지역분화 137

地域顔面圖分析 323
지역연결체계 90, 306
지역연결체계의 변화 117
지역차별화 137
지하철통행 96
직접류 66
직접연결 66
집심 138

창동체계 286
천이 138, 184
청량리체계 284
초기인자행렬 141
총목적 통행 81
총목적 통행의 기능지역 218
총수단 통행 97
최근린원리 287
最吉地 20
최대결절류 277, 301
최대흡수통행량 68
최종결절점 51, 300
침입 138

코너베이션 62

토지문제 42
토지투기현상 333
통근통행 73
통근통행의 기능지역 233
통일지역 195
하향여과 339
한성부의 도시계획 19
漢城府制度 24
확산 273
환경문제 42
회전된 인자행렬 141
흡수 138
흡수통행 110